金属矿山溜井内的矿岩运动及其危害与对策研究

路增祥 马 驰 著

谨以此书献给为矿业发展辛勤工作的各界志士

科学出版社

北 京

内 容 简 介

本书以金属矿山溜井内的矿岩散体特征、运动规律及其对溜井井壁的冲击磨损为主线，全面分析和论述金属矿山溜井工程应用中，溜井堵塞与井筒变形破坏两大问题产生的原因与机理，以及预防和解决问题的方法与思路。本书内容涵盖溜井运输物料的特性、溜井溜矿段中的矿岩运动特征与规律、矿岩运动对井壁的冲击破坏作用机理、溜井储矿段内矿岩散体的移动规律、散体移动对井壁产生的磨损机理、溜井堵塞现象产生的机理及其预防、溜井井壁的加固与修复等，以期为溜井堵塞与井筒变形破坏的预防与处置提供相应的理论依据与技术支撑。

本书可供相关矿山企业、设计单位和科研单位的工程技术人员阅读与参考，也可作为高等院校教师、采矿工程专业高年级本科生与研究生的教学参考用书。

图书在版编目（CIP）数据

金属矿山溜井内的矿岩运动及其危害与对策研究 / 路增祥，马驰著.
北京：科学出版社，2024.10. -- ISBN 978-7-03-079817-6

Ⅰ. TD853.1

中国国家版本馆 CIP 数据核字第 2024ZK7202 号

责任编辑：冯 涛 杨 昕 / 责任校对：赵丽杰
责任印制：吕春珉 / 封面设计：东方人华平面设计部

科学出版社 出版
北京东黄城根北街 16 号
邮政编码：100717
http://www.sciencep.com

北京中科印刷有限公司印刷
科学出版社发行　各地新华书店经销

*

2024 年 10 月第 一 版　开本：787×1092　1/16
2024 年 10 月第一次印刷　印张：22 1/2
字数：533 000
定价：298.00 元
（如有印装质量问题，我社负责调换）
销售部电话 010-62136230　编辑部电话 010-62138978-2032

序

  溜井系统是金属矿床地下开采的重要开拓工程之一，在矿废石高效、低成本、下向运输方面起着重要的作用。然而，由于溜井工程所处位置的工程地质条件和使用环境复杂，导致世界范围内溜井堵塞和井筒变形破坏频发，给溜井工程的应用和矿山的正常生产带来了严重影响，引起了矿业科技工作者们的广泛关注。

  溜井井筒堵塞或井壁变形破坏现象发生后，疏通溜井和修复井壁成为矿山恢复溜井功能必不可少的工作。完成这类工作不仅耗时费力，而且存在着极大的安全风险。随着金属矿床开采深度不断加大，高深溜井的应用越来越普遍，防范与解决溜井堵塞与井筒的变形破坏问题，也成为实现矿产资源安全高效开采的重要研究内容之一。

  国内外学者围绕防范溜井堵塞、井壁变形破坏及溜井疏通和井壁修复方面进行了大量的有效探索，取得了丰富的积极成果。我的博士研究生路增祥教授依托国家自然科学基金面上项目，结合他丰富的矿山企业现场工作经验，在溜井问题的长期研究中取得了一系列的有益成果。本书的主要价值体现在：从溜井内的物料特性和运动规律研究入手，系统研究了溜井溜矿段中矿岩的运动特征与规律，以及矿岩运动对井壁带来的冲击破坏作用机理；研究了溜井储矿段内矿岩散体移动规律及散体移动对井壁产生的磨损机理；基于理论研究成果并结合工程实践，提出了许多溜井系统设计与使用管理方面的建设性方案，对溜井系统的可靠使用具有较好的指导作用。

  本书内容丰富，逻辑性强，既有理论研究的深度，又有解决溜井工程问题的具体思路，具有较高的学术价值与实用价值。愿该书的付梓问世，能为解决溜井工程应用中存在的两大问题提供借鉴与启迪。

中国工程院院士

北京科技大学教授

前　言

金属矿床开采中，溜井及其系统是金属矿床地下开采或露天与地下联合开采重要的咽喉工程之一，是实现矿、废石在不同开拓水平之间低成本下向运输的有效方法，在简化矿山提升运输系统、提高生产效率和降低成本方面起着重要的作用，因而在世界范围内的地下资源开采中应用极为广泛。溜井系统的可靠使用，是确保矿山生产正常运转的关键。但是，由于溜井系统的服务年限较长、井内矿岩散体运动的特殊性、溜井工程所处的复杂工程地质条件及其恶劣的使用环境，加之溜井工程设计、使用与维护方面的原因，导致世界范围内的溜井堵塞、井壁变形破坏问题频繁发生，轻者必须长时间停产疏通堵塞或返修井筒，重者造成溜井系统报废，不仅给矿山正常生产带来严重影响和巨大经济损失，也构成了溜井疏通和井筒返修过程中的重大安全风险。这些问题已经成为世界范围内矿业科技工作者们关注和研究的一个重要课题。

溜井堵塞和井壁变形破坏构成了影响金属矿山溜井系统正常运行的两大问题。溜井堵塞表现为底部放矿过程中井内物料的流动中止，溜井井壁的稳定性问题主要表现为井壁的变形、失稳和垮塌。矿岩在溜井中运动并与井壁发生碰撞是溜井井壁产生破坏的根本原因之一。由于矿岩散体卸入溜井后的运动状态具有不可视性和不可量测性，因此其运动轨迹难以准确描述，矿岩运动对井壁的损伤破坏程度更是难以量化表征。为解决溜井的稳定性问题，延长溜井的服务年限，国内外矿山科技工作者在溜井工程的地质条件、结构设计、支护材料与加固方式、溜井中的矿岩运动、井壁变形破坏机理、溜井修复和溜井的堵塞与疏通方法等方面进行了大量卓有成效的研究，也取得了丰硕的研究成果。这些成果对预防溜井堵塞及堵塞后的疏通处理，提高溜井井壁的稳定性起到了很好的作用。在矿山溜井工程实践中，由于溜井工程恶劣的使用环境和特定的工程地质条件影响，溜井堵塞与井壁变形破坏问题并没有从根本上得到解决，事故依然多发，给矿山生产造成了很大影响，引起了国内外矿业界的高度关注。

溜井系统的应用不同于其他井巷工程，其具有服务年限长、运行环境恶劣的特点，受其特定的工程地质环境、地应力状态、恶劣的使用环境、上部卸矿的矿岩块度组成及其物理力学特性，以及设计、施工与管理方面许多不确定因素的影响，溜井系统应用方面存在的问题，尤其是溜井井壁的变形破坏问题已成为人们广泛关注的焦点。与此同时，随着我国的矿产资源开发向2000m以深不断推进，地下矿山数量日益增加，溜井仍将担负着矿、废石运输的重要角色，应用也将越来越广泛，而溜井堵塞和井壁的变形破坏问题仍会继续发生，对于溜井问题研究的迫切性也更加突出。因此，研究并致力于解决两大溜井问题是矿业科技工作者长期而艰巨的任务，对于矿山安全、高效生产具有重要的现实意义。

本书集成了国家自然科学基金面上项目"溜井中物料运动特征及其对井壁的损伤演化机理"（项目批准号：51774176）研究成果，并结合著者多年从事矿山建设与生产技术管理的工作经验，以及多次深入溜井内部、观察研究溜井损伤破坏情况、研究改进溜井设计加固方式和溜井放矿管理制度的经历，在系统归纳、总结金属矿山溜井堵塞与疏通、井壁变形破坏与修复两大问题的基础上，全面分析和论述了溜井堵塞与井壁变形破坏两大问题产生的原因与机理，以及预防和解决问题的方法与思路，以期能为矿业发展有所贡献。

在国家自然科学基金面上项目研究过程中，我的硕士研究生殷越、马驰、吴晓旭、王少阳、邓哲、曹朋、赵星如、马强英、梁凯歌、朱俊阁等做了大量的试验工作。同时，基金项目研究也得到了辽宁科技大学院士专家工作站、辽宁科技大学程万胜教授、杨宇江副教授等的大力支持，在此一并表示感谢。

在本书出版之际，特别感谢我的博士生导师北京科技大学蔡美峰院士、硕士生导师长沙矿山研究院周爱民教授对我多年的培养与指导，也感谢矿业界同仁对我的支持与帮助。本书的研究成果也得到了国家自然科学基金委、辽宁科技大学院士专家工作站和辽宁科技大学优秀学术著作出版基金的资助，在此表示诚挚的感谢。

在撰写本书过程中，作者参阅了大量的国内外相关文献资料，也汲取了不少优秀研究成果的营养，在此向文献作者致以衷心的感谢；也可能因为作者的疏忽，致使部分优秀研究成果没有得到引用，或是部分文献的作者没有在参考文献中列出，作者向他们表示深深的歉意和衷心的感谢。

由于作者水平有限，书中难免有不妥之处，恳请读者批评指正。

目　录

第1章　金属矿山溜井系统及其应用存在的问题 ……………………………………… 1
1.1　研究的目的与意义 …………………………………………………………… 1
1.2　金属矿山溜井系统及其应用 ………………………………………………… 3
1.2.1　溜井工程及其应用特点 ……………………………………………… 3
1.2.2　溜井系统应用存在的问题 …………………………………………… 5
1.3　国内外溜井问题的研究现状 ………………………………………………… 6
1.3.1　溜井堵塞问题研究现状 ……………………………………………… 6
1.3.2　井内矿岩散体的流动特性研究现状 ………………………………… 9
1.3.3　溜井井壁变形破坏问题研究现状 …………………………………… 11
1.3.4　溜井井筒的变形破坏特征与诱因 …………………………………… 14
1.3.5　溜井井壁的侧压力问题 ……………………………………………… 18
1.3.6　溜井井筒的变形破坏测量 …………………………………………… 20
1.3.7　溜井工程的设计施工与加固修复 …………………………………… 21
1.4　本书的主要研究内容 ………………………………………………………… 23
第2章　溜井运输矿岩的松散特性与接触方式 ………………………………………… 26
2.1　矿岩的松散特性及其变化 …………………………………………………… 26
2.2　矿岩散体的松散特性及其表征 ……………………………………………… 28
2.2.1　矿岩散体的松散特性 ………………………………………………… 28
2.2.2　矿岩散体空隙率表征的分维方法 …………………………………… 32
2.3　井内矿岩散体的接触特征及其变化 ………………………………………… 34
2.3.1　井内矿岩散体的松散性变化特征 …………………………………… 35
2.3.2　矿岩散体及其与井壁的接触特征 …………………………………… 36
2.3.3　矿岩接触方式的变化特征与机理 …………………………………… 38
2.4　接触方式对矿岩松散特性与井壁侧压力的影响 …………………………… 39
2.4.1　接触方式对矿岩松散特性的影响 …………………………………… 39
2.4.2　接触方式对井壁侧压力的影响 ……………………………………… 40
本章小结 …………………………………………………………………………… 41
第3章　溜井溜矿段内矿岩散体的运动及其规律 ……………………………………… 42
3.1　倾斜主溜井内的矿岩运动及其规律 ………………………………………… 42
3.1.1　倾斜主溜井内的矿岩运动特征 ……………………………………… 43
3.1.2　倾斜溜井内矿岩运动的理论分析 …………………………………… 46
3.1.3　倾斜溜井内影响矿岩速度的因素分析 ……………………………… 48
3.1.4　矿岩块首次冲击倾斜主溜井底板的位置 …………………………… 50

3.2 倾斜主溜井内矿岩运动规律实验研究·······················52
　　3.2.1 倾斜主溜井内矿岩块运动的数值模拟分析·················52
　　3.2.2 倾斜主溜井内矿岩运动的物理实验·····················54
　　3.2.3 主溜井倾角对矿岩运动影响的实验研究·················55
3.3 垂直主溜井内的矿岩运动及其规律·······················58
　　3.3.1 垂直主溜井内矿岩运动的特征与规律···················58
　　3.3.2 矿岩块与井壁发生碰撞的条件与位置···················60
　　3.3.3 矿岩初始运动对其冲击井壁规律的影响·················61
3.4 垂直主溜井内矿岩块的空间运动特征与规律···············62
　　3.4.1 矿岩块在溜井内的三维运动规律·····················63
　　3.4.2 矿岩运动的物理实验····························65
　　3.4.3 溜矿段的矿岩块运动规律·························68
本章小结···73

第4章 卸矿冲击对井内矿岩散体特性的影响·······················75
4.1 卸矿冲击的作用特征与影响·····························75
4.2 溜井上部卸矿对井内矿岩散体的冲击夯实作用···············77
　　4.2.1 卸矿冲击作用过程······························77
　　4.2.2 冲击夯实效果的表征····························81
　　4.2.3 冲击夯实作用机理····························83
4.3 卸矿高度对井内矿岩散体的冲击影响·····················85
　　4.3.1 卸矿冲击实验与实验方法·························85
　　4.3.2 卸矿高度与矿岩粒径对空隙率的影响·················86
　　4.3.3 卸矿高度对井内矿岩散体空隙率的冲击影响规律及其机理·····90
4.4 不同卸矿高度冲击下矿岩散体的响应特征·················93
　　4.4.1 溜井上部卸矿冲击过程的离散元分析模型···············93
　　4.4.2 矿岩散体的空隙率响应特征·······················94
　　4.4.3 井内矿岩散体的缓冲特性·························97
4.5 矿岩下落速度对井内矿岩散体特性的影响·················101
　　4.5.1 矿岩散体冲击夯实过程数值实验设计·················101
　　4.5.2 落矿冲击速度对井内矿岩散体空隙率的影响·············102
　　4.5.3 冲击过程中井内矿岩散体的力链演化特征···············103
本章小结···106

第5章 卸矿冲击对溜矿段井壁损伤的特征与机理·················109
5.1 矿岩冲击井壁的力学分析·····························109
　　5.1.1 矿岩块冲击井壁的力学作用过程···················109
　　5.1.2 矿岩冲击井壁过程的能量转换与耗散规律···············111
　　5.1.3 矿岩运动对溜矿段井壁的破坏机理···················114
5.2 冲击切削作用下溜矿段井壁变形破坏的特征与机理···········116

5.2.1 溜矿段井壁的变形破坏特征 ·· 116

5.2.2 冲击切削作用下溜矿段井筒的井壁损失体积 ····················· 118

5.3 卸矿冲击下的井壁侧应力变化及其特征 ·· 121

5.3.1 卸矿冲击过程的离散元模型 ·· 122

5.3.2 卸矿高度对井壁侧应力分布的影响 ······································ 123

5.3.3 卸矿高度对井壁冲击效果的影响 ··· 124

5.3.4 井内矿岩散体内部的力链变化特征 ······································ 125

5.3.5 矿岩下落速度对井壁侧压力的影响 ······································ 127

5.3.6 卸矿冲击对井壁侧压力的影响机理 ······································ 129

5.4 弱化卸矿冲击作用的方法 ··· 130

5.4.1 弱化卸矿冲击作用效果的理论与方法 ··································· 130

5.4.2 弱化卸矿冲击作用的生产实践 ·· 131

5.4.3 合理利用井内矿岩散体的缓冲性能 ······································ 132

5.4.4 溜井系统设计与优化案例 ·· 133

本章小结 ·· 136

第6章　斜冲击下材料的损伤特征与机理 ·· 138

6.1 材料的冲击实验特征 ··· 138

6.2 斜冲击的实验方法及其力学机制 ·· 139

6.2.1 实验原理与方法 ··· 139

6.2.2 试件制备 ··· 140

6.2.3 材料斜冲击的力学机制 ·· 141

6.3 斜冲击下材料内部孔隙变化特征 ·· 142

6.3.1 材料内部孔隙变化特征的表征 ·· 142

6.3.2 斜冲击下试件的孔隙率变化特征 ·· 142

6.3.3 试件孔隙分布特征的核磁共振 T_2 谱图分析 ·························· 145

6.3.4 孔隙分布特征的核磁共振成像分析 ······································ 150

6.4 试件材料的裂纹扩展规律 ··· 154

6.4.1 单次冲击下试件裂纹扩展特征 ·· 154

6.4.2 循环冲击下试件裂纹扩展特征 ·· 154

6.5 斜冲击下试件的应变演化特征 ·· 156

6.5.1 试件应变特征的数值模拟 ·· 156

6.5.2 落锤冲击下材料的应变演化特征 ·· 158

6.6 斜冲击下的能量耗散特征与损伤机理 ··· 159

6.6.1 斜冲击下材料的能量耗散特征 ·· 159

6.6.2 斜冲击下的材料损伤特征 ·· 160

6.6.3 斜冲击下井壁材料的损伤机理 ·· 160

本章小结 ·· 161

第 7 章　重力压实对井内矿岩散体及井壁侧压力的影响 ········· 163
　7.1　井内矿岩散体的重力压实特性 ···················· 163
　　7.1.1　井内矿岩散体的重力压实作用 ················ 163
　　7.1.2　井内矿岩散体空隙率的实验测定 ·············· 164
　　7.1.3　井内矿岩散体内部空隙率的理论计算 ············ 166
　　7.1.4　空隙率理论计算与实验结果误差分析 ············ 167
　　7.1.5　空隙率随储矿高度变化的特征及其机理 ··········· 169
　7.2　重力压实下的溜井井壁侧应力 ···················· 171
　　7.2.1　井壁侧应力分布理论分析 ··················· 171
　　7.2.2　重力压实下井壁侧压力的变化特征与机理 ········· 175
　　7.2.3　井壁侧应力变化特征及其影响因素 ············· 179
　7.3　重力压实作用的时间影响特征 ···················· 182
　　7.3.1　矿岩滞留时间的影响实验 ··················· 183
　　7.3.2　滞留时间对井壁侧压力分布规律的影响 ··········· 184
　　7.3.3　滞留时间对矿岩散体流动性的影响 ············· 186
　7.4　降低重力压实作用的理论方法与技术措施 ············· 187
　　7.4.1　减小矿岩散体重力压实作用的措施 ············· 187
　　7.4.2　降低井壁侧压力的措施 ··················· 188
　本章小结 ······························· 189
第 8 章　溜井储矿段内矿岩散体的移动特征及其影响 ·········· 192
　8.1　井内矿岩散体的流动特性及其影响因素 ············· 192
　　8.1.1　矿岩散体流动性对溜井放矿的影响 ············· 192
　　8.1.2　影响矿岩散体流动性的因素 ················· 193
　8.2　溜井储矿段矿岩散体移动特征及其测定方法 ··········· 196
　　8.2.1　矿岩散体的移动特征 ···················· 197
　　8.2.2　矿岩散体移动特征的数值模拟方法 ············· 198
　　8.2.3　移动特征的物理实验及观测方法 ·············· 199
　8.3　溜井储矿段内矿岩散体的移动及其规律 ············· 201
　　8.3.1　溜井储矿段放矿的离散元模型 ··············· 201
　　8.3.2　储矿段放矿过程的速度变化特征 ·············· 201
　　8.3.3　矿岩块移动速度的时均化分析 ··············· 203
　8.4　井壁摩擦对矿岩移动规律的影响 ················· 206
　　8.4.1　矿岩移动变化特征 ····················· 206
　　8.4.2　矿岩散体速度场变化特征 ·················· 208
　　8.4.3　影响矿岩散体移动规律的力学机制 ············· 209
　本章小结 ······························· 211
第 9 章　溜井储矿段内矿岩移动规律及其预测 ·············· 213
　9.1　储矿段放矿实验模型 ······················· 213

9.2　矿岩块的细观移动特征···214
9.2.1　矿岩块的移动轨迹···214
9.2.2　矿岩块的位移变化特征·······································215
9.2.3　矿岩块移动瞬时速度变化特征·································217
9.3　储矿段内矿岩散体的宏观移动特征·································220
9.3.1　矿岩散体的整体移动过程·····································220
9.3.2　矿岩块的位移状态分布特征···································222
9.3.3　矿岩块移动的速度分布特征···································223
9.4　储矿段内的矿岩散体移动规律·····································224
9.4.1　矿岩散体移动的细观移动规律·································224
9.4.2　矿岩散体移动的宏观移动规律·································225
9.5　储矿段矿岩散体移动规律预测·····································226
9.5.1　储矿段内矿岩散体移动规律预测的理论基础·····················227
9.5.2　井壁无摩擦条件下矿岩散体移动规律预测·······················231
9.5.3　井壁有摩擦条件下的矿岩散体移动规律预测·····················237
9.5.4　矿岩移动规律预测模型可靠性分析·····························243
本章小结···246
第 10 章　溜井储矿段井壁的磨损机理···································248
10.1　溜井储矿段的力学分析···248
10.2　储矿段井壁的动态力学分析·····································249
10.2.1　矿岩块的极限平衡分析······································249
10.2.2　矿岩块对井壁的动力学分析··································250
10.3　储矿段井壁静态侧压力的分布特征·······························251
10.3.1　井壁侧压力分布特征的实验研究······························252
10.3.2　卸矿冲击对井壁侧压力的影响特征····························256
10.3.3　卸矿冲击对井壁侧压力分布与磨损的影响机理··················261
10.4　储矿段井壁动态侧压力的分布特征·······························263
10.4.1　溜井底部放矿的模型构建····································264
10.4.2　底部放矿时矿岩散体的宏观流动特征··························266
10.4.3　矿岩散体宏观流动特征的演化机理····························268
10.4.4　井内矿岩散体细观力学变化特征······························272
10.4.5　井壁侧应力的变化特征与机理································279
10.5　储矿段井壁的磨损机理···285
10.5.1　井壁切削磨损的力学分析····································286
10.5.2　储矿段井壁的磨损机理······································289
本章小结···290
第 11 章　溜井堵塞产生的机理及其预防·································291
11.1　溜井井筒堵塞的危害···291

11.2 溜井堵塞现象及其产生的力学机制 ·· 292

11.2.1 咬合拱的形成 ··· 292

11.2.2 黏结拱的形成 ··· 293

11.2.3 管状流动约束现象的形成 ··· 296

11.3 溜井堵塞的预防策略 ··· 298

11.3.1 GA-BP 神经网络的溜井堵塞率预测方法 ································· 298

11.3.2 预防溜井堵塞的设计理念 ··· 304

11.3.3 预防堵塞的溜井使用管理思路 ··· 308

11.4 溜井疏通方法 ··· 311

本章小结 ··· 314

第 12 章 溜井井筒变形破坏的预防机制 ·· 316

12.1 溜井井筒变形破坏的机理 ··· 316

12.2 溜井井筒变形破坏问题防范思路 ··· 317

12.2.1 预防井筒变形破坏的溜井结构设计理念 ··································· 317

12.2.2 井筒变形破坏的设计与施工预防思路 ····································· 320

12.2.3 溜井使用与管理中预防变形破坏思路 ····································· 323

12.3 溜井井壁加固与修复 ··· 324

12.4 基于储量分布特征的溜井系统设计思路 ····································· 332

12.4.1 矿山工程地质与资源概况 ··· 332

12.4.2 地下开采工程设计及分析 ··· 333

12.4.3 溜井运输系统的优化 ··· 335

本章小结 ··· 337

参考文献 ··· 338

第1章　金属矿山溜井系统及其应用存在的问题

溜井系统是地下矿山开采广泛采用的重要工程，在简化矿山提升运输系统、提高生产效率和降低成本等方面作用巨大。但在使用溜井系统的过程中，复杂的地质环境和恶劣的使用条件，导致井筒堵塞和井壁变形破坏两大问题频繁发生，给世界范围内溜井系统的安全可靠使用带来了严重困扰，引起了国内外矿业界的高度关注。本章聚焦于溜井系统两大问题产生的特征、机理和解决两大问题的方案与措施，系统总结归纳国内外的相关研究成果，提出溜井系统两大问题的研究方向，并介绍本书的主要研究内容。

1.1　研究的目的与意义

溜井系统是金属矿床地下开采的咽喉工程之一，在提高生产效率和降低成本方面起着重要的作用。溜井系统也是金属矿床地下开采矿山简化提升运输系统，实现矿、废石低成本下向运输的关键工程，因此在金属矿床地下开采实践中应用极为广泛[1]。确保溜井系统在其服务周期内的可靠使用，是实现矿山生产正常和高效运转的关键。

受溜井工程所处的复杂地质环境[2]和其恶劣的使用条件影响，世界范围内的溜井堵塞、井壁变形、失稳和垮塌问题频繁发生[1]，轻者必须长时间停产对井筒进行疏通、返修，重者导致溜井系统报废，给矿山企业带来巨大的经济损失[2-3]。例如，我国的武山铜矿、程潮铁矿[3]、金川二矿区[4]、小官庄铁矿、海南铁矿、黑沟铁矿[5]、张家洼铁矿、杏山铁矿、新城金矿[6]、三山岛金矿、甲玛铜多金属矿[7]等几十家矿山都曾发生过严重的溜井井壁变形破坏事故。国外的许多矿山也发生过因溜井的重大变形破坏而进行返修，或是造成溜井系统报废的问题。例如，加拿大不伦瑞克（Brunswick）矿[8]的4条溜井中曾有3条报废，另1条进行返修；加拿大魁北克（Quebec）省北部10家地下矿山[9]的50条溜井中，曾有8条进行返修，7条报废；南非克鲁夫（Kloof）金矿[10]的3号溜井也曾因重大变形破坏而进行返修。

溜井堵塞表现为溜井底部放矿时井内矿岩散体流动中止，井壁变形破坏表现为溜井断面不断扩大、井壁支护衬砌结构破坏、衬砌脱（剥）落、井筒围岩片帮与坍塌等。国内外学者在溜井堵塞机理、疏通方法、井壁垮塌破坏机制、稳定性控制对策和井筒修复等方面进行了大量卓有成效的研究，所取得的成果对解决两大溜井问题和提高溜井的使用效能起到了良好的促进作用，但溜井堵塞与井壁变形破坏问题并没有得到根本解决，事故依然多发。

溜井系统的服务年限长，运行环境恶劣，一旦发生溜井堵塞或井壁的变形破坏，会在一定程度上对矿山的生产造成影响。处理溜井堵塞或井壁的变形破坏问题，不仅费时、费力和影响生产，同时也会对企业造成较大的经济损失，带来极大的安全风险。随着资源开发向深地的推进，地下矿山数量日益增加，溜井的应用越来越广泛，对于溜井问题研究的迫切性也更加突出。

矿岩在溜井内运动时一旦与井壁接触，即可对井壁造成冲击剪切和摩擦损伤破坏。因此，溜井内矿岩运动的特征、规律及其对井壁造成冲击剪切、摩擦损伤破坏的发展过程和演化机理，成为预防溜井两大问题发生的重要研究内容。由于溜井问题的特殊性，理论分析计算是基于大量假设条件进行的，不能完全反映矿石溜放的真实状态；物理模拟实验缺乏对溜井内矿岩散体运动轨迹跟踪定位与监测的有效手段，从而无法获得矿岩运动的客观规律；数值模拟大多是利用连续介质理论进行井筒的稳定性及相关研究[11]，也难以反映溜井内矿岩散体流的力学特性和井壁结构的非连续介质特性；采用现场实验方法研究解决溜井两大问题，不仅难度系数大，安全风险高，而且直接影响矿山的正常生产。

在这种情况下，受限于溜井狭窄的几何空间和复杂的地质环境，目前对于溜井问题的研究主要采用理论分析与计算[12]、物理模拟[13]和数值模拟方法[14]等。聚焦于两大溜井问题产生的特征、机理和解决两大问题的方案与措施，研究的主要内容应侧重以下几个方面：

（1）以溜井运输的矿岩散体为对象，研究矿岩的物理力学特性、组成矿岩散体的矿岩块形状、尺寸分布特征、含水率等，对溜井有限空间约束下，矿岩散体结构体系内矿岩块的空间分布状态与运动特征的影响，进而研究井内矿岩散体的流动特性和产生溜井堵塞的可能性。

（2）以溜井内矿岩散体的空隙率（void content）变化特征与规律为对象，研究井内储存的矿岩散体在重力压实和冲击夯实作用下，矿岩散体密实度对流动特性的影响，研究矿岩散体内部空隙率变化引起的矿岩块之间、矿岩块与溜井井壁之间的接触方式、接触力的传递与变化特征，进而研究矿岩散体的结构体系对井壁静态和动态侧压力的影响与作用特征，揭示溜井产生堵塞的机制。

（3）以研究矿岩在溜井溜矿段内的运动特征与运动规律为基础，研究矿岩冲击溜井井壁的动力学特性、冲击能量的转换与耗散特征和规律，研究井壁支护材料在冲击作用下的变形特征与演化规律，以揭示井壁的损伤演化过程与演化机理，为溜井的设计、加固与使用管理提供理论依据。

（4）研究溜井井内储存的矿岩散体在溜井底部放矿时，矿岩散体在溜井储矿段的移动特征与移动规律、矿岩的散体力学特性，以及矿岩散体运动对井壁动态侧压力的影响特征与规律，进而研究矿岩散体运动对溜井井壁的摩擦作用机理，查清摩擦作用下井壁材料的磨蚀特征，为溜井筒的支护与加固设计、支护与加固材料选型提供科学依据与技术支撑。

（5）在查明溜井工程围岩的工程地质与水文地质环境、围岩的地应力状态等的基础上，研究溜井工程布置与井壁支护结构方案、支护材料和溜井施工方案，提高溜井井壁抵抗外力作用的能力；以提高井壁的抗冲击能力和耐摩擦性能为目的，研究井壁支护（加固）材料与支护（加固）方案、施工工艺；以减缓矿岩散体流动对井壁的冲击与磨损为目标，寻求最优的溜井结构与布置方案。

（6）以延长井壁使用寿命为目的，研究建立以智能控制为核心的溜井日常运行管理平台，对溜井的放矿控制、井内料位监测、上部卸矿站卸矿调控和堵塞分析预判、预警等进行实时管控；利用该平台，建立溜井井筒的变形量数据库，通过定期测量井筒的变形情况，分析评估溜井井筒的变形破坏程度，为井筒的维修、维护提供依据，防范溜井报废的风险。

（7）在研究预防溜井堵塞方案的基础上，探索有效和切实可行的溜井堵塞部位、堵塞类型的准确判定方法与非爆破溜井疏通方法，以预防堵塞为主，避免或降低溜井堵塞疏通，尤其是避免或降低爆破疏通方法对溜井井壁带来的损伤与破坏，延长溜井的服务寿命。

（8）以减缓溜井的井壁变形破坏进程、确保溜井设计服务寿命为前提，研究引起溜井井壁变形破坏的诱因和机理，揭示井壁的变形破坏演化规律。同时，建立井壁变形破坏的定期测量和预判机制，研究溜井井壁的针对性修复方案及恢复治理方案。

另外，高应力环境下深埋溜井的"井壁应力致裂"破坏问题至今尚无解决良策。国外金属矿床的开采深度已达 3500m 以上，我国的开采深度尚在 2000m 以浅，高应力问题是深部地下开采工程所面临的一大难题。随着我国的矿产资源开发向 2000m 以深不断推进，地下矿山数量日益增加，研究应力释放技术、探寻高应力条件下的溜井工程支护技术，也是解决深埋溜井"井壁应力致裂"破坏问题的重要研究方向。

1.2　金属矿山溜井系统及其应用

1.2.1　溜井工程及其应用特点

溜井运输是利用矿岩的自重特性实现其下向运输的一种有效方式。在某些特定的条件下，溜井运输在矿产资源开发、高山隧道施工及水电工程建设[15]等工程领域都有应用，尤其是在固体矿床地下开采中应用更为广泛。

溜井系统是金属矿床地下开采、实现矿、废石低成本下向运输的关键工程。矿山采掘生产产生的矿石或废石在溜井上部卸矿站卸载后，通过溜矿段的溜放，在溜井下部的储矿段暂存，最终在溜井底部放出。因此，溜井系统的可靠使用，对于矿山实现高效生产起着重要的作用。

根据溜井系统与其他工程的相对位置，溜井可分为主溜井（布置于主提升井旁侧的溜井）和采区溜井（布置于生产采区的溜井）两大类；从溜井的布置方式上，根据溜井井筒与水平面的夹角，可分为倾斜布置方式和垂直布置方式。从溜井的断面形式上，考虑溜井系统服务寿命的长短，主溜井及其下部矿仓的断面多采用圆形，采区溜井多采用矩形。从溜井运输的物料类型上，溜井可分为矿石溜井（专门用于运输矿石）和废石溜井（专门用于运输废石）。

一般情况下，采区溜井系统主要由上部卸矿站、分支溜井、溜井井筒（矿石溜井或废石溜井）、矿仓及其底部结构构成。主溜井系统除同时具备采区溜井的构成元素外，有时还可能包括破碎硐室。无论是采区溜井还是主溜井，根据其使用的空间状态和矿岩散体在溜井内的运动特征，可以将溜井井筒划分为溜矿段（溜井）和储矿段（矿仓）两个不同的区段。其中，溜矿段主要起到矿岩散体向下"溜放"的作用，矿岩散体在溜矿段内的运动特征呈现出快速下落状态，最终降落到储矿段内储存的矿岩散体的表面；储矿段主要起到暂时存储矿岩散体的作用，溜井底部放矿时，储存在储矿段内的矿岩散体呈现出"蠕动"下移的运动状态。

以金属矿山的主溜井为例，溜井的两种布置方式及其结构如图 1.1 所示。

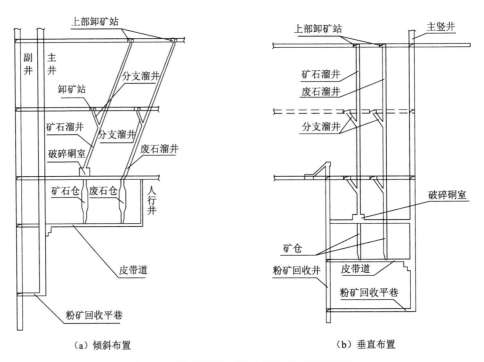

（a）倾斜布置　　　　　　　　　　　　（b）垂直布置

图 1.1　两种典型的主溜井布置方式及其结构

根据矿产资源的赋存特征，金属矿床地下开采大多采用多阶段开拓方式。此种方式下，溜井系统的工程效能主要表现在以下几个方面：

（1）能够在不同阶段之间，实现矿、废石的低成本下向运输，有利于提高坑内矿、废石的运输效率，降低矿山生产成本。

（2）通过采区溜井，能够实现矿、废石在某一阶段的集中运输，达到简化井底车场布置、减少开拓工程量和节省工程投资的目的[16-17]。

（3）主溜井和采区溜井的配合使用，能够有效简化矿山提升和坑内运输系统，调整和优化主溜井的高度，使矿山的生产组织更加灵活。

为便于表述，非特别说明，本书后文不再区分主溜井和采区溜井，而将溜井井筒称为主溜井，以与向溜井井筒卸矿的分支溜井形成区别。当溜井井筒中心线与水平面的夹角为 90° 时，称该溜井为垂直主溜井；否则，称为倾斜主溜井。

1.2.2　溜井系统应用存在的问题

主竖井旁侧溜井（主溜井）和采区溜井是金属矿山生产中应用非常广泛的两大溜井系统，它们或单独使用，或联合使用，在实现矿、废石的低成本下向运输和灵活组织矿山生产方面起到了重要的作用。

但是，溜井工程应用过程中发生的井筒堵塞、井筒变形、井壁失稳和垮塌等问题却不容忽视。一方面，由于各种因素的影响或相互作用，矿、废石在溜井内下降的过程中会形成稳定的平衡拱，造成井内的矿岩散体流动中止，导致溜井堵塞；另一方面，溜井系统在其特定的工程地质环境和原岩应力环境下，长期受到许多动态的和不确定因素的影响，如矿岩对井壁的冲击与摩擦、溜井堵塞后的爆破疏通等，严重影响了井壁的稳定性。

因此，溜井应用过程中发生的各种影响溜井正常运行的现象，可归纳为两大溜井问题：①放矿过程中的矿岩散体流动中断造成的悬拱现象，即溜井堵塞问题；②各种力的作用下溜井井壁产生的变形破坏现象，即井筒稳定性问题。

1. 溜井堵塞问题

溜井堵塞现象的产生是多种因素综合作用的结果，除溜井结构参数、储矿高度、储矿时间、底部放矿漏斗结构参数等因素外，还受到矿岩的物理力学特性、块度分布、粉矿含量、含水量、溜井放矿制度等因素的影响。

溜井堵塞主要表现为井筒的堵塞和底部结构的堵塞，其中溜井底部放矿口堵塞最频繁，井筒堵塞带来的后果最严重[18]。溜井堵塞后，井内矿、废石无法正常放出，不仅给矿山生产造成很大影响，其疏通工作也费时、费力，且安全风险极大。

例如，紫金山金矿的 6 条溜井，曾在 17 个月期间共发生高达 301 次的堵塞现象[19]；再如，2009 年 12 月 21 日发生的镜铁山矿黑沟 2 号溜井堵塞事故，先后 6 次爆破，累计消耗炸药 2470kg，直到 2010 年 1 月 14 日才成功疏通，历时长达 25 天[20]。攀钢新白马铁矿 1 号溜井于 2008 年 7 月 6 日发生大块咬合拱高位堵塞，采用氢气球高空探测和携药爆破，加上溜井中地下水的润滑作用，历经 1 年多的时间，于 2009 年 3 月 28 日才得以疏通[21]。

2. 溜井井筒稳定性问题

溜井井筒的变形破坏特征主要表现为溜井断面不断扩大、井壁支护结构破坏、井筒围岩片帮与坍塌等[22]。导致溜井井筒产生变形破坏的因素较多，纵观国内外溜井系统变形破坏的典型案例，溜井系统变形破坏的主要因素有溜井的工程地质条件和岩体物理力学性质、溜井区域的地应力状态、溜井的使用环境、运输矿岩散体的粒度分布特征及其物理力学特性、溜井的设计施工与使用管理等[16,23]。

从溜井的工程地质环境角度看，自然界岩体质量具有多变性的特点。矿床是赋存于特定的地理位置和特定的地质环境中的特殊地质体，当采用地下开采方式时，其工程位置和环境具有不可选择性。理想状态下，溜井井筒穿过的岩体是较坚硬的完整岩石时，溜井能够保持长期稳定。但实际上，自然界岩体受层理、节理等地质弱面的切割，其力学特性极为复杂，溜井位置一旦确定，其围岩体质量和地应力场很难改变。因此，溜井工程的地质条件、岩体物理力学性质和溜井系统所处的地应力状态等因素对溜井稳定性的影响也具有一定的特殊性。受矿岩块的运动冲击或处理堵塞时的爆震作用，井壁围岩极易沿节理、断裂等构造面滑移或崩落。地下水丰富的矿山，较高的静水压力也会对构造面产生润滑作用，从而降低围岩体的强度；如果构造节理面夹杂断层泥，断层泥会吸水膨胀，促使构造面节理张开，加速岩体的崩塌。

从溜井的使用环境来看，其使用环境恶劣。矿岩卸入溜井后，其复杂的运动状态对溜井井壁造成了损伤，损伤的形式主要表现为冲击损伤和摩擦损伤[24-25]，且这种损伤具有反复性和长期性的作用特点。溜井堵塞后的爆破疏通[21]工作也会对溜井井壁造成很大的破坏。虽然疏通爆破只是发生在溜井堵塞后，但是由此带来的井壁破坏却是极为严重的。

为解决这些问题，溜井工程实践中，多选用合适的溜井结构[26-27]、支护方案[28]或井壁加固措施来提高井壁的稳定性[29-30]，以期在溜井设计寿命周期内，保障溜井的可靠使用。但是，这些问题的研究只是延缓了井壁磨损破坏的周期，并不能为彻底解决问题提供理论依据和技术支撑，事实上也没有从根本上解决这些问题，溜井井壁的变形破坏现象依然存在且时有发生。

例如，针对深埋溜井井壁产生破坏的"井壁应力致裂"问题，工程实践中虽然采用了喷射混凝土、锚杆与柔性筋支护技术，但是仍没能解决高应力环境下深埋溜井的"井壁应力致裂"破坏问题[22]。Stacey 等[2]从岩层的地质结构角度对溜井的稳定性进行了预测研究，在统计分析矿井揭露的典型节理集特征的基础上，评估了溜井开挖的尺寸、溜井和地层的方向关系及应力（深度）对溜井稳定性的影响，认为地质构造和高应力是导致矿井深部和超深部溜井失稳破坏的主要原因，其采用的方法在采区溜井位置设计选择时具有较好的作用，有利于提高溜井的使用寿命和性能。

1.3 国内外溜井问题的研究现状

国内外相关科研工作者围绕如何妥善解决两大溜井问题，从多角度开展了大量卓有成效的研究工作，并取得了许多显著的研究成果，这些成果对解决溜井问题和提高溜井的使用效能起到了良好的促进作用。

1.3.1 溜井堵塞问题研究现状

溜井运输实践中，连续稳定的溜井放矿是实现矿山高效生产的重要环节。但由于各种因素的影响，溜井底部放矿时井内矿岩散体移动过程中发生的流动中止现象，即溜井堵塞，直接影响矿山生产效率的提升和溜井系统功能的发挥[31-32]。

1. 溜井堵塞的成因

研究溜井堵塞的成因，有助于形成合理的溜井防堵技术方案与管理措施。一般认为，溜井堵塞的成因与井内储存的矿岩散体本身的流动特性密切相关。已有研究表明，溜井堵塞的成因与矿岩的物理力学特性[33]、矿岩散体的流动性[34]、含水率[35-36]、块度及其级配组成[32]、最大块度与溜井直径的匹配关系[35]、溜井的结构及其参数、上部卸矿对井内储存的矿岩散体的冲击夯实[37]、井内矿岩散体的重力压实[38]、矿岩在井内的滞留时间[39]等因素息息相关。

在我国溜井堵塞问题的早期研究中，孙喜武[40]系统总结了南芬露天矿平硐溜井堵塞产生的原因，以及预防该矿溜井堵塞的设计思路与溜井使用的管理方法。王喜鹏[41]以兰尖铁矿历经 234 天，处理兰山采场 2 号平硐溜井堵塞问题为例，总结了兰山和尖山两个采场平硐溜井堵塞的原因，提出了设计的合理性是消除溜井堵塞的基本措施，精心按设计施工对预防溜井堵塞起着重要的作用，加强日常管理是解决溜井堵塞的根本手段。谭长德[42]系统地论述了溜井堵塞的原因及其预防措施、溜井堵塞检查和疏通处理的方法。

近年来，有关溜井堵塞问题的理论分析与实验研究也取得了重大进展。例如，曹朋等[43]从理论上系统分析了影响储矿段矿岩流动特性的因素，主要包括矿岩结块性、矿岩散体的粒度组成及其分布特征、矿岩含水量、溜井结构、矿岩块对井内储存的矿岩散体的冲击夯实作用和溜井储存的矿岩散体的高度等 6 个方面。

对于粉矿含量大或有黏结性的矿岩而言，溜井内悬拱的形成及其稳定性与矿岩散体的内聚力和矿岩中的水分含量有密切的关系，当矿岩中的含水率在一定范围内时，水分子对矿物颗粒的吸附作用会增强矿岩散体的黏结性。Vo 等[44]将矿岩和溜井井壁组成的系统概括为满足莫尔-库仑强度准则和相关流动规则的塑性-刚性连续体，利用非饱和岩土材料的有效应力概念，采用不连续应力场和速度场的方法，从机理上研究了矿岩散体的水分及水的吸附力对悬拱稳定性的影响，认为溜井内悬拱的稳定性与溜井的断面尺寸、矿岩散体的内聚力、含水率和水的吸附力有很大关系。

针对加拿大 Quebec 省地下矿山矿石溜井系统发生的咬合拱堵塞现象，Hadjigeorgiou和 Lessard[32]采用 PFC3D（一款基于离散单元法的颗粒流模拟软件）建模分析方法，研究了溜井断面几何形状、矿岩块形状与块度分布对溜井内矿岩散体流动性的影响，为避免溜井的咬合拱堵塞现象起到了较好的指导作用。

井壁围岩的应力致裂[22]是导致溜井堵塞的另一个原因。当溜井井筒穿越岩层条件复杂、存在构造或破碎带，或是深埋"裸井"条件下，井壁围岩会在高地应力作用下产生破裂现象，即应力致裂。应力致裂易于导致井壁在矿岩流的冲击下，大块岩石从井壁母岩上脱落并坠入井筒，使溜井发生堵塞。另外，这也是导致溜井井筒迅速扩容（井筒直径增大）的非常重要的原因之一。

溜井内的矿岩运动是重力作用下的密集流的一种表现形式[45]，特别是溜井内储存的矿岩散体，其块与块之间的接触都是密集接触，这种接触具有很强的力链结构特征。矿岩块之间密集接触形成的诸多力链相互铰接，构成了支撑整个颗粒流重力和外载荷的力链网络，其构型及局部强度在外载荷下的演化，是颗粒流整体摩擦特性和接触应力的来源[46]。邹旭等[47]采用理论研究和室内相关实验分析的方法，研究了矿岩块及其与溜井井壁的接触方式对井内矿岩散体流动性和井壁侧压力的影响，发现矿岩块的几何形态与特征尺度的复杂多变性，使其在溜井井壁约束下形成颗粒支撑组构体系时，以点、线和面 3 种方式相互接触，矿岩块之间及其与井壁之间接触面积的大小，决定了其对矿岩散体流动性和井壁侧压力的影响程度。

在溜井堵塞问题的现场研究中，矿山科技工作者也做出了大量有益工作。例如，陈华国和张泽裕[48]研究了会泽某矿山高深垂直溜井的堵塞情况后认为，溜井断面尺寸不合理与上部溜矿段较长时间储存矿石是导致该矿溜井堵塞的主要原因。鸡笼山金矿[49]的溜井堵塞可归纳为工程设计、施工质量及生产管理 3 个方面的原因，这些原因与溜井施工质量差、溜井管理不规范、井筒衬板安装不到位、格筛使用不当、充填泄水、大块堵塞等因素有关系。

对于高深溜井堵塞后的疏通处理，吕向东[50]研究了黑沟矿高深溜井的堵塞机理及其治理问题，认为研究溜井内的矿石流动规律，有助于预防和解决溜井出现的堵塞问题。张万生和刘琳[51]发现通过控制溜井底部的放矿速度，减弱上部卸矿阶段流对下部储存的矿岩散体的夯实作用，强化阶段流的气流扰动作用，可有效避免垂直高深溜井黏结拱的产生。张宝金等[52]以眼前山铁矿 2 号主溜井为背景，针对高深溜井矿石悬拱导致溜井堵塞的问题，采用极限平衡法分析了矿石成拱机理，并通过构建相似模型进行室内实验，研究了含水率、矿岩散体级配、井内储存矿岩散体高度等因素对井内矿石成拱的影响规律。杨志强等[33]针对某大水矿山高深主溜井频繁堵塞的问题，从矿岩性质、含水率、矿岩粒度、吸水性、黏结性等方面，结合溜井深度、底部结构及溜井放矿管理等因素，具体分析了主溜井堵塞的原因，提出了预防主溜井堵塞及高效运行的关键技术措施。

2. 溜井堵塞后的疏通方法

溜井生产实践中，虽然可以通过采取各种有效措施，如溜井系统的优化设计、溜井的运行管理等方法，尽量减少溜井堵塞问题的发生，但是由于各种因素的影响，几乎很难做到完全避免溜井堵塞问题的发生。因此，溜井井筒堵塞后，疏通工作成为恢复溜井使用功能的重要途径。

根据现有文献，溜井堵塞后的疏通工作研究，主要聚焦于溜井内矿岩散体的流动特性、溜井结构设计、矿岩最大块度与溜井直径的匹配关系、溜井施工质量与生产管理等方面，并形成了不同的预防方案。例如，刘铁军和陈昌云[53]通过对矿山的实地考察认为，要避免溜井堵塞，一是要选择合理的溜井底部结构，二是要制定合理的放矿制度。在溜井堵塞后的疏通处理方法方面，到目前为止，国内外仍以采用爆破疏通方案为主。但由于溜井堵塞的类型、部位和严重程度的差异，不同矿山所采用的爆破疏通方案也不尽相同，疏通所经历的时间长短差异也很大。

刘振[54]研究了三山岛金矿 15 号溜井的堵塞现象，发现矿石的流动性是引起该溜井堵塞的主要原因，矿石块度、矿岩中的粉矿、黏土和水的含量对矿石的流动性影响较大。在此基础上，刘振提出了分段式疏通，利用"盘炮"式和"集束"式炸药布置方式的爆破疏通方案。Hadjigeorgiou 和 Lessard[55]在研究加拿大矿山溜井堵塞与疏通问题时提出了根据堵塞类型来选择合适的技术疏通堵塞溜井的策略，并研发了处理溜井堵塞的"炮车"。

由于溜井堵塞后的爆破疏通会对溜井井壁产生较强的破坏作用，因此，矿山科技工作者研发了许多非爆破疏通方案，以求减轻爆破对溜井井壁的损伤与破坏。例如，陈日辉和马晨霞[56]发明了一种溜井堵塞的探测处理装置，蔡美峰等[57]发明了一种以压缩空气为动力源的溜井堵塞疏通方法及系统。判断溜井的堵塞部位，有助于制定溜井疏通方案。张万生[58]提出了采用"回声定位"和"喘气判定"两种方法来确定溜井大致的堵塞部位。

堵塞溜井疏通实践中所形成的各种方法，为解决不同类型的溜井堵塞问题起到了积极的作用。但是，对于溜井堵塞问题及其处理方法的研究，还存在许多不足之处。例如，溜井堵塞的具体原因很难侦测，堵塞的类型很难判断，只能依靠现场工程技术人员的分析推断，因此在疏通处理方法上难以形成有针对性的、快速有效的方案，更多的是依靠能对溜井井壁带来严重破坏的爆破疏通方法进行疏通。

1.3.2　井内矿岩散体的流动特性研究现状

溜井储矿段内储存的矿岩散体是一种具有自然级配的颗粒类材料，是由大量形状和尺寸各异的矿岩块组成的散体体系，上部卸矿的冲击载荷经过井内储存的矿岩散体的内部传递，最终到达井壁或井内储存的矿岩散体深处[59]，进而对井内矿岩散体的流动性产生影响。

为研究冲击载荷作用下散体的动力响应特征及其影响因素，国内外学者围绕土质散体开展了大量的研究工作，取得了不菲的成果。Ma 等[60]采用颗粒流数值模拟分析方法，研究了砂砾土地基在强夯作用下，砂砾土空隙率的变化特征及其机理，认为空隙率的变化受颗粒间的接触刚度（k）、散体体系加载和卸载的刚度比（R_h）的影响，最大影响深度随 k 值的增大而减小，且与 R_h 和夯锤质量呈正相关。王嗣强和季顺迎[61]发现不同颗粒形状的散体体系下，存在一个不同的临界厚度（H_c），H_c 和颗粒床层（将固体颗粒均匀地堆在有开孔底的容器内形成的一层）厚度共同决定颗粒材料的缓冲率，进而影响冲击作用对容器底板的冲击力峰值。Nazhat 和 Airey[62]分析了夯实作用下颗粒（土壤）的变形及应变场的变化特征，发现土的变形是土体本身的承载作用和冲击板连续的夯实作用共同影响的结果，随着颗粒密度降低，压实作用效果减弱，同时更多的能量转移至土壤更深的范围。Antoine 等[63]研究了边界条件对圆柱容器内冲击体的冲击深度的影响，发现当冲击体直径小于 5 倍的颗粒直径时，墙体受冲击力作用明显而冲击深度减小，当直径比大于 5 时，墙体对冲击力及冲击深度的影响不大。Bourrier 等[59]认为，冲击体对散体的冲击力作用过程表现在冲击力产生的冲击波首先是在组成散体的颗粒内传播，在冲击波传播过程中形成的反射波由散体内部（底板）再传播到散体表面。Awasthi 等[64]认为，颗粒衰减冲击力的特性与颗粒刚度、质量比和厚度有关，其中颗粒床层厚度的影响最显著。

研究发现[61,65-66]，在冲击载荷作用下，散体系统存在一临界厚度（H_c），当颗粒床层的厚度小于 H_c 时，散体系统的缓冲性能随颗粒床层厚度的增加而增加；当颗粒床层

的厚度大于 H_c 时，缓冲性能的变化不明显。此外，土的颗粒形状[67]、粒径[68]等也在不同程度上影响冲击载荷对土质散体体系的作用效果。

井内储存的矿岩散体的流动性对溜井底部放矿时，井内矿岩能否实现顺利放出影响重大，是影响溜井堵塞的关键因素之一。在溜井上部卸矿过程中，矿岩在重力作用下快速下落，最终到达井内储存的矿岩散体表面，并对井内矿岩散体产生冲击夯实作用。这种冲击夯实作用改变了井内矿岩散体的空隙率，使矿岩散体变得更为密实，因此降低了井内矿岩散体的流动性，提高了井内矿岩散体产生"成拱效应"的可能性。上部卸矿对井内矿岩散体冲击的力学机制极为复杂，在井内矿岩散体被冲击夯实的过程中，不仅对井内储存的矿岩散体的密实度和流动性产生重大影响，且由于冲击力在散体体系内部颗粒间的传递，引起了溜井井壁所受到的侧应力发生变化，对储矿段井壁的摩擦损伤带来了潜在影响。因此，溜井上部卸矿对井内矿岩散体的冲击，构成了引发溜井堵塞、井壁失稳等溜井问题的重要因素之一[37]。

影响矿岩散体流动性的主要因素包括矿岩散体的内摩擦角和黏聚力、结块性、矿岩散体的粒度组成及分布特征、矿岩块的接触方式、矿岩含水量、溜井结构与参数、矿岩流对井内储存的矿岩散体的冲击夯实作用、井内矿岩散体的重力压实作用和矿岩散体在井内的滞留时间等。

矿岩在重力作用下在溜井中向下运动时，其运动阻力主要来源于矿岩散体体系内部的内摩擦力和细小粒径矿岩之间的黏结阻力，对于细小粒径矿岩含量较多的黏性矿物而言，其黏结阻力更加突出，也更容易形成悬拱。卸入溜井的矿岩散体的最大块度与溜井直径、底部放矿口尺寸的匹配关系，大块所占比例，不同尺寸的矿岩散体流动速度和溜井井壁的平整度，以及它们之间的相互影响，均可能造成溜井井内产生悬拱，使矿岩散体移动停止。

谭志恢[69]认为，矿岩散体的流动性能主要取决于矿岩散体的抗剪强度和所受到的剪切应力的大小，与散体结构体系的内摩擦角和黏聚力的大小有关。抗剪强度大表明矿岩散体的流动性差，反之流动性好。

当黏性矿物或粉矿含量高的矿岩内含有水分，且随着含水率的增加，矿岩散体的黏结阻力增大时，倘若细小粒径矿岩具有足够的强度，则会在溜井内形成稳固的黏结拱（cohesive arch），但其是否形成取决于井筒直径大小和矿岩散体的含水率是否超过某一限值[35]。如果溜井的直径超过一定尺寸，矿岩散体内部的黏结阻力不能抵御其重力时，则无法形成黏结拱。当含水率超过一定限度时，水起到了润滑作用而使黏结阻力消失，矿岩无法形成黏结拱，但极易形成泥石流，会对溜井下部的生产设施产生更强烈的破坏作用。

矿岩散体中水的含量与粉矿含量对溜井内矿岩的流动性有重要影响，刘艳章等[36,38]将质量流率比等价于矿岩的流动性，分析了矿岩散体流动性与井内矿岩的储存高度、粉矿含量及含水量等对溜井堵塞问题的影响。邹晓甜[70]采用离散元模拟方法，将质量流率比作为矿石流动特性的定量评价指标，研究了金山店铁矿主溜井放矿过程中，含水率和矿岩粒级组成对散体流动特性的影响，结果表明当含水率为 0~9%时，矿岩散体的流动性随含水率的增加呈现出先减小后增大的变化特征；当矿岩散体中 0～150mm 粒级的含量为 11%～19%时，散体的流动性随中值粒径含量的增大而增大。

溜井内矿岩散体的流动特性关系到溜井放矿的顺畅性。曹朋等[43]在分析矿石流动性对溜井放矿影响的基础上，从理论上分析了影响溜井储矿段内矿石流动特性的因素，并结合一些矿山实践经验，提出了缩短矿岩散体在溜井井内的停滞时间、改善矿岩爆破效果、优化溜井结构参数、控制含水量和粉矿含量、减轻运动矿岩对井内矿岩散体的冲击夯实等改善矿岩散体流动性的针对性措施，对于防范溜井储矿段的堵塞问题具有重要的作用。

事实上，溜井井内矿岩散体的重力压实作用和上部卸矿的冲击夯实作用，能够引起井内储存的矿岩散体原有的散体结构体系与特征发生变化，使储存的矿岩散体变得更为密实，从而降低矿岩的流动性。矿岩散体的松散特性、散体结构的空隙率、组成散体结构的矿岩块的空间分布状态与矿岩块之间的接触方式等关系密切，在重力压实和冲击夯实作用下，构成井内矿岩散体的矿岩块的空间分布状态与接触方式发生了变化，使矿岩散体的空隙率下降，流动性变差。溜井上部卸矿时，矿岩下落到井内储存的矿岩散体表面上，对矿岩散体产生冲击夯实作用，矿岩散体抵抗被冲击夯实的能力，即为溜井井内矿岩散体的缓冲性能[71]。散体的缓冲性能越强，从侧面反映出了散体的空隙率下降幅度越大。王少阳等[72-73]采用实验研究和理论分析的方法，研究了重力压实、溜井上部卸矿冲击作用下，井内矿岩散体空隙率的变化特征与规律。邹旭等[47]从构成矿岩散体的矿岩块的接触方式及其变化机理角度，研究了矿岩块的接触方式对井内矿岩散体松散特性和空隙率的影响，并发现井内储存的矿岩散体的松散性对矿岩的流动性影响极大。

由于矿山生产组织方面的原因，井内储存的矿岩散体较长时间滞留在溜井储矿段内，使矿岩散体的重力压实作用特征愈加明显。唐学义等[34]针对高深溜井井筒堵塞问题，分析了高深溜井中的矿岩运动规律，发现矿岩散体在溜井内储存的时间是影响矿岩散体流动性的一个重要因素。马强英等[39]构建了溜井井壁侧压力监测系统，通过物理实验，研究了矿岩散体在井内的滞留时间对井壁侧压力及矿岩散体流动性的影响及其机理，发现矿岩散体在井内滞留时间越长，溜井底部放矿初期的速度越小，在一段时间后，放矿口的流量趋于正常。这一发现表明矿岩在井内滞留的时间越长，散体的重力压实效果越突出，矿岩的流动性越差，溜井产生堵塞的风险也越大。

1.3.3　溜井井壁变形破坏问题研究现状

溜井系统的应用受其特定的工程地质条件、恶劣的使用环境和设计施工与管理方面许多不确定因素的影响，溜井系统的两大问题，尤其是溜井井壁的变形破坏问题已成为人们广泛关注的焦点。

例如，2013 年 4 月 23 日，杏山铁矿-330m 水平卸矿硐室北侧正对主溜井井筒中心方向的墙部发生垮塌冒落，导致卸矿硐室与主溜井井筒塌透，主溜井内矿石冒入卸矿硐室，造成杏山铁矿生产全线停产，如图 1.2 所示。

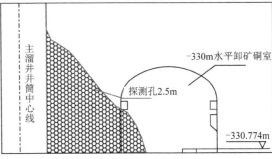

（a）现场照片 （b）塌方情况

图 1.2 杏山铁矿卸矿硐室塌方情况[74]

发生这一事故的主要原因是主溜井围岩节理裂隙发育，岩体质量劣。该溜井的围岩由角闪岩和片麻岩两种岩性构成，其中角闪岩呈碎块状和短柱状交替产出；片麻岩岩体呈粗粒碎裂结构，片麻状构造，节理裂隙发育，节理裂隙宽度大多在 0.1～0.4mm，岩体的岩石质量指标（rock quality designation，RQD）值小于 25%。因杏山铁矿主溜井围岩体质量相对较差，又受到优势结构面的控制和大断面卸矿硐室施工时的卸压作用影响，导致围岩质量进一步降低，工程施工时超挖现象严重，采用了大厚度混凝土浇筑井壁。在主溜井使用期间，井壁的稳定性又受放矿作用影响，最终导致主溜井向卸矿硐室方向发生严重垮塌[74]。

郭宝昆是我国较早研究溜井问题的学者之一，他和张福珍[75]通过现场调查和理论分析，根据矿石在溜井中的移动断面大小、方向及速度变化特点，将溜井划分为等速垂直全断面移动、变速变向全断面移动、变速变向局部断面移动和无流动 4 个区，为我国的溜井设计与研究做出了很大的贡献。孙喜武[40]也较早地展开了溜井稳定性与井壁磨损问题的研究，他强调，溜井穿过围岩的地质构造与溜井的关系，对溜井的稳定性有较大的危害作用。在溜井开凿之前，必须将井筒穿过围岩的构造和水文地质情况勘探清楚。任何溜井设计时均应避开断层、破碎带、含水层及软弱带，同时要考虑围岩倾向、层理、节理与溜井的关系。张敦祥[76]认为，溜井的磨损、破坏是由于矿石的冲击与摩擦、地下水的侵蚀及处理溜井堵塞时的爆破震动等作用造成的，溜井井壁在上述外力作用下出现损伤和大块崩塌，使溜井断面不断增大，危及临近溜井的主提升井或其他地区工程的安全。

在之后的研究中，张克利和郑晋峰[29]通过对胡家峪矿南坑口三期主溜井井筒破坏问题的研究认为，该主溜井破坏的主要原因表现为井筒位置选择方面的缺陷、溜井布置形式造成的不能满井放矿、溜井穿越岩层的影响、矿石的磨损和掘进时的爆破震动影响等 5 个方面。

矿岩散体在溜井内的复杂运动过程中，表现出了其运动方式的多样性和运动特征的多变性，当矿岩散体内的矿岩块与溜井井壁发生碰撞时，不同的运动方式所产生的力学作用效果也存在较大的差异。在不同倾角的溜井中，组成散体的矿岩块主要以下落、跳动、滚动、滑动等不同方式运动，其运动的主要特征表现在如下 4 个方面：

（1）运输设备卸载时，给矿、废石赋予了一定的初始运动动能和一定的初始运动方向。矿、废石在进入溜井后的运动方向，为该初始方向与重力方向的矢量和，矿、废石与溜井井壁发生碰撞前的运动轨迹近似一段抛物线。

（2）垂直溜井条件下，矿岩散体内的矿岩块在运动过程中，经过 2～3 次冲击井壁后，垂直落入溜井之中。矿岩在下落过程中，矿岩块具有的重力势能不断转换为动能，运动速度不断增加，当与井壁发生碰撞时，其运动动能转换为造成井壁损伤破坏的冲击能。

（3）倾斜溜井中，矿岩散体内的矿岩块很快与溜井底板产生碰撞，并以跳动、滚动或滑动的方式，沿溜井井筒中心线方向向溜井底部运动。垂直溜井系统的分支溜井是倾斜溜井的另一种表现形式，矿岩散体内矿岩块的运动方式与倾斜主溜井内的运动方式完全相同。

（4）卸入溜井内的矿岩散体下落到溜井储矿段储存的矿岩散体表面后，随着溜井底部的放矿，井内储存的矿岩散体呈现整体下移的移动方式，而且也会表现出矿岩散体内部小粒径的矿岩块移动速度快、大粒径矿岩块移动速度慢的自然分级现象。在这一过程中，矿岩散体在重力的作用下，通过矿岩散体内矿岩块与块之间力的相互传递，形成了矿岩块接触面之间的法向力和矿岩散体作用在井壁面上的法向力，最终产生散体内矿岩块之间的相互摩擦，以及矿岩散体与井壁之间的摩擦，进而造成井壁的磨损破坏。

由于矿岩散体在溜井内的运动状态具有不可量测性，其运动轨迹又存在不确定性，研究溜井内矿岩散体的运动方式及其特征，有助于发现和揭示矿岩散体运动对溜井井壁的力学作用特征与效果，以及由此引起的井壁破坏方式，有利于找到解决溜井井壁稳定性问题的办法。

因此，根据运动学理论，以露天矿平硐溜井为例，赵昀等[77]建立了矿岩在溜井内的运动模型，并采用伪随机算法，研究了矿石进入溜井后与井壁发生初始碰撞的位置分布范围及碰撞速度大小。叶海旺等[78]建立了平硐溜井系统的 PFC2D 数值分析模型，研究了溜井井壁的冲击破坏特征与初始碰撞位置。宋卫东等[12]基于运动学理论，对矿石在采区溜井内的运动规律、冲击载荷进行了理论推导，并进行了溜井卸矿的相似实验，在一定程度上反映了矿石在溜井内的运动特征，得到了溜井井壁受冲击破坏的区域。陈杰等[24]通过构建溜井冲击与摩擦损伤理论模型，分析了影响溜井内矿石移动的因素。秦宏楠等[79]采用离散元方法研究了溜矿段井壁的冲击破坏规律。王其飞[80]研究了金山店铁矿主溜井井壁的磨损特征。路增祥等[81]研究了矿岩冲击溜井井壁过程中的能量与变形之间的关系，发现了垂直主溜井内矿岩块对井壁的冲击，使井壁材料受到了冲击和剪切两种形式的损伤，决定损伤破坏类型主导地位的因素是矿岩块冲击井壁时的运动方向与井壁法向夹角的大小。路增祥等[82]基于运动学原理，研究了矿岩进入溜井时的初始运动对其在井内运动规律的影响，建立了矿岩散体内矿岩块运动初始方向与其运动规律的关系模型，得出了散体内矿岩块的运动轨迹方程，确立了矿岩块在运动过程中与溜井井壁发生碰撞的条件，得到了矿岩块第一次与溜井井壁发生碰撞时碰撞点的计算公式。倾斜主溜井中，不同的矿岩散体运动特征导致井壁的变形破坏程度及范围存在较大差异。马驰等[83]研究了倾斜主溜井内的矿岩运动特征及其影响因素，分析了斜溜井井壁的变形破坏机理和破坏分区。

矿床赋存的地理位置和地质环境，决定了其开发过程中各类工程位置和环境的不可选择性。溜井工程的围岩体越坚硬、越完整，越有利于保证溜井的稳定性。但矿床开发实践中，由于自然界岩体的复杂多变和溜井位置选择的局限性特点，很难保证溜井工程穿过的岩体全部具有坚硬和完整的特征。因此，多选用合适的溜井结构[26-27]、支护方案[28-29]或井壁加固措施[84-85]来提高井壁的稳定性，但这些措施并没有能够从根本上解决溜井井壁的变形破坏问题。

混凝土是溜井井壁支护与加固的主要材料，冲击与磨损是造成溜井井壁支护损伤与破坏的主要原因之一。在混凝土中增加一定量的钢纤维，可以显著改善混凝土的抗拉、抗弯、抗冲击及抗疲劳性能。因此，三山岛金矿新立矿区主竖井旁侧矿石溜井的支护实践中采用了钢纤维混凝土支护结构，以求解决溜井井壁的稳定性问题。但是，生产放矿过程中，井壁在矿石流的强烈冲击下，同样产生了严重的脱落与垮塌问题[86]。

1.3.4 溜井井筒的变形破坏特征与诱因

1. 溜井井筒的变形破坏特征

溜井工程受所处的复杂地质条件和其恶劣的使用环境影响，溜井变形破坏呈现出不同的特征，主要表现为井筒断面不断扩大、井壁支护衬砌结构破坏、衬砌脱（剥）落、井筒围岩剥落与坍塌等，如图 1.3 和图 1.4 所示。

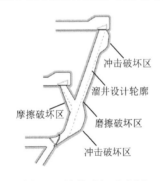

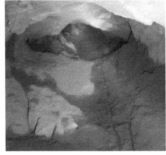 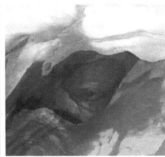

图 1.3　溜井破坏形式[26]　　　　　　　图 1.4　溜井破坏实景[22]

这些变形破坏特征反映在溜井井筒的断面（或体积）变化上，可称为井筒的"扩容"现象。导致溜井井筒扩容现象产生的重要原因在于溜井工程穿越岩层的地质结构特征。溜井长度越大，井筒穿过不良地层的可能性越大，引起井筒扩容现象的可能性也越大。

例如，南非 Kloof 金矿 3 号竖井开拓范围内，矿山溜井的扩容现象与溜井穿过的岩层产状关系密切，沿岩层走向扩容是该矿溜井破坏的主要模式[22]，部分区段的溜井扩容使该溜井的断面面积增大了 10 倍以上，从原来的 $3.5m^2$ 增加到了 $35m^2$。

我国三鑫矿业开发有限公司主溜井的扩容现象表现为溜井在竖直方向上产生了不同程度的坍塌变形，井筒扭曲变形严重，井壁延伸方向高低起伏波动较大[87]。其中矿山溜井在-720m～-870m 中段之间，扩容后的平均断面直径达到 5.5m，与设计断面直径 2.6m 相比，井筒扩容使断面面积增大 3.5 倍。最大断面处，井筒面积从设计的 5.3m^2 增加到了 47.1m^2。

2. 井壁变形破坏的诱因

国内外金属矿山溜井工程的应用过程中，溜井变形破坏是多因素耦合作用的结果。诱发井壁变形破坏的因素较多，主要表现为溜井工程围岩的地质结构特征、围岩应力场、溜井结构、井壁支护结构或加固方式，以及它们之间的相互关系与影响，矿岩自身的物理力学特性，溜井内的矿岩运动方式及其对井壁的作用，溜井堵塞后的爆破疏通等[1]。除此之外，井壁支护强度低、临近溜井的工程爆破施工和溜井使用管理方面存在的问题等，也是导致溜井变形破坏发生的重要原因。

在这些诱因中，矿岩在溜井内的复杂运动过程中与井壁接触并产生力的作用，是井壁产生变形破坏的根本原因[78]。纵观国内外溜井系统变形破坏的典型案例，溜井系统变形破坏的主要因素可以归纳为以下几个方面。

1）溜井井筒围岩的工程地质条件

工程地质条件包括岩体结构、岩性分布、破碎带、断层、节理等地质弱面分布及其状况、地下水发育情况等。岩体的物理力学性质包括容重、空隙度、声波传播速度、抗压强度、抗拉强度、抗剪强度、弹性模量、泊松比、内聚力、法向及切向刚度等。工程地质条件与岩体物理力学性质综合反映的是工程岩体的稳定性[88]。

自然界岩体具有复杂性和多变性的特点，溜井的工程地质条件、岩体物理力学性质和溜井系统所处的地应力状态等因素，对溜井稳定性的影响具有一定的特殊性。一般情况下，强度高且完整性好的围岩体具有较高的承载能力，能够抵抗较强的冲击力和较大的摩擦力。

在理想状态下，溜井穿过的岩体较坚硬且完整时，围岩体具有较高的承载能力，能够抵抗较强的冲击力和较大的摩擦力，溜井也能够保持长期稳定。但实际上，从溜井的工程地质环境角度看，自然界岩体受各种地质弱面的切割，其力学特性极为复杂，溜井位置的围岩体质量和地应力场很难改变，工程实践中多采用支护或加固的方式形成井壁结构，以维护井筒的稳定性。但是，在复杂的溜井工程环境条件下，井壁长期受到冲击载荷和摩擦力的作用，很容易发生垮塌事故[89]。

井壁支护结构破坏后，溜井井筒断面不断扩大（井筒扩容现象），最终引起井筒围岩坍塌，这也是溜井破坏最严重的问题。井筒扩容现象的发生，与溜井穿过岩体的地质结构特征关系密切。Hart[22]系统研究了南非 Kloof 金矿 3 号竖井开拓范围岩石溜井的破坏模式，发现溜井扩容现象与溜井穿过的岩层产状关系密切，认为地质构造、矿岩在溜井中的滚动方向与原岩主应力方向垂直、溜井堵塞后的爆破疏通等，是导致溜井井筒破坏的主要原因。Brenchley 和 Spies[90]认为，围岩应力场与地质构造的相互作用，导致溜井在穿越断层部位时产生了破坏。Stacey 等[2]通过研究节理分布特征及其几何尺寸、地质构造和地应力与溜井倾向方向之间的相互影响特征，从岩层的地质结构角度对溜井的稳定性进行了预测。

有学者以德兴铜矿 1 号溜井为例，分析了溜井放矿时井筒的磨损规律，提出了井壁摩擦损失的计算公式，并认为摩擦当量与磨损速度呈反比关系。明世祥[23]认为，发生溜井变形破坏的机理表现为工程地质条件、群井效应、冲击载荷和支护强度的影响等；李长洪等[6]认为，新城金矿溜井产生变形破坏的原因，在于工程地质与水文地质条件复杂、地应力场的作用及矿石的冲击等；陈得信等[4]认为，矿岩散体对井壁的磨损、工程地质条件差、井壁支护强度低、矿石冲击、溜井附近的爆破作业及溜井堵塞后的爆破疏通等，是导致金川二矿区多个盘区溜井发生垮塌、冒落事故的主要原因。

2）围岩的地应力状态

地应力是存在于地层中的原始应力，也是引起地下岩体工程结构变形与破坏的根本作用力，地应力的大小及其分布状态对工程结构设计有着重大的影响。地下工程的每一次开挖（包括岩体发生冒落），都会破坏地应力的分布状态，引起地应力的重新分布，直至达到新应力平衡状态。因此，自溜井开始产生变形破坏时起，地应力的平衡状态就不断被打破，形成一个反复加卸载的循环过程，加剧了溜井的变形破坏。

国内外在溜井围岩应力导致井筒变形破坏的研究方面普遍认为，应力集中的影响是导致溜井变形破坏不可忽视的因素。Dukes 等[91]认为，高应力作用是井壁产生变形破坏的主要因素。Gardner 和 Fernandes[92]认为，井壁破坏是围岩应力诱导和矿岩散体摩擦井壁引起的。Esmaieli 等[14]认为，溜井变形破坏是溜井结构、原岩应力和矿岩散体冲击与摩擦井壁等因素综合作用的结果。

溜井开挖后原岩应力的重新分布极易导致工程处于不利的受力状态[93]。当溜井井筒穿过断层、破碎带等软弱地质结构层时，压力作用就会显现，尤其是在溜井群布置部位，往往会引起较大的地压活动[94]。李长洪等[6]针对新城金矿溜井产生变形破坏的问题，在系统研究该矿的地应力分布状态后发现，区域构造活动多变，致使溜井周边受到拉应力作用，溜井围岩发生破坏，导致井壁塌落。明世祥[23]认为，溜井附近井巷工程的密集布置，造成水平应力在间柱内过度集中，围岩受到多次开挖扰动，导致松动碎胀范围扩大，相互影响增强，产生了"群井效应"的特征。

3）溜井的使用环境

溜井系统使用与维护过程中，影响其稳定性的最大因素有两个方面：一是溜井堵塞后的爆破疏通，由于井内空间较小和药包安放方面的原因，多数情况下，药包安放时紧贴溜井井壁，炸药爆炸时会对井壁带来严重的破坏；二是卸矿高度过大或是空井卸矿，大块矿岩下落时对井壁造成反复冲击，最终导致井壁不断产生破坏。

除溜井系统复杂的工程地质与水文地质环境条件外，其特殊的生产运行环境条件，使井壁频繁受到各种载荷的作用。一方面，溜井堵塞后的爆破疏通会对井壁带来很大的破坏作用，爆破产生的动载荷除对被疏通的溜井井壁产生破坏外，也会对相邻井壁产生反射拉应力和破坏震动，加速了邻近井筒破坏[23]，这种破坏作用与疏通爆破所用的炸药量、药包距井壁的距离、岩体中应力波的传播速度有关；另一方面，溜井上部卸矿时，井壁会受到下落矿岩的冲击与摩擦破坏，这种破坏作用与卸矿方式、矿岩硬度、块度及溜井内的矿岩散体储存高度等因素密切相关，矿岩下落时冲击能量的大小、距离和速度成正比，卸矿速度快、矿岩块度大，对井壁的破坏作用也大[81,95]。

4）矿岩块度组成及其物理力学特性

溜井运输的矿岩散体是矿山采掘爆破产生的形状极不规则的矿岩碎块，这些碎块在粒级组成上呈现出自然分布的特征。矿岩散体在溜井内下落的过程中，由于重力差的原因，大小矿岩块形成了一种自然分级现象。大块矿岩由于具有较大的重力势能，其下落的速度要比小块矿岩的大，因此与溜井井壁碰撞时产生的冲击力也大[81]。组成矿岩散体的矿岩块的硬度与溜井井壁支护强度之间的关系反映了"刚则强"的力学原理，硬度越大，对以混凝土为支护基材的溜井井壁的损伤程度也越大。矿岩散体内矿岩块的块度尺寸越大、硬度越大、下落的高度越大，对溜井井壁的冲击破坏作用也越大。Lessard 和 Hadjigeorgiou[9]的调查研究表明，矿岩块度及其分布特征和溜井结构之间的相互影响，对溜井井壁的稳定性产生了较大的影响，结构不合理是导致溜井问题产生的主要原因。

5）矿岩散体的运动特征与规律

溜井内矿岩散体的运动特征对井壁的稳定性会产生负面影响[27,82]，这种影响主要表现在溜井井壁无论是否采用了衬砌支护结构，溜井的断面尺寸都会不断扩大，严重时会导致井壁结构破坏。矿岩散体的运动对溜井井壁产生冲击、剪切和摩擦的结果是对溜井井壁结构带来损伤和破坏，最终导致溜井变形、失稳和垮塌现象发生。井壁衬砌结构破坏后，若溜井围岩体的质量较差，则极有可能引起围岩体的冒落，发生溜井坍塌事故。导致这种情况的主要原因如下。

（1）溜井上部卸矿时，矿岩散体在溜矿段井筒内下落的过程中，对井壁造成了冲击破坏。这种冲击破坏具有长期性和反复性的特征，最终会造成井壁损坏、剥落。

（2）溜井底部放矿时，井内储存的矿岩散体与井壁的长期反复摩擦，造成了井壁磨损破坏。这种磨损破坏的程度与矿岩散体内矿岩块的硬度、矿岩块的形状、矿岩块与井壁的接触方式、井壁材料的耐磨性、井内矿岩散体的储存高度及其变化（或井壁受到的静态侧压力与动态侧压力的大小）等有关。

（3）溜井围岩体在地应力及因开挖扰动引起的地应力二次重新分布的作用下，井壁结构不断产生损伤，损伤的累积效应削弱了井壁结构的强度。

6）溜井疏通

溜井使用过程中，因各种原因引起的溜井井筒堵塞，导致井内储存的矿岩散体不能正常放出，生产实际中会采取不同的方式疏通溜井，以恢复溜井的使用功能。溜井堵塞后，通常采用不同的爆破方式破坏"悬拱"，偶尔也采用"灌水"的方式来降低井内矿岩散体内部的黏结力，达到疏通溜井的目的[35,55]。这两种疏通方式也会对溜井的稳定性带来影响，主要表现如下。

（1）爆破法疏通溜井时，炸药爆炸在溜井井筒内产生轴向和径向冲击波，径向冲击波会对溜井井壁产生破坏，轴向冲击波会对上部堵塞的平衡拱产生破坏[20]。但爆破法疏通溜井的实践中，几乎无法做到炮弹或药包在溜井堵塞中心处爆炸。爆炸点距溜井井壁越近，对井壁造成的破坏作用越大；爆破疏通的次数越多，对井壁的破坏也越大。

（2）邻近溜井的爆破疏通或工程开挖爆破产生的爆炸应力波作用在溜井井壁上，

也会使井壁产生拉伸破坏。

（3）"灌水"法疏通溜井时，水对溜井内储存的矿岩散体内部、矿岩散体与井壁之间的黏结起到了润滑作用。但水对井壁混凝土和岩体强度的弱化作用[96]，使井壁抵抗外力作用的能力大幅降低，尤其是井壁衬砌混凝土产生裂纹或围岩体节理裂隙发育时，这种强度弱化作用表现得更为突出。

7）设计施工与管理

溜井系统设计对溜井稳定性的影响主要表现在溜井系统位置选择、溜井结构、长度、倾角、断面尺寸和溜井支护结构等方面。无论是垂直主溜井还是倾斜主溜井，上述参数对溜井的稳定性均有不同程度的影响。赵星如等[97]基于运动学原理，构建了滑动状态下矿岩运动的力学模型，研究了溜井结构参数对矿岩散体的运动特征的影响，发现倾斜主溜井内矿岩运动速度与溜井结构参数、矿岩所受的滑动摩擦力和来自其他矿岩块的作用力有关。

选择强度高且完整性好的岩体区域作为溜井位置，是溜井系统设计与施工必须重点考虑的问题。但由于主溜井系统与主提升井的特殊位置关系，其位置的选择空间很小。采区溜井位置选择的空间相对较大，但也因受矿体赋存状态的影响，采区溜井位置的选择空间也有一定的局限性。

溜井结构对溜井稳定性的影响表现在溜井系统是否改变了矿、废石进入溜井和在溜井内运动的轨迹或方向[27,82]。一旦矿岩散体的流动方向发生了改变，则可能对溜井井壁产生冲击或加剧对井壁的磨损。溜井长度对溜井稳定性的影响表现在井内储存矿岩的高度一定时，溜井长度越大，矿岩下落和下降时对溜井井壁产生的冲击力和摩擦力就越大。

主溜井井筒倾角对溜井井筒的稳定性影响表现在倾角越小，矿岩下落和下降时对溜井井壁产生的冲击力越大而摩擦力越小；倾角越大，矿岩下落和下降时对溜井井壁产生的摩擦力越大而冲击力越小。梁凯歌等[98]通过理论分析和物理实验方法，研究了不同溜井倾角条件下，矿岩与溜井底板产生首次碰撞时，碰撞位置与矿岩运动速度、溜井倾角之间的关系。

1.3.5　溜井井壁的侧压力问题

力的作用是溜井井壁产生变形破坏的根本原因。溜井底部放矿时，矿岩散体对储矿段井壁的动态侧压力是导致溜井井壁磨损破坏的力源，其与溜井底部放矿方式、矿岩散体的物理力学特性、矿岩在井内的运动规律和溜井的结构与几何尺寸等密切相关。

井壁承受的侧压力大小，对于溜井的稳定性有重要影响。Janssen[99]基于一定的假设，根据静力平衡原理，推导出了著名的 Janssen 公式，认为某一水平面井壁所受侧压力的大小与该平面的垂直压力成正比。由于 Janssen 公式没有考虑散体流动的影响，研究的是筒仓内储存的物料在静止时仓壁所受到的侧压力，因此，计算得到的侧压力值普遍小于筒仓底部卸料时仓壁受到的动态侧压力值[100-101]。

在之后的研究中，国内外许多学者基于 Janssen 公式应用中存在的缺陷，对其进行了修正。

Reimbert M L 和 Reimbert A M[102]在深仓实验基础上，推导了仓内储存的物料在静止下的筒仓侧压力计算公式，并提出了采用超压系数分析筒仓受力机制的新方法，其中包括筒仓在偏心和不偏心卸料时的动压力情况，并通过实验得出了超压系数。他们认为超压系数主要取决于仓内储存物料的形状、底部卸料口的形状及筒仓的高径比。

Jenike 和 Johanson[103]认为，仓内储存的物料在流动状态下，侧压力系数是最大主应力与最小主应力的比值，并假定侧压力分布不受仓内储存物料流动状态的影响，分布曲线都是平滑的和统一的，但由于仓内储存的物料本身的不均匀性及其分布的随机性，导致仓壁侧压力的分布也是不均匀的。因此，他们将圆形筒仓分为直筒和漏斗两部分，建立了筒仓最大侧压力、储存物料重度的比值与筒仓高径比的关系，以及筒仓直径与高径比的关系。他们在考虑侧压力系数变化的影响下，率先建立了筒仓动态侧压力计算的理论。

刘定华[104]认为，筒仓的流动压力理论及动态侧压力系数研究是筒仓动态侧压力计算的关键。他在考虑筒仓流动压力及侧压力系数随筒仓深度变化的基础上，建立了仓壁的动态侧压力计算公式，并在实验基础上，建立了动态侧压力与竖向压力的函数关系。Granik 和 Ferrari[105]、Campbell[106]也基于一定的假设，先后采用细观力学理论对筒仓仓壁产生的侧压力和侧压力系数进行了理论探讨，分别得到了侧压力的理论和经验计算公式。

但是，对于溜井井壁侧压力的研究与地表储料筒仓侧压力问题的研究有着较大差别，地表储料筒仓一般储存粒径相对较小的颗粒状物料或粉料，筒仓结构承受来自储存的物料的压力，是一种有限承载结构；矿山溜井主要是暂时储存矿山采掘生产产生的废石或矿石，其形状、尺寸及组成均与地表筒仓储存的物料有较大的差异，且矿山溜井又建造于岩体之中，井壁结构与岩体结合为一体，可以认为是一种无限承载结构。因此，地表储料筒仓受力研究的主要内容集中于筒仓结构体系的承载能力，溜井井壁受力则聚焦于溜井底部放矿时由于散体压力作用引起的摩擦损伤，以及溜井上部卸矿时矿岩对溜矿段井壁产生的冲击破坏问题。

颗粒流理论为研究储矿段井壁侧压力及其分布提供了较好的支持，如李贲等[107]基于 PFC2D 软件，研究了储矿段内组成散体的矿石块度与放矿效果之间的量化关系，得出了放矿效率与溜井磨损的最优矿岩粒径分布；张慧和高峰[108]采用 PFC2D 离散元程序，研究了溜井底部放矿时储矿段中矿石块度对矿岩散体流动特性的影响；李伟等[109]基于 Janseen 公式，利用颗粒流程序研究了放矿过程中储矿段井壁的侧压力分布特征；吴晓旭等[71]采用离散元方法分析了井内储存的矿岩散体对溜井卸矿冲击的缓冲特性；Hadjigeorgiou 和 Lessard[32]利用 PFC3D 研究了溜井几何形状、矿岩形状、粒度分布对储矿段矿岩散体流动特性的影响。

近年来，通过离散元模拟分析矿岩在溜井井筒内运动规律及其对井壁冲击破坏规律的研究在逐渐增多 [79,95]。例如，邓哲等 [110]构建了放矿口中心线与溜井井筒中心线重合条件下的颗粒流离散元模型，研究了不同高度的卸矿冲击下，储矿段井壁侧压力分布和井内储存的矿岩散体内部的力链结构的变化情况，发现井内同一平面内，井壁侧压力大小具有非均布特征，其差异性与冲击位置、矿岩块携带能量、矿岩散体的空隙率大小密切相关，矿岩散体内横向力链的演化引起了井壁侧压力变化，纵向力链的演变导致对井内储存的矿岩散体冲击夯实的效果。邹旭等[47]研究发现，组成矿岩散体的矿岩块在溜井井壁约束下形成颗粒支撑组构体系时，矿岩块及其与井壁之间接触面积的大小，决定了井内储存的矿岩散体对井壁侧压力的影响程度。马强英等[39]研究发现，当井内储存的矿岩散体的高度一定时，井壁静态侧压力和动态侧压力均呈现出随矿岩散体在井内滞留时间增加而增大的变化特征。

针对图 1.3 所示的溜井冲击与磨损破坏情形，Esmaieli 等[14]采用 PFC2D 数值模拟方法，研究了矿岩通过分支溜井卸入倾角分别 70°、80° 和 90° 的主溜井时，分支溜井倾角对矿岩冲击主溜井井壁的冲击速度和冲击能量的影响，如图 1.5 和图 1.6 所示。

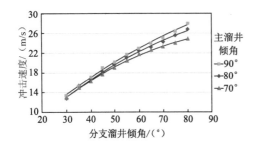

图 1.5　分支溜井倾角对矿岩冲击速度的影响

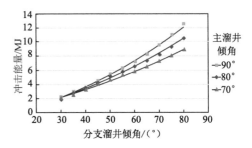

图 1.6　分支溜井倾角对矿岩冲击能量的影响

为减小矿岩对溜井井壁的冲击破坏，Esmaieli 等[14]给出了主溜井与分支溜井不同布置方式的设计建议，如表 1.1 所示。但由于数值模拟计算时赋予了过多的假设，计算结果又缺少实验和工程实践验证，因此研究成果的可靠性没有得到证实。

表 1.1　主溜井与分支溜井布置方式的设计建议[14]

主溜井倾角/(°)	分支溜井倾角/(°)		
	理想的	可接受的	有问题的
90	75、80	30、35、40、45、60、65、70	50、55
80	30、80	35、40、45、50、65、70、75	55、60
70	30、35	40、45、50、55、60、65、80	70、75

1.3.6　溜井井筒的变形破坏测量

纵观溜井井筒变形破坏的实际案例，井筒的变形破坏在影响其自身安全状态与运行效果的同时，也会威胁到其周边工程如卸矿站、破碎硐室、主提升井等的安全运行。对溜井井筒的变形情况进行监测与测量，分析变形破坏后的井筒断面特征与周围工程的空间关系，可以评估溜井井筒变形破坏对其周边工程的危害程度，为溜井及其周边工程的安全运行提供依据[111]。近年来，溜井全景扫描成像和三维激光扫描技术在溜井变形破坏的研究方面起到了良好的"诊断"作用，这些研究成果对于确定溜井井壁的加固部位与加固方式具有一定的指导作用。

溜井发生堵塞或井壁变形破坏时，事先了解并查明溜井堵塞或井壁变形破坏的具体情况，对溜井疏通或井筒维护修复工作的安全进行具有重要的现实意义。早期的研究中多采用人工进入溜井的方式，通过观察井内的具体情况为溜井疏通或井筒维护修复提供相关信息，存在数据精度和可靠度低，进入溜井的人员会因井壁存在浮石而难以保障人身安全等问题。因此，叶义成等[112]发明了一种溜井全景视频扫描装置，用于整个溜井的检测，可以找出溜井井壁是否存在浮石，以及井筒发生堵塞或井壁产生变形破坏的具体位置。该装置主要由 4 台高分辨率工业摄像机和 4 个高照度 LED 冷光灯组成，通过组合式电缆与自锁绞盘提升系统实现装置的提升与下放。随后，刘艳章等[113-114]采用该装置，对金山店铁矿-480～-410m 标高段的垂直主溜井的井壁进行了扫描检测，在保证检测安全的条件下，得到了溜井井壁的 360° 图像，查明了溜井不同深度处的井壁磨损与破坏程度，为金山店铁矿主溜井井壁检修方案的制定及安全施工提供了依据。

三维激光扫描技术是 20 世纪 90 年代中期出现的一项测绘技术，该技术通过高速激光扫描测量的方法，快速和密集地获取被扫描物体表面的三维点云数据，最后形成被扫描物体的三维形貌，为快速建立物体的三维影像模型提供了全新的技术手段。由于三维激光扫描具有快速和非接触、高密度和高精度、数字化和自动化等特性，因此其在许多领域应用广泛。

基于三维激光扫描能够快速精确地以三维点云的形式反映出复杂空间结构形态信息的技术优势，以及传统测量技术无法采集精确的溜井变形破坏现场实际数据的现实，三维激光扫描技术在溜井井筒变形测量[115]、垮塌分析[116-117]与稳定性研究[118]方面已经有了较多的应用。根据三维激光扫描结果，通过建立主溜井的三维立体模型，可以计算得到主溜井需要修复的体积，为溜井井筒变形破坏的安全治理和维修设计提供可靠的数据依据[119]。罗广强等[120]在国内较早地采用三维激光扫描技术，对安徽开发矿业有限公司 3 号主溜井进行了三维激光点云扫描，获取了该主溜井的实际空间形态；并在此基础上，通过 MIDAS（有关结构设计的有限元分析软件）与 FLAC3D（有限差分程序 FLAC2D 的拓展）耦合方法，对溜井的稳定性进行了建模分析。李在利等[121]采用三维激光扫描技术，开展了大红山铜矿 180m 中段溜井的精细探测并构建了三维实体模型，评估了井筒内壁的变形破坏情况，并利用 FLAC3D 耦合方法，进行了矿石冲击碰撞作用下的溜井井壁稳定性数值分析，为地下金属矿山溜井稳定性评估提供了参考。胡勇等[87]基于湖北三鑫公司主溜井坍塌变形的实况及溜井频繁堵塞的问题，采用英国 MDL 公司生产的 C-ALS 钻孔式三维激光扫描仪，对该矿主溜井进行了多水平分段扫描，获得了主溜井内部空间的三维形态，并通过对主溜井实体模型的剖面分析，获得了溜井井筒坍塌量、水平断面的长轴及短轴长度等井筒变形数据，揭示了该溜井井筒坍塌变形特征。

因此，三维激光扫描的非接触式测量方式可以快速采集溜井内部的点云，建立溜井三维模型，为溜井的变形评价、维护、后期治理和工程布置提供直接依据，也消除了人员进入溜井进行井筒变形观测的危险。

1.3.7　溜井工程的设计施工与加固修复

矿山溜井系统的寿命周期较长，尤其是主溜井系统，其服务年限几乎与主提升井的服务年限相同。因此，工程实践中多采用合适的溜井结构和支护方案，或采取适当的井壁加固措施来提高井壁的强度，以延长溜井井壁的使用寿命[29,84,91]。矿山科技工作者致力于溜井系统在其服务年限内的可靠使用，在溜井工程的设计施工与加固修复方面进行了大量研究工作，并取得了丰硕的成果。

1. 溜井工程的设计与施工

选择合理的溜井结构和井壁支护结构，对预防或减缓井壁在矿岩散体冲击下的破坏具有积极的作用。为降低溜井内的矿岩下落高度，弱化矿岩散体对井壁的冲击，张增贵和王建中[122]在分段控制直溜井的基础上，设计了倒运式溜井，并在鸡笼山金矿、尹格庄金矿等矿山进行了应用。倒运式溜井是通过缩短上、下两个中段间的溜井间距，将振动放矿机硐室与卸矿站相连，矿石经短溜槽与卸矿站基础坑相通，实现矿岩从上中段溜井向下中段溜井的倒运。

路增祥等[17,123]提出了依据资源储量分布特征和灵活运用采区溜井系统的开拓运输系统设计优化思路，将矿山主溜井系统与采区溜井系统进行有机结合，有效降低了主溜井的高度，进而降低了矿、废石流对井壁的冲击破坏风险。汪小东[124]为解决矿石冲击载荷下，井壁易发生破坏垮塌的问题，提出了平底结构卸载坑与小直径聚矿漏斗相结合的新型溜井结构。崔传杰和王鹏飞[125]提出了在分支溜井井口附近设置缓冲坑和分段控制式卸载等减缓矿石流冲击井壁的方案与措施。陈昌云[126]在研究下告铁矿主溜井修复方案的基础上，提出了降低溜井井壁破损概率、尽可能避免溜井修复的溜井设计时应注意的问题。潘佳和王晓辉[127]通过现场多方案试验，对获各琦铜矿1号主溜井围岩采用了圈梁挂设锰钢衬板的支护方案。

2. 溜井井壁加固

对溜井井壁进行支护或加固，是在溜井围岩体质量较差的条件下，提高井壁抗冲击性和耐磨性的常用方法。合理的支护结构和支护强度能够有效延长溜井的服务年限，尤其是对穿越软岩体、碎裂岩体和节理裂隙发育岩体的溜井，支护（加固）结构能充分发挥自身的强度，抵御来自矿岩的冲击与摩擦，从而保护围岩不受破坏。

安建英和张增贵[85]在对我国金属矿山溜井加固形式进行评述的基础上，介绍并分析了赞比亚铜矿山矿仓和溜槽的加固方法、加固材料，并提出应根据溜井的具体工作条件，合理选择加固材料类型，对于以抗冲击为主的溜井环境，可优先考虑采用高锰钢衬板或稀土耐磨钢；对于低冲击以磨损为主的矿仓，选用稀土耐磨钢、（锰）钢板或钢轨进行加固。为进一步拓展适用于溜井加固的材料范围，张增贵和安建英[30]在探讨采用橡胶衬板加固主溜井的可行性的基础上，也指出了溜井加固材料应具备的性能。

采用钢轨加固溜井矿仓，是国内金属矿山20世纪70～90年代应用较多的方法之一。但该加固方法在实际应用中，由于矿岩物理力学特性、施工时加固钢轨与预埋构件材料焊接性能的差异，部分矿山发生了大量钢轨脱落的问题。路增祥[128]在评述矿仓钢轨加固几种常规方法的基础上，结合主溜井矿仓加固的设计实例，提出了矿仓钢轨加固的改进方案与新工艺，同时介绍了对应的施工方法。路增祥[84]详细介绍了望儿山金矿主溜井局部地段及全部矿仓加固中所采用的锰钢板与混凝土相结合的整体加固方案，该方案与施工工艺相结合，实现了在垂直溜井中井壁浇筑的无吊盘、无模板施工，简化了溜井加固工程的施工工艺。在介绍溜井加固设计和施工设计的基础上，结合工程实践，指出了该方案的施工方法及注意的问题，并对该方案的使用效果进行了总体评价。

3. 溜井井筒修复

由于溜井工程位置的局限性、施工的复杂性和施工周期长、投资大的特点，多数情况下，溜井井筒发生变形破坏后，矿山多选择对变形破坏的溜井井筒进行修复，以恢复其使用功能。我国科研工作者在矿山溜井修复方面，结合溜井变形破坏的具体特征与环境特点，形成了不同的方案，为安全、高效解决井壁大范围垮塌的溜井修复问题，提供了有效的技术方案和可行的途径，积累了大量的实践经验。

例如，新城金矿主溜井坍塌破坏后，李长洪等[6]通过对工程地质、水文地质和地应力场的分析与研究，阐述了溜井坍塌破坏的原因，并提出了"自然椭圆平衡边界高压锚注与抗冲衬硐法"的溜井修复方案。高永涛等[3]分析了武钢程潮铁矿 2 号主溜井发生的井壁不断坍塌而酿成的特大塌方事故的原因，提出了综合治理的"托斗法"解决方案。宋学杰和张平[7]分析了甲玛铜多金属矿 2 号主溜井发生垮塌的原因，介绍了溜井修复与支护技术方案，提出了防止主溜井垮塌的应对措施。魏超城等[129]为解决高应力条件下溜井井壁变形垮塌等问题，提出了矿石溜井的组合加固设计方案，对井壁变形破坏起到了较好的预防作用。孟祥凯和李晓飞[130]在分析焦家金矿溜井塌落原因和岩体结构调查结论的基础上，对溜井围岩进行了质量分级，确定了锚喷网临时支护结构，提出了对井壁采用 C40 混凝土进行整体浇筑，对矿石下落冲击区域采用锚杆焊接高强度锰钢板的溜井修复方案。

针对大塌方长溜井封堵面临的诸多困难，Chen 等[131]提出了一种非空井条件下大塌方溜井的封堵方法，基于整体设计与局部设计协同的理念，构建了非空井条件下溜井结构注浆封堵体系，并围绕该结构体系集成了封堵结构稳定性评价方法、复合岩体套管钻进控制技术、非均质松散岩体可控灌浆等技术，对我国杏山铁矿主溜井在非空井状态下封堵溜井塌陷段和溜井的加固修复起到了关键作用。范庆霞和孙红专[132]针对石碌铁矿 2 号主溜井出现的大面积垮帮情况，采取自上而下先行清理和喷锚网临时支护加固井筒垮帮部位，然后根据主溜井围岩状况，每隔 10~15m 对井壁进行钢筋混凝土加固和加装耐磨衬板的方法，完成了主溜井的修复。秦秀山等[133]针对现有溜井加固修复方法存在的施工时占用溜井时间过长的弊端，提出了采用双控张拉锚索束，从井壁外围向井筒内部进行整体加固的技术方案。

1.4　本书的主要研究内容

溜井是金属矿山地下开采提高效率、降低成本和简化提升系统布置的关键工程，但世界范围内矿山溜井堵塞与井壁变形破坏两大问题频发，给矿山生产效率提升和降低重大安全风险带来了严重影响。本书基于国家自然科学基金面上项目"溜井中物料运动特征及其对井壁的损伤演化机理"（项目批准号：51774176）的研究成果，系统阐述了金属矿山溜井内矿岩运动的特征、规律及其影响因素，以及由此引起的溜井堵塞、井壁变形破坏的机理和相关对策。

本书紧紧围绕解决世界范围内频繁发生的溜井堵塞与井壁变形破坏两大问题，采用理论分析、物理模拟实验和离散元数值模拟等方法，以溜井内的矿岩散体运动及其对井壁的作用为研究主线，以查明两大问题产生的原因与机理，提出预防和解决问题的方法与思路为目的，在详细分析目前国内外溜井问题研究现状的基础上，系统研究了溜井运输矿岩的特性、溜井溜矿段中的矿岩运动特征与规律、矿岩运动对井壁的冲击破坏作用机理、溜井储矿段内矿岩散体的移动规律、散体移动对井壁产生的磨损机理、溜井堵塞现象产生的机理及其预防、溜井井壁的加固与修复等内容，以期为溜井堵塞与井筒变形破坏的预防与处置提供相应的理论依据与技术支撑。

为方便读者更容易区分和理解矿岩散体在溜井内的运动特征与规律，非特别强调，在本书后续的内容中，根据矿岩散体在溜井溜矿段和储矿段内的运动状态，以及矿岩散体是由不同形状、不同粒度的矿岩块所组成的这一基本特征，将通过卸矿站或分支溜井进入主溜井溜矿段的矿岩散体表述为矿岩块，以区分储矿段内储存的矿岩散体；将矿岩散体在溜井溜矿段内的运动表述为矿岩块运动，将矿岩散体在溜井储矿段内的运动表述为矿岩散体运动，不做特别区分时，统称为矿岩运动。

本书共分 12 章。其中，第 1 章以金属矿山溜井系统及其应用存在的问题为主线，在介绍溜井系统应用存在问题的基础上，详细论述国内外有关溜井问题的研究现状与不足之处；第 2 章从溜井运输矿岩的松散特性与接触方式入手，介绍矿岩散体的基本特性、组成散体的矿岩块之间及其与溜井井壁的接触方式等，对矿岩松散特性与井壁侧压力的影响；第 3 章研究矿岩散体在溜井溜矿段中的特征与运动规律、矿岩与井壁发生碰撞的具体原因及影响因素；第 4 章研究溜井上部卸矿对井内储存的矿岩散体的冲击作用特征，以及冲击作用对井内矿岩散体特性的影响；第 5 章主要研究溜井上部卸矿对井壁的冲击作用过程、损伤破坏特征与机理，对井内储存矿岩散体的冲击夯实作用特征与机理，以及生产实践中弱化卸矿冲击作用效果的理论与方法；第 6 章针对溜井内矿岩冲击井壁的斜冲击作用特征，以砂岩为研究对象，研究斜冲击下冲击能量耗散特征和材料变形破坏特征与机理；第 7 章基于溜井的储存矿岩功能，研究井内矿岩散体在重力压实作用下的散体特性变化特征、规律及其影响因素，以及降低重力压实作用的理论方法与技术措施；第 8 章研究溜井底部放矿过程中，井内矿岩散体的移动特征、矿岩移动速度的变化规律，以及影响矿岩散体流动特征与规律的因素；第 9 章从细观及宏观角度研究溜井底部放矿过程中矿岩移动速度、轨迹和位移的变化特征，以颗粒流动力学、流体力学为理论基础，构建矿岩移动速度、位移和轨迹的预测模型，并对预测模型的可靠性进行验证；第 10 章主要以溜井储矿段为研究对象，基于散体力学、接触力学与摩擦学等理论，采用物理实验和数值模拟相结合的研究手段，研究井内储存的矿岩散体在静止和流动状态下的内部细观力学变化规律，以及对井壁的宏观力学作用，并通过摩擦损伤机理的研究，对井壁摩擦程度进行量化表达；

第 11 章主要针对溜井堵塞，归纳溜井咬合拱、黏结拱堵塞和管状流动约束现象的特征及其产生的力学机制，建立预防溜井堵塞的设计和使用管理理念及思路；第 12 章主要针对溜井井筒变形破坏问题，建立预防井筒变形破坏的溜井结构设计理念，提出基于储量分布特征的溜井系统设计理念。

第2章 溜井运输矿岩的松散特性与接触方式

溜井运输的矿岩散体是矿山采掘生产所产生的具有不同形态和尺度的块状矿岩。这些块状矿岩及它们之间的空隙组成的散体结构暂存于溜井储矿段内，或是在溜井底部放矿过程中，其内部的空隙结构不断变化，使矿岩散体的松散特性发生改变，进而影响散体的流动特性[37,43]。深入研究矿岩散体结构的松散特性及其变化规律，有助于揭示溜井储矿段产生悬拱堵塞的机理，以及矿岩散体在溜井内向下移动过程中对井壁产生的压力作用的变化规律。本章在介绍矿岩散体松散特性及其测定表征方法的基础上，重点研究溜井井内储存的矿岩散体内部的空间排列形态、接触方式与特征尺度的变化等对井内矿岩散体松散特性和对溜井井壁侧压力的影响。

2.1 矿岩的松散特性及其变化

矿山溜井系统主要承担矿、废石的下向运输任务，运输的矿岩散体主要是矿山采掘生产过程中产生的矿石与废石。自然界岩体的复杂特性，使得其物理力学性质（如硬度、黏结性、密度等）千变万化。矿山采掘生产中不同的破岩方式，使得破碎后的矿岩块在块度、形状及其分布特征、含水情况等方面大不相同。因此，矿山溜井运输的矿岩特征与地面筒仓内储存的物料特征大相径庭。

溜井内的矿岩主要来源于采掘生产的爆破作业，在没有经过机械破碎和筛分的情况下，既有不同形态和尺度的块状物，也有不同含量的细粒级粉矿或黏土类矿物。Kvapil[134]在研究漏斗放料时，将料斗和矿仓所处理的物料，根据其粒度分布和形状，分成图2.1所示的4类。

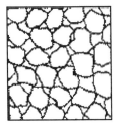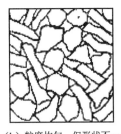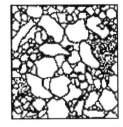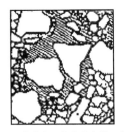

（a）粒度均匀，形状也　（b）粒度均匀，但形状不一　（c）粒度和形状多种多样　（d）粒度和形状多种多样，且
大致相同　　　　　　　　　　　　　　　　　　　　　　　　　　　大量粉矿或黏土充满矿岩块之间

图2.1　Kvapil物料特征分类

地下固体资源开发中，通过溜井运输的矿岩散体大多是由在爆破作用下形成的形状与尺度千差万别的矿岩块所构成的，基本呈现出图2.1（c）和（d）的形状。矿岩在溜井内的运动情况依其粒度分布、形状、物理力学性质和溜井倾斜程度等的差异而大不相同。根据溜井井筒倾斜角度的不同，溜井可分为垂直溜井和倾斜溜井两大类。以

垂直溜井为例，在重力作用下，矿岩散体在溜矿段内的运动呈现出"落雨"状态；在储矿段内，井内储存的矿岩散体在溜井底部放矿时，呈现出向下"蠕动"的状态。

在溜井储矿段内，矿岩散体流动性的好坏是影响溜井运输能否顺畅运行的关键因素，井内储存的矿岩散体越松散，其流动性越好；越密实，流动性越差。溜井储矿段内储存的矿岩散体是由大小不同的矿岩块及它们之间的空隙组成的。井内储存的矿岩散体的结构体系中由于空隙的存在，以及不同外力作用下空隙体积的变化，导致溜井储矿段内矿岩散体的松散特性具有瞬时性变化特征。因此，矿岩散体结构体系内部的空隙率是衡量井内储存的矿岩散体流动性的重要参数之一。

影响矿岩散体空隙结构特征的主要因素有组成矿岩散体的矿岩块大小[135]、形状[136]及矿岩块之间的接触方式等。矿岩块的尺寸越大，块与块之间的接触面积越小，矿岩块之间形成的空隙体积就可能越大，在外力作用下，空隙体积被压缩的比率也就越大；反之，空隙的体积就越小，空隙体积被压缩的比率也就越小。矿岩块的形状越复杂，其间的接触方式越复杂，接触面积大小的变化也越大。

储矿段内矿岩松散特性的变化，一方面会对溜井底部放矿时井内矿岩的流动或移动产生影响，严重时会导致井内的矿岩移动发生中断，即导致溜井堵塞现象发生；另一方面，矿岩松散特性的变化会使溜井井壁受到的侧压力发生较大变化，进而使井壁材料受到较大的摩擦力作用，使井壁的稳定性受到影响。

根据溜井的使用特点和井内矿岩的运动特征，溜井储矿段中矿岩松散特性发生变化的主要原因有如下 3 个方面。

1）下落矿岩的冲击夯实作用

溜井上部卸矿站卸矿时，从运输设备卸下的矿岩散体以一定的初始速度和方向进入溜井井筒，在经历了一个非常复杂的运动过程后，最终下落到井内储存的矿岩散体表面上。当下落的矿岩散体与井内储存的矿岩散体表面产生接触时，其携带的动能转换为冲击能，对井内矿岩散体产生冲击，冲击力通过散体内矿岩块之间的相互传递，使被冲击的矿岩块产生位移或旋转，直至冲击能量消耗殆尽。矿岩块产生位移或旋转的结果，使矿岩散体结构内部的空隙体积被压缩，松散性降低，散体变得更为密实[37,79]。

溜井内，因下落矿岩的冲击作用，使井内储存的矿岩散体结构体系内部的空隙体积减小、密实度增加的这一现象，称为冲击夯实作用。这种外载荷的作用过程及其作用特征与通过散体结构体系内部的力链结构特征、接触网络等有关。

2）井内矿岩散体的重力压实作用

受矿岩散体结构体系内空隙结构特性的影响，溜井储矿段内暂存的矿岩散体在其自身重力作用下，具有重力压实的特征[72]。这一特征主要表现如下：①储存在储矿段下部的矿岩散体内部的空隙，在其上部矿岩的重力作用下，空隙体积不断减小，空隙率不断降低，直到不再发生变化；②矿岩散体的重力压实特性与矿岩散体结构体系内部的空隙构成、摩擦力大小、上覆矿岩散体的储存高度及其容重相关；③井内储存的矿岩散体的重力压实作用具有明显的时间序列特征，持续时间越长，重力压实的作用效果越明显。

3）溜井底部放矿的松动作用

溜井底部放矿时，随着放矿口附近的矿岩不断被放出，上部矿岩散体不断向放矿口处移动，并填充先期放出矿岩后所形成的空间，形成一种"占位"现象。这一过程的持续作用，使得井内储存的矿岩散体内部的空隙体积变大，空隙率增大，其结果使矿岩的松散特性发生了变化，松散系数变大，流动性变好[43]。

储矿段内储存的矿岩散体在井内呈现出随机排列的特征，当储矿段内储存的矿岩散体处于静止状态时，矿岩散体内部小粒径的矿岩块受重力影响向下移动，大粒径的矿岩块因小粒径矿岩块的向下移动可能产生旋转，使井内储存的矿岩散体逐渐形成上半部分"松散"、下半部分"紧实"的状态。因此，仅以矿岩散体的缓冲性能描述储矿段储存的矿岩散体的空隙率分布，是具有一定缺陷的。

综上所述，溜井储矿段内矿岩松散特性的变化，能够产生矿岩散体的重力压实和井壁侧压力增大两种效果。重力压实的结果使矿岩散体内部的空隙率降低，流动性变差，可能会引起溜井井筒堵塞、井壁侧压力增大，从而加大了溜井底部放矿时井内矿岩移动对井壁的磨损程度。因此，以溜井储矿段内矿岩散体的空隙率为对象，通过研究不同卸矿高度、不同粒度矿岩块下，卸矿冲击对井内储存的矿岩散体内部空隙率分布的影响范围，研究矿岩散体的松散特性及其变化特征，查明矿岩松散特性发生变化的机理，对于确保溜井底部放矿时，井内储存的矿岩散体具有良好的流动特性，减小矿岩散体对井壁的侧压力具有重要的意义。

2.2 矿岩散体的松散特性及其表征

溜井内矿岩散体的松散特性是影响其重力压实特性的重要因素。散体力学中，对于矿岩松散特性的表征一般采用空隙率、堆积密度（packing density）、表观密度（apparent density）、紧密度（compactness）和压实率（compression rate）等指标。

2.2.1 矿岩散体的松散特性

1. 空隙率

目前，地下金属矿山的采掘生产仍以爆破破岩方式为主，通过机械方式破岩和自然崩落法落矿所产生的矿岩散体的比例很小。矿岩散体的空隙不同于矿岩块内部的孔隙，空隙是矿岩散体结构体系内不同矿岩块在其空间排列方式下，块与块之间所形成的间隙；孔隙是某一矿岩块内部所存在的空隙。空隙的大小主要影响的是矿岩散体的堆积体积，孔隙主要影响的是单一矿岩块的力学特性。

空隙率是指矿岩散体在自然堆积状态下，矿岩散体内总空隙体积与松散体积的百分比，以 η 表示。空隙率 η 的计算公式如下：

$$\eta = \frac{V'}{V_0} \times 100\% = \frac{V_0 - V}{V_0} \times 100\% = \frac{\rho_0 - \rho}{\rho_0} \times 100\% \tag{2.1}$$

式中，η 为空隙率（%）；V' 为自然堆积状态下矿岩散体的总空隙体积（m³）；V_0 为矿岩散体的自然堆积体积（m³）；V 为组成矿岩散体的矿岩块的总体积（m³）；ρ_0 为矿岩散体的堆积密度（kg/m³）；ρ 为矿岩散体的表观密度（kg/m³）。

空隙率考虑的是组成散体的矿岩块与块之间空隙的多少，矿岩散体的空隙率越大，说明矿岩散体内部的空隙体积越大。组成矿岩散体的矿岩块的大小及其粒度分布、矿岩块的形态及其接触方式，决定了矿岩散体的空隙结构特征。矿岩散体的空隙结构及其大小，影响矿岩散体的松散特性，又进一步影响井内储存的矿岩散体的重力压实特性和冲击夯实特性。

对于矿岩散体空隙率的测定，原则上可以采用量筒向一个装满干的矿岩散体样品的容器中倒水的方法来估计总空隙体积。容器加满水所需的水量，近似于散体结构的空隙体积。将该体积除以样品的总体积，便得到一个估计的总空隙率。然而，有些矿岩块内部包含的孔隙是开放的，即孔隙是与矿岩块的表面连通的，在这种情况下，向容器中倒水时，水也会进入矿岩块的孔隙，导致所测量样品的总体积会略大于其实际体积。因此，采用这种方法测定的矿岩散体的空隙率值偏大，是所测量样品总空隙率的大致估计。但由于矿岩块的开放孔隙体积较小，且数量也不一定很多，因此得到的空隙率值并不影响其应用的可靠性。

2. 堆积密度

堆积密度又称为体积密度，是指散体材料在自然堆积状态下单位体积的质量。散体材料的堆积密度计算如下：

$$\rho_0 = \frac{m}{V_0} \tag{2.2}$$

式中，m 为矿岩散体在一定容器内的质量（kg）；V_0 为材料的自然堆积体积，即装入容器的容积（m³）。

采用式（2.2）计算矿岩散体的堆积密度时，V_0 是包含颗粒间的空隙和颗粒内部孔隙在内的总体积。按自然堆积体积计算的密度称为松堆密度（loose density），以振实体积计算的密度称为振实密度（tap density，也称为紧堆密度）。

矿岩散体的堆积密度与矿岩块的大小及其分布、形状有关，尤其以粒径分布的影响最大。在实验室进行堆积密度测定时，堆积密度还受到容器大小、填充方式等因素的影响。

矿岩散体的堆积密度可采用堆积密度计进行测定，堆积密度计的结构原理如图 2.2 所示。测定时应按一定的方法进行，具体步骤如下。

第 1 步，在漏斗中装满待测的矿岩散体。

第 2 步，打开漏斗颈的下部出料口的挡板，让漏斗内的矿岩散体自然流出，自由落下，连续流入下方的容器中。

第 3 步，用刮板轻轻刮平容器的上口。刮平容

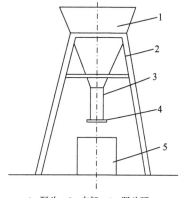

1. 漏斗；2. 支架；3. 漏斗颈；
4. 挡板；5. 容器。

图 2.2　堆积密度计的结构原理

器口时尽量保持水平，不得有纵向施力行为。

第4步，称量容器中的矿岩散体质量 m。

第5步，根据质量 m 和容器的容积 V_0，计算矿岩散体的堆积密度。

3. 表观密度

表观密度是指固体（粉末或颗粒状）材料的质量与表观体积之比。实验室测定的表观密度通常为样品烘干至恒重状态下的静观密度。如果结果是在含水状态下测定的，则需要注明含水率。对于形状规则的材料，其表观体积可直接进行测量；对于形状不规则的材料，可先用蜡封法封闭材料的孔隙，然后用排液法测量其表观体积。

表观密度的计算如下：

$$\rho = \frac{m_1}{V} \tag{2.3}$$

式中，ρ 为矿岩散体的表观密度（kg/m³）；m_1 为矿岩在干燥状态下的质量（kg）；V 为矿岩块不含开口孔隙的体积（m³）。

由于组成矿岩散体的矿岩块比较密实，孔隙很少，开口孔隙体积更小，因此可直接采用排液法测量其体积，此时的体积是实体积与闭口孔隙体积之和，即不包括矿岩块与外界连通的开口孔隙体积。矿岩散体的表观体积测量方法及步骤如下：

第1步，按表2.1的规定数量取样，并缩分至略大于规定的数量，风干后筛余小于4.75mm 的颗粒，洗刷干净，分为大致相等的两份备用。

表 2.1　表观密度实验所需试样数量

最大粒径/mm	>26.5	31.5	37.5	63.0	75.0
最小试样质量/kg	2.0	3.0	4.0	6.0	6.0

第2步，将试样浸水饱和，装入广口瓶中。装试样时，广口瓶应倾斜放置，注入饮用水，用玻璃片覆盖瓶口，以上下左右摇晃的方法排出气泡。

第3步，气泡排尽后，向瓶中添加饮用水直至水面凸出瓶口边缘。用玻璃片沿瓶口迅速滑行，使其紧贴瓶口水面。擦干瓶外水分后，称出试样、水、瓶和玻璃片总质量，精确至1g。

第4步，将瓶中试样倒入浅盘，放在烘箱中于（105±5）℃下烘干至恒重，待冷却至室温后，称出其质量，精确至1g。

第5步，将瓶洗净并重新注入饮用水，用玻璃片紧贴瓶口水面，擦干瓶外水分后，称出水、瓶和玻璃片总质量，精确至1g。

第6步，根据测量结果，按式（2.4）计算矿岩散体的表观密度：

$$\rho_2 = \left(\frac{G_0}{G_0 + G_2 - G_1} - A_t \right) \times \rho_{水} \tag{2.4}$$

式中，ρ_2 为矿岩散体的表观密度（kg/m³）；G_0 为矿岩烘干后试样的质量（kg）；G_1 为矿岩散体试样、水、瓶和玻璃片的总质量（kg）；G_2 为水、瓶和玻璃片的总质量（kg）；A_t 为水温对砂表观密度的修正系数；$\rho_{水}$ 为水的密度（1000kg/m³）。

最终的表观密度取两次实验结果的算术平均值，两次实验结果之差大于 20kg/m³，须重新实验。对矿岩块不均匀的散体试样，如果两次实验结果之差超过 20kg/m³，可取 4 次实验结果的算术平均值。

4. 紧密度

散体颗粒的紧密度通过镜下测微尺或图像仪测量任意方向上的颗粒截距总长度（mm）来计算，具体如下：

$$颗粒的紧密度 = \frac{颗粒截距总长度}{测量长度} \times 100\% \tag{2.5}$$

由式（2.5）可以看出，矿岩散体的紧密度越大，说明散体内矿岩块的排列越紧密，其压实强度也越大。根据散体的紧密度，按研究区最大原始空隙率计算压实后损失的空隙率，并按一定区段间隔计算空隙压实梯度，可以反映压实作用强度。根据这种方法，可对压实作用强度进行分级（表 2.2）。

表 2.2　重力压实作用强度分级

压实作用强度	颗粒的紧密度	压实后损失的空隙率	空隙压实梯度
弱压实	<70	<10	<1
中压实	70～90	11～27	>1
强压实	>90	27	0.5

紧密度和空隙率是表征同一材料两个相反特性的指标，如紧密度为 80%时，则空隙率为 20%。一般来说，材料的空隙率越大，材料的紧密度越小；反之，材料的空隙率越小，其紧密度越大。由于紧密度和空隙率是对同一材料衡量的两个方面，因此当采用紧密度和空隙率这两个指标表征材料的松散特性时，选取其中一个指标即可。

5. 压实率

压实率反映了矿岩散体被压实后原始空隙体积降低的百分比。它是通过矿岩散体的原始空隙体积（m³）与压实后颗粒间的体积（m³）进行对比来表征的，计算如下：

$$压实率 = \frac{原始空隙体积 - 压实后颗粒间体积}{原始空隙体积} \times 100\% \tag{2.6}$$

矿岩散体的压实率与矿岩散体的粒度及其分布特征、组成散体的矿岩块的形状、结构及其受力状态有关，对于不同的矿岩散体，可以采用散体压缩实验得到的空隙比与压力值在二维坐标系下绘制的压缩曲线（即 e-p 曲线）来反映散体的压缩特性。对于不同的矿岩散体，其 e-p 曲线的形状是不一样的。假定散体试样在某一压力 p 作用下，其体积已经稳定，当施加在试样上的压力 p 增加至 p_z 时，对于该压力增量下形成的 e-p 曲线，曲线越陡，表明散体材料空隙率减少得越显著。压缩曲线的斜率可以形象地说明散体材料压缩性的高低。

2.2.2 矿岩散体空隙率表征的分维方法

散体空隙率的研究除常规的测试方法以外，以分形为代表的理论计算和离散元数值模拟方法应用也较为广泛。法国数学家 Mandelbrot[137]在 1967 年提出了分形理论（fractal theory），用来表征自然界中不规则及杂乱无章的现象和行为，度量外表极其破碎和无规则，而其内部具有自相似性和自仿射性特征的复杂形体。分形理论能够使人透过无序的混乱现象和不规则的形态，来揭示复杂现象背后的规律、局部和整体之间的本质联系[138]。

分形理论经过较长时间的发展，已经在散体空隙率的计算方面有了较多的应用。采用分形理论计算散体空隙率时，通过对散体颗粒特征尺度的统计，定量分析其分形特征，确定其分形维数，度量与特征尺度相同的维数尺度，最后可以计算出散体材料的空隙率。例如，地下巷道掘进工程发生塌方后，采用分形方法计算冒落体的空隙率，进而计算注浆浆液的消耗量[139]。夏小刚和黄庆享[140]基于冒落带的形成过程，对冒落带的动态高度进行了系统的研究，建立了基于分形几何的空隙率计算模型；陈博文等[141]通过测定和计算充填材料活性率、粒径分形维数和孔隙分形维数，揭示了充填体抗压强度特征，结合多元非线性回归分析和主成分分析构建了充填体抗压强度模型；Ji 等[142]建立了模拟水泥水合物在水泥浆体中的空间填充过程的分形模型，预测了硬化水泥浆体孔隙结构的分形维数介于 0～3，发现混凝土强度越高，小孔径和大孔径范围内的分形维数 D 值越小，细直径范围内的孔的分形维数 D 值小于大直径范围内的分形维数 D 值。Diamond[143]通过实验研究了混凝土中孔隙表面的分形特征，表明构成混凝土中较大孔隙边界的表面在有限的自相似范围内是分形的，且孔隙表面的特征分维几乎是恒定的，与其他因素无关。

1. 矿岩散体的分形特征

分形理论是非线性科学研究中十分活跃的一个分支，其主要研究对象是自然界和非线性系统中出现的具有自相似性的不规则的几何形体，定量描述这种自相似性的参数是分维[144]。经典的欧几里得（Euclidean）几何学中，几何图形的维数是整数，如点的维数是 0，线的维数是 1，正方形的维数是 2，立方体的维数是 3。但一般来说，分形维数不一定是整数，是分数，整数维只是其特例。例如，康托尔尘集（Cantor Dust Set）的分形维数 $D = \dfrac{\lg 2}{\lg 3} = 0.6309$，科赫岛（Koch Island）的分形维数 $D = \dfrac{\lg 4}{\lg 3} = 1.2619$，谢尔宾斯基地毯（Sierpinski Carpet）的分形维数 $D = \dfrac{\lg 8}{\lg 3} = 1.8928$，门格尔海绵体（Menger Sponge Body）的分形维数 $D = \dfrac{\lg 20}{\lg 3} = 2.7768$。

2. 松散岩体分形模型的构造

在经典的数学分形中，大部分的数学分形集在选定"初始元"（initiator）后再确定

"生成元"（generator），然后让"初始元"的每一个单元类似于"生成元"的形状变形 [145-146]。依此类推，最后构造成一个非常不规则但具有严格自相似的分形集合，从而归纳出一个规则来直接估计自相似维数中的两个参数 N 和 r，再计算出分形维数 D。

将一个边长为 L 的立方体作为初始元。生成元就是将立方体进行 27 等分，去掉体心和各棱中间的 13 个小立方体，剩下的只有 14 个边长为 $S_1 = \dfrac{L}{3}$ 的小立方体（$N_1=14$）。将上述操作重复下去直至无穷，使剩下的小立方体的边长 S 不断减小，数目逐渐增多，最后由立方体的集合形成门格尔海绵体。

对矿岩散体内的块体颗粒（即矿岩块）和空隙率模型，可以将其看作越来越小的矿岩块不断黏结在较大的块体上。将上述模型构造中剩下的小立方体看作矿岩散体的空隙，将去掉的小立方体看作构成矿岩散体的骨架，由此形成的空间结构体模型称为矿岩散体的分形模型。

由于矿岩散体是由具有离散特征的爆破破碎后的矿岩碎块构成的自然分形具有统计自相似性，因此其自然分形的维数可以用覆盖法即盒维数法来估算。分形维数 D 可以定义如下[144]：

$$N_{(r)} = C \cdot r^{-D} \tag{2.7}$$

式中，$N_{(r)}$ 为特征尺度大于 r 的矿岩散体的颗粒数目（个）；r 为所衡量矿岩散体的颗粒的特征尺度（m）；C 为矿岩散体的材料常数。

由式（2.7）可知，只要知道任意两个特征尺度及对应的矿岩散体的颗粒数目，就可以计算出矿岩散体的分形维数 D 和材料常数 C，即

$$\begin{cases} D = \dfrac{\lg\left(\dfrac{N_i}{N_{i+1}}\right)}{\lg\left(\dfrac{r_i}{r_{i+1}}\right)} \\ C = N_i \cdot r_i^D = N_{i+1} \cdot r_{i+1}^D \end{cases} \tag{2.8}$$

式中，r_i 和 r_{i+1} 为所衡量矿岩散体的颗粒的特征尺度（m）；N_i 和 N_{i+1} 为特征尺度大于 r 的矿岩散体颗粒的数目（个）。

3. 定义矿岩散体颗粒的特征尺度

组成矿岩散体的颗粒（即矿岩块）的特征尺度定义既应有效地描绘矿岩散体颗粒的特征，又能便于实际统计应用。矿岩散体颗粒的特征尺度定义为其三维几何平均直径，即

$$r = (abc)^{\frac{1}{3}} = V^{\frac{1}{3}} \tag{2.9}$$

式中，a 为矿岩散体颗粒最大长度方向上的尺寸（m）；b 为垂直 a 方向上的最大尺寸（m）；c 为垂直 a 和 b 方向上的最大尺寸（m）；V 为矿岩散体颗粒的特征体积（m³）。

4. 矿岩散体颗粒与空隙分维确定

在矿岩散体的分形模型构造过程中，将剩下的小立方体看作矿岩散体体系内部的空隙，将去掉的小立方体看作构成矿岩散体的骨架块体颗粒，则对应于不同特征尺度下的矿岩散体的颗粒（即矿岩块）数目与空隙数目的计算如表 2.3 所示。

表 2.3　不同特征尺度下矿岩散体的颗粒数目与空隙数目的计算

构造次数 n	1	2	3	$\cdots$	n
特征尺度 r	$\dfrac{L}{3}$	$\dfrac{L}{3^2}$	$\dfrac{L}{3^3}$	$\cdots$	$\dfrac{L}{3^n}$
块体颗粒数 $N_{(r)}$		$\dfrac{13\times(1-14^2)}{1-14}$	$\dfrac{13\times(1-14^3)}{1-14}$	$\cdots$	$\dfrac{13\times(1-14^n)}{1-14}$
空隙数 N_n	14	14^2	14^3		14^n

5. 空隙率、空隙体积和分形维数的关系

对于矿岩散体分形模型，在 n 次构造之后，剩下的单个小立方体空隙边长 $S_n=\dfrac{L}{3}$，矿岩散体颗粒之间的空隙个数 N_n 为

$$N_n=\left(\frac{S_n}{L}\right)^{-D} \tag{2.10}$$

式中，$D=\dfrac{\lg 14}{\lg 3}$ 为剩下的小立方体空隙的分形维数；S_n 为矿岩散体内的小立方体空隙的边长（m）。

该海绵体剩下的总体积 V_n（m^3）即为散体材料的空隙体积 V_p（m^3）：

$$V_p=N_n\cdot S_n^3=L^D\cdot S_n^{3-D} \tag{2.11}$$

根据空隙体积 V_p（m^3），即可求得矿岩散体的空隙率 η：

$$\eta=\frac{V_p}{L^3}=\left(\frac{S_n}{L}\right)^{3-D} \tag{2.12}$$

根据上述内容，只要对矿岩散体颗粒的特征尺度进行统计，并计算出其分形维数 D 后，就可以根据式（2.11）和式（2.12）方便地计算出矿岩散体的空隙体积与空隙率，用以表征矿岩散体的松散特征。

2.3　井内矿岩散体的接触特征及其变化

矿岩散体在溜井内运动的过程中与井壁接触并产生力的作用，是导致井壁产生变形破坏的根本原因[78]。因此，查明组成矿岩散体的矿岩块之间及矿岩块与溜井井壁之间的接触方式和变化特征，是理解矿岩散体的结构体系变形、松散特性变化、矿岩运动规律和井壁破坏机理的关键。由于矿岩块与井壁之间接触方式的不可视和接触面积的不可量测，因此本节仅从接触方式及其变化特征与机理方面进行一些定性化的理论研究。

2.3.1　井内矿岩散体的松散性变化特征

矿山溜井内储存的矿岩散体主要来源于矿山采掘生产爆破产生的矿石与废石。矿山正常生产时，采掘生产产出的矿、废石从采掘工作面不断运抵溜井上部卸矿站，并向溜井卸载；溜井底部的放矿机将井内储存的矿岩散体不断放出，并通过皮带运输机和计量漏斗向箕斗转载，最终通过箕斗提升到地表，实现生产的连续运行。

矿岩散体从进入溜井到从溜井底部放出的过程中，其松散特性会不断发生变化。由于矿山生产组织方面的原因，溜井底部的放矿具有间歇性的特点，且这种间歇性也存在较大的不确定性，底部放矿中止的时间有长有短。当溜井底部放矿停止时，井内储存的矿岩散体暂时滞留在溜井储矿段内，并在重力的作用下产生压实现象。

井内矿岩散体的重力压实表现出一种静力作用的特征，自井内储存的矿岩散体表面开始，随着储存的矿岩散体的深度增加，重力压实的作用效果越明显，矿岩散体的松散特性变化越突出。溜井底部放矿的间歇性特点表现为存在连续放矿、间歇放矿和较长时间停止放矿 3 种状态。在这 3 种状态下，井内矿岩散体的松散特性变化表现出以下几方面的特征[47]。

1. 溜井底部连续放矿时

矿山正常生产过程中，溜井底部连续放矿时，溜井底部放矿漏斗范围内的矿岩散体不断向放矿口移动并放出，其上部的矿岩散体在重力作用下，也在不断向放矿漏斗和放矿口移动，补偿已经放出矿岩所占据的原有空间，使储矿段内的矿岩移动呈现出一种“空间体积补偿”行为，进而产生向下的位移。构成井内矿岩散体的矿岩块在向下移动的过程中，因其不规则的形状和与其他矿岩块不同的接触方式，矿岩散体内部的受力状态和运动状态极为复杂。在这一过程中，除矿岩块的空间位置发生变化外，其排列方式和与其他矿岩块的接触类型、接触面积和接触的紧密程度也发生变化。这种变化引起矿岩散体内部空隙体积的增加，使其变得更为松散，改善了其流动特性。

当储矿段内矿岩散体的移动没有波及井内储存的矿岩散体表面时，受溜井上部卸矿站卸矿冲击夯实作用的影响，井内储存的矿岩散体表面以下的矿岩散体呈现出自上而下、由密而疏的松散特性；若卸入溜井的矿岩量大于底部放矿的放出量时，则会导致井内储存的矿岩散体的高度增大，卸矿冲击对矿岩散体松散特性的影响程度大幅降低。当井内储存的矿岩散体不受上部卸矿冲击的影响，即卸矿站没有卸矿作业时，溜井底部连续放矿会使井内矿岩散体保持良好的松散状态，井内储存的矿岩散体的高度也在不断下降，直至被完全放出。

2. 溜井底部间歇放矿时

受矿山生产过程中各种不确定因素的影响，溜井底部放矿会发生短时间中止现象。例如，主提升井的箕斗提升是一种非连续提升方式，当箕斗装满矿岩向上提升时，溜井底部放矿开始，并通过胶带运输机向箕斗计量仓给矿；当计量仓装满后，溜井底部的放矿就会中止，等待下一箕斗进行装载。这一过程便存在溜井底部放矿短暂中止现象。若是提升系统、胶带运输机或放矿设备等进行检修，则溜井放矿的中止时间会较长。

若放矿中止时间不超过 1 天，一般可以认为是间歇放矿。在该时期，井内储存的矿岩散体会在其自重应力作用下产生一定程度的重力压实作用，但由于放矿停止的时间较短，重力压实的作用效果并不明显，散体的空隙特性虽然有一定变化，但是变化不大。在该时期，一旦溜井上部卸矿继续进行，则卸矿冲击对井内矿岩散体的夯实效果加强，且随着井内储存的矿岩高度的不断增加，矿岩散体的重力压实效果也在增强。

3. 溜井底部较长时间停止放矿时

溜井底部放矿较长时间停止的现象多发生在矿山生产系统的检修阶段，尤其是提升运输系统检修时期。在该时期，溜井系统底部的放矿完全停止，井内矿岩散体较长时间处于静止状态，井内储存的矿岩散体会在自重应力作用下，对其下部矿岩散体不断产生重力压实作用，改变散体的空隙特性，重力压实的作用与效果突显。这一作用效果具有强烈的时间序列特性，时间越长，重力压实效果越明显。这种变化的最大特点在于，井内储存的矿岩散体在重力压实作用的影响下，其内部发生了一种"体积蠕变"行为，但这种"体积蠕变"具有一定的随时间、随井内储存的矿岩散体高度变化的特征，延续时间越长，储存的矿岩散体高度越大，重力压实效果越明显。

在这种情况下，除矿岩散体内的空隙性因素外，井内储存的矿岩散体高度、组成矿岩散体的矿岩块的粒度大小及其分布、溜井底部放矿中止的时间长短等，都会成为影响井内矿岩散体重力压实特性的原因。尤其是当矿岩散体具有明显的结块特性时，矿岩散体在溜井储矿段内滞留的时间越长，重力压实与矿岩黏结共同作用，对井内储存的矿岩散体的流动性产生的影响更大。

2.3.2 矿岩散体及其与井壁的接触特征

1. 井内矿岩散体的接触方式

自然界颗粒物质是大量离散的固体颗粒相互作用而组成的复杂体系，具有多物理机制和多尺度结构层次的特点[147]。从三维空间角度看，散体体系通常通过颗粒与颗粒之间的相互接触形成颗粒支撑组构。

矿山采掘生产产生的矿岩散体是由点、线、面组成的极不规则的形体，这些极不规则的形体（即矿岩块）构成了矿岩散体的颗粒体系。矿岩块的形状及几何尺寸具有复杂多变的特点，因此在其形成颗粒支撑组构时，矿岩块之间的接触方式主要以点接触（point contact）、线接触（line contact）和面接触（surface contact）3 种类型出现，如图 2.3 所示[47]。不同的接触方式对于井内储存的矿岩散体结构体系的空隙率、矿岩散体的冲击夯实与重力压实作用效果影响的差异很大。

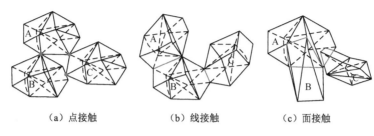

（a）点接触　　　　　　　（b）线接触　　　　　　　（c）面接触

图 2.3　矿岩块的接触方式

1）点接触

矿岩散体内部的矿岩块以其尖点与其他矿岩块的某个棱边或面接触，如图 2.3（a）所示。在这种接触方式下，组成矿岩块尖点的各个面之间的夹角大小对于矿岩块之间的空隙大小存在一定影响。若是锐角形成的尖点接触，则矿岩块之间的空隙可能会较大；若是钝角形成的尖点接触，则空隙可能会较小。当矿岩块之间以点接触方式形成散体的颗粒支撑组构时，该颗粒支撑组构的稳定性较差，矿岩块相对运动时多数会产生转动，接触方式最终可能会转变为线接触或面接触方式。

2）线接触

矿岩散体内部的矿岩块以其棱边与其他矿岩块的某个棱边或面接触，如图 2.3（b）所示。在这种接触方式下，组成矿岩块棱边的两个面的夹角大小对于矿岩块之间的空隙大小存在一定影响。若夹角较大，则矿岩块之间的空隙可能会较小；若夹角较小，则空隙可能会较大。当矿岩块之间以线接触方式形成散体的颗粒支撑组构时，该颗粒支撑组构具有相对较高的稳定性，矿岩块之间的相对运动也会出现转动状态，接触方式最终会转变为面接触方式。

3）面接触

矿岩散体内部的矿岩块以其某个面与其他矿岩块的面接触，如图 2.3（c）所示。在这种接触方式下，矿岩散体内矿岩块之间的空隙大小，取决于矿岩块接触面积的大小和每个矿岩块接触面的平整度，接触面积越大，接触面越平整，矿岩块之间的空隙就越小；否则，空隙就越大。当矿岩块之间以面接触方式形成散体的颗粒支撑组构时，散体的颗粒支撑组构的稳定性高，矿岩块之间的相对运动会存在较大的摩擦阻力。

由于溜井井内储存的矿岩散体在空间排列上的随机性，以及组成矿岩散体的矿岩块几何形状与尺寸的复杂多变性，在溜井内储存的矿岩散体的矿岩块之间，这 3 种接触方式都可能存在，而且，由于井内矿岩运动的影响，矿岩散体内部矿岩块的接触方式也会发生相互转变。

2. 矿岩散体与溜井井壁的接触方式

溜井储矿段内储存的矿岩散体具有与容器中的流体相似的特征。容器中的流体形成了与容器相同的形状，并对容器壁产生随高度变化而变化的压力。井内储存的矿岩散体也具有类似的特点，也会形成与溜井结构相似的形状，并对溜井井壁产生随高度变化而变化的压力。所不同的是，组成散体体系的矿岩块与井壁的接触并不像流体与容器壁呈现出的接触方式那样，而是与矿岩散体内部矿岩块与块之间的接触方式一样，也呈现出点、线、面3种不同的接触方式；另外，这3种接触方式的发生具有很强的随机性。因此，溜井井壁受到的矿岩散体压力表现出了非均匀性的特征，即使在同一高度处的井壁上，井壁承受的散体压力也存在较大的差异。

由于井内矿岩散体运动的影响，组成矿岩散体的矿岩块与溜井井壁的接触方式时刻发生着变化，在这一变化的过程中，散体内矿岩块的运动速度决定了接触方式在单位时间内的变化频次。溜井底部放矿时，放矿速度越快，井内矿岩散体向下移动的速度也越快，矿岩块与井壁接触方式转变的频次就越高；否则，转变的频次就越低。

2.3.3 矿岩接触方式的变化特征与机理

1. 接触方式的变化特征

溜井井内的矿岩运动是引起组成散体体系的矿岩块在空间排列方式、接触方式上发生变化的根本原因。受井内矿岩运动的影响，井内矿岩散体在空间排列上的随机性、组成矿岩散体的矿岩块几何形状与尺寸的复杂多变性，决定了矿岩散体内的矿岩块及其与井壁之间的三种接触方式会发生相互转变。

结合实验过程中矿岩在溜井内的运动现象[72-73]分析，矿岩散体内的矿岩块及其与井壁之间接触方式的变化主要表现出以下特征：

（1）矿岩散体内的矿岩块之间以点接触方式形成散体的颗粒支撑组构时，该颗粒支撑组构的稳定性较差，矿岩块发生相对运动时，多数会产生转动，矿岩块之间的接触方式最终可能会转变为线接触方式或面接触方式。

（2）矿岩散体内的矿岩块之间以线接触方式形成散体的颗粒支撑组构时，该颗粒支撑组构具有相对较高的稳定性，矿岩块之间的相对运动也会出现转动状态，其接触方式最终会转变为面接触方式。

（3）矿岩散体内的矿岩块之间以面接触方式形成散体的颗粒支撑组构时，该颗粒支撑组构具有较高的稳定性，矿岩块之间的相对运动会产生较大的摩擦阻力。

（4）受井内矿岩散体运动的影响，尤其是溜井底部放矿时，矿岩散体内的矿岩块与溜井井壁的接触方式也时刻发生着从点接触或线接触到面接触的变化。矿岩的运动速度决定了接触方式在单位时间内的变化频次。

2. 接触方式的变化机理

矿岩块之间及矿岩块与井壁之间的力学作用机制极为复杂，但导致矿岩在溜井内产生运动的力学机制主要表现在溜井底部放矿时，溜井储矿段内的矿岩在重力作用下的向下移动[148-149]、溜井上部卸矿时下落矿岩对井内储存矿岩散体的冲击夯实作用[73]，以及放矿中止时井内储存矿岩散体的重力压实作用[72]3个方面。

由矿岩块组成的井内矿岩散体所形成的颗粒支撑组构中，矿岩块的空间排列的随机性决定了矿岩块所处空间位置及其受力状态的复杂特性。对于图2.4（a）所示的散体颗粒支撑组构，矿岩块A在矿岩块B和C的支撑下达到平衡状态，3个矿岩块两两之间的接触方式均为点接触或线接触。若矿岩块 B 的空间状态不变，仅矿岩块 C 受到矿岩运动的影响，以其与矿岩块 B 的接触点为中心产生了旋转，矿岩块 A 因失去矿岩块 C 的支撑而产生旋转、滑移等运动，最后达到新的平衡，如图 2.4 (b) 所示。此时，矿岩块 A 与 B、B 与 C 之间的接触方式转变为面接触，矿岩块 A 与 C 之间的接触方式仍为点接触或线接触。

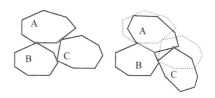

（a）原始平衡状态　（b）新平衡状态

图 2.4　矿岩块接触方式的变化机理

　　从这一过程不难发现，矿岩块 C 的移动为矿岩块 A 提供了运动空间，矿岩块 A 的自身重力及来自其他矿岩块传递的力为其运动提供了力源。组成井内矿岩散体结构体系的矿岩块，在外力作用下会产生不同的运动方式，其中旋转是导致接触方式发生改变的最主要的运动方式。

　　引起矿岩散体内矿岩块与井壁接触方式的变化机理，与矿岩块之间接触方式的变化机理有所不同，主要表现为矿岩块与井壁接触时，是单一矿岩块与井壁的接触。由于矿岩块在相邻矿岩块的作用下，一旦失去其下部矿岩块的支撑，或是失去了相邻矿岩块的约束，矿岩块就会产生旋转，与井壁的接触方式也就发生了改变。若矿岩散体内的矿岩块不产生旋转而仅仅产生向下的移动，则矿岩块与井壁之间会产生摩擦作用，导致井壁产生摩擦损伤。

2.4　接触方式对矿岩松散特性与井壁侧压力的影响

2.4.1　接触方式对矿岩松散特性的影响

　　溜井使用过程中，井内储存的矿岩散体会受到溜井上部卸矿、底部放矿和井内矿岩散体自身重力等因素的影响，使得矿岩散体内部的接触方式不断发生变化，其结果是引起散体空隙率的变化，进而影响矿岩散体的松散特性和流动性。

　　井内矿岩散体的松散特性是影响矿岩散体流动特性的重要原因。由于组成矿岩散体的矿岩块具有较大的尺度范围，矿岩块之间及矿岩块与溜井井壁之间不同的接触方式，对井内矿岩散体的空隙分布特征影响较大。在矿岩散体的颗粒支撑组构中，不同接触类型及其在数量上的差异，导致矿岩散体的松散特性存在较大的差异，即矿岩散体内矿岩块的接触关系不同，其空隙分布特征与松散特性也不相同。由于矿岩块之间的接触类型与矿岩块的几何形状、特征尺度和堆积方式相关，因此，在进入溜井内的矿岩块的形状与尺度已经确定的情形下，溜井上部卸矿时，下落矿岩对井内矿岩散体的冲击夯实作用和井内矿岩自身的重力压实作用，都会对矿岩散体内部的接触类型产生影响。

　　矿岩散体的结构体系内，矿岩块之间的接触面积越大，块与块之间的空隙体积就越小。在矿岩散体内的矿岩块与块之间的 3 种接触方式中，以点接触方式的接触面积为最小，线接触次之，面接触方式的接触面积最大。对于特定矿岩块的几何形态与特征尺度，矿岩散体内的矿岩块之间，点接触方式出现的接触频次越多，矿岩散体的空隙体积就越大，空隙率也越大；面接触方式出现的频次越多，矿岩散体的空隙体积越小，其空隙率也越小。

如图 2.4 所示的矿岩块组成的颗粒支撑组构的平面状态，通过对矿岩接触方式变化前与变化后，3 个矿岩块之间所形成的面积进行测量发现，图 2.4（b）中的面积比图 2.4（a）中的面积减少了 34.32%，在某种程度上表明矿岩散体的空隙率下降了 34.32%，散体变得更为密实。

一方面，井内储存的矿岩散体在下落矿岩的冲击作用下会产生夯实效应，受这种冲击作用的影响，井内矿岩散体被夯实的程度，称为冲击夯实作用强度。另一方面，井内矿岩散体在其自身重力作用下会产生压实效应，这种重力作用下矿岩散体被压实的程度，称为重力压实作用强度。冲击夯实作用强度和重力压实作用强度均会降低井内矿岩散体的流动性，其主要原因是两种作用均降低了矿岩散体的松散度。井内储存的矿岩散体的冲击夯实强度和重力压实强度的增加，改变了矿岩散体内矿岩块之间的接触类型，使矿岩块之间的接触面积变得更大，空隙率变得更小，最终导致矿岩散体的松散度降低，进而影响到溜井底部放矿时井内矿岩散体的流动性。

溜井底部放矿时，放矿口放出的矿岩散体为其上部矿岩散体的向下移动提供了补偿空间，使上部矿岩散体在重力作用下不断向放矿口移动。在这一过程中，矿岩散体内部的接触方式也在不断发生变化，使散体的空隙体积不断增大，空隙率增大，因此提高了矿岩散体的松散程度。

2.4.2 接触方式对井壁侧压力的影响

组成散体的颗粒之间的相互作用力是指由于颗粒的运动形态、形状发生改变而产生的对其他散体颗粒的作用力，主要包括正向压力、侧压力和剪切力，它们与散体本身的属性具有一定的关系。

溜井内储存的矿岩散体是一种井壁约束下的柱状散体结构，该结构呈现出以下力学特征：

（1）矿岩散体除对溜井的底部结构产生压力作用外，还对约束并限制其流动的溜井井壁产生侧向压力。这种压力主要来自构成矿岩散体的矿岩块之间发生的碰撞和挤压所引起的散体结构变形。矿岩块之间的相互作用以碰撞和摩擦为主，并通过其相互接触传递作用力，形成了力链的作用效果。

（2）在井内储存矿岩散体的同一高度处，矿岩散体作用在溜井井壁上的侧向压力并不均等。这一特征与该高度处矿岩块与井壁接触面积的大小密切相关。井壁承受的侧向压力源自矿岩散体内部力链传递的散体结构的变形压力。由于矿岩散体内的矿岩块与井壁接触的点、线、面 3 种方式具有较大的面积差异性，因此，在相同的散体结构变形压力下，井壁在其与矿岩接触部位受到了大小不同的散体结构变形压力作用，而没有接触的井壁部位则不会受到散体结构的变形压力作用。

（3）在井内储存矿岩散体的不同高度处，溜井井壁所承受的侧向压力表现出一定的重力作用特征，即随着井内储存的矿岩散体表面以下深度的增加，井壁侧压力呈增长态势。其主要原因是在上覆矿岩散体的重力作用下，散体结构变形压力随深度增加而不断加大，并通过力链的传递，使井壁承受了更大的载荷。但这一压力增大呈现非线性的波动增长态势，并且随着储存矿岩散体高度的增加，还会出现压力饱和（pressure saturation）现象。

（4）在垂直方向上，矿岩散体的自重应力通过力链的传递，最终作用到溜井的底部结构上。矿岩散体储存的高度越大，散体结构的变形压力越大，传递到溜井底部结构上的压力也越大。与井壁侧向压力类似，垂直压力呈现非线性波动增长，也存在压力饱和现象。

矿岩块与井壁在不同的接触方式下，矿岩块沿井壁向下滑动时，对井壁的破坏方式、产生的破坏程度也不同。在相同的矿岩散体压力下，以点接触的破坏程度最严重，线接触次之，面接触的破坏程度最小。

本 章 小 结

溜井作为简化矿山提升运输系统的工程系统，具有生产效率高，成本低的特点。但溜井系统发生堵塞与井壁变形破坏的问题，严重影响了溜井使用和矿山的正常生产。堵塞现象的发生与井内储存的矿岩散体的流动特性息息相关。本章在介绍矿岩散体松散特性及其测定表征方法的基础上，围绕溜井储矿段内矿岩散体在重力作用下的松散特性变化展开了系列研究，取得了以下成果。

（1）根据矿山矿岩散体内矿岩块复杂多变的几何形体与特征尺度的特点，提出了溜井储矿段内储存的矿岩散体在形成颗粒支撑组构时，矿岩散体内矿岩块与块之间、矿岩块与溜井井壁之间的 3 种接触方式，分别为点接触、线接触和面接触。在此基础上，分析了不同接触方式对井内矿岩散体松散特性和井壁侧压力的影响。

（2）研究发现，组成矿岩散体的矿岩块的空间排列形态、接触方式与特征尺度对空隙率会产生重要影响，其中以面接触方式形成的矿岩块之间的空隙为最小。矿岩块的特征尺度越大，矿岩块之间形成点接触和线接触方式的可能性越大，所形成的空隙也越大。

（3）组成矿岩散体的矿岩块与井壁的接触方式不同，接触面积也不同，对井壁产生的破坏方式、破坏程度也不同。其中，以点接触的破坏程度最严重，线接触次之，面接触最小。

第3章 溜井溜矿段内矿岩散体的运动及其规律

地下矿山生产过程中，巷道掘进与采场回采产生的废石与矿石从各工作面运抵溜井上部卸矿站卸载后，在溜井溜矿段中下落，暂存于溜井下部的储矿段中。矿岩散体在溜矿段中下落时，受其进入溜井时初始速度的影响，会发生与井壁的碰撞现象，给井壁带来冲击损伤。已有研究和实际生产证实，组成矿岩散体的矿岩块在下落过程中与井壁的首次相撞对井壁冲击造成的破坏最严重[77,79,150]，也严重影响溜井的稳定性[3,76,151]。深入研究溜井内矿岩散体的运动轨迹，对摸清溜井井壁的破坏范围意义较大，有助于确定合理的溜井结构与加固方案，延长溜井的服务年限。本章主要研究矿岩散体在溜井溜矿段内的运动规律，查明矿岩与井壁发生碰撞的具体原因，为揭示溜井井壁的冲击损伤规律奠定基础。

3.1 倾斜主溜井内的矿岩运动及其规律

根据主溜井井筒与水平面的夹角，可以将溜井划分为倾斜主溜井和垂直主溜井两种形式[1]。其中，国外矿山溜井的应用以倾斜主溜井为主，如加拿大 Quebec 省和安大略（Ontario）省的多数矿山采用倾斜主溜井用于矿石运输[152]，国内则以垂直主溜井为主。为实现主溜井的多阶段出矿功能，许多矿山的溜井系统在阶段运输巷道中设立了卸矿站（见图 1.1），通过分支溜井将卸矿站与主溜井连通，使阶段内生产的矿岩在卸矿站卸矿后，通过分支溜井进入主溜井。溜井内的矿岩运动状态对井壁的稳定性有着较大的影响，矿岩块冲击井壁的能量主要源于矿岩块自分支溜井中运动积累的动能，以及矿岩块在主溜井内的下落过程中所累积的动能[24,37,150]。因此，研究倾斜主溜井中的矿岩运动特征及其规律，对于倾斜主溜井的应用具有重要的现实意义。

由于矿岩散体在溜井内运动时对井壁产生的冲击与摩擦作用，倾斜主溜井的井壁变形与破坏问题也非常严重。例如，加拿大 Quebec 省北部 10 多家地下矿山的 50 条溜井中，曾有 8 条溜井进行返修、7 条报废[9]；南非英帕拉白金（Impala Platinum）公司的溜井修复案例[92]和南非 Kloof 金矿 3 号溜井的修复案例[22]，充分反映了倾斜主溜井同样存在严重的井壁变形与破坏问题。导致溜井变形破坏的因素很多[1]，主要有溜井的工程地质条件[2,6]、围岩应力诱导[14,90-91]、溜井结构的合理性[22]、矿岩块度及其分布特征[35]、矿岩散体的运动冲击与摩擦[26,79,92]等，这些因素均会引起溜井井筒的变形与破坏。

一般情况下，溜井井壁的损伤破坏是一个渐进发展的过程。在这一过程中，除矿岩散体内矿岩块的形态、大小，以及矿岩块与溜井井壁材料的物理力学性质等客观因素外，矿岩在溜井内的运动方式、速度大小、与井壁的接触方式等，都会对井壁的变形破坏产生影响。因此，研究矿岩在倾斜主溜井内的运动特征及其影响因素，分析矿岩运动与倾斜主溜井结构参数之间的关系，有助于减小矿岩冲击井壁的概率，降低其冲击井壁时的冲量，分析矿岩运动与倾斜溜井结构参数之间的关系，为倾斜主溜井的优化设计提供参考，达到提高溜井使用寿命的目的。

3.1.1　倾斜主溜井内的矿岩运动特征

1. 倾斜主溜井的应用特征

在倾斜主溜井的具体工程应用中，无论是主溜井还是采区溜井，均表现出以下特征：

（1）能够有效缩短上部水平的矿、废石运输距离，降低矿、废石的运输功，从而降低矿岩的运输成本。

（2）溜井的井筒工程量随溜井倾角的变化而变化，倾角越大，井筒的长度越小；反之，井筒长度越大。相比于垂直主溜井，倾斜主溜井增加了井筒工程的开挖量和施工成本，但在相同断面面积条件下，能够增加溜井内矿岩的临时储存量。

（3）相比于垂直主溜井，倾斜主溜井能够有效改变矿岩在溜井中的运动方式，降低矿岩下落时对井内储存矿岩散体的冲击夯实程度，因此能使井内矿岩散体具有较好的松散性和流动性，有利于减少溜井悬拱堵塞现象[1,28]。

（4）当溜井工程的地质条件较差、井筒需要支护时，倾斜主溜井的支护工程施工难度相对较大。

2. 倾斜主溜井内的矿岩运动特征

倾斜主溜井内，组成矿岩散体的矿岩块的运动特征表现为下落、跳动、滚动和滑动 4 种不同的运动形式[83]。矿岩块产生不同运动形式的可能性与倾斜主溜井的几何尺寸、组成矿岩散体的矿岩块的形状及大小、矿岩的物理力学性质、溜井井壁的粗糙度和矿岩进入主溜井的初始方向等因素有关。矿岩散体的运动特征表现如下。

1）下落

矿岩散体从上部卸矿站离开运输设备时，在重力的作用下进入溜井井筒，迅速坠落，直至与溜井井壁或底板相撞，最终对溜井底板产生冲击；或是坠落到井内储存的矿岩散体表面上，对井内矿岩散体产生冲击夯实[16]。这一运动方式和运动过程与垂直主溜井内矿岩块的运动方式相同。

矿岩块在溜井溜矿段内的下落过程中，受溜井倾角和几何尺寸的影响，矿岩块的运动距离受限，即使矿岩块进入溜井时带有一定的初始运动方向，矿岩块最终也会与溜井底板发生碰撞并产生冲击作用，对溜井底板带来冲击破坏。

2）跳动

跳动是矿岩块下落并冲击倾斜主溜井底板后发生的一种运动方式，发生在倾斜主溜井的溜矿段（即溜井上部卸矿站以下、溜井溜矿段内储存的矿岩散体表面以上部分）井筒内。

矿岩块的跳动方式给溜井底板带来的破坏作用是微冲击破坏，主要是矿岩块在其前一次冲击溜井底板后，携带的能量损失较大，若碰撞位置的溜井底板存在粉矿且矿岩块的块度不是很大，则在轻微碰撞后，矿岩块不再产生跳动，可能以滚动或滑动的方式继续向溜井底部储存的矿岩散体表面运动。

3）滚动

滚动是矿岩块下落并冲击倾斜主溜井底板后发生的另一种运动方式。在倾斜主溜井的溜矿段井筒内，当矿岩块形状较为适宜，且下落到溜井底板后不再产生跳动时，矿岩块在重力作用下，会以滚动或滑动方式继续向溜井底部运动，直至到达溜井底部储存的矿岩散体表面。

在矿岩块向下滚动的过程中，矿岩块会与溜井底板产生滚动摩擦。相比于其他方式，这种滚动摩擦对矿岩块和溜井底板的损伤破坏作用要小很多。

4）滑动

滑动方式主要产生于倾斜主溜井内储存的矿岩散体表面以下的区域。当倾斜主溜井的底部卸矿站放矿时，随着井内矿岩被不断放出，放矿口上部的矿岩散体在重力作用下不断向下移动。相对于溜井井壁来说，这种下移过程可视为矿岩散体的滑动运动过程。矿岩散体在向下滑动过程中，若与溜井井壁接触，则会产生摩擦作用，引起井壁的摩擦损伤破坏。

若溜井的倾斜角度相对较小、溜井底板积存的粉矿或矿岩块的形状为扁平块状，则在倾斜主溜井的溜矿段内也会产生矿岩块的滑动运动。

3. 影响矿岩运动特征的因素

根据倾斜主溜井的布置特点，影响矿岩在倾斜主溜井内的运动特征的因素较多，这些影响因素或单一产生作用，或多因素综合作用，从不同程度上影响矿岩散体在溜井内的运动方式和运动特征。影响因素主要有以下几个方面。

1）溜井倾角

在影响矿岩运动特征的诸多因素中，溜井倾角对矿岩的运动特征影响最大。溜井倾角为运动中的矿岩提供了改变其运动方向的外界条件，迫使矿岩散体按倾斜主溜井的中心线方向向下运动。这种对抗的结果会产生矿岩块与溜井井壁和溜井底板的接触与碰撞，要么改变矿岩的运动方向，降低矿岩的运动速度；要么改变矿岩的运动方式，使矿岩产生下落、跳动、滚动或滑动运动。

溜井倾角越大，矿岩散体在井内的运动特征越接近垂直主溜井内的运动特征；倾角越小，矿岩散体产生跳动、滚动或滑动的可能性越大。当溜井倾角接近或小于矿岩散体的自然安息角时，矿岩散体会在倾斜主溜井的底板上形成堆积而不再发生流动。

2）矿岩块的形状、粒度及其分布特征

矿岩块的形状、粒度及其分布特征对其运动特征的影响主要表现如下。

（1）矿岩散体内，不同的矿岩块形状对其运动特征的影响不同。矿山采掘生产爆破作用下形成的矿岩块具有不同的形态，如四面体、五面体、六面体等。这些多面体在其尺寸上可分为长条体、方体或近似方体。不同形态的多面体在溜井中的运动特征是不同的。当散体内的矿岩块在溜井底板上不再发生跳动时，长条体或扁平块体多以滑动的方式向溜井下方运动，方体或近似方体的矿岩块则多以滚动或滑动方式向溜井下方运动。

从表面形状上看，组成矿岩散体的矿岩块可分为尖锐面和钝面两类。当矿岩块下落并与溜井底板碰撞时，若矿岩块的尖锐面与底板碰撞，则矿岩块可能发生滚动；若钝面与溜井底板碰撞，则矿岩块可能发生跳动或滑动。

（2）在矿岩密度相同的条件下，组成矿岩散体的矿岩块的块度越大，其质量越大，在溜井内下落时，矿岩块所具有的重力势能越大，对溜井底板造成的冲击损伤也越大；反之，对溜井底板造成的冲击损伤越小。质量越大的矿岩块，在其与溜井底板发生碰撞后，产生滚动和滑动的可能性越大；质量较小的矿岩块，发生跳动和滚动的可能性越大。

（3）当矿岩散体的粉矿含量与溜井底板的粗糙度较大、或溜井倾角较小时，散体内的粉矿或小粒度矿岩会在溜井底板上产生堆积，堆积的小粒度矿岩散体会对下落到其上的矿岩散体起到缓冲作用。这种缓冲作用能够降低矿岩块对溜井底板的冲击力与摩擦力，同时改变矿岩块的运动方式，使其以滚动方式向溜井下部继续运动。

3）矿岩的物理力学性质

矿岩的物理力学性质对倾斜主溜井内矿岩运动特征的影响，主要表现在矿岩的硬度或强度、节理裂隙的发育程度等方面。受各种因素的影响，矿岩散体在溜井内运动时，会发生矿岩块与块之间、矿岩块与井壁或底板之间的碰撞。

当组成散体的矿岩块的节理裂隙发育、矿岩块的硬度或强度较小且溜井井壁材料的硬度或强度较大时，这种碰撞的结果会导致散体内的矿岩块破裂成小块而继续向下运动。若矿岩块的完整性较好，硬度或强度较大，则这种碰撞不足以导致散体内的矿岩块发生破裂，但会对溜井井壁或底板造成损伤。但是，碰撞的影响会引起矿岩块携带的能量损失，使矿岩块的运动方向发生改变，运动速度降低。

4）溜井井壁的平整度

溜井井壁的平整度，尤其是底板的平整度对矿岩运动特征也产生重要的影响。当倾斜主溜井的井壁较为平整时，矿岩块在溜井内下落的过程中，一旦与井壁产生接触并相撞，矿岩块在井壁上就会产生蹭滑，并在小范围内改变矿岩块的运动方向和降低其运动速度。当井壁粗糙度较大时，一旦矿岩块与井壁相撞，矿岩块就会对井壁产生冲击剪切作用，并在较大范围内改变矿岩块的运动方向和运动速度。

与溜井井壁不同的是，当散体内的矿岩块与较光滑的溜井底板接触相撞后，溜井底板会对矿岩块产生较大的反作用力，增大了矿岩块产生跳动或滚动的可能性；若底板粗糙度较大，矿岩散体内的粉矿或小粒度矿岩会在溜井底板产生堆积，对后续下落的矿岩散体产生缓冲作用，并使散体内的矿岩块产生滚动或滑动的概率增多。

5）矿岩块进入溜井时的初始运动方向

矿岩散体通过溜井上部卸矿站的卸载溜槽进入分支溜井，或通过分支溜井进入主溜井井筒时，卸载溜槽或分支溜井的倾角，使矿岩散体具有了一定的初始运动方向，因此也使在主溜井内下落的矿岩具备了斜下抛运动的初始动能和运动特征，为矿岩散体在倾斜主溜井内下落过程中与溜井井壁发生碰撞提供了机会。

矿岩在这一运动过程中的运动特征与垂直主溜井中的矿岩下落特征极为相似，当矿岩块携带的初始动能较大，或溜井断面尺寸较小时，矿岩与溜井井壁发生碰撞的概率就较大。矿岩块一旦与井壁发生碰撞，则会在井壁的反作用力作用下改变其运动方向，进入下一斜下抛运动过程，直到矿岩块下落至溜井底板或井内储存的矿岩散体表面上。

3.1.2 倾斜溜井内矿岩运动的理论分析

1. 基本假设

矿岩在倾斜主溜井内运动的过程中，倾斜主溜井的结构参数、溜井底板的粗糙程度和来自其他矿岩块的作用力等因素都会影响矿岩的运动规律[83]。由于垂直主溜井的分支溜井、倾斜主溜井的分支溜井和倾斜主溜井三种结构具有相同的"倾斜"布置特征，即同为倾斜溜井，因此，本节将矿岩在分支溜井和倾斜主溜井内的运动，统一归纳为矿岩在倾斜溜井内的运动进行理论分析。为简化分析矿岩运动与倾斜溜井结构参数之间的关系，以垂直主溜井的分支溜井为例，对矿岩块沿倾斜溜井的滑动方式进行理论分析。现提出以下假设：

（1）矿岩在倾斜溜井中的运动方式为滑动运动，并且在运动的过程中运动方式不会发生改变。

（2）矿岩进入倾斜溜井的初始速度，即沿倾斜溜井底板开始滑动时的速度为零，忽略空气阻力的影响。

（3）组成矿岩散体的矿岩块与井壁均为弹塑性体，且运动过程中无质量损失。

（4）倾斜溜井底板为壁面平整的斜面。

2. 矿岩滑动运动的理论分析

1）分析模型

图 3.1 较好地反映了溜井卸矿站、分支溜井和主溜井的空间关系，分支溜井又体现出了倾斜溜井的典型特征，因此，以图 3.1 所示的分支溜井结构为例，分析矿岩散体在倾斜溜井中的运动特征。

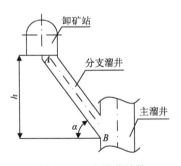

图 3.1 分支溜井结构

对于图 3.1 所示的分支溜井结构，分支溜井的倾角为 α、高度为 h。矿岩散体的运动过程是：当卸矿设备从上部卸矿站卸矿时，卸下的矿岩散体经过格筛（A 点），以初始速度 v_0 进入分支溜井，并沿溜井底板斜面开始滑动，当矿岩散体滑动至分支溜井与主溜井井壁的交点 B 时，以速度 v_1 进入主溜井井筒。在这一运动过程中，矿岩散体运动的速度方向与分支溜井倾斜方向相同。

需要说明的是，若矿岩散体在倾斜主溜井做滑动运动，图 3.1 中的 B 点，即为倾斜主溜井内储存的矿岩散体上表面与倾斜主溜井井筒底板的交点。此时，矿岩块滑动至分支溜井与主溜井井壁的交点 B 时的瞬时速度 v_1，即倾斜主溜井内矿岩块滑动至井内储存的矿岩散体上表面时的瞬时速度 v_1，后文中对这两种情况下矿岩块的瞬时速度，均以矿岩速度 v_1 简称。

2）矿岩块滑动时的受力分析

若不考虑矿岩在运输设备卸矿时赋予的初始动能，即矿岩散体离开卸载车辆进入分支溜井前，通过卸矿站底部格筛的阻滞作用，进入分支溜井时的初始速度 v_0 为 0，则可通过下述分析，求得矿岩离开分支溜井时的瞬时速度 v_1，该速度即矿岩进入主溜井时的瞬时速度 v_1。

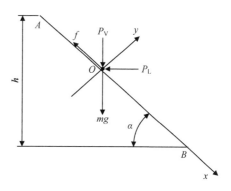

如图 3.2 所示，倾斜溜井的底板 AB 上的某一点 O 受到质量为 m 的矿岩块的作用，同时也受到来自其他矿岩块通过该矿岩块传递来的铅垂方向和水平方向的作用力 P_V 和 P_L 的作用。其他矿岩块传递来的作用力随运动过程而不断变化，是一个变量。矿岩块沿倾斜溜井底板斜面 AB 滑动时，与溜井底板斜面之间会产生滑动摩擦力，其值正比于接触表面的法向力，作用方向与矿岩块的运动方向相反。

图 3.2　矿岩滑动过程中的受力状态示意图

假定矿岩块与倾斜溜井底板之间的滑动摩擦系数为 μ，且矿岩块移动过程中不产生跳动或滚动，则可通过经典力学原理，求出导致倾斜溜井底板产生摩擦损伤破坏的力的大小。

由矿岩块在溜井底板斜面上滑动过程中的受力状态分析可得滑动摩擦力 f 为

$$f = \mu[(mg + P_V)\cos\alpha + P_L\sin\alpha] \tag{3.1}$$

式中，m 为矿岩块的质量（kg）；g 为重力加速度（m/s²）。

矿岩块沿斜面 AB 向下滑动时，所受的总阻力 F 表示如下：

$$F = f + P_L\cos\alpha \tag{3.2}$$

当散体内的矿岩块沿溜井底板斜面开始滑动时，矿岩块沿斜面的下滑力必须大于其所受的总阻力 F，因此必须满足式（3.3）给出的条件：

$$mg\sin\alpha + P_V\sin\alpha \geqslant F \tag{3.3}$$

即

$$mg\sin\alpha + P_V\sin\alpha \geqslant \mu[(mg + P_V)\cos\alpha + P_L\sin\alpha] + P_L\cos\alpha \tag{3.4}$$

即

$$\tan\alpha \geqslant \frac{\mu(mg + P_V) + P_L}{mg + P_V - \mu P_L} \tag{3.5}$$

因此，溜井倾角 α 应大于矿岩散体的自然安息角。一般情况下，溜井倾角取值[153] 应为 55°～80°。

3）矿岩块进入主溜井时的速度计算

在图 3.2 所示的直角坐标系下，根据矿岩块的受力分析，由动能定理可知：

$$mgh - \int_0^{\frac{h}{\sin\alpha}} (F - P_{\mathrm{V}} \sin\alpha) \mathrm{d}x = \frac{1}{2} m v_1^2 \qquad (3.6)$$

由式（3.6）可知，矿岩块的速度是由矿岩的重力势能克服阻力做功转换而来的，即得到矿岩块滑动进入主溜井时的速度 v_1 为

$$v_1 = \sqrt{2gh - 2\int_0^{\frac{h}{\sin\alpha}} \frac{\mu[(mg + P_{\mathrm{V}})\cos\alpha + P_{\mathrm{L}}\sin\alpha] + P_{\mathrm{L}}\cos\alpha - P_{\mathrm{V}}\sin\alpha}{m} \mathrm{d}x} \qquad (3.7)$$

整理式（3.7），得

$$v_1 = \sqrt{2gh\left(1 - \frac{\mu}{\tan\alpha}\right) - 2\int_0^{\frac{h}{\sin\alpha}} \frac{\mu(P_{\mathrm{V}}\cos\alpha + P_{\mathrm{L}}\sin\alpha) + P_{\mathrm{L}}\cos\alpha - P_{\mathrm{V}}\sin\alpha}{m} \mathrm{d}x} \qquad (3.8)$$

忽略来自其他矿岩块的作用力时，式（3.8）可简化为

$$v_1 = \sqrt{2gh\left(1 - \frac{\mu}{\tan\alpha}\right)} \qquad (3.9)$$

分析式（3.9）可知，影响矿岩进入主溜井时的速度 v_1 的主要因素有倾斜溜井的高度 h、溜井倾角 α 及矿岩与倾斜溜井底板接触面的滑动摩擦系数 μ。其中，溜井倾角 α 还会影响矿岩块运动的速度方向，滑动摩擦系数 μ 主要与矿岩及倾斜溜井底板的材料和接触面粗糙程度等因素有关。

3.1.3 倾斜溜井内影响矿岩速度的因素分析

1. 倾斜溜井结构参数对矿岩速度的影响

为进一步分析矿岩块以滑动方式进入主溜井或到达井内储存的矿岩散体表面时，矿岩速度 v_1 随倾斜溜井结构参数变化的规律，假设矿岩散体与倾斜溜井底板之间的滑动摩擦系数 μ 为 0.5，计算在不同倾斜溜井结构参数条件下的矿岩速度 v_1，其结果如图 3.3 所示。由图 3.3 可知：

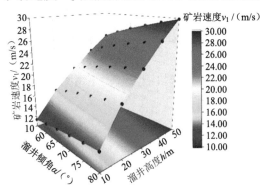

图 3.3　h 和 α 变化对矿岩速度 v_1 的影响

（1）溜井高度 h 不变时，矿岩块滑动前具有的重力势能不变。随着溜井倾角 α 的增大，溜井底板的斜长减少，滑动摩擦的总阻力也在减小，所做的负功减小，进而由重力势能转换的动能增大，即矿岩速度 v_1 增大。

（2）溜井倾角 α 不变时，滑动摩擦阻力不变。随着溜井高度 h 的增加，矿岩块滑动前具有的重力势能增大，溜井底板的斜长也增大。由于下滑力大于滑动摩擦力，重力势能转换的动能增大，矿岩速度 v_1 增大。

（3）溜井高度 h 与矿岩速度 v_1 的平方成正比，因此每增加相同增量的溜井高度 h，转换的动能增量不断减小，即增大相同增量的溜井高度 h，矿岩速度 v_1 的增加量不断减小。矿岩速度 v_1 本质上是由重力势能转换而来的，故溜井高度 h 对矿岩速度 v_1 的影响程度明显比溜井倾角 α 更大。

2. 滑动摩擦系数及溜井倾角对矿岩速度的影响

为进一步分析矿岩进入溜井时，矿岩速度 v_1 随滑动摩擦系数 μ 和溜井倾角 α 的变化规律，设定高度 h=10m，研究矿岩速度 v_1 随滑动摩擦系数 μ 和溜井倾角 α 变化的规律，结果如图 3.4 所示。分析图 3.4 可知：

（1）当滑动摩擦系数 μ 为 0 时，即不考虑矿岩块在倾斜溜井内的运动过程中摩擦力的影响，此时矿岩速度 v_1 仅与溜井高度 h 有关。

（2）滑动摩擦系数 μ 不变时，随着溜井倾角 α 的增大，下滑力增大，滑动摩擦阻力减小，矿岩块的重力势能转换的动能增大，矿岩速度 v_1 不断增大，反之则不断减小。

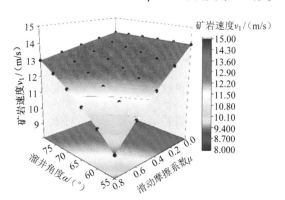

图 3.4　μ 和 α 变化对矿岩速度 v_1 的影响

（3）溜井倾角 α 不变时，随着滑动摩擦系数 μ 的增大，滑动摩擦力增大，矿岩块的重力势能转换的动能减小，矿岩速度 v_1 不断减小，反之则不断增大。

（4）随着溜井倾角 α 的增大，溜井底板的斜长减小，即矿岩滑动距离减小，摩擦力做功减小，滑动摩擦系数 μ 对矿岩速度 v_1 的影响不断变小。

由于精确估算出滑动摩擦系数 μ 和溜井倾角 α 对矿岩速度 v_1 的影响程度大小存在一定困难，因此对以上计算结果采用方差进行分析。查方差分析中的 F 分布表，得 $F_\mu 0.05(4,20)=2.87$，$F_\alpha 0.05(5,20)=2.71$，具体结果如表 3.1 所示。

表 3.1　方差分析结果

方差项	离差平方和	自由度	平均离差平方和	F 值
滑动摩擦系数 μ	27.26	4	6.81	23.48
溜井倾角 α	10.40	5	2.08	7.17
误差	5.89	20	0.29	
总和	43.55	29		

由于 $F_\mu > F_\alpha > F_\mu 0.05 > F_\alpha 0.05$，因此滑动摩擦系数 μ 和溜井倾角 α 对矿岩速度 v_1 都有显著影响，且滑动摩擦系数 μ 对矿岩速度 v_1 的影响度大于溜井倾角 α 的影响。

综合以上分析可知，影响矿岩散体内矿岩块运动速度 v_1 大小的因素主次顺序依次为：溜井高度 h>滑动摩擦系数 μ>溜井倾角 α，溜井倾角 α 还同时影响矿岩速度 v_1 的方向。

因此，在设计倾斜溜井（分支溜井或倾斜主溜井）时，根据溜井内矿岩速度和倾斜溜井参数之间的关系，可从以下两个方面采取措施，从而控制进入溜井的矿岩块运动速度，减小矿岩冲击井壁概率和降低矿岩冲击井壁时的能量：

（1）溜井高度 h 不变，增大溜井倾角 α，可以增大矿岩速度方向与水平面的夹角，可使矿岩冲击主溜井井壁的位置下移，进而使矿岩冲击主溜井储矿段内储存的矿岩散体，以减小矿岩对溜井井壁的冲击概率。

（2）溜井倾角 α 不变，减小溜井高度 h 和提高倾斜溜井底板的粗糙程度，以增大滑动摩擦系数 μ，可以减小矿岩速度 v_1，进而降低矿岩冲击井壁时的冲量，减轻对主溜井井壁的冲击。

3.1.4 矿岩块首次冲击倾斜主溜井底板的位置

以倾斜主溜井溜矿段为研究对象，以运动学为理论基础，分析溜井倾角对矿岩块与倾斜主溜井底板首次碰撞位置及速度的影响。

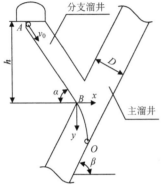

如图 3.5 所示的倾斜主溜井结构，分支溜井的底板与倾斜主溜井的顶板连接于 B 点，倾斜主溜井的井筒断面形状为正方形，顶板与底板之间的距离为 D，其倾角为 β。以 B 为坐标原点，以水平向右和铅垂向下分别为 x 轴和 y 轴的正方向。矿岩块自运输设备于 A 点卸入分支溜井，离开 B 点时以斜下抛运动进入倾斜主溜井，于 O 点发生首次碰撞。之后，矿岩块以跳动、滚动或滑动等运动形式进入倾斜主溜井底部的储矿段，并堆积在储矿段内储存的矿岩散体面上。

图 3.5 倾斜主溜井内矿岩运动分析模型

分析时认为，溜井内矿岩散体的运动满足以下假设。

（1）矿岩块在分支溜井与倾斜主溜井内的运动方式只有滑动。

（2）只研究矿岩散体内单个矿岩块的运动速度和位移，不考虑矿岩块之间的相互影响。

（3）忽略空气阻力对矿岩块的运动速度和位移的影响。

（4）矿岩块与分支溜井底板之间的摩擦系数、运输设备赋予矿岩块的初速度 v_0 均为定值。

1. 首次冲击倾斜主溜井位置的理论分析

假设运输设备赋予矿岩块的初速度为 v_0，矿岩块经分支溜井到达 B 点时的瞬时速度，即矿岩块进入倾斜主溜井的瞬时速度为 v_1，根据能量守恒定律可求得

$$v_1 = \sqrt{2gh\left(1 - \frac{\mu}{\tan\alpha}\right) + v_0^2} \tag{3.10}$$

式中，h 为分支溜井的垂直高度（m）；g 为重力加速度（m/s²）；μ 为分支溜井底板与矿岩块之间的摩擦系数；α 为分支溜井倾角（°），即矿岩块进入倾斜主溜井的初始速度方向。

对比式（3.10）和式（3.9）可以发现，当忽略运输设备赋予矿岩块的速度 v_0 时，两式的结构完全相同。当矿岩块离开 B 点后，失去了分支溜井底板的支撑，在矿岩块

自重和其在 B 点时的瞬时速度 v_1 的影响下，做斜下抛运动。经过一段时间 t 后，与倾斜主溜井底板发生首次碰撞，碰撞的位置可通过运动学的相关知识计算：

$$\begin{cases} x = v_1 \cos\alpha \cdot t \\ y = v_1 \sin\alpha \cdot t + \dfrac{1}{2}gt^2 \end{cases} \tag{3.11}$$

结合图 3.5 和式（3.11）分析矿岩块离开 B 点后的运动边界条件可以发现，矿岩块在倾斜主溜井内的运动受到倾斜主溜井井筒几何条件的约束，其水平运动的距离超过一定限度时，就会发生矿岩块与主溜井底板的碰撞。该水平距离即为矿岩块与倾斜主溜井底板发生碰撞时，矿岩块所能够运动的最大水平距离 $x_{\max}$。在求得该水平距离后，即可根据式（3.11）求得矿岩块与倾斜主溜井底板发生碰撞时所经历的时间 t，进而求出矿岩块在垂直方向运动的最大距离。

矿岩块运动的最大水平距离 $x_{\max}$ 表示如下：

$$x_{\max} = D\sin\beta \tag{3.12}$$

因此，可建立：

$$D\sin\beta \geqslant x = v_0 \cos\alpha \cdot t$$

式中，β 为倾斜主溜井倾角（°）；D 为倾斜主溜井顶、底板之间的距离（矩形断面时）或直径（圆形断面时）（m）。x 的值域为 $0 \sim D \cdot \sin\beta$，且只有当 x 满足 $0 < x = v_0 \cdot \cos\alpha \cdot t < D \cdot \sin\beta$ 时，矿岩块在倾斜主溜井中运动才不会与井壁发生碰撞。

矿岩块离开 B 点后到与主溜井底板发生第一次碰撞前的时间 t，可根据上述条件、式（3.11）和式（3.12）得出

$$t = \frac{D\sin\beta}{v_1 \cos\alpha} \tag{3.13}$$

此时，可得到矿岩块在垂直方向运动的最大距离，即图 3.5 中 B 点和 O 点之间的垂直距离 $h_{\max}$：

$$h_{\max} = \frac{D\sin\beta\left(v_1^2 \sin 2\alpha + gD\sin\beta\right)}{2v_1^2 \cos^2\alpha} \tag{3.14}$$

若忽略运输设备赋予矿岩块的速度 v_0 的影响，将式（3.10）代入式（3.14），整理可得

$$h_{\max} = D\sin\beta\left[\tan\alpha + \frac{D\sin\beta}{4h\cos^2\alpha\left(1 - \dfrac{\mu}{\tan\alpha}\right)}\right] \tag{3.15}$$

式（3.12）和式（3.15）构成了矿岩块与倾斜主溜井底板发生第一次碰撞的位置坐标。

2. 首次冲击倾斜主溜井底板时的矿岩运动速度分析

对于图 3.5 所示的倾斜主溜井结构，当矿岩块离开分支溜井与主溜井的交点 B 时，所具有的速度为 v_1，其方向与水平方向的夹角为 α，则 v_1 在水平方向和垂直方向

的分量 v_{1x} 和 v_{1y} 分别为

$$\begin{cases} v_{1x} = v_1 \cos \alpha \\ v_{1y} = v_1 \sin \alpha \end{cases} \tag{3.16}$$

矿岩块以速度 v_1 离开 B 点后，以斜下抛运动的方式进入倾斜主溜井，经过时间 t 后，与倾斜主溜井的底板（C 点）产生碰撞，t 可通过式（3.13）计算。在图 3.5 所示的坐标系下，根据溜井内矿岩的运动特征，矿岩块与溜井井壁发生第一次碰撞前的任一时刻 t_1，矿岩块所具有的运动速度可通过下式计算：

$$\begin{cases} v_x = v_1 \cos \alpha \\ v_y = v_1 \sin \alpha + g t_1 \end{cases} \tag{3.17}$$

根据式（3.17），可得到矿岩块与倾斜主溜井底板首次碰撞时的速度为

$$v_2 = \sqrt{v_1^2 + 2gh_{\max}} \tag{3.18}$$

式中，$h_{\max}$ 为矿岩块在倾斜主溜井中运动的垂直距离（m），可通过式（3.15）进行计算。

由上述理论分析可知，当分支溜井结构参数一定时，矿岩与倾斜主溜井底板首次碰撞的位置与溜井倾角、断面尺寸有关。

3.2 倾斜主溜井内矿岩运动规律实验研究

为研究倾斜主溜井内矿岩的移动特征，采用离散元数值模拟软件建立二维倾斜主溜井放矿模型，分析矿岩在分支溜井、倾斜主溜井内的运动位置信息，以及矿岩块的运动轨迹和速度的变化特征。

3.2.1 倾斜主溜井内矿岩块运动的数值模拟分析

数值模拟实验是研究溜井内矿岩运动特征及其影响因素的有效手段之一。针对倾斜主溜井的结构特点及卸矿条件，建立离散元数值模型，模拟溜井内矿岩的运动过程，监测矿岩块运动的特征信息，以分析矿岩的运动规律。

1. 倾斜主溜井放矿模型

参考加拿大 Quebec 省与 Ontario 省部分地下矿山倾斜主溜井的结构参数[152,154]，结合 PFC 离散元数值模拟软件，建立倾斜主溜井放矿模型，如图 3.6 所示。

放矿模型由分支溜井模型、倾斜主溜井模型（矩形断面）和单一矿岩块组成，采用 Hertz 接触模型，模型结构参数和细观力学参数分别如表 3.2 和表 3.3 所示。为简化计算过程，不考虑空气阻力、矿岩块的形状、矿岩块之间相互作用、矿岩块的磨损破裂与井壁的损伤。

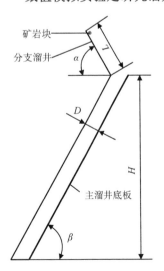

图 3.6 倾斜主溜井放矿模型

表 3.2　放矿模型结构参数

模型参数名称	单位	特征值	模型参数名称	单位	特征值
主溜井断面高度 D	m	2.0	分支溜井倾角 α	(°)	45
主溜井筒高度 H	m	20.0	分支溜井底板长度 L	m	5.0
主溜井倾角 β	(°)	60	矿岩块粒径 d	mm	150

表 3.3　放矿模型细观力学参数

矿岩块		矿岩块与井壁之间的接触	
泊松比	0.23	剪切模量/GPa	17
摩擦系数	0.5	泊松比	0.23
密度/（kg/m³）	3500	摩擦系数	0.5
—	—	阻尼系数	0.44

模拟放矿实验时，结合 PFC 软件，采用 Fish 语言编程。计算过程中，通过实时监测矿岩块运动的位置坐标，绘制矿岩运动轨迹；结合速度公式，计算不同时间下矿岩运动速度，绘制矿岩速度与时间的关系曲线。

2. 倾斜主溜井内矿岩运动特征

以分支溜井与倾斜主溜井井壁交点为坐标原点，通过数值模拟实验，监测矿岩运动过程中在不同时间的位置，得到矿岩在倾斜主溜井的运动轨迹，如图 3.7 所示。

多次实验后发现，矿岩块在倾斜主溜井内的运动过程表现出以下特征。

第 1 阶段：矿岩块以初始速度 0 沿分支溜井底板开始向倾斜主溜井方向运动。

第 2 阶段：矿岩块到达分支溜井底板与倾斜主溜井顶板交点并离开分支溜井后，进入倾斜主溜井内部，失去分支溜井底板的支撑，矿岩块受其离开分支溜井时的运动方向和重力影响，以分支溜井倾角为斜抛角度，做斜下抛运动，直至首次碰撞主溜井井壁，碰撞位置坐标为（1.34m，−1.38m）。

第 3 阶段：矿岩块碰撞主溜井底板后弹起，最高点位置坐标为（1.31m，−1.40m），弹跳后下落在（0.26m，−3.26m）位置。

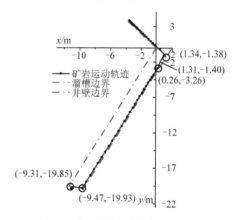

图 3.7　倾斜主溜井矿岩运动轨迹

第 4 阶段：矿岩块不再发生弹跳，而是沿着倾斜主溜井底板向主溜井底部滑动或滚动，其运动的直线距离为 19.15m。矿岩块到达主溜井底部后，碰撞溜井底板，坐标位置为（−9.31m，−19.85m），碰撞后落在倾斜主溜井底部，在主溜井底部小幅度反弹运动后静止。

由倾斜主溜井中矿岩块的运动轨迹可知，矿岩块第一次与主溜井底板发生碰撞的位置在分支溜井以下 1.38m；第二次与井壁发生碰撞，在分支溜井以下 3.26m。

3. 运动速度变化特征

数值计算时，通过监测不同时刻矿岩块在倾斜主溜井内的运动速度，得到矿岩块运动速度的变化特征，如图 3.8 所示。

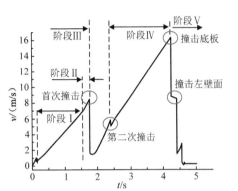

图 3.8　矿岩块在倾斜主溜井内的运动速度变化特征

分析图 3.8，根据矿岩块在倾斜主溜井中的运动特征，可将其分为 5 个阶段。

阶段 I：矿岩块在分支溜井内以初速度 0 做匀加速运动，运动速度呈线性增加。

阶段 II：矿岩块离开分支溜井后，做斜下抛运动，矿岩块的运动速度快速增大。

阶段 III：矿岩块与主溜井井壁共发生了两次明显的碰撞。碰撞后，矿岩块的速度急剧降低，经井壁反弹后，矿岩块在重力势能的作用下，运动速度逐渐增加，两次碰撞的时间间隔为 0.82s。

阶段 IV：第二次碰撞后，矿岩块沿主溜井底板做匀加速运动，当到达主溜井底部时矿岩块的运动速度达到峰值 16.17m/s，直至再次碰撞主溜井底部后，矿岩块的速度急剧降低。

阶段 V：矿岩块在主溜井底部小范围反弹运动，直至静止。

矿岩块与主溜井井壁碰撞时的速度是影响井壁破坏程度的关键参数之一。矿岩下移过程中共发生两次与倾斜主溜井侧壁的碰撞，第一次碰撞的速度为 9.53m/s，第二次碰撞的速度为 5.47m/s；与溜井底板发生一次高速碰撞，速度达到了 16.17m/s。

3.2.2　倾斜主溜井内矿岩运动的物理实验

1. 物理实验模型

根据倾斜主溜井工程应用实例，按表 3.2 给出的倾斜主溜井模型结构参数，建立矿岩运动的物理实验模型，如图 3.9 所示。该实验模型由溜槽（模拟分支溜井）、主溜井井筒、固定装置和数据采集装置等组成。模型结构设计相似比为 1∶10，其中溜槽（分支溜井）和主溜井井筒均采用倾角可调节结构。

倾斜主溜井井筒模型的截面为 200mm×200mm 的正方形，井筒长 2400mm，采用厚度为 8mm 的透明亚克力板制作，以方便记录测量数据和观测矿岩块的运动轨迹。卸矿溜槽长度 L 为 500mm，采用薄钢板焊接而成。

为还原矿岩块运动路径，使用摄像机和动图制作软件进行数据采集。进行物理实验时，主溜井倾角 β 为 60°，溜槽倾角 α 为 45°，与数值模拟计算保持一致；矿岩块粒径按模型结构设计的相似比 1∶10 计算，取矿岩块的粒径 d 为 15mm。

2. 物理实验结果与分析

实验结束后,通过图片合成,得到矿岩块与倾斜主溜井井壁碰撞时和矿岩块沿着溜井底板滑动或滚动时的位置轨迹,结果如图 3.10 所示。

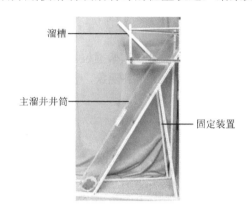

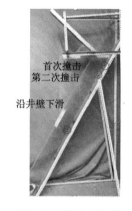

图 3.9　倾斜主溜井放矿物理实验模型　　图 3.10　倾斜主溜井放矿物理实验结果

在实验过程中发现,矿岩块的运动过程与数值模拟运动过程基本一致。矿岩块在溜槽内做加速直线运动,离开溜槽后做斜下抛运动,与井壁发生两次碰撞后沿溜井底板滑动或滚动。通过比例换算后,矿岩块与井壁两次碰撞的位置坐标分别为(1.35m,-1.36m)和(0.27m,-3.30m),与数值模拟结果相比,存在空气阻力、矿岩块形状、井壁与矿岩块的损伤等因素的影响,实验结果有一定的误差,但误差在 5%以下,说明数值模拟的结果较为准确,结论较可靠。

3.2.3　主溜井倾角对矿岩运动影响的实验研究

根据 3.1 节的理论分析,在影响矿岩运动特征的诸多因素中,主溜井倾角对矿岩运动特征的影响显著,因此有必要进一步分析主溜井倾角对矿岩运动的影响。

通过数值模拟计算与物理实验的结果对比发现,两种方法得到的结果误差在 5%以内。因此,以 5° 为单位,在 45° ～75° 倾角(β)范围内采用数值模拟方法,研究不同主溜井倾角对矿岩块的运动特征的影响。

1. 主溜井倾角对矿岩块碰撞位置的影响

矿岩块与倾斜主溜井碰撞对井壁造成的冲击损伤,直接影响主溜井井筒的稳定性。碰撞的位置实际为溜井底板的严重受损区域。实验获得了不同主溜井倾角下,矿岩块与井壁碰撞位置(第一次碰撞标高 h_1 和第二次碰撞标高 h_2)的关系,结果如图 3.11 所示(以竖直向下为正,代表碰撞点距倾斜主溜井卸矿口的高度)。

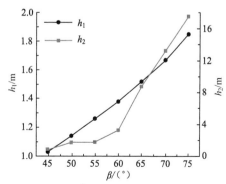

图 3.11　主溜井倾角与矿岩块碰撞位置的关系

分析图 3.11 可知，随着主溜井倾角增加，矿岩块与倾斜主溜井底板两次碰撞的位置均向下移动。其中，首次碰撞位置标高呈近似线性增加，45°时碰撞位置标高为 1.03m，主溜井倾角每增加 5°，碰撞标高下移 0.14m；倾角由 45°向 60°变化，第二次碰撞位置标高由 0.76m 向 3.26m 近似线性变化，每增加 5°，碰撞标高平均下降 0.42m；倾角超过 60°后，第二次碰撞位置标高急剧增加，当倾角为 75°时，碰撞位置距离井口达到了 17.56m。

主溜井倾角为 45°时，第二次碰撞标高为 0.76m，小于第一次碰撞位置标高，这说明倾角在 45°时，矿岩块与井壁首次碰撞后，产生了向上的弹跳现象，随后碰撞在溜井底板上；倾角大于 45°时，矿岩块向碰撞位置的下方弹跳。

2. 主溜井倾角对矿岩块碰撞速度的影响

矿岩块对倾斜主溜井碰撞的速度越大，对溜井底板的冲击破坏就越大，进而影响主溜井井筒的稳定性。研究不同主溜井倾角下，矿岩块碰撞井壁时的速度变化特征，有助于查明矿岩块在不同方向对溜井底板造成的冲击情况。不同主溜井倾角下，矿岩块与井壁碰撞时，矿岩块在水平 x 和垂直 y 方向的速度及其合速度变化情况如图 3.12 所示。

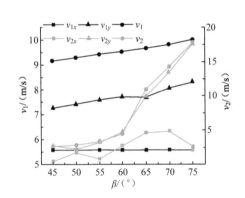

图 3.12　主溜井倾角对矿岩块碰撞速度的影响

根据前面的理论分析与实验研究可知，矿岩块在分支溜井内运动到分支溜井与倾斜主溜井顶板的交会点时，其瞬时速度为 v_1，v_1 的大小受到分支溜井倾角的影响。在矿岩块离开交会点进入倾斜主溜井后，矿岩块以 v_1 的初速度在主溜井井筒内做斜下抛运动，其运动已不再受分支溜井倾角的影响；同时，在矿岩块与倾斜主溜井产生碰撞前，其运动也不受倾斜主溜井倾角的影响。因此，矿岩块速度 v_1 在 x 方向（水平）上的分量和倾斜主溜井井筒顶板与底板之间的水平距离，影响矿岩块与溜井底板发生碰撞的时间。

分析图 3.12 可知：

（1）矿岩块进入倾斜主溜井做斜下抛运动的过程中，在第一次与主溜井底板发生碰撞前，矿岩块的重力加速度影响了其垂直方向的速度（v_{1y}）大小。随着倾斜主溜井倾角的增加，y 方向的合速度（v_1）呈增加趋势，矿岩块碰撞井筒底板时的合速度在 9.16~10.01m/s 范围内。

（2）矿岩块第二次碰撞溜井底板前，其速度随着主溜井倾角的增加呈整体增大趋势，尤其在主溜井的倾角超过 60°后，增大的趋势更为突显。y 方向上的速度由 4.74m/s 快速增加到 17.84m/s，其主要原因是随着主溜井倾角的增加，在重力加速度的影响下，相同时间内矿岩块在垂直方向上的运动距离增大，该方向上的运动速度大幅增加。这一点可通过斜下抛运动的相关理论分析得到证实。

为进一步揭示主溜井倾角对碰撞速度影响的原因，根据监测得到的不同时刻下矿岩块的位置，绘制矿岩运动路径，以 45°、60°、75°为例，如图 3.13 所示。

分析图 3.13 可以发现，主溜井倾角对第二次碰撞位置的影响显著大于对首次碰撞位置的影响。第一次碰撞后，矿岩块发生弹跳到达最高点后下落，最终碰撞在井壁上。在该过程中，主溜井倾角对下落距离影响较大。由于倾斜主溜井内的矿岩块在水平方向的运动距离较小，假设主溜井倾角分别为 45°、60°、75° 时，矿岩块下落的距离分别为 h_3、h_4、h_5（图 3.13），表现出 $h_3 < h_4 << h_5$ 的关系。这表明主溜井倾角越小，矿岩块下落运动的距离越小。

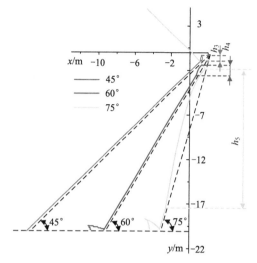

图 3.13 不同主溜井倾角时矿岩运动路径

3. 主溜井倾角对矿岩块滑动距离的影响

矿岩散体对溜井底板的磨损破坏主要发生在矿岩块沿溜井底板滑动的这一运动过程中，研究主溜井倾角对矿岩块沿溜井底板滑动距离的影响具有重要的工程意义。通过数值模拟计算，得到不同主溜井倾角下，矿岩块沿溜井底板滑动的距离，如表 3.4 所示。

表 3.4 不同主溜井倾角下矿岩块沿溜井底板滑动的距离

主溜井倾角/(°)	滑动距离/m	主溜井倾角/(°)	滑动距离/m
45	27.29	65	12.25
50	23.95	70	7.02
55	22.10	75	2.40
60	19.15	—	—

由表 3.4 可以看出，随着主溜井倾角的增大，矿岩块沿溜井底板滑动的距离呈减小趋势。主溜井倾角从 45°增大到 75° 时，滑动距离从 27.29m 减小到了 2.40m，缩短了 24.89m；当主溜井倾角大于 60° 时，滑动距离的缩短趋势明显。结合图 3.13 可知，滑动距离的减小是因为主溜井倾角较大时，矿岩块与井壁首次碰撞后，在井筒内发生了较长距离的落体运动。

4. 倾斜主溜井的支护建议

基于上述研究成果，设计与加固倾斜主溜井时，应重点考虑主溜井倾角对矿岩运动规律的影响，研究和明确矿岩散体对主溜井底板的冲击作用范围和滑动摩擦的作用范围，确定矿岩块在进入倾斜主溜井后与溜井底板产生碰撞的范围，以便根据不同的主溜井底板破坏形式及其范围、主溜井井筒围岩的物理力学特性，选取合理的加固方式。常用的加固方式如下：

（1）对于各冲击破坏区域，可采用局部高锰钢衬板、稀土钢衬板或钢轨等加固方式。

（2）对于磨损破坏区域，可采用钢纤维混凝土、耐磨钢板或橡胶衬板等材料进行加固，提高溜井底板的耐磨性。

（3）提高主溜井井筒内储存的矿岩散体高度。这种方式利用井内矿岩散体的缓冲特性，可有效避免井内矿岩运动时对主溜井底板的第一次或第二次碰撞冲击。

3.3 垂直主溜井内的矿岩运动及其规律

垂直主溜井的上部卸矿站卸矿过程中，当矿岩通过卸矿站的卸载溜槽或分支溜井进入垂直主溜井时，卸载设备的卸载和卸载溜槽或分支溜井的溜放，给进入主溜井的矿岩赋予了一定的初始动能和运动方向。由于卸载时所具有的初始方向和散体内矿岩块之间相互碰撞的影响，矿岩在主溜井内运动时，会发生矿岩块之间或矿岩块与井壁之间的碰撞现象。当组成散体的矿岩块不再与溜井井壁产生碰撞时，矿岩块会按一定的运动轨迹坠入井内，并对井内储存的矿岩散体产生冲击。本节将在倾斜主溜井内矿岩运动规律分析的基础上，研究矿岩在垂直主溜井内的运动规律。

3.3.1 垂直主溜井内矿岩运动的特征与规律

1. 垂直主溜井内矿岩的运动特征

垂直主溜井内矿岩的运动方式与倾斜主溜井内的矿岩运动方式不同，在矿岩块到达井内储存的矿岩散体表面之前，即矿岩块在主溜井的溜矿段，矿岩的运动方式主要表现为下落、与井壁相撞和矿岩块之间的相互碰撞 3 种方式。溜矿段内，矿岩块的主要运动特征表现如下。

（1）运输设备在溜井上部卸矿站卸矿后，矿岩块通过分支溜井，以一定的初始动能和初始运动方向进入主溜井的溜矿段井筒内，并在重力作用下向主溜井底部运动。矿岩块在向下运动的过程中，或是发生矿岩块之间的相互碰撞，或是发生矿岩块与溜井井壁之间的碰撞，最后到达储矿段内储存的矿岩散体表面。

（2）矿岩块到达主溜井内储存的矿岩散体表面时，具有很高的运动速度，即具有很高的运动动能。根据能量守恒定律，该动能作用在溜井内松散的矿岩散体上，转换为冲击夯实矿岩散体的能量，使井内储存的矿岩散体被夯实，最终使下落的矿岩块的运动速度衰减为 0。

2. 运动规律分析的基本假设与分析模型

矿岩块通过分支溜井进入垂直主溜井的溜矿段井筒时，其运动特征和规律与倾斜主溜井中矿岩的运动特征和规律基本相同。对于矿岩进入垂直主溜井的溜矿段井筒之前，即在分支溜井内的运动规律，可沿用矿岩块在倾斜溜井中运动规律的分析方法进行分析。

当矿岩块通过分支溜井进入垂直主溜井的溜矿段井筒时，由于卸载动能和重力势能的共同作用，其运动呈现出斜下抛的抛物运动轨迹。为分析矿岩块在垂直主溜井内的运动规律，特做出如下假设：

（1）矿岩块在溜井内运动的过程中，其运动方向不会因相互之间的碰撞而改变，只有与井壁发生碰撞时才会改变。

（2）矿岩块下落过程中的空气阻力不会对其运动速度产生影响。

（3）矿岩块不会因其块体形状、相互碰撞等原因，在其运动过程中产生旋转。

（4）矿岩块运动过程中发生相互碰撞时，不会产生质量的改变，即发生相互碰撞时，矿岩块不会产生破裂。

（5）矿岩块与运输设备的摩擦系数为一个常数，由于运输设备卸载影响，而矿岩块在进入分支溜井时，具有一定的初速度 v_0，且 v_0 的大小不发生变化。

基于上述假设，建立平面状态下矿岩块在溜井内的分析模型。图 3.14 为金属矿床多阶段开采时常见的垂直主溜井结构。主溜井断面形状为圆形，直径为 D，分支溜井的底板与主溜井井壁相交于 B 点，分支溜井与水平面的夹角为 α，卸矿站中心线与主溜井的距离为 D_L，h_1 为矿岩块第一次与主溜井井壁发生碰撞时的最大深度，O 为第一次碰撞点，h_0 为分支溜井的高度。

当矿岩块离开分支溜井进入主溜井时，按一定的运动轨迹迅速下落，其下落的能量来源于矿岩块在分支溜井中积累的运动动能和进入主溜井时刻具有的重力势能。根据已有的研究成果[12,79,150]，矿岩块在主溜井内下落时，经过 2～3 次与主溜井井壁碰撞，最后落入井底。

3. 矿岩运动规律

对于图 3.14 所示垂直主溜井结构，以 B 点为原点，建立矿岩块的运动学分析原理，如图 3.15 所示。

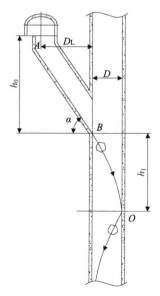
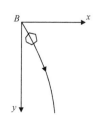

图 3.14　垂直主溜井结构　　　　图 3.15　矿岩块运动学分析图

当矿岩块离开分支溜井与主溜井的交点 B 时，所具有的速度为 v_1，可通过式（3.9）计算，其方向与水平方向的夹角为 α，则 v_1 在水平方向和垂直方向的分量可通过式（3.16）计算[89,155]。

在图 3.15 所示坐标系下，根据主溜井内矿岩的运动特征，矿岩块与主溜井井壁发生第一次碰撞前的任一时刻 t_1，矿岩块的运动速度可通过式（3.17）计算。

此刻，矿岩块离开 B 点的距离的参数方程表示如下：

$$\begin{cases} x = v_1 \cos\alpha \cdot t_1 \\ y = v_1 \sin\alpha \cdot t_1 + \dfrac{1}{2} g t_1^{2} \end{cases} \tag{3.19}$$

由式（3.19）可以得出，矿岩块在与主溜井井壁发生第一次碰撞前的位移特征服从如下轨迹方程：

$$y = x \tan\alpha + \frac{1}{2} g \left(\frac{x}{v_1 \cdot \cos\alpha} \right)^{2} \tag{3.20}$$

分析式（3.19）和式（3.20）可知，决定矿岩块水平位移 x 的参数为 v_x 和 t_1 两个变量，其中 v_x 取决于矿岩块离开分支溜井时的速度 v_1 和倾角 α 的大小。

理论上讲，$\alpha \in (0°, 90°)$，因此 $\cos\alpha$ 的值域在 $1 \sim 0$。对于图 3.14 所示的溜井结构，α 取值越大，$\cos\alpha$ 的值越小，即 v_x 的值越小。当 v_1 和 t_1 保持不变时，增大 α 的值，可以降低 v_x 的值，因此能够减小水平位移 x。

3.3.2 矿岩块与井壁发生碰撞的条件与位置

矿岩块与主溜井井壁发生第一次碰撞前，在任意时刻 t_1，矿岩块在主溜井中水平方向的运动距离可表示如下：

$$x = \int_0^{t_1} f(t)\mathrm{d}t \tag{3.21}$$

对于任意直径的主溜井，其直径 D 与矿岩块水平位移 x 存在如下关系：

$$D \geqslant x \tag{3.22}$$

即

$$D \geqslant x = v_1 \cos\alpha \cdot t_1 \tag{3.23}$$

由此可知，x 的值域在 $0 \sim D$ 之间。若使矿岩块在主溜井中的运动不产生与井壁的碰撞，则矿岩块在水平方向的位移 x 必须满足式（3.24）给出的条件：

$$0 < x = v_1 \cos\alpha \cdot t_1 < D \tag{3.24}$$

根据这一条件，利用式（3.20）给出的轨迹方程，可以得出矿岩块第一次与主溜井井壁发生碰撞时的最大深度 h_1：

$$h_1 = D \tan\alpha + \frac{1}{2} g \left(\frac{D}{v_1 \cos\alpha} \right)^{2} \tag{3.25}$$

根据能量守恒定律，可求得矿岩块第一次冲击主溜井井壁时的瞬时速度 v_2：

$$v_2 = \sqrt{v_1^{2} + 2g h_1} \tag{3.26}$$

式中，h_1 为图 3.14 中 B 点至 O 点的垂直距离（m）；g 为重力加速度（m/s²）。

3.3.3　矿岩初始运动对其冲击井壁规律的影响

矿岩对溜井井壁的碰撞是井壁产生损伤破坏的根本原因[1]，式（3.25）给出了矿岩块第一次与主溜井井壁发生碰撞的位置。由式（3.25）可以看出，碰撞点的位置与主溜井的直径 D、矿岩块进入主溜井时的初速度 v_1 及其方向 α 的大小相关。

1. 初始速度对碰撞点位置的影响

对于特定直径的主溜井，当 $D=5\text{m}$ 时，研究碰撞点位置随 v_1 和 α 变化的规律。根据溜井设计时 α 的可能取值范围，按每 $2.5°$ 的增量计算不同速度（v_1 为 1m/s、2m/s、3m/s、4m/s 和 5m/s）条件下的 h_1 值，结果如图 3.16 所示。

分析图 3.16 可以发现，碰撞点的位置与矿岩块进入主溜井时的速度 v_1 的平方呈反比关系，并表现出以下特征：

（1）同一速度 v_1 条件下，随着 α 的增大，碰撞位置距矿岩块进入主溜井的距离 h_1 不断加大；反之，这一距离减小。

（2）不同速度 v_1 条件下，当 α 不变时，速度 v_1 越大，碰撞位置距矿岩块进入主溜井的距离 h_1 越小；反之，这一距离越大。

2. 主溜井直径对碰撞点位置的影响

假定矿岩块进入主溜井的速度 $v_1=1\text{m/s}$，通过式（3.25）计算得到不同主溜井直径（D 为 1m、2m、3m、4m 和 6m）条件下，碰撞点位置 h_1 与矿岩块初始运动方向 α 的关系曲线，如图 3.17 所示。

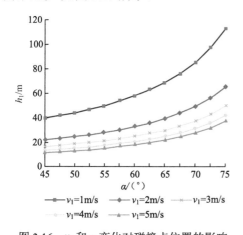

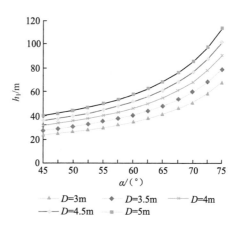

图 3.16　v_1 和 α 变化对碰撞点位置的影响　　　图 3.17　D 和 α 变化对碰撞点位置的影响

分析图 3.17 得知：

（1）同一主溜井直径条件下，随着 α 的增大，碰撞位置距矿岩块进入主溜井的距离 h_1 不断加大；反之，这一距离减小。

（2）不同主溜井直径条件下，当 α 不变时，随着主溜井直径的增加，碰撞位置距矿岩块进入主溜井的距离 h_1 不断加大；反之，这一距离减小。

3. 降低矿岩碰撞井壁概率的措施

根据矿岩块与溜井井壁发生碰撞的运动学原理，以及前文的研究结果，在垂直主溜井工程设计与建设时，可以采取以下措施，降低矿岩碰撞井壁的概率。

1）改变矿岩块进入主溜井时的运动特征

确保溜井结构的合理性[9,125]，有利于减小矿岩块进入主溜井后对井壁的冲击。对于图 3.14 所示的溜井结构，D_L、h_0 和 α 主要是根据工程位置的岩体稳固程度，由设计给定的，确定合适的卸矿站中心线与主溜井的距离 D_L，以保证工程系统的稳定性。因此，根据上述研究成果，溜井设计时可通过改变溜井结构的方法，尤其是增大矿岩块进入主溜井时初始运动方向与水平面的夹角，改变矿岩块的运动轨迹特征，以避免矿岩下落时对溜井井壁造成冲击。

2）减小矿岩块进入主溜井时的速度

高速运动的物体具有较高的冲击动能。当矿岩块以较高的速度进入主溜井时，一旦与溜井井壁发生碰撞，则会对井壁产生较强的损伤破坏作用。因此，通过降低矿岩块进入主溜井的速度，能够显著改善矿岩块在主溜井中的运动状态，减小其与井壁产生碰撞的概率。

3）降低溜矿段的卸矿高度

卸矿高度，即溜井内的空井高度，是指矿岩散体进入主溜井时的位置到井内储存的矿岩散体面之间的距离（以后统一称为卸矿高度）。溜井放矿实践中，不能满井放矿是造成溜井井壁受冲击破坏的原因之一。根据溜井的使用特点，确定合理的卸矿高度，适当增大主溜井的直径，有利于发挥溜井的使用功能，同时，也能有效防止井壁受到矿岩运动的冲击。

根据式（3.25），计算得到矿岩块第一次碰撞主溜井井壁前的下落高度 h_1。溜井放矿管理过程中，控制溜矿段的卸矿高度 H 不超过 h_1，可有效降低矿岩块与溜井井壁碰撞的概率。

因此，可建立卸矿高度的计算公式，表示如下：

$$H \leqslant D\tan\alpha + \frac{1}{2}g\left(\frac{D}{v_0 \cdot \cos\alpha}\right)^2 \tag{3.27}$$

溜井生产管理过程中，严格控制溜井底部的放矿速度，建立主溜井储矿段中料位高度与主溜井底部放矿的联锁控制机制，确保卸矿高度 H 不超过式（3.27）的计算结果，能够有效避免溜井上部卸矿时矿岩块对溜井井壁的冲击，对井壁受冲击破坏起到预防作用。

3.4 垂直主溜井内矿岩块的空间运动特征与规律

3.3 节中对垂直主溜井内矿岩运动及其规律的研究，是基于矿岩块在主溜井中运动的极限状态，即矿岩沿主溜井的直径方向运动所发生的情形。由于矿岩块在主溜井中的运动呈现出空间运动状态特征，因此本节以空间运动学理论为基础，研究矿岩块在垂直主溜井中的空间运动状态与规律。通过建立空间直角坐标系和球极坐标系，推导出垂直主溜井的溜矿段内矿岩块的运动轨迹方程，并依据主溜井结构参数求解得到矿岩块的运动轨迹；同时，以相似理论为基础，建立溜井放矿实验平台，对理论计算得到的矿岩块运动轨迹进行对比分析验证。

3.4.1　矿岩块在溜井内的三维运动规律

溜井上部卸矿站卸载时，一方面，矿岩散体离开运输车辆进入卸矿站，通过卸矿站底部安装的格筛的"阻滞"，然后进入分支溜井。当矿岩进入分支溜井后，其运动方向具有一定的随机性，但总体上呈现出向主溜井方向运动的特征；另一方面，矿岩块在分支溜井中的运动，也无法保证其能够在分支溜井的底板中央部位进入主溜井井筒，即矿岩块在下落运动过程中，并不一定能够严格沿着主溜井井筒的最大纵向剖面下落。

事实上，矿岩在溜井中的运动是三维运动状态。矿岩块进入主溜井时的初始运动状态，决定了它们在主溜井内的运动具有空间运动特征。因此，在二维空间下获得的矿岩块在主溜井内的运动规律只是矿岩块沿主溜井井筒最大纵向剖面运动的特例，存在一定的缺陷，有必要进行三维空间运动规律的研究。

1. 矿岩块进入主溜井前的运动分析

卸矿站是溜井系统的重要组成部分之一（图 1.1）。根据卸矿站与溜井井筒的相互位置关系，卸矿站与主溜井井筒的连通有两种方式。其中，一种方式是图 3.5 与图 3.14 给出的结构形式，在这种连通方式下，卸矿站位于主溜井井筒高度中间部位的生产中段，卸矿站与主溜井井筒通过分支溜井连通；另一种方式是卸矿站位于主溜井井筒最上端，卸矿站的卸载坑通过斜面与主溜井井筒相连，形成"卸载溜槽"，如图 3.18（a）所示。无论卸矿站通过何种方式与主溜井井筒连通，进入主溜井井筒的矿岩均会因为分支溜井或卸载溜槽的影响，发生速度和方向的改变。由于分支溜井和卸矿站的卸载溜槽具有相同的功能，上文的分析大多是以分支溜井为基础展开的，因此，对矿岩块进入主溜井前的运动分析，以卸矿站与主溜井井筒采用卸载溜槽的连通方式为例进行相关的理论分析。矿岩块通过这两种方式进入主溜井的运动模型简化为图 3.18 所示的模型。

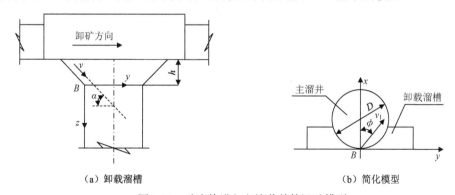

（a）卸载溜槽　　　　　　　　　　　　　　（b）简化模型

图 3.18　矿岩块进入主溜井前的运动模型

根据 3.1.4 节的分析，矿岩块在进入卸载溜槽（或分支溜井）时的速度为 v_0，当到达卸载溜槽（或分支溜井）与垂直主溜井的交会点 B 点时的速度 v_1 的大小可用式（3.10）进行计算。图3.18（a）中，v 表示矿岩块在进入卸载溜槽时的方向矢量；h 为卸载溜槽的垂直高度（m）；α 为卸载溜槽底板的倾角（°），即矿岩块进入垂直主溜井时的速度方向。

2. 矿岩在溜矿段井筒内的运动分析

将空间直角坐标系转换为球极坐标系，矿岩块在溜井中的运动轨迹可看作三维空间的斜下抛运动，包含俯仰角（即卸载溜槽底板的倾角或分支溜井倾角）α 和初始方位角 ϕ 两个角度。当矿岩块离开分支溜井或卸载溜槽的一瞬间，其俯仰角可看作分支溜井或斜溜槽的倾角，但由于分支溜井或卸载溜槽具有一定的宽度，因此矿岩块在进入分支溜井或卸载溜槽后其方位角 ϕ 会发生改变，如图3.18（b）所示。

以点 B 为原点建立极坐标系，r 表示矿岩块在某时刻的空间位置距坐标原点的距离，若矿岩块与井壁发生第一次碰撞所经过的时间为 t，则矿岩块在与井壁第一次碰撞前的运动过程中，经过时间 t_1 后，矿岩块在井筒内的坐标表示如下：

$$\begin{cases} r = \sqrt{(v_1 t \cos\alpha)^2 + \left(-v_1 t \sin\alpha - \dfrac{1}{2}gt^2\right)^2} \\[3mm] \alpha = \arccos \dfrac{-2 - v_1 t \sin\alpha - gt^2}{2\sqrt{(v_1 t \cos\alpha)^2 + \left(-v_1 t \sin\alpha - \dfrac{1}{2}gt^2\right)^2}} \\[3mm] \phi = \arctan \dfrac{y}{x} \end{cases} \tag{3.28}$$

俯仰角通过式（3.28）可以发现，矿岩在溜井空间内的运动轨迹，主要受到其运动初始方位角的影响。根据矿山溜井的实际情况，α 一般为一定值，因此，影响矿岩运动轨迹的因素主要是矿岩进入溜井时的初始方位角 ϕ。由图3.18（b）可知，ϕ 的取值范围为（$-90°,+90°$）。

当俯仰角 α 与方位角 ϕ 已知时，矿岩块与井壁发生第一次碰撞的时间 t 为

$$t = \frac{D \cos\phi}{v_0 \cos\alpha} \tag{3.29}$$

采用相同的原理，可建立起矿岩块第一次与井壁碰撞时冲击点的空间直角坐标，表示如下：

$$\begin{cases} x = D\cos^2\phi \\[3mm] y = \dfrac{1}{2}D\sin 2\phi \\[3mm] z = D\cos\phi \left\{ \tan\alpha + \left[\dfrac{D\cos\phi}{4h\cos^2\alpha\left(1 - \dfrac{\mu}{\tan\alpha}\right)} \right] \right\} \end{cases} \tag{3.30}$$

受重力加速度的影响，矿岩块与井壁碰撞时，矿岩块运动的俯仰角 α 与方位角 ϕ 均发生了变化。碰撞瞬间，矿岩块运动的俯仰角与方位角，即矿岩块冲击溜井井壁时

的冲击角 α_1（俯仰角）和 ϕ_1（方位角），可采用下式计算：

$$\begin{cases} \alpha_1 = \arctan\left(\dfrac{v_0 \sin 2\alpha + gD\cos\phi}{v_0 \cos^2\alpha \cos\phi}\right) \\ \phi_1 = \arctan\left(\dfrac{\sin\phi}{\cos\phi}\right) \end{cases} \tag{3.31}$$

以卸载溜槽高度 h 为 6m、垂直主溜井井筒直径 D 为 5m、α 为 45°为例，忽略卸载设备赋予矿岩的初始速度 v_0，取矿岩与卸载溜槽的摩擦系数为 0.5，基于上述分析，在空间直角坐标系下，分析计算矿岩运动初始方位角 ϕ 分别为 0°、30°、45°和 60°时，矿岩块与井壁发生第一次碰撞前的运动轨迹，如图 3.19 所示。

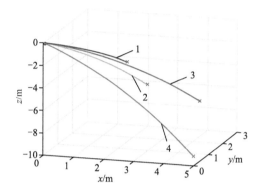

× 矿岩块与溜井井壁产生碰撞
1.60°方位角；2.30°方位角；3.45°方位角；4.0°方位角。

图 3.19　方位角对矿岩块与井壁碰撞前
运动轨迹的影响

分析图 3.19 可以发现，随着方位角不断增加，矿岩块在首次与井壁碰撞前的行程随之变短，碰撞范围逐渐接近溜井井口，即接近图 3.18（a）中 B 点所在的平面位置。

3.4.2　矿岩运动的物理实验

为验证理论分析的合理性与可靠性，以相似理论为基础，结合矿山溜井工程实例，建立溜井放矿物理实验模型，对矿岩块在主溜井溜矿段中的运动过程进行实验研究，并通过对物理实验结果与理论分析得到的矿岩块运动特征进行对比，揭示矿岩块在主溜井溜矿段的运动特征，明晰矿岩块冲击溜井井壁的区域。

1. 物理实验平台的相似条件

生产实际中，矿岩块在溜井中的运动状态具有不可量测性，其运动轨迹更是无法准确描述。基于相似原理的物理模型实验研究，不仅能够还原工程实际情况，还便于观察矿岩块运动及井壁破坏情况，在相似条件下具有一定的推广意义[114]。

相似实验是在原有模型的基础上，对应于要素相似所进行的实验，包含几何要素及物理要素。由相似实验原理可知，主溜井溜矿段的矿岩块运动特征必须满足几何相似、运动相似及材料相似等。

1）几何相似

几何相似是相似理论的基础，是指具体矿山实际主溜井与相似实验保持几何形状、几何尺寸相似，即矿岩块粒径、溜井高度与直径的实际尺寸与相似实验保持一定的比例关系。几何相似的比例可采用下式计算：

$$\rho_L = \frac{L_p}{L_m} \qquad (3.32)$$

式中，ρ_L 为线性长度相似比；L_p 为原型线性长度（m）；L_m 为模型线性长度（m）。

2）运动相似

运动相似是指矿岩块在主溜井溜矿段内的实际运动轨迹，与相似性模型中的运动轨迹线呈几何相似，并且所需的运动时间与实际需要的时间成一定比例。假设时间相似比 ρ_t 为

$$\rho_t = \frac{t_p}{t_m} \qquad (3.33)$$

则速度相似比 ρ_v 和加速度相似比 ρ_a 为

$$\begin{cases} \rho_v = \dfrac{v_p}{v_m} = \dfrac{L_p / t_p}{L_m / t_m} = \dfrac{\rho_L}{\rho_t} \\ \rho_a = \dfrac{a_p}{a_m} = \dfrac{L_p / t_p^2}{L_m / t_m^2} = \dfrac{\rho_L^2}{\rho_t^2} \end{cases} \qquad (3.34)$$

式中，t_p 为矿岩块在主溜井溜矿段内的实际运动时间（s）；t_m 为矿岩块在相似性模型内的运动时间（s）；v_p 和 v_m 分别为矿岩块在主溜井溜矿段内和相似性模型内的运动速度（m/s）；a_p 和 a_m 分别为矿岩块在主溜井溜矿段内和相似性模型内运动的加速度（m/s^2）。

3）材料相似

材料相似是指主溜井溜矿段井壁实际材料与模拟实验材料在物理力学性质方面相似。

2. 建立物理实验平台

为研究主溜井溜矿段矿岩块运动规律及井壁碰撞范围，建立溜井放矿实验模型，模型设计参数如表 3.5 所示。

表 3.5　模型设计参数

模型几何比例	模型直径/m	模型高/m	物料相似系数	密度相似系数
1∶10	0.5	4	1	1

按照模拟主溜井溜矿段实验平台的尺寸结构，相似实验的线性长度相似比 $\rho_L = 10$，时间相似比 $\rho_t = \sqrt{10}$，根据式（3.34）可知速度相似比 $\rho_v = \sqrt{10}$，物料相似比为 1。

为验证理论计算结果，结合某矿山的溜井工程实际情况，构建主溜井溜矿段物理实验平台（图 3.20）模拟溜井的溜矿过程。其中，主溜井溜矿段井筒模型参数如图 3.20（a）所示；实验平台由物料提升装置、斜溜槽、主溜井井筒、数据采集装置及动态分析软件等组成，如图 3.20（b）和（c）所示。

主溜井溜矿段井筒采用直径为 500mm 的透明亚克力管制作，以便于观测矿岩块在溜井中的运动状态。溜矿段井筒模型共分 3 段，每段之间用法兰连接，以便调整高度；井筒模型上方安装电动葫芦，用于提升并向斜溜槽投放矿岩块；模拟分支溜井

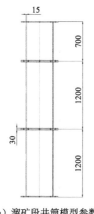

（a）溜矿段井筒模型参数
（单位：mm）

（b）实验平台正面（x-z 方向）

（c）实验平台侧面（y-z 方向）

图 3.20　主溜井溜矿段物理实验平台

（或卸载溜槽）的斜溜槽用白钢板焊接而成，并采用合页与主溜井溜矿段井筒连接，以方便在一定范围内实现矿岩块运动速度的大小和方向控制（图 3.21）；在主溜井溜矿段模型周围垂直布置摄影、摄像装置，用来采集主溜井溜矿段模型中矿岩块运动过程信息。

该实验平台具有如下特点：

（1）能够较好地还原主溜井溜矿段的卸矿过程。

（2）可根据矿山溜井结构的实际参数，针对不同卸矿条件进行多次重复实验。

（3）采用透明井筒，便于观察和采集矿岩块运动的实验数据。

图 3.21　可变参数的斜溜槽

3. 矿岩块运动实验步骤

实验平台内矿岩块运动轨迹验证的实施步骤如下：

（1）在井筒模型周围垂直布置分辨率为 1920 像素×1080 像素的慢速摄像机，从不同角度实时录拍矿岩块在井筒中运动的全过程。布置摄像机时，在确定好合理的摄像机横、纵向物距后，固定摄像机，以减少拍摄过程中产生的误差。

（2）实验开始时，利用电动葫芦或人工将矿岩块提升至斜溜槽的槽口，开启摄像系统，记录矿岩块放入斜溜槽后开始运动的全过程。

（3）实验过程中，针对不同方位角 ϕ 进行多次重复实验，以减小误差。

4. 溜放矿实验数据与信息采集

物理实验时，按照 0°、15°、30°、45°方位角将实验分为 4 组，在各方位角下的多次反复实验中，选取两次录拍效果较好的实验结果，获取矿岩块的实时运动轨迹后，将其视频用动图制作软件（Img Play Pro）制作成动图，并采用截点法描点，还原矿岩块的运动轨迹，形成 x-z 方向和 y-z 方向的矿岩块运动轨迹，如图 3.22 所示。

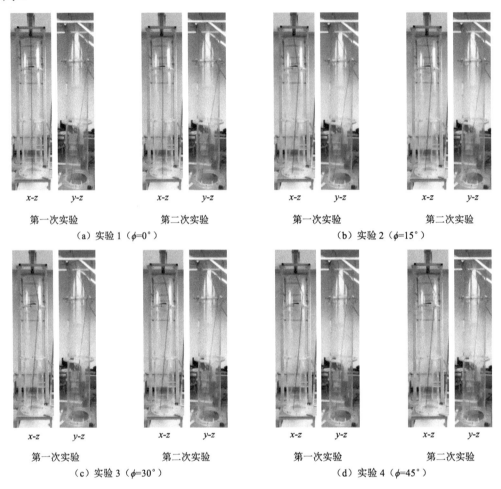

图 3.22 不同方位角下矿岩块运动轨迹实测结果

3.4.3 溜矿段的矿岩块运动规律

为了更深入地了解矿岩块运动规律，采用 3.4.1 节中的理论方法，绘制矿岩块在主溜井溜矿段运动时，矿岩块位置 x 随时间 t 的变化曲线。对图 3.22 所示的运动轨迹实测结果中，矿岩块发生碰撞前的位置进行手动追踪定位，利用 Excel 截点统计动图中矿岩块在碰撞前随时间 t 变化的 x、y、z 坐标值，并采用 MATLAB 软件数据拟合功能，对矿岩块实际运动轨迹散点进行拟合，得到不同方位角下矿岩块位置随时间变化的曲线。理论计算与物理实验结果对比如图 3.23～图 3.25 所示。

图 3.23 反映了不同方位角下，矿岩块在 x 方向运动轨迹的物理实验与理论计算结果的对比情况。

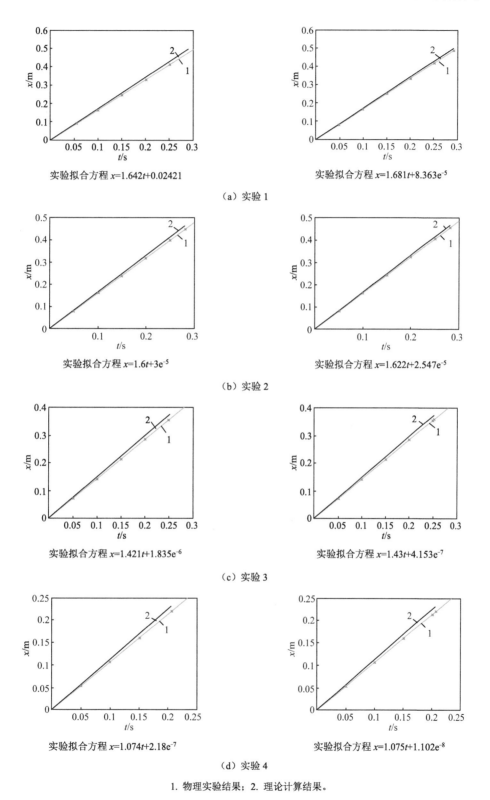

实验拟合方程 $x=1.642t+0.02421$　　　　实验拟合方程 $x=1.681t+8.363e^{-5}$

（a）实验 1

实验拟合方程 $x=1.6t+3e^{-5}$　　　　实验拟合方程 $x=1.622t+2.547e^{-5}$

（b）实验 2

实验拟合方程 $x=1.421t+1.835e^{-6}$　　　　实验拟合方程 $x=1.43t+4.153e^{-7}$

（c）实验 3

实验拟合方程 $x=1.074t+2.18e^{-7}$　　　　实验拟合方程 $x=1.075t+1.102e^{-8}$

（d）实验 4

1. 物理实验结果；2. 理论计算结果。

图 3.23　碰撞前矿岩块 x 方向运动轨迹与时间 t 的变化曲线

从图 3.23 中可以看出，实验 1 反映的是 3.4 节讨论的矿岩块沿主溜井最大纵向剖面运动的特例状况。在这一情况下，矿岩块在 x 轴方向上的运动速度垂直于溜井井壁，对溜井井壁具有较大的冲击力，这是造成井壁变形破坏的重要原因。根据动能定理可知，矿岩块在 x 轴方向运动速度的大小决定了井壁受冲击破坏的程度。

分析图 3.23 还可以发现：

（1）物理实验中，矿岩块与溜井井壁碰撞的位置均小于理论计算得到的矿岩块碰撞位置，并且随着方位角的增加，误差会逐渐增加。

（2）理论计算得到的矿岩块运动轨迹与物理实验得到的运动轨迹存在一定误差，理论计算结果略大，但总误差不超过 4.84%。

产生上述误差的原因主要有实验误差和矿岩块粒径大小等。

图 3.24 反映了不同方位角下，矿岩块在 y 方向运动轨迹的对比情况。由于实验 1 进

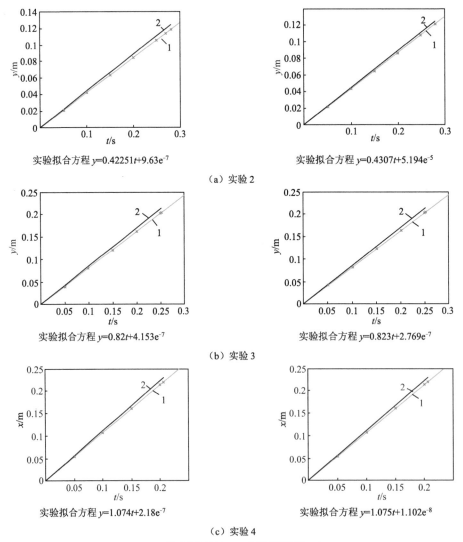

（a）实验 2

（b）实验 3

（c）实验 4

1. 物理实验结果；2. 理论计算结果。

图 3.24　碰撞前矿岩块 y 方向运动轨迹与时间 t 的变化曲线

行的是方位角为 0 情形下的实验，即矿岩块在 y 方向上的运动距离为 0，因此，在图 3.24 中没有矿岩块在 y 方向的运动轨迹。

分析图 3.24 可以发现：

（1）矿岩块在 y 方向上运动，物理实验得到的轨迹坐标与理论计算结果也存在一定的误差，且表现得更加明显。

根据运动学理论，矿岩块在进入溜井后，由于只受重力的作用，理论上会在运动初始方位角和 z 轴形成的"平面"内做斜下抛运动。但物理实验发现，矿岩块会在无数个方位角与 z 轴形成的"平面"内发生"轨迹跃动"现象，表现出方位角 ϕ 的不稳定性，因此产生了理论计算与物理实验轨迹坐标的误差。另外，随着实验过程中方位角的增大，矿岩块在不同的"平面"内发生"跃动"的程度逐渐增大，理论计算与物理实验的误差也在增大。

产生这种误差的原因主要是理论分析计算过程中把矿岩块看作质点，并未考虑矿岩块运动过程中产生的自转或旋转等运动特征。实际上，矿岩块因其形状、形体重心的差异，在溜井内运动时存在自转或旋转的运动特征，使其运动轨迹受到了影响。

（2）矿岩块在溜井井筒内运动时产生的"轨迹跃动"现象是由其在运动过程中的自转或旋转引起的，体现了矿岩块运动的随机性。其主要原因如下：

① 由于矿岩块的形状不规则，其几何中心与重心重合的概率非常小。矿岩块的重心位置决定了其运动的方向，几何中心与重心的不重合会产生偏心力，导致矿岩块在运动过程中产生了自转或旋转，迫使矿岩块在运动过程中调整其空间"姿态"，使其几何中心与重心重合于运动方向上。

② 矿岩块运动"姿态"调整的过程体现在矿岩块的运动轨迹上，即矿岩块运动过程中产生的"轨迹跃动"现象，矿岩块的初始运动状态和运动方向上，几何中心与重心的偏离程度决定了这种"轨迹跃动"的幅度。

图 3.25 反映了不同方位角下，矿岩块在 z 方向的运动轨迹拟合曲线和理论计算得到的运动轨迹对比情况。

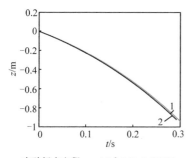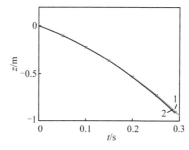

实验拟合方程 $z=-4.9t^2-1.7t+0.00043$　　　实验拟合方程 $z=-4.9t^2-1.7t+9.8e^{-5}$

（a）实验 1

1. 物理实验结果；2.理论计算结果。

图 3.25　碰撞前矿岩块 z 方向运动轨迹与时间 t 的变化曲线

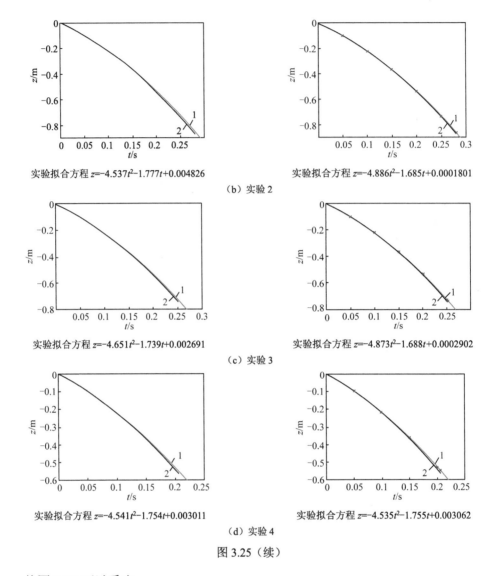

实验拟合方程 $z=-4.537t^2-1.777t+0.004826$　　　　实验拟合方程 $z=-4.886t^2-1.685t+0.0001801$

（b）实验 2

实验拟合方程 $z=-4.651t^2-1.739t+0.002691$　　　　实验拟合方程 $z=-4.873t^2-1.688t+0.0002902$

（c）实验 3

实验拟合方程 $z=-4.541t^2-1.754t+0.003011$　　　　实验拟合方程 $z=-4.535t^2-1.755t+0.003062$

（d）实验 4

图 3.25（续）

从图 3.25 可以看出：

（1）矿岩块在溜井空间的运动过程中，方位角是影响其冲击碰撞井壁位置的重要因素，而且，表现出随着方位角的不断增大，矿岩块冲击井壁的位置距溜井井口的距离不断减小。

（2）随着方位角的增大，矿岩块在 x 轴方向的运动速度逐渐减小，在 z 轴方向的运动速度逐渐增大，这种变化体现在矿岩块对井壁的冲击破坏程度逐渐减小，剪切磨损破坏程度逐渐增加。

理论上，当方位角增加至 90° 时，矿岩块在 x 方向的运动速度为 0。此时，矿岩块会贴着井壁向下滑动，不会对井壁产生冲击破坏作用。

图 3.26 给出了不同方位角下，矿岩块运动轨迹的理论计算与物理实验结果的对比

情况，可以看出两者相差不大。

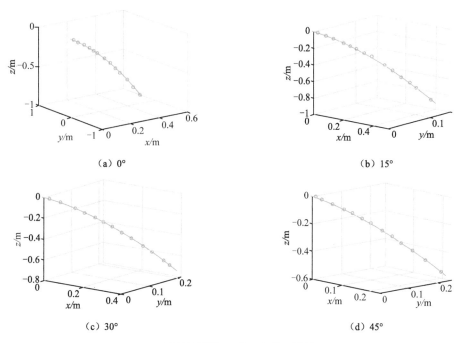

图 3.26　碰撞前理论计算与物理实验运动轨迹对比

从图 3.26 中可以看出：矿岩块进入主溜井溜矿段时，其运动方向的方位角 ϕ 的大小对矿岩块冲击井壁的位置影响较大，方位角越小，冲击点离井口的距离越大。物理实验模型条件下，方位角 ϕ 为 0° 时，物理实验得到的碰撞点位于井口下 0.90m 处，理论计算得出的碰撞点在井口下方 0.92m 处。随着方位角 ϕ 的增大，冲击点距井口的距离不断减小，当方位角达到 45° 时，理论计算得出的碰撞点在井口下方 0.74m 处，物理实验得到的碰撞位置在井口下方 0.71m 处；当方位角 ϕ 趋于 90° 时，物理实验与理论计算得到的碰撞点接近于井口位置。

本 章 小 结

溜井内矿岩运动方式与规律对矿岩块与井壁接触冲击的特征与部位影响很大。本章结合矿山溜井工程的实际情况，采用理论分析、物理模拟实验和数值分析的方法，分别研究了倾斜主溜井和垂直主溜井溜矿段中，矿岩块的运动特征与规律，取得了如下成果：

（1）以矿山溜井工程为例，分别构建了倾斜主溜井和垂直主溜井溜矿段实验平台和矿岩运动分析模型，采用运动学相关理论建立了矿岩块在溜井内的运动轨迹方程，确定了矿岩块运动过程中与井壁发生碰撞的条件方程，得到了矿岩块第一次与主溜井井壁发生碰撞时的碰撞位置计算公式，为防范井壁的冲击破坏奠定了理论基础。

（2）研究发现，影响矿岩块与主溜井井壁碰撞位置的因素主要有主溜井井筒的直径 D（倾斜主溜井时为井筒的断面高度）、矿岩块进入主溜井时的速度 v_1 及其方向 α。当 D 和 v_1 保持不变时，随着 α 的增大，碰撞位置 h_1 的值越大；反之，h_1 的值越小。当 D 和 α 保持不变时，随着 v_1 的增大，碰撞位置 h_1 的值越小；反之，h_1 的值越大。当 v_1 和 α 保持不变时，随着 D 的增大，碰撞位置 h_1 的值越大；反之，h_1 的值越小。

（3）矿岩对溜井井壁的冲击位置不仅与其进入主溜井时的初始速度有关，还与其进入主溜井时的方向密切相关，这一方向表现为矿岩块的运动方向与水平面的夹角和与垂直面的夹角。

因此，溜井工程设计时，通过适当增加主溜井直径，选择合适的分支溜井倾角，改变溜井上部卸矿站底部结构，能够有效改变矿岩进入主溜井的初始运动方向，进而影响和改变矿岩块冲击主溜井井壁的位置，降低矿岩块与溜井井壁的碰撞概率，有利于减轻溜井受冲击破坏的程度。

第4章 卸矿冲击对井内矿岩散体特性的影响

矿岩块进入主溜井井筒后,会以较高的速度下落,并对井内储存的矿岩散体产生强烈的冲击作用,使井内矿岩散体的接触方式、散体的空隙结构特征和散体作用在井壁上的压力发生改变,最终影响井内矿岩散体系统的流动特性[37]。研究溜井上部卸矿冲击对井内储存的矿岩散体特性和井壁侧压力变化的影响,是揭示溜井储矿段堵塞和井壁摩擦损伤机理的基础。本章主要以垂直主溜井为例,以井内矿岩散体的空隙率变化特征为研究对象,采用物理实验和数值模拟实验分析方法,研究溜井上部卸矿冲击对井内矿岩散体特性和井壁侧压力变化特征产生的影响。

4.1 卸矿冲击的作用特征与影响

矿岩在溜井内的运动不仅能造成井壁的损伤,同时也会因上部卸矿冲击而产生对井内储存的矿岩散体的冲击夯实作用。冲击夯实后的矿岩散体在溜井底部放矿时易形成稳定的悬拱,导致矿岩不易放出甚至无法放出而发生溜井堵塞。目前,对于井内储存的矿岩散体的夯实过程和机理的分析与研究,与颗粒类材料的缓冲性能研究方法类似。随着对冲击与缓冲的认识日臻完善,相关研究中,在已充分考虑颗粒类材料受冲击载荷作用的同时,也考虑冲击物的形状、速度和大小、被冲击颗粒类材料的摩擦、形态及密度等因素对缓冲性能的影响[66,156]。

矿岩从上部卸矿站进入溜井后,受其进入溜井时的初始运动方向的影响,矿岩块在下落过程中,会发生矿岩块之间的相互碰撞和矿岩块与溜矿段井壁的碰撞现象[82]。矿岩块在经过 2～3 次与井壁碰撞后[12],到达溜井底部储存的矿岩散体表面时,仍具有很高的运动速度,即携带很高的运动动能。该动能作用在井内储存的矿岩散体表面时,转换为冲击夯实井内矿岩散体的能量,对井内矿岩散体产生强烈的冲击夯实作用。

在溜井上部卸矿冲击井内矿岩散体的过程中,快速下落的矿岩所携带的动能被井内矿岩散体吸收,最终耗散殆尽,运动速度衰减为 0。但井内矿岩散体在吸收下落矿岩块的冲击能量后产生了运动,并通过散体内矿岩块之间的相互传递,使井内储存的矿岩散体内部的空隙被压缩,从而影响井内矿岩散体的流动特性。

溜井上部卸矿对井内矿岩散体冲击夯实的影响因素、作用特征与效果主要表现在以下几方面。

1. 卸矿高度对冲击夯实效果的影响

溜井上部卸矿过程中,下落矿岩块对井内矿岩散体冲击夯实的效果与卸矿高度密切相关,将矿岩块在溜井中下落至井内矿岩散体表面时所经过的垂直距离定义为卸矿高度 H。卸矿高度取决于矿山卸矿站的设计位置与生产过程中溜井井内储存矿岩散体高度之间的关系。

在不考虑矿岩块进入溜井时所携带的初始动能和下落过程中因碰撞而产生的能量耗散的前提下，当矿岩块的质量一定时，根据能量守恒定律，卸矿高度越大，下落矿岩块的重力势能越大，矿岩块下落到井内矿岩散体表面时，冲击井内矿岩散体的动能也越大，产生的冲击夯实作用越强；反之，卸矿高度越小，冲击夯实作用越弱[37]。

2. 下落矿岩块的块度对冲击夯实效果的影响

（1）溜井上部卸矿站卸矿时，下落矿岩块的重力势能大小与矿岩块的质量和卸矿高度密切相关。下落矿岩块的块度越大，其质量也越大。在相同的卸矿高度下，块度越大的矿岩所拥有的重力势能越大，其冲击井内矿岩散体表面时产生的冲击夯实效果越明显。

（2）溜井上部卸矿站卸矿，下落矿岩块进入主溜井并冲击井内储存的矿岩散体后，落至矿岩散体表面，形成了新的井内储料，增加了矿岩散体的储存高度。上部卸矿对井内矿岩散体的夯实，增强了井内矿岩散体粗细颗粒之间的咬合力、内摩擦力和黏结力。

（3）溜井内组成矿岩散体的矿岩块的最大块度与主溜井井筒直径存在的匹配关系对溜井产生悬拱的可能性影响重大。当下落矿岩块的块度超过一定尺寸后，更容易形成储矿段内的"咬合拱"堵塞现象[35]。

3. 卸矿冲击对井内矿岩散体空隙率的影响

井内矿岩散体的密实度与空隙率紧密相关，矿岩散体的密实度越大，其空隙率越小。通过研究散体材料卸料过程中的力场和速度场发现[157]，散体材料的流动形态与其密实度有关。散体材料密实时，仅在锥形漏斗部分的散体做管状流动；散体材料松散时，管状流动区加大，扩展到了筒仓的直壁部分。

卸矿冲击的作用效果主要表现为对井内储存的矿岩散体的夯实。矿岩块在溜井内的运动，尤其是在垂直主溜井内的运动，较高的重力势能不断转换为运动动能，矿岩块的下落速度不断加大，最终对井内储存的矿岩散体产生较强的冲击，使矿岩散体内部原有的颗粒接触方式、排列方式发生改变，进而改变了矿岩散体的密实度，影响了散体的流动性。

4. 卸矿冲击对井壁侧压力的影响

在散体系统中，力链是组成散体的颗粒之间接触力传递的主要路径，其结构变化反映了冲击作用下散体体系内部的力学行为[158]，颗粒的排列方式对力链的变化起决定性作用[159]。横向力链的变化是影响井壁侧压力的主要原因，纵向力链的变化会使井内储存的矿岩散体产生冲击夯实效果。

上部卸矿冲击在改变井内矿岩散体内的矿岩块的接触方式和排列方式的同时，也改变了矿岩块之间的接触力，导致井壁承受的散体压力也发生了改变。卸矿冲击过程中，矿岩块产生滑移、旋转或挤压，降低了矿岩散体内部的空隙率，改变了散体内矿岩块之间的接触特征，引起了力链网络发生断裂重组，使横向力链和纵向力链的疏密及其强弱不断发生变化，进而影响溜井井壁侧压力及其峰值的大小。

5. 井内矿岩散体高度对卸矿冲击的影响

散体力学相关研究结果表明，组成散体体系的颗粒堆积厚度越大，颗粒的粒径和硬度越小，其缓冲效果越好[68]。颗粒的排列方式、颗粒与冲击体的刚度比、质量比等，均影响冲击力的传递方向及传递范围[64]。颗粒的粒径、形态、材料性质等参数对缓冲性能均有影响，较大粒径颗粒缓冲性能要优于小粒径颗粒，不规则颗粒的缓冲效果高于细颗粒，缓冲性能随颗粒储存厚度的增加而增加[65]。

溜井储矿段内储存的矿岩散体是由形状、粒度各异的矿岩块构成的散体结构体系，对于上部卸矿冲击具有一定的缓冲效果[71]。溜井上部卸矿时，进入溜井的矿岩块具有的重力势能越大，下落的矿岩块对溜井井壁或溜井储矿段内储存的矿岩散体的冲击力也越强。在溜井上部卸矿的冲击作用下，井内储存的矿岩散体的上部，矿岩块之间产生了激烈碰撞，矿岩块的接触方式、空间排列和受力状态均发生了改变，其结果是使大部分的冲击力耗散衰减，最终完全消失。在井内储存的矿岩散体的下部，主要沿着初始形成的力链网络传递冲击力，矿岩块之间摩擦阻力抵消了部分冲击力。从能量转换的角度[37]分析，井内储存的矿岩散体受冲击的能量大小与下落的矿岩块的质量及其下落高度呈正比关系，冲击夯实作用的影响程度及范围与井内储存的矿岩散体在冲击作用下的能量耗散速度呈反比关系。

4.2　溜井上部卸矿对井内矿岩散体的冲击夯实作用

溜井内矿岩的运动不仅能造成溜井井壁的冲击损伤和摩擦损伤[24]，同时也会因其快速下落而造成对井内储存的矿岩散体的冲击夯实[160-161]，使井内矿岩散体内部的空隙率降低，密实度增加，流动特性变差，进而引发溜井悬拱问题的产生。尽管国内外学者对溜井产生悬拱堵塞的机理及其处理对策进行了大量卓有成效的研究，并取得了丰硕成果[50,57,49]，但对因溜井上部卸矿引起的井内矿岩散体被冲击夯实的作用效果及其机理的研究却很少。

4.2.1　卸矿冲击作用过程

1. 溜井内的矿岩运动特征

矿岩在垂直主溜井和倾斜主溜井两种不同的溜井结构中，表现出了不同的运动方式，可以概括如下：在矿岩块到达井内储存的矿岩散体表面之前，即在溜井的溜矿段，矿岩块的运动状态主要为矿岩下落、与井壁相撞和矿岩块之间的相互碰撞 3 种方式；矿岩块到达井内储存的矿岩散体表面后，对井内储存的矿岩散体的高速冲击，使组成矿岩散体的矿岩块的接触方式、空间排列方式等发生了变化，产生了对井内储存的矿岩散体的冲击夯实效果。在这两个不同的阶段，溜井内的矿岩运动特征主要表现如下：

（1）运输设备在溜井上口卸矿或通过分支溜井向主溜井卸矿时，矿岩块以一定的运动动能和运动方向进入主溜井，并在重力作用下向主溜井底部运动。矿岩块在运动过程中，不断发生块与块之间的相互碰撞，或是矿岩块与溜井井壁之间的碰撞，最后到达井内储存的矿岩散体表面。

（2）矿岩块以很高的速度下落至井内储存的矿岩散体表面时，所携带的动能转换为冲击井内矿岩散体的能量，使井内储存的矿岩散体被夯实，最终也使其下落的速度衰减为 0。

（3）组成井内储存的矿岩散体的矿岩块在冲击动能的作用下，发生移动或转动，并使矿岩块之间的接触方式、空间排列方式发生改变，散体内部的空隙率降低，密实度增加。

2. 冲击夯实作用过程

Bourrier 等[59]从冲击的力学机制角度，将冲击体对颗粒组成的散体的作用过程划分为 3 个阶段：第 1 阶段，冲击体的动能作用在散体上；第 2 阶段，冲击力产生的冲击波通过颗粒在散体的内部传播；第 3 阶段，反射波由散体内部（底板）传播到散体表面。该阶段划分为研究溜井上部卸矿时，卸矿冲击的力学行为及其机理、冲击过程中能量的转移与耗散奠定了基础。

溜井上部卸矿时，进入主溜井的矿岩块在自重力作用下下落，并以较高的速度冲击井内储存的矿岩散体。冲击过程中，下落的矿岩块表现出了极为复杂的运动状态和力学行为。因此，对这一过程进行 PFC2D 数值模拟实验，发现下落矿岩块对井内储存的矿岩散体的作用过程，可大致分为矿岩下落、接触碰撞、冲击挤压、冲击反弹和覆盖静止 5 个阶段，如图 4.1 所示。

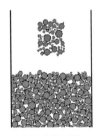 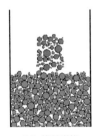  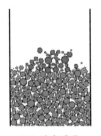 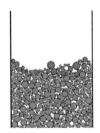

（a）矿岩下落　　　（b）接触碰撞　　　（c）冲击挤压　　　（d）冲击反弹　　　（e）覆盖静止

图 4.1　卸矿冲击作用过程

1）矿岩下落

矿岩进入主溜井后，在重力作用下向主溜井底部运动，最终到达井内储存的矿岩散体表面，完成矿岩的下落过程，下落的矿岩构成冲击井内矿岩散体的冲击体。矿岩下落过程中会发生矿岩块与块之间、矿岩块与溜井井壁之间的相互碰撞，下落矿岩具有的重力势能转换为动能，最终作用在井内储存的矿岩散体上，如图 4.1（a）所示。井内储存的矿岩散体受到的冲击能量的大小与矿岩块的质量和卸矿高度成正比。

2）接触碰撞

组成冲击体的矿岩块在进入主溜井时存在一定的时间差，主要是冲击体在下落过程中，矿岩块之间、矿岩块与溜井井壁之间的相互碰撞又影响了其运动速度，同样也存在速度差。因此，组成冲击体的矿岩块并非是同一时间到达井内储存的矿岩散体表面，使组成冲击体的矿岩块与井内储存矿岩散体的接触与碰撞产生了一定的先后顺序。在这一过程中，单个矿岩块与井内储存的矿岩散体的接触碰撞时间极短暂，整个冲击体的接触碰撞持续时间相对较长。整个接触碰撞期间，井内矿岩散体的整体受力状态不会立刻发生变化，但矿岩散体表面局部受到的点冲击的影响较大，如图 4.1（b）所示。

3）冲击挤压

随着冲击体接触、碰撞井内矿岩散体表面的矿岩块的数量增加和持续时间的增长，下落矿岩对井内储存的矿岩散体的冲击力也越来越大，冲击力也开始通过力链的形式，以冲击点为中心向井内储存的矿岩散体的下方传递，使井内储存的大范围的矿岩散体受到强烈的挤压，其影响范围开始由局部波及整个井筒，其结果是改变了井内矿岩散体的力学状态，使矿岩散体产生了冲击夯实的效果，如图 4.1（c）所示。越接近接触碰撞中心的矿岩散体，受到的冲击力越大。受冲击的井内储存的矿岩散体表面的中心位置轻微下沉，形成"冲击坑"。冲击坑的形状、大小与冲击体的速度、直径和井内矿岩散体的密实度等有关。

4）冲击反弹

冲击体在冲击井内储存的矿岩散体后，矿岩散体表面的部分矿岩块弹起，呈现出"飞溅"现象[162]。矿岩块被弹起的原因有两个：一是强烈的挤压导致井内储存的矿岩散体表面的部分矿岩块脱离了矿岩散体；二是冲击力以力链的形式在组成矿岩散体的矿岩块之间传递，最终到达溜井井壁、底板，在冲击力传递的过程中，受到挤压的矿岩块反向释放作用力，使位于井内储存的矿岩散体表面的部分矿岩块被弹起，如图 4.1（d）所示。

5）覆盖静止

组成冲击体的部分矿岩块受冲击方向和被冲击矿岩块的反作用力的影响，在冲击井内矿岩散体后向四周扩散，同时被弹起的矿岩块在重力作用下重新回落，直到井内矿岩散体的内部应力恢复至平衡状态后，最终覆盖在井内矿岩散体的表面，如图 4.1（e）所示。

实验还发现，在卸矿冲击前期，冲击体内先期到达井内储存的矿岩散体表面的矿岩块，在与井内矿岩散体表面发生碰撞时，主要以点冲击为主。随着碰撞点越来越多和冲击力的叠加，冲击方式由点冲击逐渐过渡为面冲击，最后向四周传递，冲击力的传递被扩展到整个井内储存的矿岩散体内。

这 5 个阶段的划分与 Bourrier 等的 3 个阶段的划分并不矛盾。前者阐述了卸矿冲击时，下落矿岩（冲击体）的运动过程及其对井内矿岩散体的冲击作用过程；后者反映了在冲击作用下，受冲击体的力学行为和冲击过程中的能量转移与耗散过程。

3. 卸矿冲击的力学作用特征

假定质量为 m 的矿岩块以速度 v 冲击到井内矿岩散体表面，经过时间 t 后，矿岩块的速度下降为 0，矿岩块完成了对井内矿岩散体的冲击。在这一过程中，卸矿冲击的力学作用与井内储存的矿岩散体内部的力学作用机制十分复杂，但仍可通过以下几点进行理解。

（1）溜井井内储存的矿岩散体表面是一个由许多大小不同、形态各异的矿岩块组成的复杂曲面。当下落矿岩块冲击井内矿岩散体时，会受到井内矿岩散体的反作用力，使下落矿岩块的运动方向发生改变，或出现转动；同时，受到冲击的井内矿岩散体的矿岩块在冲击力的作用下，也会产生与冲击力方向相同的移动或转动。下落矿岩块冲击井内矿岩散体表面的位置不同，所引起的下落矿岩块与被冲击的矿岩块相互之间的力学作用特征、运动状态也各不相同。

（2）上部卸矿在冲击井内矿岩散体的过程中，所产生的冲击力在组成井内矿岩散体的矿岩块之间的相互传递，形成了"力链"的作用效果，并通过首先受到冲击的矿岩块向其相邻的矿岩块"依次"传递。在这一传递过程中，冲击能不断耗散，冲击力不断减小；井内矿岩散体内受到冲击的矿岩块产生了与冲击力方向相同的位移或转动，并继续向与其相邻的矿岩块传递冲击力，直至能量全部耗竭，所有的矿岩块不再产生移动。矿岩块的这种移动或转动的效果，最终体现为井内储存的矿岩散体内部的空隙被压缩，密实度增加。冲击力越大，夯实的范围越大，新生成的散体结构的密实度也越大。

4. 矿岩运动的能量转换与耗散特征

矿岩块在溜井内的运动过程是一个能量转换与耗散的过程。矿岩块进入主溜井时具有较高的重力势能，当其在主溜井中下落时，重力势能不断转换为矿岩的运动动能，使矿岩块的下落速度不断加快，直至到达井内储存的矿岩散体表面，此时，矿岩块的运动速度达到了最大值。矿岩块到达井内的矿岩散体表面后，其运动动能开始转换为冲击能量，冲击井内储存的矿岩散体，改变其内部矿岩块的受力状态和空间状态，最终对溜井井壁产生力的作用。根据溜井内矿岩的运动特征，从动力学角度分析，矿岩块进入溜井后，其能量的转换与耗散具有如下特征。

（1）矿岩块进入主溜井前，运输设备的卸载或分支溜井的溜放，使进入主溜井的矿岩块具有了一定的运动动能和一定的运动方向。

（2）矿岩块进入主溜井后，矿岩块所具有的重力势能 E_p 是一个与矿岩块的质量 m 和下落高度 H 成正比的量，即 $E_p = mgH$。由于重力势能的存在，使矿岩块在主溜井内的下落不断加速，其加速度为重力加速度 g。

（3）矿岩块在溜井内产生运动的根本原因在于，除卸入溜井时运输设备所赋予的初始动能外，矿岩块本身所具有的重力势能不断转换为动能，为其在溜井内的运动提供了能量。矿岩块运动的结果是重力势能不断减小，运动动能不断增加，促使矿岩块的运动速度不断加快，直至其与溜井井壁产生碰撞，或是矿岩块之间发生相互碰撞。

（4）矿岩块下落的过程中，会发生矿岩块之间的相互碰撞或矿岩块与溜井井壁之间的碰撞。产生碰撞的原因在于矿岩块进入溜井时具有一定的初始运动方向，或是由于碰撞改变了其运动方向，使矿岩块在溜井中的运动具有一定的水平速度分量。碰撞的结果一方面会导致矿岩块动能的耗散，减缓矿岩块下落的速度；另一方面，会引起矿岩块运动方向的改变，或导致矿岩块发生损伤或破裂，矿岩块与溜井井壁之间的碰撞则会引起井壁材料的弹塑性变形，导致井壁产生损伤破坏。同时，与井壁之间的碰撞也会改变矿岩块的运动方向。

（5）矿岩块在下落的过程中，经过 2～3 次冲击溜井井壁后[12]，仍会以较高的速度下落到井内储存的矿岩散体表面，对井内矿岩散体产生强烈的冲击，直至其运动速度衰减为 0。此时，矿岩块所具有的动能 E_k 全部转换为冲击井内矿岩散体的冲击能量，对井内矿岩散体产生了夯实作用。

（6）下落矿岩块从其开始冲击井内储存的矿岩散体到完全停止运动的整个过程中，伴随着能量的不断转换与耗散，且在其到达井内矿岩散体表面时，具有最大的冲击能量 $mv^2/2$。该能量作用在组成井内矿岩散体的矿岩块上，一部分被受冲击的矿岩块"吸收"，引起冲击能量的耗散；另一部分转换为被冲击的矿岩块产生移动的动能，使被冲击的矿岩块产生移动。当该被冲击的矿岩块发生运动，并与其相邻的另一矿岩块产生碰撞时，又发生了新一轮的能量耗散与转换。这一过程不断持续，直至全部能量耗竭，井内矿岩散体内部的受力状态达到新的平衡。

4.2.2　冲击夯实效果的表征

根据前文的研究，卸矿过程中产生的冲击夯实作用对溜井系统的影响主要表现在如下两个方面：

（1）增大了溜井内储存的矿岩散体的密实度，增加了溜井堵塞的概率。

（2）卸矿冲击产生的冲击力通过井内矿岩散体内矿岩块的传递，最终作用到溜井井壁上，对井壁造成了损伤，进而影响井壁的稳定性[37]。

这两个方面的影响，前者表现为对溜井井内储存的矿岩散体的夯实作用，后者表现为对溜井井壁的冲击作用。为便于分析和研究溜井上部卸矿对溜井系统两个方面的影响，根据目前研究手段能够获得的指标，对冲击和夯实这两种情形可以采用如下表征方法。

1. 夯实效果的表征方法

井内矿岩散体的夯实效果主要表现在矿岩散体内部空隙率的变化方面。溜井上部卸矿过程中，当进入主溜井的矿岩（以下称为冲击体）在重力作用下向溜井底部运动，并以较高的速度冲击井内储存的矿岩散体时，井内矿岩散体内的矿岩块受到外部载荷的作用，发生了挤压、碰撞，矿岩块相对位置与空间排列方式发生了变化，矿岩散体的密实度也随之改变。因此，卸矿冲击对井内矿岩散体的夯实效果，可以采用空隙率的变化量和变化率两种方法进行表征。

1）空隙率的变化量

卸矿冲击前后，井内矿岩散体内部空隙率的变化量越大，表明矿岩散体的密实度变化越大，井内储存的矿岩散体被冲击夯实的作用效果也越明显。

为准确分析冲击夯实作用对井内矿岩散体的密实度的影响及影响范围，参考强夯高填地基夯实效果的表征方法[60,62]，采用空隙率的变化值来表征井内矿岩散体的夯实作用效果，表示如下：

$$\Delta \eta = \eta_0 - \eta_1 \tag{4.1}$$

式中，$\Delta \eta$ 为冲击夯实作用前后井内矿岩散体内的空隙率变化量（%）；η_0 为井内矿岩散体的初始空隙率（%）；η_1 为井内矿岩散体在冲击夯实后恢复平衡状态下的空隙率（%）。

2）空隙率的变化率

卸矿冲击前后，井内矿岩散体内部空隙率的变化率也能够表征卸矿冲击的夯实效果。空隙率的变化率越大，说明矿岩散体密实度的变化越大，井内储存的矿岩散体被夯实的作用效果越明显，反之亦然。

采用井内矿岩散体内部不同范围的空隙率的变化率 $\Delta \eta'$，表征溜井上部卸矿对井内矿岩散体的夯实作用效果，用来研究冲击夯实作用对井内储存的矿岩散体的密实度的影响范围。$\Delta \eta'$ 满足如下关系式：

$$\Delta \eta' = \frac{\eta_0 - \eta_1}{\eta_0} \times 100\% \tag{4.2}$$

2. 冲击作用的表征方法

井壁应力是影响溜井储矿段井壁稳定性的主要力源[109]。在溜井上部卸矿的冲击夯实作用下，储矿段井壁应力在短暂的时间内达到峰值后递减[65]。在井内储存的矿岩散体的不同标高范围内，应力峰值的变化程度是评价井内储存的矿岩散体缓冲性能的主要指标之一[66]。冲击力峰值越大，说明该范围内的溜井井壁所受到的冲击作用越大。因此，研究溜井储矿段井壁的稳定性问题，应以研究和分析冲击夯实作用过程中井壁承受的冲击力峰值为重点，并采用冲击力峰值来表征冲击作用强度。

在有关测量井壁应力的相关实验[109,163-164]方面，大多数的研究都通过监测井壁法向应力的方法直接获得井壁的应力值。但受组成井内矿岩散体的矿岩块与井壁接触方式的影响，上部卸矿产生的冲击力存在入射角度的问题，冲击夯实过程中井壁受到的冲击力是井壁侧压力和冲击力法向分量的合力。因此，这种方法不适用于分析冲击夯实作用下的溜井井壁受力问题。为研究更加合理精确的井壁应力测量方法，以主溜井储矿段的右侧井壁为例，设定水平向右方向为正，铅垂向下方向为正，对井壁应力进行受力分析，如图4.2所示。

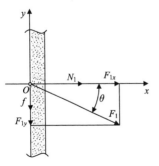

图4.2　冲击夯实作用下井壁的受力分析

假设矿岩块与井壁接触点为点 O，在井内矿岩散体内部的应力平衡状态下（冲击夯实作用前），井壁受到来自矿岩块的侧压力 N_1（正）及井壁与矿岩块之间的摩擦力 f（方向可能正也可能负）的作用。冲击夯实作用下，冲击力峰值 F_1 以矿岩块与井壁的接触方向为传播路径，将冲击力传递到溜井井壁上。由于冲击力的传递路径是由上至下，因此冲击力可能存在一定的入射角 θ。此时，可以将冲击力分解为水平和铅垂两个分量 F_{1x} 和 F_{1y}，建立如下平衡方程：

$$\begin{cases} F_1 = F_{1x}\cos\theta + F_{1y}\sin\theta \\ F_x = N_1 + F_{1x} \\ F_y = f + F_{1y} \end{cases} \tag{4.3}$$

式中，F_1 为冲击夯实作用下井壁承受的冲击力峰值（N）；F_{1x} 和 F_{1y} 分别为 F 在 x 和 y 方向上的分量（N）；θ 为冲击力的入射角度（°）；F_x 和 F_y 分别为作用在井壁 x 和 y 方向上的合力（N）；N_1 为井壁侧压力（N）。

若实验过程中 x、y 方向上冲击前后的井壁应力大小是可以测量的，则结合式（4.3），在已知 F_x、F_y 和 N_1 的情况下，冲击力峰值计算表示如下：

$$F_1 = \sqrt{(F_x - N_1)^2 + (F_y - f)^2} \tag{4.4}$$

3. 基准线

传统的地表筒仓的仓壁应力、空隙率的测量实验中，通常以筒仓底板为基准线，通过筒仓标高来表达应力波的传播距离。

由于受井内储存的矿岩散体内部摩擦阻力、颗粒运动等作用的影响，溜井上部卸矿产生的冲击力在由井内储存的矿岩散体表面向其内部和溜井井壁扩散传递的过程中不断衰减，直至消失，冲击夯实的作用效果随着冲击应力波传递距离的增加而减弱。

因此，对于冲击夯实作用下，主溜井储矿段的井壁应力和空隙率的研究，确定以井内储存的矿岩散体表面为基准线进行测量和分析。

4.2.3　冲击夯实作用机理

当溜井上部采用铲运机卸矿时，铲斗内的矿岩所具有的重力势能是矿岩对溜井内储存的矿岩散体产生冲击夯实的能量之源。冲击夯实的程度除与井内储存的矿岩散体的可压缩特性有关外，也与卸入溜井内的矿岩质量、卸载高度相关[37]。

溜井上部卸矿时，受矿岩进入溜井时的初始运动方向和矿岩块之间的相互碰撞影响，矿岩在溜井内的运动会产生与井壁碰撞的现象。当矿岩块不再与井壁产生碰撞时，会按一定的运动轨迹坠入井内，并对井内储存的矿岩散体产生冲击。如图 4.3 所示，对于垂直主溜井，当质量为 m 的

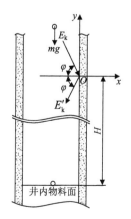

图 4.3　矿岩块冲击井壁时的力学分析

矿岩块与溜井井壁在 O 点发生碰撞时，假定矿岩块在碰撞井壁前的瞬时动能为 E_k，碰撞井壁后的瞬时动能为 E_k'，在不考虑井壁的塑性变形吸收冲击能量的条件下，矿岩块碰撞井壁前后的瞬时方向与井壁法向的夹角相等。若该夹角为 φ，则矿岩块离开井壁前所具有的能量 E 计算如下：

$$\begin{cases} E_x = E_k \cos \varphi \\ E_y = E_k \sin \varphi + mgH \end{cases} \tag{4.5}$$

式中，E_x 为矿岩块与井壁碰撞后，矿岩块在井壁法向上产生运动的动能；E_y 为矿岩块与井壁碰撞后，使矿岩块沿垂直方向运动时所具有的能量。

能量 E_x 的作用结果使矿岩块在碰撞溜井井壁后，产生了水平方向的位移，该位移的大小即是矿岩块坠到井内物料面时距溜井井壁的距离。能量 E_y 的作用结果对井内储存的矿岩散体产生冲击夯实，使井内矿岩散体的松散容重增加，流动性降低。

由式（4.5）可以看出，在矿岩块质量一定的情况下，E_y 主要取决于矿岩块碰撞井壁后的瞬时动能 E_k' 和矿岩块的下落高度 H。

E_k' 也是一个与矿岩块的下落高度相关的量。在图 3.14 所示的溜井结构中，对于质量为 m 的特定矿岩块，若其从分支溜井进入主溜井时具有的初始动能为 E_0，假定该矿岩块只与主溜井井壁发生一次碰撞，α 为矿岩块进入主溜井时的运动方向（即分支溜井倾角），h_1 表示 O 点至 A 点的垂直距离，即分支溜井底板与主溜井井壁的交点至矿岩块与井壁产生碰撞的碰撞点之间的垂直距离，结合图 4.3 对碰撞点的分析，则在 y 方向上有

$$E_k \sin \varphi = E_0 \sin \alpha + mgh_1$$

即

$$E_k = \frac{E_0 \sin \alpha + mgh_1}{\sin \varphi} \tag{4.6}$$

对图 4.3 中 O 点处的能量进行分析可知，在不考虑矿岩块冲击井壁时的能量损失时，存在关系 $E_k = E_k'$。事实上，由于溜井井壁属弹塑性体材料，当能量 E_k 作用于溜井井壁时，井壁材料会产生弹塑性变形，引起能量损失[53]，因此 E_k' 要小于 E_k，但仍可说明 E_k' 与 h_1 密切相关。

当矿岩离开铲运机铲斗，即从卸矿站通过分支溜井进入主溜井、并与主溜井井壁产生碰撞时，矿岩运动所经历的垂直高度，由图 3.14 给出的分支溜井的垂直高度 h_0 和 O 点至 A 点的垂直高度 h_1 两部分构成。由于将矿岩块从分支溜井进入主溜井时所具有的动能定义为矿岩块在进入主溜井时所具有的初始动能 E_0，因此在上述分析中，简化了矿岩块在分支溜井中的能量计算。对于矿岩块在进入主溜井时所具有的初始动能 E_0 的分析与计算，读者可参考第 3 章中矿岩在倾斜主溜井中的运动学分析结论，采用动力学的相关知识进行计算。

综上所述，矿岩块在垂直主溜井中下落时，对溜井底部储存的矿岩散体的冲击能量与矿岩的卸载高度（即铲运机铲斗或卸矿站到井内矿岩散体表面的高度）密切相关，高度越大，冲击井内矿岩散体时的能量越大；另外，矿岩块的质量越大，其冲击井内矿岩散体时的能量越大。

4.3　卸矿高度对井内矿岩散体的冲击影响

主溜井储矿段内储存的矿岩散体的空隙率对主溜井底部（或主溜井下口）放矿时井内矿岩散体的流动性有重大影响。增大井内储存的矿岩散体内的空隙率，能够有效改善井内矿岩散体的流动特性，因此也能够有效缓解储矿段的堵塞问题。然而，矿山生产实际中受多种因素的影响，主溜井储矿段内储存的矿岩散体内部空隙率的变化，却对井内矿岩散体的流动性产生了负面影响。尤其是溜井上部卸矿时，下落矿岩对井内储存的矿岩散体产生的冲击夯实作用，导致矿岩散体内部空隙率降低，进而影响主溜井底部放矿时矿岩散体的流动特性，提高了溜井堵塞的可能性。

因此，研究溜井上部卸矿对井内矿岩散体内部空隙率的影响特征与作用机理，对于改善井内矿岩散体的流动特性、降低溜井堵塞的概率有着较好的促进作用。

4.3.1　卸矿冲击实验与实验方法

1. 实验平台

为研究溜井上部卸矿冲击对井内矿岩散体内部空隙率的影响，模拟溜井上部卸矿冲击储矿段内储存的矿岩散体的过程，构建溜井储矿段物理实验平台。实验系统由溜井储矿段井筒模型（图 4.4）、卸矿容器、矿岩提升装置（电动葫芦）、电子秤、量杯等组成。

根据矿山实际生产的溜井卸矿情况，实验物理模型采用 1∶20 的相似比模拟矿山现场的溜井结构参数。储矿段井筒模型由 3 段内径为 300mm 的透明亚克力管材制作，每段之间用法兰连接，以便根据实验需要自由组合模型的高度。在模型外侧粘贴有标尺，用来测量储矿段内储存的矿岩散体高度和注水法测量空隙体积时水面的高度。放矿漏斗也采用透明亚克力管制作，放矿漏斗壁的倾角为 55°。

另外，在储矿段井筒模型与放矿漏斗的连接处安装有水龙头，以方便采用注水法测量不同高度区间的矿岩散体的空隙体积。

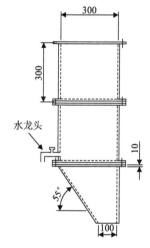

图 4.4　溜井储矿段井筒模型
（尺寸单位：mm）

为保证上部卸矿能够完全顺利落入储矿段模型之中，卸矿容器采用内径为 100mm 的透明亚克力管制作，其底部设有能够方便打开的卸矿闸门。

矿岩提升装置（电动葫芦）安装于储矿段井筒模型的上方，其安装高度应能保证满足实验所需卸矿高度的需要。

2. 实验方法及实验步骤

卸矿冲击实验中采用的实验方法及实验步骤如下：

第 1 步，在图 4.4 所示的储矿段井筒模型中，填装由一定粒级矿岩块组成的矿岩散体，填装高度为 500mm。填装时，将矿岩缓慢放入模型中，使矿岩散体保持自然堆积状态，避免对矿岩散体的空隙率产生影响。

第 2 步，采用注水法测量模型内填装的矿岩散体的空隙率。首先将水沿模型壁缓慢注入，直至水面上升到矿岩散体的上平面位置；然后利用模型底部安装的水龙头，将模型中的水缓缓放出，并测量所放出的水的体积，得到水龙头安装高度以上的矿岩散体的空隙体积。

为克服第 1 次注、放水对空隙率测量造成的影响，保证空隙率测量结果的准确性，每次进行空隙率测量时，注、放水共进行 4 次，取后 3 次测量结果的平均值作为该次空隙率的最终测量结果。

第 3 步，在卸矿容器内，装入与预先装入模型内的矿岩散体具有相同粒径和粒级组成的矿岩散体。根据矿山生产现场铲运机的铲斗容积，卸矿容器内装入的矿岩散体的量按 1∶20 的相似比确定。

第 4 步，采用安装在储矿段物理模型上方的矿岩提升装置（电动葫芦）提升卸矿容器，使卸矿容器的底板与储矿段模型内储存的矿岩散体的高度保持在卸矿冲击实验的预定高度。待卸矿容器稳定后，打开其底部的卸矿闸门，将容器内的矿岩散体放出，使其自由下落并冲击模型内储存的矿岩散体。

第 5 步，完成卸矿冲击后，按第 2 步给出的方法，测量模型内的矿岩散体在受冲击后的空隙体积，计算其空隙率。

测量模型内被冲击后的矿岩散体的空隙体积时，可自模型内的矿岩散体表面以下，按一定的高度区间，分别测量该区间的空隙体积，计算出卸矿冲击前后该区间的空隙率的变化情况，以研究卸矿冲击作用的影响范围。

在完成上述实验步骤后，即可进行下一循环的卸矿冲击实验。

3. 实验采用的矿岩散体

实验所用的矿岩散体采用取自矿山现场的矿石，其密度为 $3.4×10^3kg/m^3$。矿石在实验室经过破碎与筛分后，形成实验所需用的由不同粒径和级配组成的矿岩散体。为避免粉矿对注水法测量空隙率产生的影响，对全部矿岩散体进行水洗。

实验所用的矿岩散体中矿岩块的粒径及级配如表 4.1 所示。

表 4.1 矿岩散体中矿岩块的粒径及级配

粒径范围/mm	50～100	100～150	150～200	200～250	250～300
体积占比/%	10	20	35	25	10

4.3.2 卸矿高度与矿岩粒径对空隙率的影响

为研究不同卸矿高度条件下，卸矿冲击对井内矿岩散体空隙率的影响，按照 4.3.1 节给出的实验方法，分别按 1.1m、1.3m、1.5m、1.7m、1.9m 的卸矿高度，进行卸矿冲击实验，如图 4.5 所示。

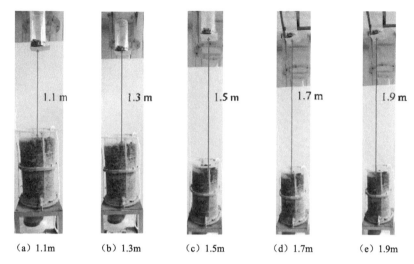

|（a）1.1m|（b）1.3m|（c）1.5m|（d）1.7m|（e）1.9m|

图 4.5　不同卸矿高度卸矿冲击实验

　　卸矿冲击实验时，卸入溜井模型的矿岩散体分别采用两种不同的粒级组成，形成两种不同类型"冲击体"的冲击对比实验结果。一种类型是卸入溜井模型的矿岩散体与装入溜井模型的矿岩散体保持相同的粒径与级配组成，模拟正常的溜井上部卸矿对井内矿岩散体的冲击，将其称为"矿岩散体"冲击；另一种类型是卸入溜井模型的矿岩散体全部采用粒径为 20～28mm 的矿岩块，模拟大块矿岩对井内矿岩散体的冲击，将其称为"矿岩块"冲击。实质上，对于后者而言，冲击体的形成也是矿岩散体，但相较于前者，后者采用了粒径更大的矿岩块，为便于区分和表述，将其简称为"矿岩块"冲击。实验时，每次卸入溜井模型的"矿岩散体"或"矿岩块"的质量均为 3.5kg。

1. "矿岩散体"的冲击影响

　　"矿岩散体"卸矿冲击实验时，冲击体选用了与溜井模型内预装的矿岩散体具有相同粒径和级配组成的矿岩散体，以确保"矿岩散体"冲击后，溜井模型内的矿岩散体的粒径及级配组成不发生变化，不会对后续连续冲击实验产生影响。根据实验室条件，分别按 1.1m、1.3m、1.5m、1.7m、1.9m 的卸矿高度进行"矿岩散体"冲击实验，每一卸矿高度分别进行 3 次，以 3 次测量结果的平均值作为最终实验结果。

　　根据获得的最终实验结果，以储矿高度（指井内堆积的矿岩散体高度）、卸矿高度和溜井模型内矿岩散体内的空隙率为研究对象，构建三维空间曲面图，分析 3 个指标之间的相互影响，如图 4.6 所示。

　　图 4.6 所示的三维空间曲面图清楚地表征了各参数实验结果之间的相互关系，不同指标间的两两交互作用可通过图形坡度进行表征。若坡度较陡，则在该范围内的变化量较大；若坡度较缓，则在该范围内的变化量较小。

　　图 4.6（a）给出了在卸矿冲击前，溜井模型内自然堆积状态下的矿岩散体内部的空隙率。由图可以看出，溜井模型内的矿岩散体在自然堆积状态下，空隙率的分布具

有一定的随储矿高度变化而变化的特征，表明模型内的矿岩散体的空隙率受到了重力压实作用的影响。

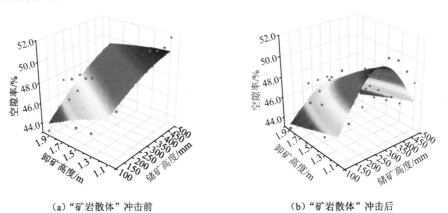

（a）"矿岩散体"冲击前　　　　　　　　　　（b）"矿岩散体"冲击后

图 4.6　卸矿高度对矿岩散体空隙率的冲击影响

"矿岩散体"卸矿冲击对模型内矿岩散体的冲击效果如图 4.6（b）所示。由图可以看出，在不同卸矿高度下，"矿岩散体"对模型内矿岩散体的冲击作用特征，表现出矿岩散体内部的空隙率随卸矿高度的增加逐渐增大的态势，且随着卸矿高度的增加，在距离模型内矿岩散体表面以下 150mm 的高度范围，空隙率达到其极值 45%。

由图 4.6（b）可以看出，在距离模型内矿岩散体表面以下一定范围内的矿岩散体空隙率的变化值 $\Delta\eta$，远大于其余范围内（储矿高度的下半部分）的空隙率的变化值。溜井模型内储矿高度的下半部分矿岩散体内的空隙率变化较小，主要是组成模型内矿岩散体的矿岩块本身的孔隙含水量及矿岩块表面残余水量，影响了该范围内的水的体积，因此在"矿岩散体"冲击前后，该范围内的矿岩散体的空隙率的变化量基本一致。当卸矿高度在 1.7m 以下时，空隙率的变化主要集中在模型内矿岩散体表面以下150mm 的范围内。随着卸矿高度的增加，空隙率变化的影响范围也在增大。但无论卸矿高度如何增加，"矿岩散体"冲击后，模型内矿岩散体的最大空隙率始终维持在43.5%左右。因此，可以认为在实验采用的矿岩块粒径和级配组成条件下，溜井模型内的矿岩散体内的空隙率极值为 43.5%。也就是说，增大卸矿高度，只是影响了模型内矿岩散体内部空隙率发生变化的高度范围，空隙率的变化量不会发生改变。

分析不同卸矿高度条件下，"矿岩散体"对溜井模型内矿岩散体内部空隙率的影响范围，主要集中在曲线的前半段，即使相同的模型内矿岩散体堆积高度，其内部空隙率分布也不尽相同，具有一定的随机性。

2. "矿岩块"冲击的影响

按照与"矿岩散体"卸矿冲击实验相同的实验方法、步骤和最终实验结果分析方法，采用"矿岩块"对溜井模型内矿岩散体进行卸矿冲击实验，分析不同卸矿高度冲击下，"矿岩块"冲击对溜井模型内矿岩散体内部空隙率的影响。

为便于对比"矿岩散体"和"矿岩块"对溜井模型内矿岩散体的冲击夯实效果，

将图 4.6（b）列为图 4.7（a），与图 4.7（b）"矿岩块"冲击溜井模型内的矿岩散体后，模型内矿岩散体的空隙率变化特征形成对比。

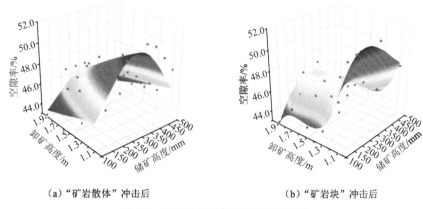

（a）"矿岩散体"冲击后　　　　　　　（b）"矿岩块"冲击后

图 4.7　卸矿冲击夯实后的空隙率变化

相比于"矿岩散体"对溜井模型内矿岩散体的冲击，"矿岩块"冲击下，溜井模型内矿岩散体内部的空隙率影响范围较大。当卸矿高度为 1.1m 时，模型内矿岩散体的空隙率变化的影响范围超过了 250mm（模型内矿岩散体堆积面以下），比卸矿高度在 1.7m 时的"矿岩散体"冲击影响的范围还大。

随着卸矿高度的继续增加，模型内矿岩散体的空隙率发生变化的影响范围也在增大。当卸矿高度大于 1.5m 时，空隙率变化的影响范围基本持平，主要是在实验采用的矿岩块粒径和级配组成条件下，"矿岩块"对溜井模型内矿岩散体的冲击，对模型内矿岩散体的空隙率变化的影响范围已经达到了最高值，且"矿岩块"冲击后，模型内矿岩散体的空隙率的极值也保持在了 43.5%左右，即达到了空隙率极值。

分析上述实验结果发现，采用"矿岩散体"冲击溜井模型内的矿岩散体时，空隙率变化主要集中在模型内堆积的矿岩散体表面以下 150mm 的范围内；"矿岩块"冲击时，空隙率变化的影响范围在模型内堆积的矿岩散体表面以下 250mm 的范围内。

3. 不同冲击体冲击下的空隙率变化特征

从图 4.6 和图 4.7 分别给出的不同卸矿高度下，"矿岩散体"和"矿岩块"在冲击溜井模型内的矿岩散体前后，模型内矿岩散体内部空隙率随储矿高度变化的特征，能够直观看出"矿岩散体"和"矿岩块"两种不同类型冲击体在冲击模型内的矿岩散体后，所引起的模型内矿岩散体内部空隙率变化特征存在较大的差异。

为查明不同类型冲击体卸矿冲击对溜井模型内堆积的矿岩散体内部空隙率产生的影响，采用式（4.2）给定的井内储存的矿岩散体夯实作用效果的表征方法，针对"矿岩散体"和"矿岩块"两种不同类型冲击体冲击溜井模型内的矿岩散体的情况，分别将各自矿岩散体堆积面以下同一深度处，冲击前与冲击后的全部空隙率变化量 $\Delta\eta$ 的值进行叠加，建立 $\Delta\eta$ 叠加值随卸矿高度变化的特征曲线（图 4.8），分析冲击体类型对模型内矿岩散体内部空隙率分布特征的影响规律。

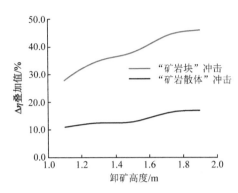

图 4.8   空隙率变化量叠加值随卸矿高度变化的特征曲线

分析图 4.8 可以发现，无论是"矿岩散体"冲击还是"矿岩块"冲击，模型内矿岩散体内部空隙率的 $\Delta\eta$ 叠加值，均呈现出随卸矿高度增加而逐渐增大的变化规律。"矿岩散体"冲击前后，模型内矿岩散体内部空隙率的 $\Delta\eta$ 叠加值的变化范围在 200%～250%之间，"矿岩块"冲击后，空隙率的 $\Delta\eta$ 叠加值的变化范围在 400%～500%之间。这一现象说明"矿岩块"对模型内矿岩散体冲击夯实的影响范围及效果，都要大于"矿岩散体"的冲击影响范围与效果。基于这一现象，矿山生产实际中，尽量防止或减少大块矿岩进入溜井，对于弱化卸矿冲击的夯实作用效果有着重要的意义。

4.3.3   卸矿高度对井内矿岩散体空隙率的冲击影响规律及其机理

1. 卸矿高度对矿岩散体空隙率冲击影响的规律

根据 4.3.2 节不同卸矿高度下"矿岩散体"和"矿岩块"对井内储存矿岩散体的冲击实验结果能够发现，不同的冲击体类型和不同的卸矿高度，对井内矿岩散体内部的空隙率均会产生不同程度的影响。总体上，其影响规律可以归纳如下：

（1）井内矿岩散体内部空隙率的变化量随着卸矿冲击高度的增加而增大。

（2）相同卸矿高度下，"矿岩块"冲击引起的井内矿岩散体内部空隙率的变化量比"矿岩散体"冲击引起的矿岩散体内部的空隙率变化量大。

（3）卸矿冲击下，井内矿岩散体内部空隙率的变化，呈现出随井内储存的矿岩散体表面以下储矿深度的变化而变化的特征。随储存的矿岩散体表面以下深度的增加，井内矿岩散体内部的空隙率变化量呈现出先增加后减小的特点。这说明空隙率的变化量存在一个极值，在空隙率的变化量极值所对应的储矿深度处，井内矿岩散体内部的空隙被压缩的量最大。

（4）卸矿冲击对井内矿岩散体内部的空隙率的影响存在一定的范围，范围的大小与卸矿高度、冲击体的类型、卸入溜井的矿岩质量、组成卸入溜井的矿岩散体的矿岩块的粒径及其分布、组成井内储存的矿岩散体的矿岩块的形状、粒径及其分布和散体的密实度有关。

2. 卸矿冲击影响井内矿岩散体空隙率的机理

在溜井上部卸矿对井内矿岩散体的冲击过程中，下落矿岩块的冲击力作用在井内储存的矿岩散体上，使组成井内矿岩散体的矿岩块之间产生激烈的碰撞，并使其重新排列。在这一过程中，井内矿岩散体受到上部卸矿冲击的矿岩块在耗散冲击能量的同时，也向与其接触或邻近的矿岩块继续传递冲击力，直至冲击能量耗竭。在冲击力的传递过程中，冲击力的耗损形式主要以克服矿岩散体内部的摩擦阻力为主，促使被冲击的矿岩块产生位移、转动等运动形式，其结果使矿岩块之间的空隙被压缩，空隙率降低，矿岩散体被夯实。

1）力链结构演化分析

为进一步分析不同卸矿高度冲击下，井内储存的矿岩散体内部空隙率变化的机理，通过建立垂直主溜井储矿段井筒模型，采用离散元模拟软件分析与研究卸矿冲击下，冲击力在组成井内矿岩散体的矿岩块之间的传递过程。模拟时，采用球形颗粒模拟矿岩块，矿岩块的粒径和级配组成与物理实验保持一致，以不同的球体的点接触模拟冲击力传递过程。模拟采用的力学参数如表 4.2 所示。

表 4.2　力学参数

剪切模量/GPa	泊松比	内摩擦系数	阻尼系数	墙体法向接触刚度/（N/m）	墙体切向接触刚度/（N/m）	井壁摩擦系数
13.6	0.23	0.5	0.3	1×10^9	1×10^9	0.4

在散体系统中，力链是研究应力传递方向的主要手段，其优越的结构变化及独特性能够反映散体内部的力学机制。上部卸矿的冲击力在组成溜井井内矿岩散体的矿岩块之间的传递过程如图 4.9 所示，为突显冲击力传递过程，图中隐藏了井内矿岩散体的自重所产生的力链。

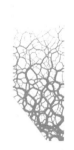   

（a）矿岩自重力链　　（b）冲击力上部传递　　（c）冲击力中部传递　　（d）冲击力下部传递

图 4.9　卸矿冲击力传递过程

在溜井上部卸下的矿岩散体接触井内储存的矿岩散体表面后，上部卸矿产生的冲击力被分解扩散，并沿着井内储存的矿岩散体内相互接触的矿岩块之间进行传递，最终被溜井井壁及底板所吸收。对比图 4.9（a）和（b）得知，在上部卸矿冲击后，井内储存的矿岩散体内的矿岩块发生了位移变化，力链结构也发生了变化并进行了重组。

另外，还有一部分冲击力被矿岩块的微小位移及矿岩散体内部的摩擦力消耗。

对比图 4.9（c）和（d）可知，上部卸矿的冲击力沿着矿岩散体内矿岩块的接触方向进行传递时，井内储存的矿岩散体下部的力链结构基本一致，因此，可认为上部卸矿冲击并未影响到井内储存矿岩散体的中下部的矿岩块的空间排列形态。这一点可通过物理相似实验得到证实，上部卸矿冲击影响的井内储存的矿岩散体内部空隙率的范围，主要集中在井内储存矿岩散体表面以下 250mm 的范围内。

2）冲击能量演变过程分析

从能量守恒的角度，分析上部卸矿产生的冲击力在井内矿岩散体的能量转换与耗散过程可知，矿岩块在进入主溜井时携带了较大的重力势能（$E_p = mgH$）；矿岩块在下落的过程中，其重力势能不断转换为运动动能，并不断加速矿岩块的下落，直至冲击溜井井壁或井内储存的矿岩散体的瞬间，矿岩块所具有的动能达到其最大值（$E_k = \frac{1}{2}mv^2$）。

若溜井内下落的矿岩块以该动能冲击井内储存的矿岩散体时，该动能构成了整个冲击过程的初始冲击能量。在随后的过程中，卸矿产生的冲击能量在演变过程中会产生两种作用：一是在冲击过程中产生损耗，引起冲击和被冲击的矿岩块之间发生塑性变形或矿岩块破裂，并对产生冲击的矿岩块产生反弹作用；二是转换为被冲击矿岩块的运动动能，使被冲击的矿岩块产生位移或转动，并对与其相邻的矿岩块产生新的冲击作用，最终使井内矿岩散体内部的空隙率发生变化。

根据卸矿冲击过程中的能量演变规律，卸矿冲击对井内矿岩散体内部空隙率产生的影响可以从以下角度进行理解：

（1）冲击过程中，冲击与被冲击的矿岩块的塑性变形或引起的矿岩块破裂会吸收部分冲击能量，产生能量损耗。由于矿岩块的塑性变形量极小，因此可以认为不会对井内矿岩散体内部的空隙率产生影响。但矿岩块的破裂却改变了矿岩块原有的几何特征、粒径大小和排列方式，能够在一定程度上影响至空隙率的变化。

（2）冲击与被冲击的矿岩块之间发生碰撞的瞬间，矿岩块会发生弹性变形，冲击能量转换为弹性变形能。弹性变形能的释放，使冲击与被冲击的矿岩块均产生弹性恢复力。在弹性恢复力的作用下，冲击的矿岩块产生了与其原冲击方向相反的位移或转动，使其发生前面所提到的"冲击反弹"现象；被冲击的矿岩块产生与原冲击力方向一致的位移或转动，改变了其原有的空间位置、排列方式及矿岩块之间的接触方式，即改变了井内矿岩散体内部的空隙率分布特征。

（3）被冲击矿岩块发生位移或转动的过程中，井内矿岩散体内部的内摩擦力是矿岩块运动阻力的主要来源，被冲击的矿岩块在运动过程中，为克服其运动阻力也消耗了部分能量。

（4）被冲击的矿岩块受冲击后，在其产生运动的过程中，对与其相邻的矿岩块产生了新的冲击，使与其相邻的矿岩块发生了同样的位移或转动，改变了相邻矿岩块的空间位置、排列方式及矿岩块之间的接触方式。在这一过程中，矿岩块之间的相互碰撞与运动也同样存在如前所述的能量转换与耗散过程，直至全部冲击能量消耗枯竭，冲击过程结束。

4.4　不同卸矿高度冲击下矿岩散体的响应特征

通过前面的研究发现，溜井上部的卸矿冲击能够引起井内储存的矿岩散体内部的空隙率降低，使矿岩散体变得更为密实。产生这一现象的根本原因在于卸入溜井的矿岩具有较大的重力势能，矿岩在下落过程中，重力势能转换为冲击动能，对井内储存的矿岩散体产生了强烈的冲击夯实作用，重力势能的大小与卸入溜井的矿岩块的质量和卸矿高度密切相关。在矿岩块质量一定的情况下，降低卸矿高度的落差或保持溜井内一定的矿岩散体储存高度，是减弱卸矿冲击夯实作用效果的有效措施[37]。这一措施的理论基础是通过降低卸矿高度，减小下落矿岩冲击井内矿岩散体时所携带的动量，进而降低矿岩冲击矿岩散体时的冲量或冲击力，达到弱化冲击夯实作用效果的目的。

为研究溜井卸矿过程中卸矿冲击下井内矿岩散体的响应特征，采用离散元方法（PFC2D），建立溜井卸矿数值模型，模拟卸矿过程中下落矿岩对井内矿岩散体的冲击夯实作用过程，并以空隙率的变化量和缓冲率为评价指标，研究储矿段不同范围内的矿岩散体对卸矿冲击的影响特征。

4.4.1　溜井上部卸矿冲击过程的离散元分析模型

冲击载荷作用下散体颗粒的动力响应非常复杂，很难通过解析方法进行分析。相关的研究大多建立在数值模拟、物理实验或现场测试等方法之上，其中离散元数值模拟是研究散体体系受力特征常用的研究手段之一[60,63]。矿山实际生产过程中，受卸矿方式和矿岩运动初始方向等的影响[82]，下落矿岩的运动具有很强的随机性，导致同一卸矿高度、同一时刻，作用在井内矿岩散体上的冲击载荷的大小及其位置是不同的，进而会影响井内矿岩散体内部空隙率和井壁应力峰值的测量结果。因此，在不考虑矿岩运动初始方向、卸矿方式及矿岩质量等因素影响的条件下，模拟分析溜井上部卸矿，矿岩在溜井内自由下落时，对井内矿岩散体的冲击夯实过程。

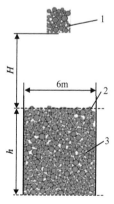

仍以垂直主溜井为实验对象，根据溜井工程的应用实例构建数值模型，如图 4.10 所示。其中，井内的储矿高度（h）为 24m，在距离井内矿岩散体表面（卸矿高度）H 处生成 4m³ 的待卸矿岩散体。实验开始时，使待卸矿岩散体自由下落，最终在井内矿岩散体表面上对井内矿岩散体产生冲击。

通过现场调研及室内实验，确定矿岩散体

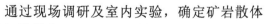

1. 待卸矿岩；2. 矿岩散体面；3. 储矿段模型。

图 4.10　溜井卸矿冲击模型

的剪切模量为 13.6GPa、泊松比为 0.23、内摩擦系数为 0.5、阻尼系数为 0.3。墙体法向刚度和切向刚度均为 $1×10^9$N/m，摩擦系数为 0.4。数值模拟中，组成矿岩散体的矿岩块之间的碰撞采用赫兹（Hertz）接触模型，矿岩块与井壁之间的碰撞采用线性

（linear）接触模型。

组成矿岩散体的矿岩密度为 $3.4 \times 10^3 kg/m^3$，根据高斯（Gaussian）分布，模拟生成井内矿岩散体的矿岩块粒径 $R \in [5, 30]mm$，矿岩块粒径及级配组成如表 4.1 所示。

数值模拟实验过程中，采用命令流使矿岩块在重力场作用下下落，对井内矿岩散体进行冲击。模拟时，对于井内矿岩散体内部空隙率变化特征的研究，以井内储存的矿岩散体表面为基准线，设测量范围中心与矿岩散体表面距离为 D，分别监测矿岩散体表面以下 D（$D-1 \leqslant$ 测量范围 $\leqslant D+1$）范围内的空隙率。由于卸矿站和储矿段结构落差一般在 40m 以上[16]，因此选取卸矿高度为 25m、30m、35m、40m、45m 和 50m，分别模拟设定卸矿高度下的冲击夯实作用过程，分析井内矿岩散体的空隙率变化特征。

4.4.2 矿岩散体的空隙率响应特征

1. 矿岩散体内部空隙率的变化特征

卸矿冲击实验过程中，由于进入溜井的矿岩最终会降落到井内矿岩散体表面上，增加井内储存的矿岩高度和质量，进而对井内矿岩散体内部的空隙率和溜井井壁的侧压力产生一定影响。因此，为消除此方面的影响，按 4.4.1 节的建模方法和建模参数，通过在井内矿岩散体表面上 0.5m 处生成同等质量的矿岩，以较小的速度落在井内的矿岩散体表面上的方法，即只增加井内矿岩散体的高度和质量，不对井内矿岩散体产生冲击，建立可以与卸矿冲击前后井内矿岩散体内部空隙率进行对比的对照组实验模型，并进行对照组实验，以获得井内储存的矿岩散体不受卸矿冲击影响（或影响极微）情形下的空隙率（即对照组的空隙率）。

根据数值模拟结果，得到上部卸矿冲击前、冲击后，以及对照组的井内矿岩散体表面以下，不同位置处的矿岩散体的空隙率 η，如图 4.11 所示。

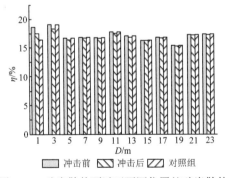

图 4.11　矿岩散体面以下不同位置处矿岩散体的空隙率

由图 4.11 可以看出，在井内矿岩散体达到平衡状态时，不同高度范围内矿岩散体的内部空隙率趋于定值，均在 15%~20%，但矿岩散体表面和溜井底板附近范围内的空隙率相对较高。

对比卸矿冲击前后井内矿岩散体内部的空隙率发现，卸矿冲击对井内矿岩散体表面附近范围内的空隙率的影响较大，对其余范围的空隙率影响较小。但由于矿山生产过程中，溜井上部卸矿的连续性（存在一定的间歇时间）特点，使溜井上部卸矿对井内储存的矿岩散体的冲击夯实作用，表现出了典型的"分层夯实"特征。当溜井底部的放矿中止时，这种卸矿冲击对井内储存的矿岩散体内部的空隙率的影响非常大。

分析图 4.11 中对照组实验结果反映出的矿岩散体内部空隙率的分布情况发现，当散体表面以很低的速度在井内矿岩散体表面增加与卸矿质量相等的矿岩散体后，只是对矿岩散体表面以下 1m 范围内的空隙率产生了较大影响，而对其他范围的空隙率影响不大。产生这一现象的主要原因是，卸矿冲击是一种动力加载方式，对照组是一种近似于静力加载（重力加载）的方式，井内矿岩散体在这两种不同的加载方式下，产生了不同的力学响应特征。

2. 空隙率变化率的变化特征

根据数值模拟得到的井内不同深度处的矿岩散体内部的空隙率，采用式（4.2），求得溜井模型内不同深度处，矿岩散体内部空隙率的变化率 $\Delta\eta'$，如图 4.12 所示。

由图 4.12 可知，溜井上部卸矿冲击对整个井内矿岩散体内部空隙率的影响，要远大于仅增加矿岩块质量的影响，卸矿冲击对井内矿岩散体的整体夯实效果也较为明显。从影响范围的大小来看，在实验模型的溜井结构尺寸、卸矿高度等条件下，对照组实验对井内矿岩散体内部空隙率的影响范围在井内矿岩散体表面以下的 1m 左右，卸矿冲击的影响范围主要在矿岩散体表面以下 5m 的范围内。从影响程度上来看，对照组实验在井内矿岩散体表面附近的空隙率降低了约 12%，达到了局部空隙率变化率的最大值。井内矿岩散体在

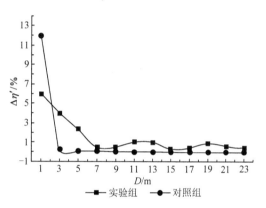

图 4.12　储料空隙率的变化率

经过一次卸矿冲击后，在监测范围的不同标高处，井内矿岩散体内部空隙率受到的影响程度表现出很大的差异。在井内矿岩散体表面以下 5m 范围内，矿岩散体内部的空隙率变化较大，同时，呈现出了距矿岩散体表面越近，上部卸矿对井内矿岩散体的冲击夯实的作用效果越明显。其中，矿岩散体附近的空隙率下降了约 6%，而其余范围的空隙率变化不足 1%。

对照组中，矿岩散体内部的空隙率之所以发生变化，主要是因为矿岩散体表面新增加了矿岩，对井内原有的矿岩散体产生了重力压实作用。其影响范围也仅限于矿岩散体表面以下 1m 的范围内。在上部卸矿的冲击夯实作用下，井内矿岩散体内部空隙率变化的主要原因是溜井上部卸下的矿岩在井内高速下落时，与井内矿岩散体相撞所产生的冲击力以应力波的形式，在组成井内矿岩散体的矿岩块之间进行传递，传递的过程中，引起矿岩块产生了位移或转动，缩小了矿岩块之间的空隙，其影响范围较大。由于应力波在矿岩散体内的传递是不断衰减的，因此在卸矿冲击的影响范围内，距离矿岩散体表面（冲击点）越远，矿岩散体内部的空隙率变化越小，卸矿冲击的夯实作用效果越弱。

对比图 4.11 和图 4.12 中溜井内矿岩散体表面以下 7～23m 范围内的矿岩散体内部空隙率的分布特征及其变化率发现，当 D 分别为 7m、9m、15m 时，在卸矿冲击前，该范围内矿岩散体内部的空隙率较小，卸矿冲击后的空隙率变化率也较小；在 D 分别

为 11m、13m 时，空隙率的分布及变化情况正好相反，说明井内矿岩散体初始状态下的空隙率分布特征，会影响卸矿冲击的冲击夯实作用效果。当然，也出现了例外，当 D 为 19m 时，相比于与其相邻的范围，卸矿冲击前，$D=19m$ 处的矿岩散体内部空隙率最小，卸矿冲击后，该处的空隙率的变化率较大。其原因可能是井内矿岩散体内部的力链结构分布特征对卸矿冲击的作用效果产生了影响，由图 4.9（a）可明显看出，该范围内强力链的分布较为密集。因此，可以推断，上部卸矿对井内矿岩散体的冲击力在通过矿岩散体内部的力链传递过程中发生了突变，增大了该范围内矿岩散体的夯实效果。

综上所述，溜井上部放矿时，井内下落的矿岩块在高速冲击井内的矿岩散体时，产生的冲击力被组成井内矿岩散体的矿岩块分解，并以应力波的形式在矿岩散体内部的矿岩块之间传递。在这一过程中，矿岩块产生了位移、转动或碰撞等相对运动形式，引起了矿岩散体内部的空隙减小，空隙率下降。由于应力波在矿岩散体内的传播过程中不断衰减，使矿岩散体内部空隙率的变化集中体现在一定的范围内，且表现出不均匀性特征。因此，卸矿冲击只是在有限空间内对井内储存的矿岩散体产生夯实作用，不同范围内的矿岩散体被夯实的效果也存在一定的差异性。

3. 矿岩散体内部空隙率变化量的响应特征

溜井上部卸矿冲击下，储矿段内储存的矿岩散体内部空隙被压缩的现象，充分反映了矿岩散体对卸矿冲击作用的响应。响应的程度可通过卸矿冲击前与卸矿冲击后，井内矿岩散体在不同范围内的空隙率变化量来表征。

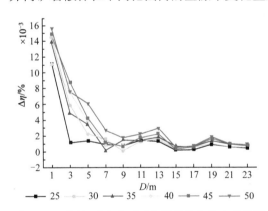

图 4.13 不同卸矿高度下矿岩散体的空隙率变化量

对图 4.10 所建立的溜井卸矿冲击模型进行模拟计算，得到了不同卸矿高度下，井内矿岩散体内部的空隙率变化量，如图 4.13 所示。

从图 4.13 可以看出，井内矿岩散体在不同卸矿高度的矿岩冲击下，其内部的空隙率整体上呈下降趋势，矿岩散体的夯实效果与矿岩散体表面以下的深度（D）和卸矿高度（H）有关。冲击夯实作用下，受 D 和 H 的影响，井内矿岩散体内部的整体空隙率变化量在不同范围内，呈现出两种变化态势：一是矿岩散体表面以下 5m 左右的范围内，空隙率的变化量较大，井内矿岩散体被冲击夯实的效果明显，且随着 D 增加和 H 的降低，矿岩散体内部空隙率的变化量在减小，冲击夯实的效果产生了弱化；二是距离矿岩散体表面 7m 及以下范围内，井内矿岩散体内部的空隙率变化量趋于较为稳定的波动态势，且大多不超过 2‰，此时，D 和 H 对矿岩散体内部空隙率变化量的影响不大。

若在某一卸矿高度下，将矿岩散体内部的空隙率变化量随 D 发生明显变化的储矿高度范围视为该卸矿高度下井内矿岩散体被冲击夯实的范围，则在当前溜井结构参数下，当卸矿高度在 25m 时，井内矿岩散体的冲击夯实范围在矿岩散体表面以下 1m 的范围内；当卸矿高度在 30～45m 时，冲击夯实的范围在矿岩散体表面以下 5m 的范围内；当卸矿高度在 50m 时，冲击夯实的范围在矿岩散体表面以下 7m 的范围内。由此可见，降低溜井上部的卸矿高度，可以有效减小溜井上部卸矿过程中对井内矿岩散体的冲击夯实作用范围。

对比不同卸矿高度下井内矿岩散体内部的空隙率变化量，还可以发现，在矿岩散体表面以下的同一范围内，卸矿高度越大，矿岩散体内部的空隙率变化量也越大，在矿岩散体表面以下 5m 的范围内，这种变化趋势尤为明显；在矿岩散体表面以下 7～23m 的范围内，卸矿高度的变化对井内矿岩散体内部空隙率变化量的影响程度变小。总体上，降低溜井上部的卸矿高度，可以有效减弱上部卸矿对井内矿岩散体的冲击夯实作用效果。

在离矿岩散体表面较远的范围（7～23m）内，随着 D 的增加，不同卸矿高度下，井内矿岩散体内部的空隙率变化量相差不大，其变化趋势趋于一致。这表明在该范围内，卸矿高度并不是影响矿岩散体内部空隙率变化量的唯一因素。

4.4.3　井内矿岩散体的缓冲特性

井内储存的矿岩散体的缓冲特性，是井内矿岩散体对溜井上部卸矿冲击的另一种响应特征，主要表现为井内储存的矿岩散体在上部卸矿冲击能量的作用下，其内部空隙被压缩的同时，散体体系不断吸收、消耗上部卸矿的冲击能量，使溜井上部卸矿对井内矿岩散体的冲击强度不断衰减，直到冲击能量耗竭。井内矿岩散体表现出的这种吸收冲击能的特性称为井内矿岩散体的缓冲特性，矿岩散体内部的空隙越大、组成散体的矿岩块的刚度越小、粒径越小，其缓冲特性越好。

溜井储矿段内储存的矿岩散体是由大量矿岩块和矿岩块之间的空隙所组成的散体体系，它能够对溜井上部的卸矿冲击起到缓冲作用，因此能够有效地保护溜井底板或溜井井壁。颗粒类材料组成的散体结构主要通过其内部颗粒间激烈的摩擦和碰撞来有效衰减冲击能量，进而实现缓冲作用[65]。该类散体结构衰减冲击力的特性与组成散体的颗粒的刚度、质量比和颗粒的堆积厚度有关，其中颗粒堆积厚度的影响最显著[64]，一定堆积厚度范围有序排列的颗粒所组成的散体结构体系内，应力波在定向传播过程中，冲击力峰值随颗粒堆积厚度的增加呈指数衰减，颗粒随机排列的散体结构体系的缓冲性能要大于颗粒有序排列下的散体结构体系。冲击体的形态、颗粒形状及缓冲层（即颗粒堆积层）厚度对散体的缓冲效果存在影响[61]，增大颗粒表面平滑度、选择长宽比较大或较小的圆柱或长方形颗粒，都会提高颗粒类材料组成的散体结构的缓冲效果[61]。

为进一步探究溜井井内储存的矿岩散体的缓冲特性及其临界厚度，采用图 4.10 建立的数值模拟模型，研究 6 种储矿厚度下溜井上部卸矿对井内矿岩散体的冲击过程，分析在垂直冲击作用下，井内矿岩散体缓冲特性及储矿高度对矿岩散体缓冲性能的影响特征；引用缓冲率，确定在当前溜井结构、矿岩块粒径及级配条件下，井内矿岩散体缓冲性能的临界高度值，研究井内矿岩散体缓冲上部卸矿冲击过程中溜井井壁的受力特征。

1. 缓冲效果评判方法

不同堆积厚度下，矿岩散体的缓冲性能差异较大，为评判散体缓冲效果的优劣，这里引用缓冲率[64]作为溜井上部卸矿过程中，不同储矿高度下的矿岩散体缓冲效果的评价指标。缓冲率的计算公式如下：

$$\lambda = \frac{P_a^0 - P_a}{P_a^0} \tag{4.7}$$

式中，λ 为井内矿岩散体的缓冲率（%）；P_a^0 为井内无矿岩散体时溜井底板承受的冲击力峰值（N）；P_a 为井内有矿岩散体时溜井底板承受的冲击力峰值（N）。

2. 卸矿冲击下矿岩散体内的力链结构动态变化特征

力链是散体内部颗粒之间接触力传递的主要路径，力链的结构变化能够反映冲击作用下散体体系内部的力学行为[165]。当储矿高度为 24m 时，在溜井上部卸矿冲击作用下，井内矿岩散体内部的力链结构演化过程如图 4.14 所示。为精确分析矿岩散体内部力链结构的变化及矿岩散体内部的矿岩块之间强作用力的概率密度分布情况，研究井内矿岩散体内部应力传递特征，缩小井内矿岩散体内因矿岩块自重形成的强作用力，图 4.14 中只保留了其力链网络[166]。

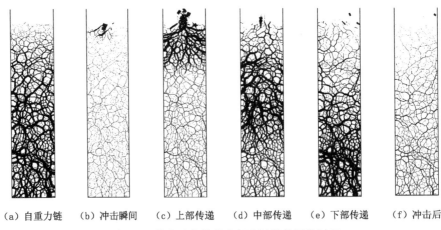

（a）自重力链　（b）冲击瞬间　（c）上部传递　（d）中部传递　（e）下部传递　（f）冲击后

图4.14　井内矿岩散体内部力链结构演化过程

图 4.14（a）反映了溜井上部卸矿冲击前，井内矿岩散体在重力作用下的力链结构分布情况；图 4.14（b）反映了卸矿冲击瞬间的力链结构分布情况，图 4.14（c）～（e）反映了卸矿冲击过程中，力链从矿岩散体上部向下部传递过程中的力链结构分布情况；图 4.14（f）反映了卸矿冲击结束后矿岩散体内部的力链结构分布情况。

由图 4.14 中强、弱力链的分布情况可以看出，作用在矿岩散体表面局部的冲击力被瞬间分散，冲击力自上部卸矿的冲击位置，通过相互接触的矿岩块之间向两侧、自上向下传递扩展。在溜井储矿段的中部及下部，冲击力主要沿着初始力链网络进行传递；同一水平面上，冲击力的传递速度大致相等，其强弱分布特征与原有力链结构的分布特征相似，如图 4.14（d）和（e）所示。

对比图 4.14（a）和（c）可以发现，井内矿岩散体上部的力链网络分布变化很大，中、下部力链网络分布基本一致。说明井内矿岩散体在上部卸矿的冲击过程中，矿岩散体上部的矿岩块发生了排列重布现象，矿岩块之间激烈碰撞引起的排列重布会耗散更多的冲击力。下部矿岩散体的矿岩块则更多通过矿岩块之间的接触来传递冲击力。在冲击力的传递过程中，冲击力的损耗形式以克服摩擦阻力为主。

图 4.14（a）和（f）分别反映的是上部卸矿冲击前和冲击过程完全结束后，井内矿岩散体内部处于平衡状态下的力链结构分布情况。可以看出，矿岩散体内矿岩块之间强作用力的概率密度分布，呈现出明显的随矿岩散体表面以下深度的增加而增长趋势，强力链主要分布于储矿高度范围的中、下部，表现出强烈的重力压实作用下的力链结构分布特征。

从卸矿冲击开始的瞬间，到冲击结束后的整个过程中，井内矿岩散体内部的力链结构表现出如下演化特征：

（1）在上部卸矿冲击井内矿岩散体表面的瞬间，矿岩散体表面的被冲击区域及其附近产生了很强的作用力。冲击力通过原有力链的断裂重组、生成新力链的方式，在井内矿岩散体内进行传递，不会对冲击点影响范围之外的矿岩散体造成影响，如图 4.14（b）所示。

（2）随着碰撞点的增多和上部矿岩继续下落产生的冲击力的叠加，井内矿岩散体中传递的应力越来越大。应力波由冲击点开始呈扇形向矿岩散体的下部及井壁方向延展。在矿岩散体表面以下的 5m 范围内，重组形成的强力链的概率密度分布增加。其余范围内新力链的数量随着储矿高度的增加越来越少，越来越多的原力链成为了应力传递的路径，如图 4.14（c）所示。

（3）卸矿冲击后，矿岩散体内矿岩块之间的作用力开始衰减。冲击力在井内储存的矿岩散体中、下部传递的过程中，主要以加强或延长原力链为主，没有发生大面积的力链断裂与重组，力链结构分布特征基本不变。在冲击力传递的路径上，矿岩块之间强力链的概率密度明显增加，矿岩散体与溜井井壁、底板接触的作用力得到了加强，如图 4.14（d）和（e）所示。

（4）应力波衰减殆尽后，矿岩散体内的力链恢复平衡状态。对比图 4.14（b）和（f）中上部卸矿冲击前后的力链网络结构特征发现，冲击后，矿岩块之间的作用力大小比冲击前有较小的增长，表明上部卸矿的冲击作用加强了矿岩散体内的矿岩块之间、矿岩块与井壁之间的接触力。

上部卸矿对井内矿岩散体的冲击夯实，所造成的散体结构内部的力链结构的变化方式与重力压实条件下的力链结构的变化方式不同[63]，其原因主要是溜井井壁的边界约束作用和上部矿岩的压实作用，限制了矿岩散体内矿岩块的移动空间，矿岩块在散体结构内的相对位置不会因为受到瞬时的冲击而发生改变，因此矿岩散体内部的力链的整体结构分布就不会发生较大的变化。由于井内矿岩散体表面以下 5m 范围内的重力压实作用较小，溜井的上部卸矿冲击使该范围内的力链发生了较强烈的断裂与重组。

3. 储矿高度对矿岩散体缓冲性能的影响

通过对容器底板承受的冲击力进行测量,可以得到散体缓冲特性的一般性规律[64]。因此,以溜井中心线左、右各 1m 范围内的溜井底板为例,选取储矿高度 h 分别为 4m、8m、12m、16m、20m 和 24m,得到了不同储矿高度下,溜井底板承受的冲击应力(合应力与初始应力之差)的变化曲线,如图 4.15 所示。

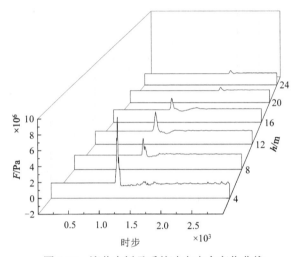

图 4.15 溜井底板承受的冲击应力变化曲线

由于井内矿岩散体的缓冲作用,溜井上部卸矿冲击产生的应力波在矿岩散体系统内不断衰减,最终传递到溜井井壁和底板上。溜井底板受到的冲击力在极短时间内达到峰值,然后急速下降,经过一段时间波动后趋于稳定。但随着井内储存的矿岩散体高度(即储矿高度)的增加,溜井底板承受的冲击应力峰值呈下降趋势,这一现象在储矿高度由 4m 变化到 8m 的过程中最为明显,冲击应力峰值的下降幅度超过了 70%。此外,对比各储矿高度下应力曲线的第一个拐点和冲击应力峰值下降后的波动时段发现,随着储矿高度的增加,冲击力到达溜井底板的时间在增加,应力波动的时长呈减小趋势。

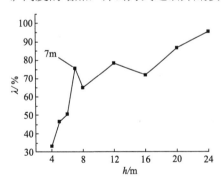

图 4.16 各储矿高度下矿岩散体的缓冲率

为更加直观地体现储矿高度对矿岩散体缓冲性能的影响,采用缓冲率对矿岩散体缓冲特性的临界高度进行研究,评价不同高度下矿岩散体的缓冲效果。由于储矿高度分别在 4m 和 8m 时的冲击力峰值差值较大,基本可以说明矿岩散体缓冲特性的临界高度值介于 4~8m。为准确确定该临界高度,在前面冲击实验的基础上增加储矿高度分别为 5m、6m 和 7m 时的矿岩散体缓冲性能实验。不同储矿高度下井内矿岩散体的缓冲率如图 4.16 所示。

分析图 4.16 可知,井内矿岩散体的缓冲率整体上随着储矿高度的增加呈上升趋势,说明储矿高度越大,矿岩散体的缓冲效果越好。储矿高度在 4~7m 时,矿岩散体

缓冲率的增长速度最快；在 7～16m 时，缓冲率在 75%左右变化；当储矿高度达到
20m 及以上时，矿岩散体的缓冲率略有增长，但增幅较小。由此可以确定，在溜井储
矿段直径为 6m 和当前的矿岩散体组成条件下，矿岩散体缓冲性能的临界高度为 7m。
当井内的储矿高度小于 7m 时，矿岩散体的缓冲效果随着储矿高度的增加而明显增强；
当储矿高度大于 7m 时，矿岩散体的缓冲效果的增长趋势较小。

4.5　矿岩下落速度对井内矿岩散体特性的影响

溜井井内的矿岩运动是重力作用下的密集流的一种表现形式[14]，井内储存的矿岩
散体中粗大矿岩块的密集接触，形成了很强的力链网络结构，支撑整个矿岩散体结构
体系的重量和外载荷。在外载荷的作用下，力链网络的结构及局部强度不断演化，形
成矿岩散体结构体系的整体摩擦特性和接触应力的来源[167]。数值分析是散体力学性质
研究中的常用方法之一，相比于连续介质模型，数字高程模型（digital elevation
model，DEM）方法能够直接从细观尺度描述散体结构体系的宏观动力学响应，更加直
观地描绘溜井井壁及井内矿岩散体在上部卸矿冲击过程中的力学响应特征。

本节以垂直主溜井的储矿段为研究对象，基于重力作用下的密集流表现形式[168]，
利用 PFC3D 软件平台，从井内矿岩散体的宏观力学行为出发，研究上部卸矿以不同初
始速度进入溜井井筒时，井内矿岩散体所受到的冲击过程，探讨影响井内矿岩散体产生
夯实效果的主要原因，并通过矿岩块之间力链的分布特性来揭示上述过程的内在机理。

4.5.1　矿岩散体冲击夯实过程数值实验设计

为分析井内矿岩散体的冲击夯实过程，以刚性墙（wall）单元生成直径为 5.12m、高
30m 的圆形井筒，模拟溜井储矿段，模型坐标原点位于井底圆心。由均匀分布的球形
（ball）和多面体（clump）颗粒，以落雨法在井筒底部生成厚度为 10m 的"矿岩"散体
堆积层，运行程序，使矿岩散体实现重力压实，如图 4.17 所示。矿岩散体堆积层的矿岩
块由均匀分布的球体和多面体随机构成，质量服从正态分布，形态示例如图 4.18 所示。

图 4.17　溜井 DEM 模型

图 4.18　矿岩块几何形态示例

模型中，矿岩块之间、矿岩块与井壁之间均采用线弹性接触模型，接触参数相同。DEM 模型的细观参数如表 4.3 所示。

表 4.3 DEM 模型的细观参数

类型	法向接触刚度 k_n/（N/m）	切向接触刚度 k_s/（N/m）	密度 ρ_0/（kg/m³）	颗粒半径/mm	块体质量/kg	滑动摩擦系数 f	个数	局部阻尼
球形颗粒	$3.33×10^9$	$3.33×10^9$	3500.0	[25,50]	—	0.35	2066	0.7
块体	$3.33×10^9$	$3.33×10^9$	3500.0	—	[1.41,1932.8]	0.35	2764	0.7
墙	$3.33×10^9$	$3.33×10^9$	—	—	—	0.35	32	0.7

模拟时，在溜井模型的井口，即井内储存的矿岩散体表面以上 15～20m 范围内生成 20 个半径为 0.5～1.5m 均匀分布的球体，其接触参数如表 4.3 所示。为反映矿岩在进入溜井井筒时具有的初始速度，设定 x、y 方向的速率为[−0.5, 0.5]m/s，z 方向速率为[0,−10]m/s。当球体坠落至矿岩散体表面速率与角速率不再发生明显变化后，视为一次矿岩下落过程模拟结束。

4.5.2 落矿冲击速度对井内矿岩散体空隙率的影响

溜井储矿段内储存的矿岩高度是影响溜井井内矿岩散体缓冲性能、夯实程度和井壁受力状态的一个重要因素。目前的研究结果表明[66]，对于类似圆筒容器内的颗粒类材料，冲击物对筒底的冲击力随颗粒堆积厚度的增加而不断减小，但存在一个临界厚度。在溜井井内下落矿岩（以下简称落矿）产生的冲击力的作用范围内，溜井井内矿岩散体的夯实效果表现得较为明显。

采用 4.5.1 节的井内矿岩散体冲击夯实过程数值实验设计，以初始落矿速率 v_z=[0,−10.0]m/s 为条件，模拟计算不同落矿速度下井内矿岩散体空隙率随井深变化的规律。通过采集以溜井中心线的某一点为球心、半径为 1m 的测量球内的数据，得到初始落矿速率 v_z=[0,−10.0]m/s 条件下井内矿岩散体内部空隙率随井深变化的规律，如图 4.19 所示。

分析图 4.19 可知，自矿岩散体表面以下 4m 范围内，即图 4.19 中 1～3m 的范围内，矿岩散体内部的空隙率在一定的计算时步内变化较小；自 $9.1×10^6$ 时步后，空隙率呈缓慢增加的趋势，这主要是由于落矿冲击作用和落矿冲击完成后的矿岩散体弹性恢复，使接近矿岩散体表面的球、块产生相对运动和变形，最终使球与块之间产生新的接触并形成新的平衡关系。

此后，矿岩散体内部空隙率随落矿冲击过程的持续而减小，为 0.02%～0.05%，但减小的幅度不明显。在矿岩散体表面 6m 以下，矿岩散体内部空隙率的变化趋缓。随着矿岩散体表面以下井深的增加，由于上部卸矿坠落在井内原矿岩散体表面之上，产生了新的载荷，致使矿岩散体内部的空隙率随井深而减小。

对矿岩下落速率 v_z=[−10,0]m/s、v_z=[−6,0]m/s、v_z=[−2,0]m/s 和初始状态时，井内矿岩散体内部的空隙率变化情况进行计算，结果如图 4.20 所示。

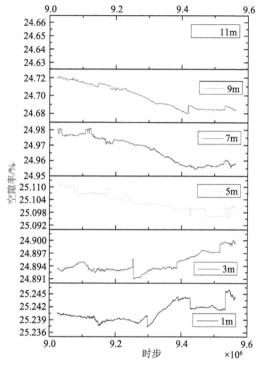

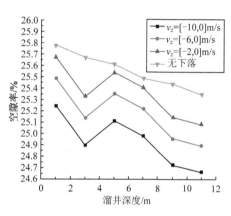

图 4.19 空隙率随井深及冲击过程变化曲线　　图 4.20 空隙率随冲击速率变化曲线

由图 4.20 可以看出，在溜井上部没有矿岩下落的条件下，井内矿岩散体内部的空隙率随井深变化近似呈线性下降；但随井深变化的下降幅度不大，仅为 0.4%。

当有矿岩下落时，空隙率曲线的变化趋势基本类似，表现为随矿岩下落速度 v_z 的增加，矿岩散体的空隙率下降。其中，在矿岩散体表面以下 3m 范围内的降幅最为明显；在矿岩散体表面以下 3～5m 的范围内，由于矿岩散体受冲击后的弹性恢复作用，空隙率呈反弹状态；自矿岩散体表面以下 5m 之后，由于上覆载荷的增加，空隙率持续下降。

比较空隙率的变化幅度可以看出，在给定的落矿条件下，落矿冲击对井内矿岩散体空隙率的影响大约在 1.2%以内。

4.5.3 冲击过程中井内矿岩散体的力链演化特征

力链结构是颗粒类材料中作用力的主要传播途径之一，也是散体结构内外力的基本载体。力链结构在外载荷及边界约束的双重作用下，表现出很强的不均匀性特征[169-170]。

已有的研究成果表明，散体介质中相邻颗粒接触后，形成了众多强度迥异的力链，这些力链相互交叉、合并后形成非均匀贯穿的网络，对散体介质的力学性质起着主导作用。力链在尺度上大于单个颗粒粒径，小于颗粒体系，其变化与颗粒材料的弹性模量、泊松比、表面摩擦系数及颗粒体系的边界条件、初始条件和外载荷有关[171-172]。对溜井井内储存的矿岩散体在落矿冲击过程中形成的力链结构进行分析，可从细观上分析井内矿岩散体受冲击后的夯实及溜井井壁受力的内在机理。

1. 落矿冲击中的力链演变过程

力链的数量、长度、承载力等受矿岩块细观参数（如矿岩块之间摩擦系数、接触关系等）的影响。考虑井内矿岩散体中块与球之间几何尺度及空间分布的差异，选取块接触形成的力链进行描述。图 4.21 所示为初始落矿速率 $v_z=[-10, 0]$m/s 条件下，溜井井内矿岩块形成的力链形态演化特征，其中图 4.21（a）所示为初始模型落矿坠落至溜井内矿岩散体表面的状态，图 4.21（b）和（c）分别反映了冲击作用过程持续到 1.3s、1.5s 的力链变化过程，图 4.21（d）所示为落矿在储料面基本平衡的状态。

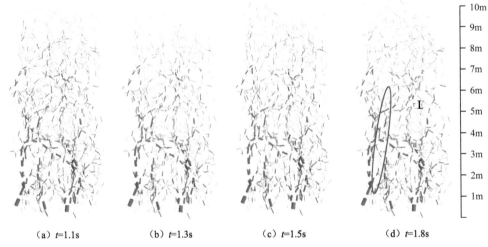

（a）t=1.1s　　　（b）t=1.3s　　　（c）t=1.5s　　　（d）t=1.8s

图 4.21　井内矿岩散体在受冲击过程中力链结构的演化过程

由图 4.21 可以看出，由于落矿过程中的冲击作用，井内矿岩散体表面的矿岩块受撞击后，散体结构体系的原有平衡状态被破坏，矿岩块之间脱离了原有的接触，导致 9～10m 范围内的矿岩散体内部的力链并不连续，这种情况在落矿冲击初期表现得更为明显。

综观落矿冲击的全过程，矿岩块之间力链的一般规律表现如下。

（1）在落矿冲击的过程中，力链的主方向并没有随着落矿的进行而发生偏转，主方向与溜井的轴线方向基本一致，并达到了稳定状态。

（2）形成的力链条数并没有发生明显变化，载荷主要集中作用于少量的矿岩块上。

（3）强力链主要集中于井底以上 7m 范围内，落矿的冲击过程主要导致 8～10m 范围内的力链产生了较小的变化。

2. 力链的识别与提取

目前，对力链的量化计算问题尚未形成统一的观点。因此，在文献[173]、[174]的基础上，以组成力链的矿岩块的个数 $L\geqslant3$、矿岩块接触主应力平均值、相互接触矿岩块的中心连线与最大主应力方向之间的夹角小于 45° 这 3 个条件作为成链的依据。

散体结构体系中，由于每个矿岩块往往与其他几个矿岩块相接触，因此研究时，确定最大的配位数为 5。所有这些接触力中，只有一个是最大主应力，其可以反映矿岩块的最大受力状况，以此来确定力链，反映力链的主要发展规律。因此，对于力链的识别按图 4.22 所示的流程与方法进行。图中，虚线框内的内容反映了长力链确定的方法与标准。

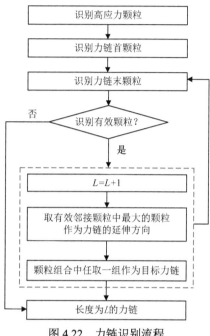

图 4.22　力链识别流程

3. 接触力的分布情况

根据图 4.22 给出的力链识别方法与流程，提取 $v_z=[-10,0]$m/s 条件下，井内矿岩散体内矿岩块之间形成的不同长度的力链数量，研究力链随时间变化的规律，如图 4.23 所示。

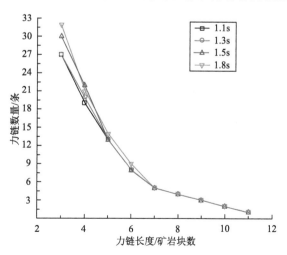

图 4.23　$v_z=[-10.0,0]$m/s 条件下力链总数随时间的变化特征

结合图 4.21 所示的力链结构演化特征，可以看出：

（1）长度 $L>7$ 的矿岩块的力链主要集中于井底以上 7m 范围内，其数量和空间位置并没有受到落矿冲击过程的影响，也未产生明显的变化；长度 L 为 4 和 5 的力链数量和空间位置，在落矿过程前 1.5s 的时间内未产生变化，但在后期力链数量增加了一条。

（2）整个冲击过程中，长度 L 为 3 和 4 的力链受落矿冲击影响较明显，总数量增加较多，其中长度 $L=4$ 的力链增加了 4 条，长度 $L=3$ 的力链由 27 条增加到 32 条。从其空间位置分布来看，其主要集中于矿岩散体表面上方（图 4.21）。究其原因，主要是冲击过程中这一部位的球和块之间的位置发生改变，形成了新的接触，从而重新趋于平衡所致。

为进一步研究矿岩下落速度对力链形成与变化的影响，分别提取 L 为 3、4、5 和 6 的力链数量。图 4.24 给出了不同速度 v_z 下，矿岩散体内的长力链数量的变化情况。由图 4.24 可以看出，随着 v_z 的减小，矿岩散体内长力链的数量基本上不发生改变，其中长度 $L=6$ 的力链始终保持在 9 个。

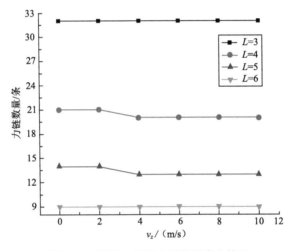

图 4.24　不同 v_z 下长力链数量变化情况

计算过程中发现，井内矿岩散体在重力压实作用下达到基本平衡后，长度 $L>6$ 的力链就已形成，且大部分位于溜井井底以上 7m 范围内，在落矿冲击的全过程中并未受到落矿冲击的明显影响；长度 $L<3$ 的力链则在冲击过程中始终处于断裂和重组状态，其数量保持在 32 条左右，且绝大多数位于井内矿岩散体表面以下 3～4m 范围内；长度 L 为 4 和 5 的力链变化则较为明显，随着落矿冲击速度的增加，分别由 21 条降至 20 条、14 条降至 13 条。

综上所述，矿岩下落冲击对集中于溜井底部矿岩散体中的强力链不产生明显影响，对位于矿岩散体表面附近的矿岩散体中，力链长度小于 4 个矿岩块的影响较小。不同的矿岩下落速度下，溜井井内矿岩散体中矿岩块之间的力链体系基本保持不变。

本 章 小 结

本章主要针对溜井上部卸矿冲击溜井井内矿岩散体时，矿岩散体内部的空隙率变化特征及其机理、溜井井壁的应力变化特征及其机理、井内矿岩散体的缓冲特性等内容进行了物理实验研究与数值模拟分析研究。溜井上部卸矿冲击作用下，井内矿岩散体结构体系的响应特征主要表现如下：一方面，矿岩散体内的空隙被压缩，密实度增加，矿岩的流动性变差；另一方面，冲击力在散体结构体系内通过矿岩块之间力链的传递，增加了作用在溜井井壁上的应力峰值，使井壁的摩擦损伤加剧。井内矿岩散体又为卸矿冲击提供了良好的缓冲条件，有利于降低作用在溜井井壁和底板上的冲击力。本章研究得出如下主要结论：

（1）以井内矿岩散体内部空隙率的变化量为评价标准，在给定的矿岩块粒级及其级配条件下，采用物理实验方法，研究了溜井模型直径为 300mm 时，5 种不同卸矿高度下矿岩散体冲击井内储存的矿岩散体冲击前和冲击后，井内矿岩散体内部空隙率的变化特征，空隙率变化量在 200%～250% 范围内；冲击后，矿岩散体内部的最大空隙率为 43.5%，空隙率的变化集中在井内矿岩散体表面以下 150mm 的范围内。矿岩块卸矿冲击后，井内矿岩散体内部的空隙率变化量在 400%～500% 范围内，空隙率的变化集中在矿岩散体表面以下 250mm 的范围内，大于矿岩散体卸矿冲击后的空隙率变化的范围。

（2）5 种不同卸矿高度下，卸矿冲击前和冲击后井内矿岩散体内部空隙率的变化特征表明，卸矿高度会影响井内矿岩散体内部空隙率的变化范围。下落矿岩块的粒径及其级配也同样会影响井内矿岩散体的夯实效果。空隙率变化量越大，卸矿冲击引起的井内矿岩散体被冲击夯实的效果越明显，矿岩散体的流动性也越差，溜井堵塞的概率增加。

（3）井内矿岩散体对溜井上部卸矿冲击的缓冲作用，表现在冲击的局部载荷通过力链的传递，在井内储存的矿岩散体的上部分散与扩展，使矿岩散体内的矿岩块之间的接触方式与排列方式发生了改变，消耗了落矿的冲击能量；在井内矿岩散体的下部以传递应力波为主，该范围内矿岩散体起到缓冲作用的主要力源来自颗粒间的摩擦阻力。

（4）数值模拟分析得到了实验矿岩块粒径与级配组成条件下，溜井储矿段直径为 6m 时，井内储存的矿岩散体具备缓冲性能的临界高度为 7m。存储的矿岩散体高度小于 7m 时，矿岩散体的缓冲性能随着井内储存矿岩散体高度的增加而明显增强；矿岩散体高度大于 7m 时，矿岩散体的缓冲性能增长趋势较小。

（5）溜井上部卸矿过程中，不同尺寸的矿岩块之间的相互碰撞，以及它们冲击井内矿岩散体的先后顺序、冲击位置和溜井直径等，都会对井壁侧压力产生影响。不同卸矿高度冲击下，溜井井壁侧压力的变化主要集中在井内矿岩散体表面以下 20～25m 的范围内，且侧压力变化幅度随着卸矿冲击高度的增加而增大。冲击过程中，矿岩散体结构体系内的力链网络的断裂重组，消耗了卸矿冲击给井内矿岩散体带来的冲击能量。

（6）溜井井内矿岩散体内部的横向力链和纵向力链的变化特征，能够反映井内矿岩散体内部的力学作用机理及其对井壁侧压力的变化规律。横向力链将卸矿冲击载荷传递到溜井井壁上，使井壁承受的侧压力发生了变化；纵向力链则通过矿岩块的向下传递冲击载荷，使井内矿岩散体产生了冲击夯实效果。

（7）重力自然压实状态下，井内矿岩散体受到下落矿岩冲击时，空隙率变化的影响范围主要集中在矿岩散体表面以下 5m 的范围内，并且随着矿岩下落速度的增加而减小。冲击作用对井内矿岩散体内部空隙率的影响并不明显，空隙率的变化范围在 1.2% 以内。

第5章 卸矿冲击对溜矿段井壁损伤的特征与机理

溜井上部卸矿后，矿岩块在主溜井溜矿段井筒内向井底运动的过程中，会发生与溜井井壁的碰撞现象，对井壁产生冲击破坏作用。研究矿岩冲击主溜井溜矿段井壁的位置，查清影响冲击位置的因素，明晰矿岩冲击井壁的力学作用机制和冲击过程中能量转换耗散的特征，对于发现溜矿段井壁变形破坏的规律和进一步揭示其机理极为重要，有助于确定合理的溜井结构与加固方案，延长溜井的服务年限。本章首先通过理论分析、物理实验和数值模拟研究，探索矿岩运动过程中与溜矿段井壁发生碰撞的基本条件，确定矿岩运动的轨迹方程与冲击主溜井井壁的位置；其次，通过对矿岩冲击井壁的力学作用过程进行分析，研究矿岩冲击井壁过程中能量转换耗散的特征与规律，进一步研究矿岩冲击主溜井井壁时井壁的破坏类型、特征及其机理，建立井壁损失体积的计算模型。

5.1 矿岩冲击井壁的力学分析

矿岩在溜井内的运动及其在运动过程中与溜井井壁接触并产生力的作用，是导致溜井稳定性问题发生的根源[81]。以垂直主溜井为例，产生这一问题的主要原因是矿岩在进入主溜井的溜矿段井筒后，矿岩块运动过程中会发生矿岩块之间的相互碰撞及矿岩块与溜井井壁之间的碰撞现象，矿岩块的运动轨迹极为复杂。受矿岩块进入主溜井运动方向及矿岩块之间发生碰撞的影响，下落的矿岩块具有一定的沿水平方向运动的动能而难以实现垂直向下运动。当矿岩块在水平方向上的位移达到一定程度时，就会产生与主溜井溜矿段井壁碰撞的现象，其结果是对主溜井溜矿段井壁造成损伤。已有研究成果和实际生产结果表明，矿岩块下落过程中对溜矿段井壁的首次冲击造成的破坏最严重[77,79,150]，对溜井稳定性的影响也最严重[3,76,151]。

5.1.1 矿岩块冲击井壁的力学作用过程

根据主溜井溜矿段内的矿岩块运动规律，矿岩块在离开分支溜井后，以及矿岩块与溜井井壁产生碰撞的瞬间，矿岩块均是在做斜下抛运动。矿岩块在与主溜井溜矿段井壁产生碰撞时，由于矿岩块运动在垂直方向上的速度分量大于水平方向上的速度分量，因此矿岩块对井壁的冲击力与井壁之间存在一定的夹角，使矿岩块对井壁的冲击呈现出冲击力方向与受冲击面斜交的状态，即斜冲击现象，如图5.1所示。

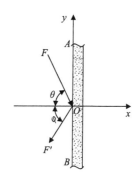

图 5.1 矿岩块冲击溜矿段井壁的力学分析

斜冲击的力学原理如下：冲击力 F 以一定的角度作用于弹塑性物体表面，对目标物体进行冲击，导致被冲击物体产生塑性变形和弹性变形。被冲击物体在弹性变形能的作用下产生弹性恢复力，即反弹力 F'；塑性变形则引起物体的损伤。

定义 F 为矿岩块冲击主溜井溜矿段井壁时的冲击力，θ 为冲击力 F 与水平面的夹角（冲击角），对于图 5.1 所示的矿岩块冲击主溜井溜矿段井壁的问题，当矿岩块以冲击力 F 和冲击角 θ 冲击溜井井壁 AB 时，若冲击过程中矿岩块的质量和形状均不发生变化，井壁为弹塑性材料，则井壁会发生塑性变形和弹性变形，塑性变形的结果使井壁产生损伤，弹性变形则在井壁材料内部积蓄了弹性能。在弹性能的作用下，井壁 AB 产生弹性变形恢复，并为矿岩块提供反弹力 F'，使矿岩块反弹并离开井壁 AB，完成其对井壁的冲击过程。

反弹力 F' 与水平面的夹角（反弹角）φ 小于冲击角 θ，造成这种现象的原因是冲击力携带的能量作用于井壁上时，一部分能量造成了井壁材料产生塑性变形，此部分能量被消耗，使引起井壁弹性变形的能量小于冲击能量，主溜井溜矿段井壁在弹性变形恢复的过程中也无法恢复到原始形态与大小。

若 F_τ 为冲击力 F 作用在沿井壁方向上的分力（切向力），F_n 为冲击力 F 作用在垂直于井壁方向上的分力（法向力），则有

$$\begin{cases} F_\tau = F\sin\theta \\ F_n = F\cos\theta \end{cases} \tag{5.1}$$

此时，切向力 F_τ 和法向力 F_n 分别产生了如下两种不同的力学作用效果：

（1）对于主溜井溜矿段井壁 AB，切向力 F_τ 导致矿岩块沿井壁方向产生滑移，对井壁造成剪切（或摩擦）损伤；法向力 F_n 主要造成对井壁的冲击损伤破坏。

（2）对于矿岩块，切向力 F_τ 主要阻滞了矿岩块的下降速度，法向力 F_n 主要改变了矿岩块的运动方向。

根据图 5.1，以 O 点为原点，可建立如下井壁的受力平衡方程：

$$\begin{cases} F_n = F_k + F_p \\ F_\tau = f + F_f \end{cases} \tag{5.2}$$

式中，F_k 为 F_n 中使井壁产生弹性变形部分的力（N）；F_p 为 F_n 中使井壁产生塑性变形部分的力（N）；f 为矿岩块与井壁之间的摩擦阻力（N），可参考 3.1 节中的相关公式进行计算；F_f 为 F_τ 中使井壁产生摩擦损伤的力分量。其中，F_k、F_p 和 F_f 的大小均与井壁材料的力学性质有关。

若矿岩块冲击主溜井溜矿段井壁时的速度为 v_2，在冲击井壁后以速度 v_3 反弹并离开井壁，则根据动量定理有

$$I = \int_0^t F\mathrm{d}t = mv_3 - mv_2 \tag{5.3}$$

式中，I 为矿岩块冲击井壁时的冲量（N·s）。

根据式（5.3），可求出矿岩块冲击井壁时的冲击力 F：

$$F = \frac{mv_3 - mv_1}{t} \tag{5.4}$$

式中，t 为矿岩块冲击井壁时的作用时间（s）。

式（5.4）建立了冲击力和矿岩块质量、矿岩块冲击井壁前后的速度与冲击作用时间之间的关系。由此可以看出，由于 t 的值很小，因此生产实际中只有降低矿岩块的质量及其冲击井壁时的瞬时速度，才能有效降低矿岩块对溜井井壁的冲击力，减轻对井壁的损伤程度。

5.1.2　矿岩冲击井壁过程的能量转换与耗散规律

矿岩散体内部的矿岩块在进入主溜井时具有的运动动能和重力势能，是矿岩块产生运动和对井壁造成变形破坏的能量之源。矿岩块运动过程中与主溜井溜矿段井壁接触碰撞并产生力的作用，伴随着能量的转换与耗散，是导致溜井井壁产生变形破坏的根本原因[81]。当不考虑矿岩块在主溜井内运动时的空气阻力时，矿岩块在主溜井内向下运动的过程中，其携带的重力势能不断转换为运动动能，使矿岩块运动不断加速，运动过程中发生的矿岩块相互碰撞、矿岩块与井壁的碰撞，尤其是矿岩块对井壁的溜矿段碰撞冲击，不断消耗矿岩块的运动动能，并造成井壁的损伤破坏。研究矿岩块进入主溜井并与溜井井壁第一次发生碰撞位置的过程中，矿岩块所携带的能量转换与耗散过程与特征，对于揭示主溜井溜矿段井壁的变形破坏机理意义重大。

如图 5.1 所示，组成散体的矿岩块进入主溜井溜矿段井筒并冲击井壁的过程，是一个能量转换与耗散的过程。矿岩在溜井上部卸矿站卸下，经过分支溜井，到第一次与溜井溜矿段井壁产生碰撞，其能量转换按矿岩块的运动可以划分为 3 个阶段：一是矿岩块在分支溜井内运动时的能量转换阶段，二是矿岩块在溜矿段井筒内的下落阶段，三是矿岩块对溜矿段井壁的冲击阶段。

为研究这 3 个阶段中矿岩块的能量转换过程与该过程中的能量转换特征，特做如下假设：

（1）矿岩块离开其运载设备进入卸矿站，经卸矿站格筛的阻滞，进入分支溜井的初始速度为 0，即不考虑运载设备卸载时赋予矿岩块的初始动能；

（2）矿岩块在分支溜井内的运动方式仅呈现出滑动或滚动状态，不产生跳动等其他运动方式，且分支溜井的底板较为平整；

（3）矿岩块在运动过程中，无论其发生矿岩块之间的碰撞，还是矿岩块与溜井井壁的碰撞，矿岩块的质量与形状均没有发生变化，只是改变了其运动的方向；

（4）矿岩块在主溜井溜矿段内的运动只受到重力和摩擦阻力的影响。

对于质量为 m 的矿岩块，按照前述 3 个阶段进行能量转换过程分析如下。

1. 矿岩块在分支溜井内的运动阶段

对于图 3.14 所示的溜井结构，矿岩块在分支溜井内运动时，其初始速度为 v_0，运动至分支溜井与主溜井结合部位（图 3.14 中的 B 点）的速度为 v_1。根据图 3.14 给出的条件，矿岩在分支溜井中运动时，所具备的能量转换特征具体如下。

散体内任意一个矿岩块具备的重力势能为

$$E_{p0} = mgh_0 \tag{5.5}$$

若矿岩块与分支溜井底板之间的摩擦系数为 μ，矿岩块在分支溜井中运动时的摩擦阻力可采用式（3.1）计算。不考虑其他矿岩块传递到矿岩块上的铅垂方向和水平方向作用力 P_V 和 P_L 的作用时，矿岩块运动的摩擦阻力 f 可由式（3.1）简化为

$$f = \mu mg \cos \alpha \qquad (5.6)$$

在分支溜井中，矿岩块受到的摩擦力的方向与其运动方向相反，即摩擦力做负功。因此，根据能量守恒定律，可建立矿岩在 O 点的能量守恒方程：

$$mgh_0 - \mu mg \cos \alpha \frac{h_0}{\sin \alpha} = \frac{1}{2}mv_1^2 \qquad (5.7)$$

式（5.7）也反映了质量为 m 的矿岩块在到达 B 点时所具有的动能 E_{k0}。矿岩块在分支溜井中运动速度由 v_0 变化到 v_1 这一过程中，能量的演化经历了从重力势能 E_{p0} 向运动动能 E_{k0} 的转换过程。在这一过程中，矿岩块在重力势能的作用下，不断克服矿岩块与溜井底板的摩擦力所做的功，沿分支溜井底板向 B 点滑动或滚动。重力势能 E_{p0} 与阻滞矿岩运动的摩擦力所做的功的差值不断转换为促使矿岩块向下运动的动能，当矿岩块运动到 B 点时，其动能 E_{k0} 达到在这一运动区间的最大值：

$$E_{k0} = mgh_0 \left(1 - \mu \tan^{-1} \alpha\right) = \frac{1}{2}mv_1^2 \qquad (5.8)$$

由式（5.8）也可得到矿岩块在 B 点时的运动速度 v_1，即

$$v_1 = \sqrt{2gh_0 \left(1 - \mu \tan^{-1} \alpha\right)}$$

2. 矿岩块在垂直主溜井内的运动阶段

图 3.14 中的 B 点是矿岩块在垂直主溜井溜矿段井筒内运动的起始点。由于分支溜井倾角 α 的存在，使得矿岩的运动速度 v_1 具有与 α 相同的方向，因此可认为矿岩块在垂直主溜井的溜矿段中的运动为斜下抛运动。

受运动速度和运动方向的影响，当矿岩块向下运动至 O 点时，与井壁发生碰撞。碰撞前，矿岩块的能量转换过程如下。

质量为 m 的矿岩块从 B 点进入垂直主溜井溜矿段井筒的瞬间，除其本身携带的初始动能 E_{k0} 外，还具有了新的重力势能 E_{p1}：

$$E_{p1} = mgh_1 \qquad (5.9)$$

此时，矿岩块在其运动动能 E_{k0} 和重力势能 E_{p1} 的共同作用下，向 O 点做加速运动。在这一过程中，重力势能 E_{p1} 不断转换为新动能，使矿岩块的运动速度不断加大。当矿岩块到达 O 点时，矿岩块的运动速度为 v_2。不考虑空气阻力和矿岩块之间相互碰撞的影响时，根据能量守恒定律，矿岩块已经具有的动能 E_{k1} 计算如下：

$$E_{k1} = mgh_0 \left(1 - \mu \tan^{-1} \alpha\right) + mgh_1 = \frac{1}{2}mv_2^2 \qquad (5.10)$$

整理式（5.10），有

$$E_{k1} = mg \left[\left(1 - \mu \tan^{-1} \alpha\right) h_0 + h_1 \right] = \frac{1}{2}mv_2^2 \qquad (5.11)$$

式（5.11）即为矿岩块到达 O 点时携带的最大运动动能，该动能即矿岩块冲击垂

直主溜井溜矿段井壁时的能量。矿岩块的运动速度 v_2 也可通过式（5.10）或式（5.11）求出，即

$$v_2 = \sqrt{2g\left[\left(1-\mu\tan^{-1}\alpha\right)h_0 + h_1\right]} \tag{5.12}$$

在这一过程中，矿岩块的能量增长主要来源于其新的重力势能 E_{p1} 的不断转换，矿岩块运动到 O 点时，重力势能全部转换为动能。此时，矿岩块所具有的动能总量为其初始动能和本阶段运动过程中重力势能转换的动能之和。

3. 矿岩块冲击溜矿段井壁时的能量耗散

矿岩块与溜矿段井壁碰撞的过程中，由于受到矿岩块运动方向的影响，矿岩块的冲击方向与井壁的法线方向（水平面）存在一定的夹角，即冲击角 θ，可以通过式（3.17）计算得到，即

$$\theta = \arctan\frac{v_y}{v_x} \tag{5.13}$$

根据式（3.24）给出的矿岩块与溜矿段井壁碰撞必须满足的基本条件，可以计算出矿岩块自 B 点开始，在经历时间 t 后与井壁产生碰撞：

$$t = \frac{D}{v_1\cos\alpha} \tag{5.14}$$

将式（3.17）和式（5.14）代入式（5.13）并整理，即可得到冲击角 θ：

$$\theta = \arctan\left[\tan\alpha + \frac{g\cdot D}{\left(v_1\cos\alpha\right)^2}\right] \tag{5.15}$$

矿岩块冲击主溜井溜矿段井壁时，其携带的动能 E_{k1}，即矿岩块冲击主溜井溜矿段井壁时的能量大小，可用式（5.11）计算。由于受矿岩运动方向的影响，动能 E_{k1} 同样可以分解为法向和切向两个分量：

$$\begin{cases} E_{k1}^{n} = E_{k1}\cos\theta = mg\left[\left(1-\mu\tan^{-1}\alpha\right)h_0 + h_1\right]\cos\theta = \dfrac{1}{2}mv_2^2\cos\theta \\ E_{k1}^{\tau} = E_{k1}\sin\theta = mg\left[\left(1-\mu\tan^{-1}\alpha\right)h_0 + h_1\right]\sin\theta = \dfrac{1}{2}mv_2^2\sin\theta \end{cases} \tag{5.16}$$

式中，E_{k1}^{n} 为矿岩块冲击溜矿段井壁的瞬间在法向上的分量（J）；E_{k1}^{τ} 为矿岩块冲击溜矿段井壁的瞬间在切向上的分量（J）。

与冲击力的分量一样，动能 E_{k1} 在溜矿段井壁法向和切向上的两个分量 E_{k1}^{n} 和 E_{k1}^{τ}，也体现出矿岩块在法向上对主溜井溜矿段井壁的冲击和在切向上对井壁的剪切与磨擦。动能在法向上的分量 E_{k1}^{n} 表现为矿岩块对井壁弹性变形和塑性变形程度提供的能量，是导致溜矿段井壁蓄储弹性能和产生冲击损伤的能量之源；在切向上的分量 E_{k1}^{τ} 则表现为对主溜井溜矿段井壁剪切和磨损提供的能量，是导致矿岩块沿溜矿段井壁方向滑移，对井壁造成切削和磨损破坏的能量之源。

矿岩块以动能 E_{k1} 和冲击角 θ 作用在溜井井壁 AB 上时，若矿岩块的质量和形状均不发生变化，则井壁会同时产生塑性变形和弹性变形，塑性变形导致井壁产生了损伤，弹性变形的结果使井壁材料在其内部积蓄了弹性能。在弹性能的作用下，井壁产

生弹性恢复力，迫使矿岩块离开溜井井壁，完成了矿岩块对井壁的冲击过程。冲击动能 E_{k1} 作用于井壁上时，一部分能量被消耗，使井壁材料产生了塑性变形，井壁材料内部积蓄弹性能小于冲击动能 E_{k1}，因此，井壁的弹性恢复能无法使井壁的变形恢复到其原始形态。

矿岩块冲击主溜井溜矿段井壁后，由于能量损失和井壁弹性能的释放，矿岩块会携带一定的能量离开溜矿段井壁而继续向溜井下部运动。在矿岩块的新的运动过程中，也有可能对溜矿段井壁产生第二次冲击。若矿岩块离开井壁时的速度为 v_3，则其携带的能量 E_{k2} 可以用下式计算：

$$E_{k2} = \frac{1}{2}mv_3^2 \tag{5.17}$$

同样，对其按反弹角 φ 分解为法向和切向两个方向，则有

$$\begin{cases} E_{k2}^{n} = E_{k2}\cos\varphi = \frac{1}{2}mv_3^2\cos\varphi \\ E_{k2}^{\tau} = E_{k2}\sin\varphi = \frac{1}{2}mv_3^2\sin\varphi \end{cases} \tag{5.18}$$

式中，E_{k2}^{n} 为矿岩块离开溜矿段井壁的瞬间在法向上的分量（J）；E_{k2}^{τ} 为矿岩块离开瞬间在切向上的分量（J）。

根据式（5.16）和式（5.18），可以求出矿岩块在冲击溜矿段井壁过程中，矿岩块的动能在法向和切向两个方向上的损失量，表示如下：

$$\begin{cases} \Delta E_{k}^{n} = E_{k1}\cos\theta - E_{k2}\cos\varphi = \frac{1}{2}m(v_2^2\cos\theta - v_3^2\cos\varphi) \\ \Delta E_{k}^{\tau} = E_{k1}\sin\theta - E_{k2}\sin\varphi = \frac{1}{2}m(v_2^2\sin\theta - v_3^2\sin\varphi) \end{cases} \tag{5.19}$$

式中，ΔE_{k}^{n} 为矿岩块冲击井壁时动能在法向上的损失量（J）；ΔE_{k}^{τ} 为动能在切向上的损失量（J）。

5.1.3 矿岩运动对溜矿段井壁的破坏机理

根据主溜井内矿岩运动的不同特征，以及对矿岩块冲击溜矿段井壁的力学作用过程分析可知，溜矿段井壁产生的损伤破坏类型主要表现为冲击损伤破坏和摩擦损伤破坏两类。

1. 溜矿段井壁产生冲击损伤破坏机理

冲击损伤破坏主要源自矿岩块向下运动过程中对溜矿段井壁的撞击，溜矿段井壁的损伤破坏程度取决于矿岩块在冲击井壁时瞬时动能和冲击方向与溜矿段井壁法向夹角的大小，同时也与溜矿段井壁本身的力学特性有关。

矿岩块在溜井内运动的过程中，能量转换与耗散特征主要表现如下：①矿岩块与主溜井溜矿段井壁发生碰撞前与碰撞后，矿岩块运动方向发生了改变，运动速度大小产生了变化；②碰撞前与碰撞后矿岩块携带的能量大小产生了变化。根据能量守恒定律，在矿岩块与溜矿段井壁碰撞的瞬间，矿岩块携带的能量使井壁同时产生了弹性变

形和塑性变形。弹性变形为矿岩块新的运动储备了初始动能，塑性变形则造成了对井壁的冲击与切削破坏，井壁的弹性恢复力成为改变矿岩块运动方向和为矿岩块提供新的初始速度的力源。

矿岩块冲击主溜井溜矿段井壁的动能，来自卸载时运输设备所赋予的动能和矿岩块本身所具备的重力势能两个方面，而能量耗散是导致主溜井溜矿段井壁产生变形破坏的根源。由于溜井井壁（混凝土、岩石）是弹塑性材料，矿岩块与主溜井溜矿段井壁发生碰撞时，矿岩块具有的动能作用在溜矿段井壁上，根据能量守恒定律，其中一部分能量使井壁产生弹性变形，另一部分则使溜矿段井壁产生塑性变形。溜矿段井壁发生弹性变形的结果使矿岩块在井壁的弹性恢复力作用下，改变了运动方向，并为矿岩块新的运动提供了初始动能；塑性变形的结果则造成了井壁的冲击与剪切损伤破坏。

对于特定的混凝土井壁，基于 O 点建立动能平衡方程，得到矿岩块的动能在法向和切向两个方向上的损失量，见式（5.19）。

结合图 5.1 分析可知，ΔE_k^N 被溜井井壁吸收，引起井壁的塑性变形，致使溜矿段井壁产生破坏；ΔE_k^τ 则使混凝土井壁受到剪切摩擦作用，在混凝土井壁内部产生拉应力，加剧了混凝土的破坏。

从理论上讲，矿岩块冲击主溜井溜矿段井壁时的冲击角 θ 要大于反弹角 φ。若假定冲击角 θ 和反弹角 φ 相等，整理式（5.19），得到

$$\begin{cases} \Delta E_k^n = (E_{k1} - E_{k2})\cos\theta \\ \Delta E_k^\tau = (E_{k1} - E_{k2})\sin\theta \end{cases} \quad 或 \quad \begin{cases} \Delta E_k^n = (E_{k1} - E_{k2})\cos\varphi \\ \Delta E_k^\tau = (E_{k1} - E_{k2})\sin\varphi \end{cases} \quad (5.20)$$

由式（5.19）可以看出，在图 5.2 描述的状态条件下，ΔE_k^N 和 ΔE_k^τ 与冲击角 θ 和反弹角 φ 关系密切。式（5.20）则从冲击角 θ 或反弹角 φ 的角度，反映了矿岩块在冲击溜矿段井壁时井壁的破坏类型，表 5.1 给出了冲击角 θ 与溜矿段井壁破坏类型的关系。

表 5.1　冲击角 θ 与溜井井壁破坏类型的关系

θ	溜矿段井壁材料破坏类型
$0° < \theta < 45°$	冲击破坏为主，剪切破坏为辅
$\theta = 45°$	冲击破坏与剪切破坏相等
$45° < \theta < 90°$	剪切破坏为主，冲击破坏为辅

2. 溜矿段井壁产生摩擦损伤破坏机理

摩擦损伤（或切削破坏）破坏是溜矿段井壁变形破坏的另一种形式，源自矿岩在溜井中移动时对井壁的切削或磨损，主要发生在主溜井的储矿段井壁，以及分支溜井和倾斜主溜井的底板等部位。井壁在受到摩擦损伤的过程中，相对较硬的矿岩块会切削较软的溜井井壁，或者说是相对较硬的矿岩块上产生的磨损量要小于相对较软的井壁产生的磨损量，因此使井壁产生变形破坏。井壁的损伤破坏程度与井壁的物理力学性质、矿岩块与井壁之间的摩擦系数和矿岩移动时对井壁产生的法向作用力相关。

矿岩块在主溜井溜矿段内运动的过程中，对井壁产生的冲击与切削的过程可看作磨粒磨损的过程，表现为矿岩块与井壁之间的微接触和矿岩块之间的磨损。矿岩块的质量、冲击角和运动速度等，共同影响着矿岩块冲击井壁时的动能损失量，矿岩块与主溜井溜矿段井壁发生碰撞后，速度大小和方向发生了改变，损失的能量被井壁吸收，使溜矿段井壁产生塑性变形。因此，可以说，井壁变形的结果不仅使溜矿段井壁产生了冲击破坏，同时也产生了切削破坏。

3.1 节中分析了倾斜溜井底板的摩擦损伤破坏机理，并推导出了溜井底板受到的摩擦力 f，在此不再赘述。

在垂直主溜井的储矿段中，井壁所受到摩擦力 f 的计算，可参照图 3.2，取倾斜溜井底板的倾角 $\alpha = 90°$，则由式（3.1）可以得到垂直主溜井井壁所受摩擦力 f 的计算公式如下：

$$f = \mu\left[\left(mg + P_{\mathrm{V}}\right)\cos 90° + P_{\mathrm{L}} \cdot \sin 90°\right]$$
$$= \mu P_{\mathrm{L}} \tag{5.21}$$

由式（5.21）可知，垂直主溜井的储矿段中，沿溜井井壁面产生的摩擦力 f 只与矿岩块和井壁混凝土材料间的摩擦系数、其他矿岩块通过该矿岩块传递来的水平方向的作用力 P_{L}（井壁受到的侧压力）有关。

5.2　冲击切削作用下溜矿段井壁变形破坏的特征与机理

矿岩在主溜井溜矿段内的运动过程中与井壁接触并产生力的作用，是主溜井溜矿段井壁受到冲击、剪切和摩擦损伤，产生变形破坏的根本原因[78]。基于运动学理论，刘艳章等[175]计算了矿岩块的运动轨迹，并以金山店铁矿为基础，建立了实验室溜井溜放矿实验平台，利用高速摄影记录了溜井内的矿岩运动轨迹，并对理论计算结果进行了验证；宋卫东等[12]分析了矿岩块在采区溜井中的运动规律及溜井井壁受到的冲击载荷，并以程潮铁矿采区溜井为例，建立了井壁相似模型，研究了采区溜井的井壁破损特征，讨论了溜井井壁受冲击破坏的区域；罗周全等[89]从冲量角度对溜井井壁的损伤进行了研究，揭示了溜井井壁受冲击损伤的程度；赵昀等[150]基于冲蚀磨损理论，得到了井壁损失体积的计算方法。

由于组成散体的矿岩块在主溜井溜矿段内运动时与井壁发生的碰撞实质上为斜冲击，矿岩块的形状不规则，矿岩块与井壁的接触模型也不尽相同，由此带来的对井壁的损伤机理与损伤程度也有所不同。因此，本节将通过相似实验研究矿岩块"碰撞"井壁时井壁的变形破坏机理，并以接触力学为基础，构建基于矿岩块形状的矿岩块冲击主溜井溜矿段井壁的损伤接触模型，研究主溜井溜矿段井壁体积损失的计算方法。

5.2.1　溜矿段井壁的变形破坏特征

从溜井上部卸矿站通过分支溜井进入主溜井溜矿段的矿岩散体，其运动方向具有一定的随机性，因此在其下落运动的过程中，并不一定能够严格地沿着主溜井溜矿段井筒的最大纵向剖面下落。事实上，散体内的矿岩块进入溜矿段井筒时的初始运动状态，决定了矿岩块在主溜井溜矿段内的运动具有空间运动的特征。因此，对于组成散体的矿岩块在主溜井溜矿段内的运动规律的研究，在二维空间下获得的结论存在一定的缺陷，有必要进行三维运动规律的研究。

1. 实验模型建立

以某铁矿主溜井的溜矿段为研究对象，根据矿山溜井实际结构参数，以及 3.4.2 节给出的相似条件与计算公式，建立主溜井溜矿段实验平台。矿岩块运动参数与溜井实验模型结构参数如表 5.2 所示。

表 5.2　矿岩块运动参数与溜井溜矿段井筒实验模型结构参数

模型几何比例	井筒模型直径/m	井筒模型高度/m	卸载溜槽倾角/(°)	密度相似系数	速度相似比
1∶10	0.5	3.1	45	1	$1∶\sqrt{10}$

如图 5.2 所示，实验平台由方位角控制装置、卸载斜溜槽、溜井井筒等组成。

（a）侧视　　　　　　　（b）正视

图 5.2　溜矿段相似实验平台

方位角控制装置由两块亚克力板组成，上部安装卸载溜槽，卸载溜槽由钢板制作，与下部亚克力板连接，通过其与水平夹角的调整，在一定范围内实现矿岩块初始运动速度和方向的控制，如图 5.2（a）所示。溜井井筒模型采用透明亚克力管制作，便于观测矿岩块在溜井内的运动状态。选定模型相似比为 1∶10，亚克力管的高度为 3.1m，模拟生产现场高度为 31m；亚克力管直径为 0.5m，模拟井筒直径为 5m，如图 5.2（b）所示。

为便于观测井壁的冲击受损和变形破坏情况，采用高强度工业石膏，在亚克力管内壁受冲击一侧形成涂层，模拟溜井的混凝土井壁，如图 5.3 所示。其中，石膏涂层尺寸为 1m×0.015m（高×厚）。

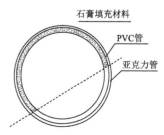

图 5.3　高强度石膏溜井井壁结构模型

2. 实验结果分析

实验时，冲击采用的矿岩块选用质量为 0.20kg 的不同形状磁铁矿（黑色）矿石碎块，并模拟矿山生产现场的卸矿方式进行卸矿。实验发现，卸矿冲击后，井壁石膏涂层上留下了大量的矿石冲击痕迹，如图 5.4 所示。分析井壁受冲击后留下的痕迹，发现其特征主要表现为"犁槽"和"点蚀"两种形态。根据不同形状材料在相对运动情况下发生碰撞后在材料表面产生的破坏特征，可以认为矿岩块在其尖锐面冲击井壁后，井壁上产生了犁槽形的破坏痕迹，矿岩块的钝面冲击后形成了点蚀状痕迹。

图 5.4 反映了相同次数冲击下，具有相同质量的不同形状的矿岩块冲击井壁后，井壁上产生的变形破坏点的分布情况。进一步分析破坏痕迹，可以发现：

（1）矿岩块的尖锐面冲击井壁后，井壁表面的破坏面积较小；在多次冲击后，若各冲击点相距很近，则破坏部位发展成为一个凹坑，破坏最深的部位已完全穿透高强度石膏层。

图 5.4 井壁冲击变形破坏特征

（2）形态较为圆滑的矿岩块以钝面冲击井壁后，井壁表面的破坏面积较大；在冲击次数与矿岩块的尖锐面冲击相同情况下，最深部位并未穿透高强度石膏层，但可以明显看出，冲击部位的石膏层已开始出现疏松破坏现象。

（3）相比矿岩块的尖锐面冲击井壁时井壁的受损面积，矿岩块的钝面冲击所造成的井壁上产生凹坑的面积更大，但是凹坑的深度较浅，两种形态的矿岩块造成的井壁损失体积并不相同。

5.2.2 冲击切削作用下溜矿段井筒的井壁损失体积

1. 矿岩块与溜矿段井壁的接触模型

为便于计算主溜井溜矿段井壁在矿岩块冲击下的体积损失量，即确定溜矿段井壁的受损程度，以摩擦磨损学为基础，对矿岩块冲击主溜井溜矿段井壁并使其产生冲击切削破坏的过程做如下假设：

（1）主溜井的溜矿段井壁和矿岩块均视为理想的弹、塑性体。

（2）不考虑矿岩块在冲击井壁过程中的体积损失，即矿岩块的体积不变。

（3）所有矿岩块与溜矿段井壁的微接触都是球状或圆锥状接触。其中，球状接触为矿岩块的钝面与溜矿段井壁接触，圆锥状接触为矿岩块的尖锐面与井壁接触，如图 5.5 所示。图中，δ 为矿岩块压入溜矿段井壁的深度（m）；R 为矿岩块的半径（m）；d 为矿岩块压入井壁的截面直径（m）；dx 为滑动距离（m）；r 为圆锥状矿岩块的半径（m）；γ 为圆锥状矿岩块的倾斜角（°）。

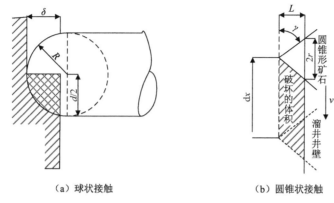

（a）球状接触　　　　　　　　　　　　（b）圆锥状接触

图 5.5　冲击切削作用下矿岩块与溜矿段井壁的接触模型

（4）把钝面接触的矿岩块视为球体，其与溜矿段井壁的接触简称为球状接触，如图 5.5（a）所示；把尖锐面接触的矿岩块视为圆锥体，其与溜矿段井壁的接触简称为圆锥状接触，如图 5.5（b）所示。

2. 溜矿段井壁的损失体积计算

溜井直径扩大的主要原因是井壁的体积损失，赵昀等[150]采用球形接触模型，研究得到了井壁体积损失的计算方法。但矿山实际生产过程中，卸入溜井的矿岩块形状多为不规则形，包含尖锐面和钝面等。矿岩块在主溜井溜矿段中下落时，受其初始运动方向的影响，或是矿岩块之间相互碰撞、翻滚等的影响，导致其与溜矿段井壁碰撞时，可能是矿岩块的尖锐面与溜矿段井壁接触，也可能是钝面接触。根据摩擦磨损学理论，不同形式的接触模型，其体积的损失并不相同。只考虑球形接触模型时的局限性较大，与溜井卸矿过程中矿岩块与溜矿段井壁的接触存在一定的差异。

因此，井壁的损失体积应分别按矿岩块的钝面和尖锐面与井壁碰撞两种情况考虑。以接触力学为基础，结合矿岩块在主溜井溜矿段内的运动形式，分别采用图 5.5 给出的两种矿岩块冲击井壁的接触模型，计算井壁损失体积。

1）球状接触下矿岩块对溜矿段井壁的微切削磨损破坏

根据前述假设，对图 5.5（a）所示的矿岩块的钝面与溜矿段井壁的球状接触模型，将矿岩块冲击溜矿段井壁的运动模型看作球体与井壁相撞（矿岩块的钝面与井壁相撞）。矿岩块冲击井壁时所受的法向载荷为 ΔP_a，在 ΔP_a 的作用下，矿岩块与溜矿段井壁的微接触会在井壁上"滑动"一定距离，对溜矿段井壁造成微切削，则法向载荷 ΔP_a[176]为

$$\Delta P_a = \frac{\tau \pi d^2}{8} = \frac{\tau \pi \delta (2R - \delta)}{2} \tag{5.22}$$

式中，τ 为材料的屈服强度（MPa）；δ 为矿岩块压入溜矿段井壁的深度（m）；R 为矿岩块的半径（m）；d 为矿岩块压入井壁的截面直径（m）；ΔP_a 为矿岩块所受的载荷（N）。

根据 Hertz 接触定律，将图 5.5（a）所示的矿岩块与溜井井壁分别简化为两个相互接触的球体，矿岩块为球体 1，溜井井壁为球体 2，两个球体接触碰撞时，球体 1 压入

球体 2 的压入深度为

$$h = \left[\frac{15m'(\upsilon_1\cos\theta)^2}{16R^{\frac{1}{2}}E}\right]^{\frac{2}{5}} \tag{5.23}$$

式中，m' 为等效质量（kg），$\frac{1}{m'} = \frac{1}{m_1'} - \frac{1}{m_2'}$，由于溜矿段井壁可视为无限大球体，此时，$m' = m_2'$，$m_2$ 为溜矿段井壁的等效质量（kg）；R 为等效半径，$\frac{1}{R} = \frac{1}{R_1} - \frac{1}{R_2}$，$R_1$、$R_2$ 分别表示两个接触的球体 1 和球体 2 的等效半径，即矿岩块与溜矿段井壁的等效半径（mm）；E 为等效弹性模量（GPa），$\frac{1}{E} = \frac{1-\upsilon_1^2}{E_1} + \frac{1-\upsilon_2^2}{E_2}$，$E_1$、$\upsilon_1$ 和 E_2、υ_2 分别为两个接触球体 1 和 2 的弹性模量（GPa）和泊松比。

矿岩块滑动方向上的投影面积等于 $\pi d^2/8$，当矿岩块沿溜矿段井壁方向做微小运动时，矿岩块切割掉的体积 dV 为

$$dV = R^2\left\{\arcsin\left(\frac{d}{2R}\right) - \frac{d}{2R}\left[1 - \left(\frac{d}{2R}\right)^2\right]^{\frac{1}{2}}\right\}dx \tag{5.24}$$

定义磨损率为溜矿段井壁在单位长度内单位载荷下所磨损的体积，则井壁的磨损率为

$$\frac{dV}{dx} = R^2\left\{\arcsin\left(\frac{d}{2R}\right) - \frac{d}{2R}\left[1 - \left(\frac{d}{2R}\right)^2\right]^{\frac{1}{2}}\right\} \tag{5.25}$$

2）圆锥状接触下矿岩块对溜矿段井壁的微切削磨损破坏

矿岩块的尖锐面冲击溜矿段井壁时，对图 5.5（b）所示的矿岩块与溜矿段井壁的圆锥状接触模型，将矿岩块冲击溜矿段井壁的运动模型看作圆锥体与井壁相撞（矿岩块的尖锐面与井壁相撞）。矿岩块冲击溜矿段井壁时所受的法向载荷为 ΔP_a。在载荷 P_a 的作用下，矿岩块的尖锐面与井壁产生微接触后被压入井壁并对井壁造成了微切削。

根据 Rabinowicz 等[177]提出的磨粒微切削数学表达式，假设矿岩块的硬度为 σ_0，则法向载荷 ΔP_a 为

$$\Delta P_a = \pi r^2\sigma_0 \tag{5.26}$$

圆锥状矿岩块在主溜井溜矿段井壁上的投影面积等于 $r\delta$。对于位移 dx，矿岩块切割掉的体积 dV 为

$$dV = r\delta dx = r^2\tan\gamma dx = \frac{\Delta P_a\tan\gamma}{\pi\sigma_0}dx \tag{5.27}$$

式中，dx 为滑动距离（m）；r 为圆锥状矿岩块的半径（m）；γ 为圆锥状矿岩块的倾斜角（°）；δ 为矿岩块压入井壁内的深度（m）。

因此，井壁的磨损率为

$$\frac{\mathrm{d}V}{\mathrm{d}x} = \frac{\Delta P_\mathrm{a} \tan\gamma}{\pi\sigma_0} \tag{5.28}$$

由于总磨损体积是由许多与上述计算相似的切削磨损过程组成的，因此作为粗略估算，可将该体积与井壁磨损的总体积联系起来，所有矿岩块磨损井壁产生的磨损体积总和，即井壁磨损的总体积为

$$V = \frac{P \cdot \overline{\tan\gamma}}{\pi\sigma_0} n' \tag{5.29}$$

式中，$\overline{\tan\gamma}$ 为所有微接触的 $\tan\gamma$ 的加权平均值；n' 为所有磨损井壁的矿岩块个数。

该方程可以改写为 Archard 简单磨损方程[178-179]，即

$$V = \frac{k_\mathrm{abr} P}{\sigma_0} n' \tag{5.30}$$

式中，k_abr 为磨损系数。

由式（5.27）可以看出，溜井井壁受到切削磨损损失的体积与 x 轴方向上施加的载荷 P_a 和在井壁上的滑动距离成正比，与材料的硬度成反比。式（5.30）中的磨损系数 k_abr 反映了矿岩块的几何形状对井壁损失体积的影响程度。

对于单个矿岩块冲击溜矿段溜井井壁的过程，可视为矿岩块与井壁之间的磨损进行研究。由式（5.27）的磨损方程可以看出，溜矿段井壁磨损的体积与滑动长度成正比，该磨损方程成立的充要条件是当井壁被磨损后并未被矿岩块"充填"。在该过程中，磨损率的增长幅度随循环次数的增大而减小，如图 5.6 所示。

以井壁的磨损系数为溜矿段井壁稳定性的衡量标准，对散体内矿岩块在主溜井的溜矿段内运动时产生的两种形态的井壁微切削作用机理进行分析，综合分析式（5.27）和式（5.30）可以发现，主溜井溜矿段井壁的损失体积与井壁的硬度成反比，与矿岩块在垂直于井壁方向的力和滑动长度成正比。

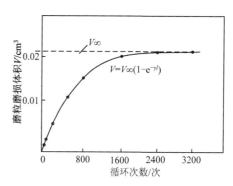

图 5.6　磨损体积-循环次数关系图[180]

因此，实际生产中，应尽量减小进入主溜井的矿岩块的质量或体积。比较有效的方法如下：一是在溜井上口处安装格筛，既能限制进入溜井的矿岩块尺寸，又能起到缓冲作用；二是在设计溜井系统时，尽量降低主溜井的高度[20]，这样既能节省资金，节约工期，又能降低主溜井溜矿段井壁的冲击破坏程度，有效延长溜井的使用年限。

5.3　卸矿冲击下的井壁侧应力变化及其特征

溜井上部卸矿过程中，溜矿段井筒内下落的矿岩散体对井内矿岩散体产生的冲击夯实作用，改变了井内矿岩散体内部的空隙率，降低了矿岩散体的流动性，进一步增加了溜井产生堵塞的概率。与此同时，由于井内矿岩散体内部空隙率的降低和密实度的增加，使得矿岩散体内的矿岩块之间，以及矿岩块与溜井井壁之间的内部受力状态

变得更为复杂。

力链是矿岩散体结构体系内部作用力的特殊表达形式，是微观接触在不对称力场的宏观量度。在溜井上部卸矿对井内矿岩散体冲击夯实的过程中，随着矿岩散体内部空隙率的改变，最终使矿岩散体内的矿岩块的接触方式、散体内部力链的强弱与方向发生了变化。因此，根据矿岩散体内部力链的强弱变化及其方向分布，可以研究井内储存的矿岩散体内部的力学作用机制，进而获得井壁侧应力的变化特征[165]。因此，本节基于颗粒流离散元分析，构建溜井上部卸矿过程中井壁侧应力监测模型，研究上部卸矿时，不同卸矿高度下上部卸矿对井内矿岩散体的冲击所引起的井壁侧应力的变化特征与影响范围，并对其机理进行深入探讨。

5.3.1 卸矿冲击过程的离散元模型

1. 离散元接触模型

离散元法是通过颗粒状散体的微观参数表征模型宏观力学行为的有效方法，其基于牛顿第二定律，在一定条件下持续更新单元颗粒之间的接触力和力矩，并以此计算单元颗粒之间、颗粒与墙体之间的不平衡力和相对位移，适合模拟卸矿冲击过程中矿岩块与溜井井壁之间力的传递关系。常用的无黏结矿岩散体的接触模型包括线性接触模型、Hertz 接触模型和抗转动线性接触模型。在建模过程中，对矿岩散体内的矿岩块与矿岩块之间、矿岩块与井壁（数值模型建模时为"墙体"）之间，分别选用线性接触模型和 Hertz 接触模型。

线性接触模型中力和位移方程如下：

$$
\begin{cases}
F_C = F^l + F^d \\
M_C \equiv 0
\end{cases}
\tag{5.31}
$$

式中，F_C 为矿岩块之间的接触力（N）；F^l 为线性接触力（N）；F^d 为阻尼力（N）；M_C 为接触力矩（N·m）。

Hertz 接触模型中力和位移方程如下：

$$
\begin{cases}
F_C' = F^h + F^{d'} \\
M_C' \equiv 0
\end{cases}
\tag{5.32}
$$

式中，F_C' 为矿岩块与墙体之间的接触力（N）；F^h 为非线性赫兹力（N）；$F^{d'}$ 为阻尼力（N）；M_C' 为接触力矩（N·m）。

2. 建立数值模型

在溜井井筒内不同高度（即不同的卸矿高度）下落的矿岩块冲击井内矿岩散体时，会对井内矿岩散体和溜井储矿段的井壁侧应力产生影响。为研究这一问题，以某铁矿主溜井储矿段为研究对象，建立放矿口中心线与溜井井筒中心线重合条件下的储矿段井壁侧应力监测模型，如图 5.7 所示。

该矿溜井储矿段的直径 D 为 5m，放矿漏斗壁的倾角 α 为 60°，放矿口的直径 D_0 为 2m。建立模型时，利用数值模拟软件中的单位厚度圆盘，在溜井内生成深度为 40m 的矿岩散体，使用 solve time 命令使矿岩散体达到内部受力平衡。井内储存的矿岩散体表面以上的垂直高度（卸矿高度）为 H，监测不同卸矿高度 H 下，卸矿冲击引起的井壁侧应力变化情况。

3. 数值模型的参数赋值

根据 Gaussian 分布，模拟生成井内矿岩散体的粒径 $R \in [5, 30]$mm，矿岩散体内矿岩块的级配组成见

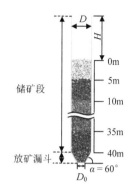

图 5.7　溜井储矿段模型

表 4.1。模拟中，矿岩块与矿岩块之间的接触采用 Hertz 模型，矿岩块与井壁的接触采用 Linear 模型。矿岩块之间、矿岩块与井壁之间的细观参数见表 4.2。

模拟时，采用命令流使溜井上部待卸矿岩块在重力场作用下自由下落，对井内矿岩散体进行冲击。在井壁两侧分别使用 history 命令，记录卸矿冲击过程中井内矿岩散体对井壁两侧法向方向产生的作用力的变化情况。

5.3.2　卸矿高度对井壁侧应力分布的影响

利用离散元程序命令，记录重力载荷下（无卸矿冲击时）和卸矿高度 H 分别为 5m、10m、15m、20m、25m 和 30m 条件下，井壁两侧不同高度处的应力值，以表征卸矿冲击过程中井壁的侧应力变化特征，如图 5.8 所示。

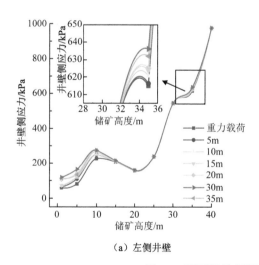

（a）左侧井壁

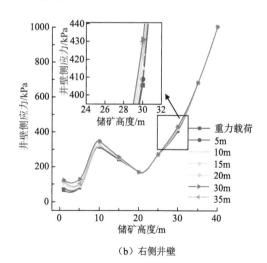

（b）右侧井壁

图 5.8　不同卸矿高度冲击下井壁侧应力分布特征

由图 5.8 可以看出，同一卸矿高度冲击下，井壁侧应力与井内的储矿高度呈正相关趋势，具体特征表现如下：在井内矿岩散体表面以下 10m 的高度范围内，井壁侧应力变化呈上升趋势，两侧井壁侧应力受卸矿高度的影响最大增幅分别为 81kPa 和 58kPa；

在 10～20m 范围内，井壁侧应力随储矿高度的增加而快速下降，两侧井壁侧应力最大增幅分别为 47kPa 和 33kPa；在矿岩散体表面以下 20～40m 的范围内，井壁侧应力随储矿高度的增加而增加，井壁侧应力的变化受卸矿冲击影响较小。

对比两侧井壁的应力值变化趋势可知，两侧井壁的应力曲线变化特征相似，应力值均与井内储矿高度呈正相关，但存在一定的差异。其具体表现如下：在矿岩散体表面以下 20m 的范围内，左侧井壁应力值较右侧井壁受卸矿高度的影响较大；在矿岩散体表面以下 20m 的范围外，左侧井壁应力值曲线的斜率呈波动式变化，右侧曲线的斜率变化不大。

上部卸矿的冲击过程中，储矿段井壁的受力特征发生了较大变化，综合考虑井内的储矿高度和溜井上部卸矿高度的影响，可知上部矿岩散体表面以下 10m 的范围内，卸矿冲击和矿岩重力载荷对井壁侧应力变化的影响趋于平衡状态；在上部矿岩散体表面以下 10～20m 的范围内，井壁应力变化受矿岩散体重力载荷的影响较大，受上部卸矿冲击的影响较小；在矿岩散体表面以下 20m 以外范围的井壁侧应力主要来自井内矿岩散体上部的重力载荷。

综上所述，卸矿冲击对井壁侧应力的影响范围是有限的，在矿岩散体表面以下 20m 的高度范围内，井壁侧应力主要是重力载荷与溜井上部卸矿冲击载荷综合作用的结果。在该范围内，随着井部卸矿高度的增加，储矿段井壁侧应力呈明显增加的趋势。

5.3.3 卸矿高度对井壁冲击效果的影响

以溜井储矿段内储存的矿岩散体表面为 0 平面，用 D' 表示该平面以下矿岩散体的高度，根据数值模拟的结果，实验获得了不同卸矿高度下，储矿段不同 D' 处，井壁所承受的上部卸矿冲击的冲击力峰值，如图 5.9 所示。

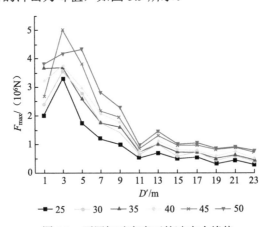

图 5.9 不同卸矿高度下的冲击力峰值

由图 5.9 可知，在当前溜井结构参数下，井内储存的矿岩散体高度在 25～50m 时，冲击夯实作用对矿岩散体表面以下 0～9m 范围的井壁的作用效果比较明显。卸矿过程中，在井内矿岩散体表面以下 3m 或 5m 左右的范围内，井壁承受的冲击作用要大于矿岩散体表面附近 1m 范围内的冲击作用，且随着上部卸矿高度的增加，承受冲击作用的最大的井壁范围有向溜井深处转移的趋势。整体上，上部卸矿冲击的冲击力峰值随着测量范围与井内矿岩散体表面以下距离（D'）的增加而减小。在矿岩散体表面以下 3～11m 的范围内减小的速度较大，在矿岩散体表面以下 11～23m 的范围内减小的速度明显减小。

降低卸矿高度可明显减弱溜井上部卸矿对井壁的冲击效果，尤其对矿岩散体表面以下 0～9m 范围内的井壁，冲击效果减弱的程度尤为明显，其余范围内的影响程度较小。在当前溜井结构参数下，井内储存的矿岩散体的高度在 20～50m 时，在矿岩散体表面以下 0～3m 的范围内，上部卸矿冲击的冲击力峰值的变化并没有明显地随着卸矿高度的增加而增大，但除此以外的范围，冲击力差值较大，说明卸矿高度的增加会导致更多的冲击能量向井内矿岩散体的深处转移。在矿岩散体表面以下 3～11m 的范围内，冲击力峰值随 D' 值的增加而降低，卸矿高度越大，下降速度越快。在矿岩散体表面以下 11～23m 的范围内，降低卸矿高度对冲击力峰值的影响明显小于前者，冲击力峰值随 D' 值的增加而降低，其下降速度趋于定值，不随卸矿高度的改变而改变。

5.3.4　井内矿岩散体内部的力链变化特征

1. 卸矿冲击对井内矿岩散体内部力链分布特征的影响

冲击作用下，矿岩散体内矿岩块之间的相互接触，形成了诸多强度迥异的力链，力链网络复杂的动力学响应决定了散体体系的宏观力学性能[147]。通过数值模拟发现，不同卸矿高度冲击下，井内矿岩散体表面以下 20～40m 的范围内，矿岩散体内部的力链无明显变化特征。因此，选取井内矿岩散体表面以下 20m 的范围，研究井内矿岩散体受到卸矿冲击时，冲击前、后矿岩散体内部的横向力链和纵向力链变化特征。在不同卸矿高度冲击前、后，井内矿岩散体内部的横向力链分布特征如图 5.10 所示。

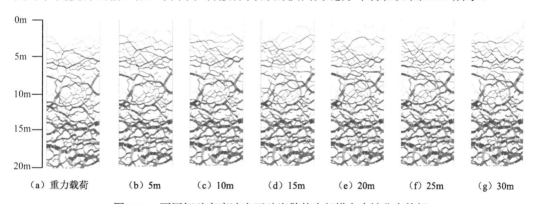

|（a）重力载荷|（b）5m|（c）10m|（d）15m|（e）20m|（f）25m|（g）30m|

图 5.10　不同卸矿高度冲击下矿岩散体内部横向力链分布特征

由图 5.10（a）可以看出，卸矿冲击前，井内矿岩散体在重力载荷作用下，其内部的横向力链多以弱力链形式存在，少数强力链贯穿于整个溜井断面，且集中分布在矿岩散体表面 10～20m 的范围内。

由图 5.10（b）～（g）可以看出，在不同卸矿高度冲击下，井内矿岩散体内部强、弱力链的数量及其分布发生了明显变化。当卸矿高度为 5m 时，弱力链主要存在于矿岩散体表面以下 10m 范围内，强力链数量几乎不发生变化。随着卸矿冲击高度的不断增加，矿岩散体内强力链数量逐渐增多，弱力链数量逐渐减少。强力链的方向与重力场的方向几乎垂直，卸矿冲击载荷主要是通过强力链传递至井壁两侧，增大了井壁的侧应力；弱力链方向则随机分布，对井壁的侧应力影响不大。

图 5.11 反映了卸矿冲击前、后井内矿岩散体内部的纵向力链分布特征。

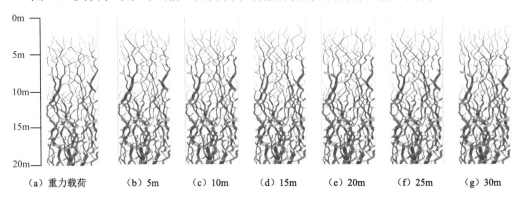

图 5.11 不同卸矿高度下矿岩散体内部纵向力链分布特征

由图 5.11（a）可以看出，卸矿冲击前，井内矿岩散体在重力载荷作用下，其内部的纵向强力链数量较少，弱力链非均匀地分布在矿岩散体的内部。不同卸矿高度冲击下，井内矿岩散体内部的纵向强、弱力链的数量及其分布也发生了明显变化，如图 5.11（b）～（g）所示。当卸矿高度为 5m 时，强力链主要分布在矿岩散体中心线位置，数量几乎不发生变化；弱力链覆盖范围广且数量较多，与强力链产生链接作用。随着卸矿高度的不断增加，矿岩散体内部自上而下的强力链长度在不断增长，且覆盖范围也在扩大，强力链的方向与重力场方向近乎平行，导致卸矿冲击载荷沿强力链网络快速扩展，弱力链的链接作用对强力链及矿岩散体结构体系的稳定产生了较大影响。

对比图 5.10 和图 5.11 可发现，在卸矿高度从 5m 增加到 30m 过程中，冲击载荷对横向力链与纵向力链均产生了不同程度的影响，表现如下：卸矿冲击后，井内矿岩散体内部的横向、纵向力链的强度和数量均发生了较大变化，变化程度与卸矿高度的增加呈正相关趋势。卸矿高度的变化，对矿岩散体内横向、纵向力链的影响主要集中在矿岩散体表面以下 10m 范围内。

2. 缓冲作用对井壁冲击力分布特征的影响

目前针对冲击载荷作用下散体缓冲能力的研究多以底板受力峰值大小作为评价散体缓冲效果优劣的主要指标，不考虑边界作用。但在矿山实际生产过程中，溜井井壁边界间距在 6m 左右；储矿高度可达 20m 以上，溜井上部卸矿对侧壁的冲击作用一般大于对底板的冲击作用。因此，需要对在井内矿岩散体缓冲作用下的井壁受力特征做进一步分析。在不同的井内矿岩散体储存高度下，溜井侧壁受到的冲击力峰值随 D' 值（矿岩散体表面以下的距离）的变化如图 5.12 所示。

各井壁承受的上部卸矿冲击产生的冲击力峰值，随井内储存的矿岩散体的高度、D'值的变化规律略有起伏，这是由于不同标高下矿岩散体内矿岩块的空间排列是不同的，矿岩散体内部的力链网络分布差别很大，冲击力传递路径的变化影响局部井壁冲击力大小。从总体上看，当井内矿岩散体的高度一定时，井壁承受的冲击力峰值随着 D' 值的增加而减小，在矿岩散体缓冲性能的临界高度范围内（$D'=7m$ 左右），冲击力峰值的降幅尤为明显，在该范围外，冲击力峰值降低的速

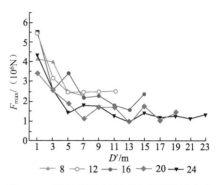

图 5.12　不同储料高度下溜井侧壁冲击力峰值随 D' 值的变化

度明显减缓。同一范围下，井壁承受冲击力峰值大小随着矿岩散体高度的增加而降低，井内储存的矿岩散体的高度越高，D'值越大，冲击力峰值相差越小，尤其是当储存的矿岩散体的高度在 20m 和 24m 时，井壁承受冲击力峰值相差较小，其变化趋势也十分相似。

5.3.5　矿岩下落速度对井壁侧压力的影响

为查明溜井上部卸矿，矿岩以不同初始速度对井内的矿岩散体冲击时，垂直主溜井井壁的侧压力演化特征，沿用 4.5.1 节井内矿岩散体的冲击夯实过程的数值试验方法，研究井内矿岩散体在不同速度冲击下对井壁侧压力产生的影响。计算井壁侧压力时，仍以"粮仓"效应和 Janssen 公式为主。

当矿岩下落速率 $v_z =[0,-10.0]\,\mathrm{m/s}$ 时，落矿前后井壁侧压力矢量分布如图 5.13 所示，图中色差间隔为 1m，不同颜色所对应的压力值如图右侧的数字所示。

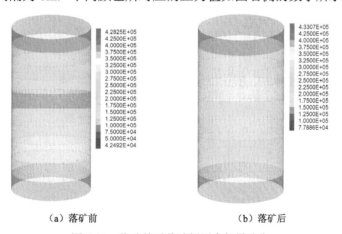

（a）落矿前　　　　　　　　　　（b）落矿后

图 5.13　落矿前后井壁侧压力矢量分布

分析图 5.13 可见，在井壁接近井底的部位压力变化并不显著，井壁侧压力在 300～430kN。接近储矿段上方，井壁侧压力变化趋于明显，至储矿段上部井壁时，落矿后的井壁侧压力仅增加了 25kN，这主要是由于落矿后引起的井内储矿高度增加所致。

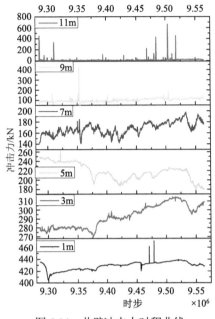

图 5.14 井壁冲击力时程曲线

计算得到下落矿岩冲击井内矿岩散体的过程中，绘制在井壁不同深度处的冲击力（即接触力）时程曲线，如图 5.14 所示。

分析图 5.14 可以发现，随着溜井上部卸矿的进行，矿岩陆续坠落到井内矿岩散体的上表面，即 11m 处。由于井内矿岩散体受到撞击的直接作用，井壁所受到的冲击力呈现出 6 次脉冲型状态，其峰值达 736kN；在 9m 处，井壁所受冲击力的形态与 11m 处的形态类似，但只出现了一个明显峰值，其值为 417kN；随矿岩散体表面以下深度的增加，至 7m 处，井壁受力增加，但不存在明显的冲击力峰值；之后，井壁受力随矿岩散体表面以下深度的增加而增加。在井底处，井壁侧压力在 430kN 附近波动。在距井底 1m 处虽然出现两次作用力激增现象，但是增值仅为 20kN，这主要是由矿岩散体内部矿岩块之间的咬合作用失效所致。

下落矿岩以不同初始速度冲击井内矿岩散体后，冲击力通过矿岩散体内矿岩块之间的传递，最终作用到井壁上，使井壁侧压力产生变化。井内矿岩散体受落矿冲击后，如果以井壁接触应力来表现井壁所受的冲击过程，则井壁接触力峰值随落矿垂向初始速率和井深变化的特征曲线如图 5.15 所示。

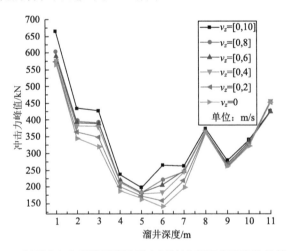

图 5.15 井壁冲击力峰值随落矿垂向初始速率和井深变化的特征曲线

分析图 5.15 可以看出，在井内矿岩散体表面以下 1m 的范围内，井壁所受的冲击力最大，达到 570kN 以上。在矿岩散体表面以下 4m 的范围内，井壁所受冲击力随矿岩散体深度的增加而减小。其中，以矿岩散体表面以下 1m 区段和 3m 区段的表现最为明显。当深度超过矿岩散体表面以下 6m 后，井壁所受的冲击力随矿岩散体深度的增加而增加。此时，井壁受力主要表现为矿岩散体堆积而造成的井壁侧压力，受落矿冲击的影响较小。

从图 5.15 中也可以看出，冲击力并没有因矿岩下落初始速率的变化而表现出明显的差异。从落矿速率对井壁冲击力的影响来看，初始落矿速率对井壁冲击力的作用不明显。初始落矿速率 $v_z=[0,-10.0]$m/s 和 $v_z=[0,-8.0]$m/s 时，矿岩散体表面以下 1m 范围内的冲击力差异为 50kN；在 $v_z<[0,-8.0]$m/s 后，初始落矿速率对井壁冲击力的影响变弱。

5.3.6　卸矿冲击对井壁侧压力的影响机理

根据前面的研究结果，溜井上部卸矿站卸矿时，对井内储存的矿岩散体产生了强烈的冲击作用，导致井内矿岩散体的结构体系发生改变，矿岩散体内矿岩块之间及矿岩块与井壁之间的接触方式也发生了改变，最终对井壁的侧压力产生影响。其影响机理主要表现在以下几方面。

（1）上部卸矿冲击在一定范围内对井壁侧压力产生影响，储矿段内的矿岩散体能够消耗上部卸矿冲击的能量。其主要原因是：由于井内矿岩散体内部空隙的存在，上部卸矿冲击的冲击夯实作用改变了矿岩散体内的空隙率[78]。上部卸矿冲击时，力链是传递冲击载荷的主要方式。在冲击载荷的传递过程中，不断发生力链网络的断裂重组，也消耗了上部卸矿冲击的能量，因此使卸矿冲击对井壁侧压力的影响仅表现在矿岩散体表面以下的一定高度范围内。

（2）受多方面因素的影响，储矿段两侧井壁侧压力曲线产生了不对称现象。其机理主要表现如下：一方面，矿岩进入溜井后，矿岩块之间的相互碰撞改变了其运动方向，使其对矿岩散体表面的不同位置产生了冲击，形成了"偏心冲击载荷"，导致井壁两侧的应力大小表现出差异性。另一方面，矿岩散体下落过程中，当大的矿岩块位于矿岩散体前端时，对井内矿岩散体将产生较大的冲击载荷，进而影响井壁的受力特征；当小的矿岩块位于矿岩散体的前端时，能够对大的矿岩块的动能产生缓冲弱化效果，从而降低了对井内矿岩散体的冲击载荷及相应的井壁侧压力。

（3）卸矿冲击前后，井内矿岩散体内部的横向、纵向力链的强度和数量发生变化的原因在于：卸矿冲击后，矿岩块产生的滑移、旋转或挤压，降低了散体内部的空隙率，改变了矿岩块的空间形态和矿岩块之间的接触特征，使散体结构体系内部的力链网络发生断裂重组，进而影响了力链网络的疏密及其强弱。

冲击载荷对横向力链与纵向力链的影响作用机理主要表现如下：一方面，冲击载荷通过横向力链快速扩散至井壁两侧，引起井壁侧压力产生不同程度的变化；另一方面，冲击载荷通过纵向力链向下传递，导致矿岩散体内矿岩块之间产生了相对的滑移、旋转或挤压，引起力链网络发生断裂重组，降低了井内矿岩散体的松散度，使其产生了压实与夯实效果。从冲量角度分析，相同冲击能量下，冲击时间越短，冲击作用效果越强[181]。力链网络的断裂重组，使冲击动能发生了耗散、衰减，最终降低了下部力链的变化特性。

从能量守恒角度分析，冲击载荷在通过纵向力链传递的过程中，下落矿岩携带的能量通过井内矿岩散体内部的纵向力链向下快速扩散，其中一部分能量被井内矿岩散体消耗，用于自身力链网络的断裂重组，另一部分则造成井壁的弹塑性变形，促使井壁产生损伤[182]。

（4）下落矿岩以不同的初始速度冲击井内矿岩散体时，对井壁侧压力的影响表现在井内矿岩散体表面以下 6m 的范围内；超过 6m 后，则表现为矿岩散体堆积（重力压实作用）造成的井壁侧压力变化。在井内矿岩散体表面以下的一定范围内，冲击初始速度的大小对井壁冲击力的作用表现不太明显。

5.4 弱化卸矿冲击作用的方法

井内矿岩散体被冲击夯实的现象，是溜井放矿管理过程中极易被忽视的一种现象，其结果会使井内矿岩散体的密实度增加，流动性降低，进而可能导致溜井堵塞。同时，冲击夯实也产生了井壁侧压力峰值增高这一特征，使井壁的磨损破坏风险加剧。因此，预防冲击夯实作用对井内矿岩散体产生的不良影响及由此带来的风险，对于矿山溜井的正常运行意义重大。

矿岩在溜井内的下落运动不仅造成溜井井壁的变形与破坏，也会对井内储存的矿岩散体产生冲击，使矿岩散体被夯实，降低了矿岩散体的流动性，极易引发溜井的悬拱堵塞现象。矿岩进入溜井时所具有的重力势能是溜井上部卸矿对井内矿岩散体冲击夯实的能量之源，卸矿冲击的能量大小与矿岩在溜井内下落的高度、矿岩块的质量呈正比关系。因此，控制进入溜井的矿岩块度和降低矿岩块在溜井内的落差，是预防井内矿岩散体被冲击夯实的关键举措。

5.4.1 弱化卸矿冲击作用效果的理论与方法

溜井上部卸矿时，当矿岩在重力作用下下落到井内储存的矿岩散体表面时，会对井内矿岩散体产生较强的冲击作用。冲击动能的大小与矿岩进入溜井时具有的重力势能大小密切相关，重力势能的大小又与卸矿高度及组成矿岩散体的矿岩块的质量密切相关。从某种程度上来说，当卸矿高度一定时，矿岩块的质量越大，重力势能越大；当矿岩块的质量一定时，卸矿高度越高，重力势能也越大。

根据卸矿冲击对井内矿岩散体的冲击夯实作用机理，以及卸矿冲击过程中能量转换与耗散过程的分析可知，影响上部卸矿冲击对井内矿岩散体夯实效果的主要因素是矿岩块的质量和矿岩块下落高度的大小。因此，预防溜井井内矿岩散体被冲击夯实的理论依据主要有以下两点：

（1）控制矿岩块的块度，减小矿岩块的质量。在矿岩块的密度一定的条件下，减小矿岩块的块度可有效减小矿岩块的质量，因此有利于减小矿岩块进入溜井时所具有的重力势能，以及矿岩块冲击井内矿岩散体时的动能，最终达到降低井内矿岩散体被冲击夯实程度的目的。

（2）降低矿岩块在溜井内的下落高度。矿岩块进入溜井时所具有的重力势能与其在溜井内下落高度密切相关，溜井设计与生产管理过程中，采取有效措施，降低矿岩块的下落高度，即降低卸矿高度，也能够对冲击夯实作用起到有效的预防作用。

5.4.2　弱化卸矿冲击作用的生产实践

矿山生产管理过程中，为减轻溜井卸矿对储矿段内矿岩散体被冲击夯实的程度，防止由此产生的悬拱现象，保证溜井的顺畅使用，可采取如下措施[84]。

1. 严格控制进入溜井的矿岩块度

调整爆破参数，降低大块率，是矿山生产中控制大块矿岩进入溜井系统的源头工作。采用这种方式控制进入溜井的矿岩块度，在表面上看，虽然增加了采矿生产成本，但对于降低溜井堵塞的概率和井壁变形破坏的风险，以及降低选矿生产的破碎成本十分有利。

为确保进入溜井的矿岩块度达到合理的尺寸，除采取源头控制措施外，还需要在各溜井上口设置格筛，严格控制进入溜井系统的大块矿岩。同时，为提高主溜井的通过能力和减小主溜井卸矿站二次破碎大块的工作量，可在采区（或采场）溜井上口设置筛孔较小的格筛，在主溜井上口设置筛孔较大的格筛。

例如，望儿山金矿的主竖井旁侧溜井系统中设计有两条高段垂直溜井[84]，溜井系统投入运行初期，也曾发生过多次悬拱现象。后期，矿山在生产管理中，在采场溜井上口设置了 300mm×300mm 的格筛，在主溜井上口设置了 350mm×350mm 的格筛，既达到了控制矿岩块尺寸的目的，又提高了主溜井上口的卸矿速度和通过能力。

2. 降低溜井内矿岩块的下落高度

当矿岩块的几何尺度一定时，根据重力势能的基本内涵，降低矿岩块在溜井内的下落高度，能够有效减小矿岩块进入溜井时所具有的重力势能，大幅降低矿岩块对井壁和井内矿岩散体的冲击能量，改善井内矿岩散体的松散度和流动性。随着我国矿产资源开发深度向 2000m 以深进军，超深溜井应用越来越多，采取各种可能的方法降低溜井的卸矿高度，成为溜井系统布置和结构设计的重要研究内容。

生产实际中可采取两种方式降低溜井内矿岩块的下落高度：①多阶段生产矿山溜井方案设计时，选择分段控制式溜井，既可降低矿岩块的落差，又可调节阶段出矿量[183]；②提高溜井井内储存的矿岩散体的高度[84]，严格控制卸矿高度，达到控制与降低井内矿岩落差的目的。

3. 提高溜井上部卸矿和底部放矿的协同作用效果

井内矿岩散体被冲击夯实的程度也与矿岩散体的松散程度有关。矿山正常生产过程中，通过溜井上部卸矿和底部放矿的密切配合，即溜井上部卸矿时，溜井底部同步放矿，并尽量保持上部卸入量和底部放出量相近，即可实现井内矿岩散体的松散性和流动性处于良好的状态。

溜井放空是矿山生产中溜井管理的一种常见现象，溜井放空后，重新向井内卸矿的过程中，使进入溜井的矿岩具有了更高的冲击能量，产生的冲击作用更为突出。为解决这一问题，可通过加大溜井上部卸矿速度、减小下口放矿量的方式，使井内矿岩散体不断处于流动状态，提高被夯实的矿岩散体的松散度，同时也能使井内储存的矿岩散体表面不断升高，直至达到矿山所规定的储矿高度范围。

4. 采取针对性的加强支护措施，提高井壁的抗冲击和耐磨性能

一般情况下，坚硬完整的岩石具有较强的抗冲击性能和耐磨性。但是，自然界岩体力学特性的复杂多变和矿山井巷工程位置选择的局限性，使得必要的工程支护措施成为解决工程稳定性问题的主要手段。

提高井壁的抗冲击和耐磨性能，是多年来溜井问题研究的重要内容之一，国内外在这方面的研究也取得了丰硕的成果。这些成果多体现在以混凝土为基材的溜井支护与加固方式、施工工艺等方面，如钢轨加固[128]、整体锰钢板加固[84]、锰钢板加固[127]、橡胶衬板加固[30]、钢筋混凝土加固[184]、钢纤维混凝土加固[86]及锚杆与柔性筋支护技术[22]等。尽管这些方法在实践中取得了一定的成效，但并未从根本上解决溜井井壁的变形破坏问题。因此，提高井壁的抗冲击性和耐磨性方面的研究，仍须做大量的工作。

5.4.3 合理利用井内矿岩散体的缓冲性能

充分合理地利用井内矿岩散体具有的缓冲性能这一特性，吸收和耗散卸矿的冲击能量，能够大幅减弱上部卸矿冲击载荷对溜井井壁和底板的作用强度和压力峰值。因此，在溜井使用管理过程中，需要注意以下几方面的问题。

1. 确定合理的储矿高度

研究井内储存的矿岩散体的缓冲性能，确定其缓冲性能的临界厚度，利用井内矿岩散体能够吸收和耗散卸矿冲击能量这一特性，使卸矿冲击对井内缓冲性能的冲击强度不断衰减，直到冲击能量耗竭。

溜井底部放矿口是溜井矿仓系统中极为脆弱的部分之一，矿山应至少储存 7m 高的矿岩散体以保护溜井底部结构，尽量降低其受到卸矿冲击时的影响程度。溜井侧壁承受冲击作用是不可避免的，对于支护薄弱或未进行支护的溜井，应储存 20m 以上的矿岩，将井壁承受的冲击力降到最低。当然，在增加井内储存的矿岩散体高度的同时，也要注意溜井放矿时矿岩的流动性，防止发生由于上部矿岩散体的重力压实作用导致的溜井堵塞问题。

2. 加强溜井上部卸矿管理

卸矿冲击会导致井内矿岩散体密实度的增大[67]，缓冲能力减弱。生产过程中应加强卸矿管理，尽量避免或减弱上部卸矿对井内矿岩散体的夯实作用。降低卸矿高度、控制卸矿的矿岩块度是减弱溜井卸矿冲击夯实井内矿岩散体的有效措施[37]。

溜井首次投入使用和放空检查后，上部卸矿后矿岩高速落入井底，会对溜井底板产生强烈的冲击破坏作用。此种情况下，可以先向溜井井内卸入沙或小粒径矿岩块，其厚度应不小于能够起到有效缓冲性能的临界厚度，为正常块度的矿岩下落提供缓冲。由于井内矿岩散体的缓冲性能是有一定限度的，且与矿岩散体的密实度密切相

关，因此对于高深溜井，可以加大缓冲层的厚度，或尽量多地采用沙或粉状矿岩作为缓冲层。随着井内储存的矿岩散体高度的增加，卸入溜井内的矿岩块度可以逐渐增大，直至恢复正常生产状态下的矿岩块度。

此外，根据上部卸矿对井内矿岩散体产生冲击夯实的作用机理，在卸矿高度一定时，同一时刻内降落在矿岩散体表面上的矿岩总质量越大，或下落的矿岩块粒径越大，井内矿岩散体承受的冲击载荷也越大。因此，应在溜井上部卸矿站设置格筛，限制进入溜井的矿岩块尺寸，阻滞矿岩散体进入溜井的速度，以降低作用在井内矿岩散体上的冲击载荷，减小卸矿冲击对井内矿岩散体缓冲性能的影响和对溜井井壁与底板的冲击程度。

3. 加强溜井底部放矿管理

确定合理可靠的监测方法，建立溜井储矿段矿岩散体流动性正常与否的评判标准，能够有效预防因井内矿岩散体空隙率降低带来的溜井堵塞风险。当溜井较长时间暂停运行时，可采用溜井底部间歇式少量放矿的方式，缓解重力压实作用对井内矿岩散体流动性带来的不利影响，能较好地解决因重力压实作用引发的矿岩散体内部空隙率下降的问题。

一方面，矿山正常生产时，溜井上部卸矿、底部放矿两项工作或交替或同步或间歇展开，实现矿岩的转运。在这一过程中，井内储存的矿岩散体的高度始终处于变化状态，受卸矿冲击、重力压实和放矿松动的影响，井内矿岩散体内部的空隙率也在不断动态调整。因此，通过合理的方式，如激光、超声波、弹性测绳等方法，实时监测溜井的卸矿高度变化情况，并根据一定时间内溜井上部卸矿量、底部放矿量与溜井体积变化量的匹配关系，准确评判溜井储矿段的矿岩散体流动状态，以预测、预报储矿段堵塞的可能性。

另一方面，由于矿山生产的不确定性，经常会发生采掘生产停止、溜井上部卸矿与底部放矿中断的情况。此时，井内矿岩散体的重力压实作用突显，由其带来的矿岩散体内部的空隙率降低、流动性变差的问题，成为影响井内矿岩散体流动性的重要原因。重力压实作用对井内矿岩散体内部空隙率的影响有着极强的随时间变化的特征，矿山生产停滞时间越长，矿岩散体内部的空隙率降低程度越严重。因此，需要研究矿岩散体内部空隙率随时间变化的规律，及其对矿岩散体流动性影响的随时间变化特征，并以此规律和特征为基础，确定矿山生产中断时，溜井底部的放矿间歇时间与放矿量，为井内矿岩散体因重力压实作用影响而减小的空隙体积提供补偿，使矿岩散体始终保持一定的松散性，以确保溜井底部恢复正常放矿时，井内矿岩散体仍具有良好的流动性。

5.4.4　溜井系统设计与优化案例

从不同的角度研究影响溜井稳定性的因素[2,14]，尽量从设计、施工与管理方面[185-186]规避与克服这些因素，确保溜井系统在其设计服务期内的稳定性和可靠运行，是金属矿床地下开采研究的一个重要课题。

本节以某矿山露天转地下开采的溜井运输系统工程为例[16]，对溜井系统设计优化进行有益的探讨与尝试，以期为金属矿山地下开采的溜井系统设计提供参考与指导。

1. 工程原设计概况

该矿山露天转地下开采的工程设计中，溜井系统采用如图 1.1（b）所示的主竖井旁侧溜井系统方案，主竖井旁侧溜井系统由一条矿石溜井和一条废石溜井组成，承担 +10m、−50m 和−110m 三个中段的矿岩运输任务。其中，+10m 中段为最上部生产中段，上部卸矿站通过卸载坑与主溜井直接连通，而−50m 和−110m 两个生产中段的卸矿站，则通过分支溜井与主溜井连通。破碎硐室设在−150m 标高，两条主溜井的矿仓设在−150m~−180m 标高之间。

2. 原设计方案存在的问题

原设计方案存在的主要问题如下：

（1）主竖井旁侧溜井系统的矿、废石溜井及矿仓的高度过大，工程施工难度大，施工工艺复杂，施工工期长，不利于缩短矿井建设周期。

（2）高阶段溜井系统在使用过程中，矿岩卸载高度大，卸矿时，溜井井壁在矿岩散体的冲击作用下，极易造成井壁破坏现象，缩短溜井与矿仓的使用寿命。

（3）主溜井为垂直溜井，−50m 和−110m 两个生产中段的卸矿站与主溜井的连接采用了分支溜井方式。一是矿岩散体从高处高速落下，对溜井内储存的矿岩散体产生压实，易造成溜井堵塞。二是矿岩散体在分支溜井中向主溜井运动时，易造成对主溜井井壁的冲击与破坏；若主溜井内储存的矿岩散体高度过大，超过下部中段的分支溜井下口，则会造成下部中段不能正常放矿。

（4）高阶段主溜井的布置方式增加了上部中段运输车场的开拓工程量，不利于降低基建投资和缩短矿井建设周期。

3. 溜井系统优化方案

在确保溜井系统使用功能和寿命的前提下，为简化矿山开拓工程布置，减少工程量，降低施工难度，缩短工程建设周期，节省工程建设投资，对该矿溜井系统进行了优化。

优化后的集矿运输系统如图 5.16 所示。

（1）降低主溜井的高度，取消了主溜井系统的分支溜井。

将溜井系统分为主溜井和采区溜井两部分，取消了+10m~−110m 标高之间的主溜井井筒，仅保留−110m 标高以下的矿仓段，减小了溜井中的矿岩散体的下落高度，降低了矿岩散体对井壁的冲击力；分支溜井取消后，减小了矿岩散体向主溜井运动时对溜井井壁的冲击。

（2）设采区溜井，实现上部各中段矿岩向−110m 中段转运和该中段集中运输的功能。

如图 5.16 所示，在 40 号勘探线附近设采区溜井系统，实现了+10m 和−50m 中段产出的矿、废石向主溜井矿仓的转运，形成了非集中运输卸载和集中运输卸载并行的坑内矿、废石运输卸载格局。采区溜井的设计与施工，有效减小了中段出矿运输距离，降低了运输成本。

（3）简化非集中运输中段的井底车场结构形式，减少开拓工程量，降低工程投资。

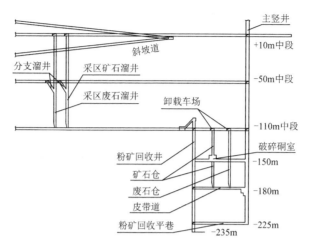

图 5.16　优化后的集矿运输系统

设计优化后，非集中运输中段的井底车场结构可由图 5.17（a）简化为图 5.17（b）所示的结构形式。主竖井旁侧工程量大幅减少，有利于降低工程投资和缩短工程建设周期。

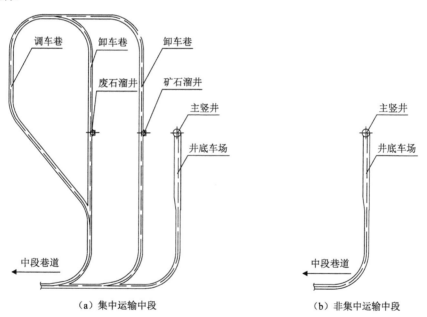

（a）集中运输中段　　　　　　　　　　（b）非集中运输中段

图 5.17　优化前后的井底车场对比图

（4）采区溜井采用倾斜方式布置，延长了溜井的使用寿命。

4. 优化前后的技术经济比较

表 5.3 列出了设计优化前后的可比工程量变化情况。

表5.3 设计优化前后的可比工程量变化情况

分项工程名称	原设计工程量		优化后工程量	
	开凿量/m³	支护量/m³	开凿量/m³	支护量/m³
主矿石溜井	3531.45	1082.25	1358.25	416.25
主废石溜井	3531.45	1082.25	1358.25	416.25
采区废石溜井	0	0	954.00	0
采区矿石溜井	0	0	1166.00	0
矿石分支溜井	212.00	26.10	70.67	8.70
废石分支溜井	212.00	26.10	70.67	8.70
+10m中段卸载巷	6399.10	251.65	0	0
−50m中段卸载巷	6399.10	251.65	0	0
合计	20285.10	2720.00	4977.84	849.90

比较优化前后的工程布置方案，可以看出：

（1）与原设计相比，优化后方案的开凿工程量减少了 15307.26m³，支护工程量减少了 1870.10m³，按照当时该矿工程的承包单价计算，可减少基建工程费用 457.8 万元，缩短基建工期 3.5 个月；但是在设备投入方面，比原方案增加了两台振动放矿机。

（2）与原设计相比，方案优化后，虽然+10m 中段和−50m 中段的部分矿石存在反向运输问题，但是中段运输的距离明显缩短，运输功减少，运输效率明显提高。

（3）采区溜井采用了倾斜方式布置，能够充分利用岩体本身的物理力学性质抵抗矿、废石在溜井内运动时产生的磨损破坏和冲击破坏作用。生产过程中一旦溜井损坏，可以择地另行施工，不会对生产系统造成大的影响，灵活性好，工程成本低。

本 章 小 结

在矿山地下开采工程中，溜井系统对矿岩的转运与储存起着重要的作用。溜井井壁稳定性严重影响矿山的正常生产，矿岩对溜井井壁的冲击作用是造成溜井产生变形破坏的主要原因之一。研究溜井井壁在矿岩散体冲击下的损伤特征，有助于深入分析溜井井壁损伤、破坏的机理。本章以溜井溜矿段井壁为研究对象，采用理论分析、物理实验和数值模拟相结合的方法，分析矿岩散体内矿岩块在溜井内的运动特征及其规律、冲击井壁的力学作用过程和能量耗散特征，取得的主要研究成果如下。

（1）通过运动学分析，建立了散体内矿岩块在溜井内运动的轨迹方程，以及矿岩块运动过程中与溜井井壁发生碰撞的条件方程，得到了矿岩块第一次与井壁发生碰撞的位置计算公式，散体内矿岩块的运动速度与方向，共同决定了矿岩块在溜井内的运动轨迹和井壁的受冲击位置。

研究发现，影响散体内矿岩块与溜井井壁碰撞位置的因素主要有溜井井筒直径、矿岩块进入溜井时所具有的运动速度及其方向。其中，矿岩块进入溜井井筒时的运动方向对散体内矿岩块冲击井壁的位置影响较大。选择合适的溜井结构，能够有效降低散体内矿岩块的入井速度和矿岩块与溜井井壁的碰撞概率，有利于减轻溜井受冲击破坏的程度。

（2）通过理论分析，得到了矿岩散体内不同形状的矿岩块冲击溜井井壁时井壁的破坏特征，散体内矿岩块运动对垂直主溜井井壁造成的变形破坏，表现为冲击破坏和切削破坏两种形式，建立了利用散体内矿岩块冲击溜井井壁时的冲击角判断井壁变形破坏类型的标准。以运动力学为基础，通过分析散体内矿岩块冲击井壁的力学作用过程和能量转换过程，揭示了矿岩块运动对井壁的损伤破坏机理。

（3）通过物理实验，研究了矿岩散体内不同形状的矿岩块冲击溜井井壁时井壁的破坏特征，发现了散体内矿岩块与井壁以球状和圆锥状两种接触碰撞模型下，井壁的"损伤"程度与特征有较大的差异，其中散体内矿岩块以尖锐面碰撞（圆锥状接触碰撞模型）时井壁的变形破坏以切削为主，以钝面碰撞（球状接触碰撞模型）时以冲击为主。

（4）散体内矿岩块在溜井内运动并对井壁产生冲击与切削的过程可看作磨粒磨损的过程，矿岩块的质量、冲击角和矿岩块运动速度等，共同影响着矿岩块在井壁法向和切向上的动能损失量，所损失的能量被井壁吸收，引起了井壁的塑性变形。根据相似材料井壁接触模型，以接触力学和摩擦学为基础，构建了散体内矿岩块与溜井井壁的接触模型，得到了散体内矿岩块以尖锐面与钝面冲击井壁时，溜井井壁体积损失的计算方法。

（5）溜井上部卸矿对井内矿岩散体的冲击，能够在一定范围内对井内矿岩散体的密实度和井壁侧压力产生影响，表现如下。

① 冲击夯实作用使井内矿岩散体的密实度增加，降低了溜井底部放矿时井内矿岩散体的流动性，这种冲击夯实作用通过矿岩散体内矿岩块之间的力链的传递，作用到溜井储矿段井壁上，使井壁侧压力产生变化。力链是冲击载荷传递的主要方式。

② 冲击载荷在通过矿岩块之间的力链传递的过程中，下落矿岩携带的能量快速扩散，一部分能量消耗于矿岩散体内部力链网络的断裂重组方面，对井内矿岩散体产生冲击夯实作用；另一部分则通过横向力链向溜井井壁传递，造成井壁的弹塑性变形，致使井壁产生损伤。

③ 冲击载荷在传递过程中，由于井内矿岩散体内部空隙的存在，矿岩散体的体系结构内不断发生力链网络的断裂与重组，起到了消耗卸矿冲击能量的作用，因此使卸矿冲击对井内矿岩散体的密实度和井壁侧压力的影响仅表现在矿岩散体表面以下的一定高度范围内。

（6）矿山生产实践中，可通过改变溜井结构、布局，加强溜井上部卸矿和底部放矿管理，控制上部卸矿量、底部放矿量和溜井体积变化量的匹配关系等方式，弱化溜井上部卸矿对井内矿岩散体和井壁的冲击作用。

第6章 斜冲击下材料的损伤特征与机理

冲击实验是研究材料在动载作用下损伤特征与损伤机理的重要手段。溜井内矿岩块对井壁的冲击呈现出典型的斜冲击特征，目前的实验室冲击实验均是基于霍普金森杆冲击系统或落锤冲击实验装置实现的，这些冲击实验系统无法有效模拟矿岩块冲击井壁时的过程与特征。本章采用一种基于落锤冲击的模拟斜冲击的实验装置，对砂岩试件进行斜冲击实验，实现矿岩冲击溜井井壁时的斜冲击的力学作用特征仿真，并采用低场核磁共振（nuclear magnetic resonance，NMR）岩心分析测量系统，研究斜冲击下砂岩试件的变形破坏特征及其机理。以斜冲击下井壁材料的孔隙率变化特征、能量耗散特征和损伤特征为基础，研究冲击次数和斜面角共同影响下试件的损伤特征，通过不同冲击角度下的实验，揭示井壁材料在斜冲击下的损伤特征与损伤机理。

6.1 材料的冲击实验特征

岩石是自然界广泛存在的天然非均质材料，受成因和复杂应力作用演化过程的影响，岩石材料表现出其内部包含有大量的孔隙、层理和裂隙等初始损伤特征[187]。冲击载荷作用下岩石的损伤、破碎特征及其机理是矿山开采和岩土工程等领域的基础性研究内容[188]。目前，工程界绝大多数的材料动态力学性能研究实验，均建立在冲击力的方向与受冲击面垂直的冲击实验方法基础上，即正冲击试验，且研究也较为深入，常用的实验设备主要为霍普金森杆冲击系统和落锤冲击实验装置[189]。

大量冲击实验表明，影响岩样损伤程度的因素主要有加载速度、冲击能量[190]、试件约束条件[191]、制备条件[192]、岩性[193-194]及含水状态[195]等。岩石变形破坏过程中，裂隙经历了压密、起裂、扩展、贯通 4 个阶段[196]，其宏观破坏模式大致分为拉剪破坏、张剪破坏、劈裂破坏等。轴向预应力、试件内部有无孔洞、试件高径比等因素对破坏模式影响较大[197-198]。李夕兵等[199]进行了一维动静组合加载下岩石的冲击破坏实验，得到了岩石的抗冲击强度约在静载强度的 60%左右时达到最大值，同时也得到了岩石的吸能速度随入射能大小变化而变化的特征。朱晶晶等[200]分析了单轴循环冲击下，花岗岩的力学特性及能量吸收规律，发现花岗岩的变形模量随着冲击载荷循环次数的增加而逐渐变小，峰值应力降低。Zhou 等[201]通过研究冻融循环下岩石的微观损伤演化过程，发现了孔隙率大小和冻融循环次数对岩石力学特性的影响规律。Hong 等[202]对 3 种不同岩石进行了冲击实验，发现应变率越大，岩石的动态强度越大。李晓锋等[203]采用分离式霍普金森杆实验和晶体离散元相结合的方法，研究发现了岩石破坏形态随应变率的增加，呈现出由完整型向劈裂、粉碎性破坏型转换的特征。

唐礼忠等[204]进行了静载和循环冲击共同作用的加载实验，发现了矽卡岩的疲劳损伤特性和应力-应变曲线的两种特性。张杰等[205]为分析岩石变形破坏过程，采用数值模拟实验从细观角度研究了预制裂隙花岗岩循环加、卸载时，剪切裂隙和张拉裂隙的变化特征。龚爽等[206]利用分离式霍普金森杆冲击加载系统，研究了冲击载荷下含双孔洞缺陷石灰岩试件的动态断裂行为，采用高速摄像仪记录了动态裂纹萌生、扩展、贯通直至试件破坏的全过程，分析了冲击载荷作用下试件的动态抗压强度、动态变形模量、破坏模式和裂纹扩展行为。Li 等[207]采用光学显微镜，发现了循环冲击加载速率与砂岩内微裂纹数量呈正比关系，孔隙率与试件累积耗散能量近似呈线性关系。

综上所述，国内外大量学者采用不同的研究手段，基于不同材料的正冲击实验，在材料的动态力学响应研究方面取得了丰硕成果。

但是，冲击力方向与受冲击面不垂直的斜冲击现象普遍存在于自然界和工程界，如喷丸除锈时钢丸对待处理工件表面的冲击，以及风沙地区风沙对建筑物表面的冲击等，均呈现出冲击力方向与受冲击面斜交的状态，即斜冲击现象。目前针对材料受到斜冲击情况下的变形破坏特征及破坏机理研究较少。

溜井上部卸矿后，矿岩块在溜井内运动并对井壁产生冲击，进而导致井壁发生变形与破坏。这种矿岩块冲击溜井井壁的现象是一种典型的斜冲击现象，目前针对斜冲击问题的研究较少，有关冲击问题的研究，大都是基于冲击力方向与受冲击面垂直这一传统的正冲击方面。矿山生产实践中，溜井上部卸矿和分支溜井溜放矿，赋予了进入溜井内的矿岩块一定的初始速度及初始运动方向，矿岩块在重力作用下向溜井底部的运动过程中，会产生对溜井井壁的斜冲击。因此从斜冲击的角度，研究溜井井壁受矿岩块冲击时的破坏机理更能符合工程实际，能更好地反映出井壁材料的破坏特征，为溜井井壁的稳定性研究和溜井支护提供更准确的数据。

矿山溜井的井壁基本上为岩石（不支护）或以混凝土为基材的支护结构，岩石、混凝土等材料的内部包含大量的孔隙和裂隙，当受到冲击载荷作用时常表现为孔隙率变化、裂纹产生、扩展和贯通[208]。因此，本章选用砂岩作为研究对象，采用一种模拟斜冲击的实验装置[209]，对其进行斜冲击实验，并采用低场核磁共振岩心分析测量系统，研究斜冲击下材料的变形破坏特征及其机理[210]。

6.2　斜冲击的实验方法及其力学机制

6.2.1　实验原理与方法

1. 实验装置与原理

模拟斜冲击的实验系统由落锤冲击实验机、刚性传力装置和岩石试件共同组成，其中刚性传力装置承担向试件传导冲击力的作用，如图 6.1 所示。刚性传力装置和岩石试件具有相同的几何特征，如图 6.2 所示。刚性传力装置与试件的结合面（$A'B'$面）、结合面与冲击力 F 之间的几何关系反映了斜冲击的力学特征与冲击状态。

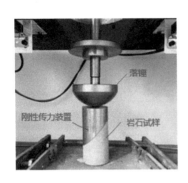

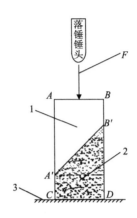

1. 刚性传力装置；2. 岩石试件；3. 实验承载台。

图 6.1 斜冲击实验装置   图 6.2 斜冲击实验原理

模拟斜冲击实验系统的主要原理如下：落锤产生的冲击力通过刚性传力装置的传递，使冲击力作用于岩石试件的上端斜面，实现了由正冲击向斜冲击的转换；当落锤产生的冲击力作用于刚性传力装置并通过其向试件传递后，在试件的反作用力作用下，刚性传力装置向外弹出，实现了与试件的分离，模拟了斜冲击的反弹效果。

为进一步区分本章研究所采用的冲击实验方法，做如下约定：对于采用图 6.1 给出的实验系统完成的对不同斜面角试件的冲击实验，统称为斜冲击；将采用直径为50mm、长度为100mm 的标准砂岩试件完成的落锤冲击实验称为正冲击。

2. 实验方法

为准确测出岩石试件内部的孔隙率及其变化特征，实验采用 MacroMR12-150H-I 型大口径核磁共振成像分析仪（图 6.3），测量试件内部的孔隙率、T_2 谱图及内部孔隙核磁共振成像。在斜冲击实验前，将试件浸没水中静置24h 后取出，放入 ZYB-II 型真空饱和压力装置中加压饱水 12h。饱水过程中，压力保持在 15MPa。

为防止实验过程中水分挥发，擦拭试件表面多余水分后，包裹一层保鲜膜。将包裹好的试件放入 NMR 岩心分析测量系统中，首先测量出试件原始状态下的内部孔隙率和 T_2 谱图，然后进行内部孔隙的核磁共振成像测量。

图 6.3 核磁共振成像分析仪

烘干试件内部水分，将试件与刚性传力装置组合成受冲击体，采用 JZ-5011 型落锤冲击实验机进行落锤冲击实验（见图 6.1）。冲击后，对试件重新饱水，进行冲击后的岩石试件孔隙率、T_2 谱图的测量和内部孔隙成像，观察试件的孔隙率变化情况。

6.2.2 试件制备

实验采用单轴抗压强度为 77.12MPa 的砂岩，首先将其加工成直径为 50mm 的圆柱形，然后按图 6.4（a）给出的结构与表 6.1 给出的结构参数，加工斜冲击实验所需的试件。试件按斜面角 α' 分为 5 组，每组 3 个试件，共计 15 个试件，如图 6.4（b）所示。同时，按对应的斜面角 α' 采用高强度钢棒加工刚性传力装置。

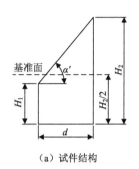

| （a）试件结构 | （b）试件成品 |

图 6.4　试件结构与试件成品

表 6.1　试件尺寸

试件斜面角 α'/（°）	直径 d/mm	斜面下端距底面距离 H_1/mm	斜面顶端距底面距离 H_2/mm
40			72
45			80
50	50	30	89
55			101
60			116

6.2.3　材料斜冲击的力学机制

如图 6.5 所示，若以 F 代表落锤产生的冲击力，则作用在斜面上的冲击力可分解为

$$\begin{cases} F_N = F\cos\alpha' \\ F_\tau = F\sin\alpha' \end{cases} \tag{6.1}$$

式中，F_N 和 F_τ 分别为作用在试件斜面法向和沿试件斜面方向上的冲击力分量（N）。

由此可见，作用在试件斜面法向和沿斜面方向上的冲击力分量是随斜面角 α' 变化的两个变量，它们的值均小于落锤产生的冲击力。

分析图 6.5 可知，冲击力分量 F_N 是造成试件产生损伤的主要原因，这也是斜冲击对试件造成的损伤要小于正冲击的主要原因。

由斜冲击的力学机制可以看出，试件的斜面角 α' 与冲击角 θ' 互余，冲击角越大，试件斜面角越小，作用于斜面法向方向的分量越大，沿试件斜面方向上的分量越小，且它们的值均小于原冲击力 F 的大小。

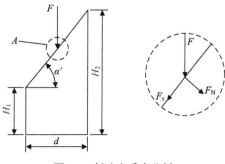

图 6.5　斜冲击受力分析

6.3 斜冲击下材料内部孔隙变化特征

6.3.1 材料内部孔隙变化特征的表征

一般情况下，可采用孔隙率和孔喉变化量两个指标来表征材料内部孔隙变化特征。

1. 孔隙率

孔隙率反映了岩石内部缺陷、孔洞、裂隙占岩石总体积的比例，是表征岩石内部孔隙结构变化的重要参数之一[211]。孔隙率大小直接影响岩石的物理力学性质。为减小试件个体差异影响，可利用孔隙率变化公式[196]对斜冲击前后试件内部孔隙率变化特征进行标定：

$$\Delta\eta' = \frac{\eta_0' - \eta_1'}{\eta_0'} \times 100\% \tag{6.2}$$

式中，$\Delta\eta'$ 为试件冲击前后的孔隙率变化率（%）；η_0' 为试件的原始孔隙率（%）；η_1' 为试件受冲击后的孔隙率（%）。

2. 孔喉变化量

孔喉变化量表示试件内部孔隙大小的变化程度，可通过试件在冲击前后的孔喉变化量定量分析试件内部孔隙直径的变化情况。孔喉变化量计算公式为

$$P = R_1\Delta P_1 + R_2\Delta P_2 + \cdots + R_n\Delta P_n \tag{6.3}$$

式中，P 为试件冲击前后的孔喉变化总量（μm）；R_n 为试件内部的孔喉直径（μm）；ΔP_n 为对应孔喉直径 R_n 的变化量（%）。

6.3.2 斜冲击下试件的孔隙率变化特征

1. 单次冲击下试件的孔隙率变化特征

以 50mm×100mm 砂岩标准试件的正冲击实验为对照组，进行 5 组不同斜面角共 15 个试件的斜冲击实验，得到砂岩试件在冲击前后的孔隙率变化特征，如表 6.2 所示。由于实验环境限制，实验中每次冲击落锤的锤体总质量为 9.5kg，提升高度为 2m。

表 6.2 冲击前后试件孔隙率变化特征

试件编号	冲击前孔隙率/%	冲击后孔隙率/%	孔隙率变化率/%	平均变化率/%
40-1	10.11	9.61	−5.21	
40-2	9.91	9.57	−3.62	−3.98
40-3	9.94	9.64	−3.12	
45-1	9.21	8.72	−5.58	
45-2	9.92	9.36	−6.03	−4.29
45-3	9.57	9.45	−1.25	

续表

试件编号	冲击前孔隙率/%	冲击后孔隙率/%	孔隙率变化率/%	平均变化率/%
50-1	9.16	8.97	-2.11	
50-2	9.32	8.71	-6.94	-8.09
50-3	11.05	9.60	-15.15	
55-1	8.32	7.51	-10.77	
55-2	9.17	8.54	-7.38	-8.55
55-3	9.90	9.20	-7.50	
60-1	9.08	7.83	-15.91	
60-2	8.27	7.88	-4.94	-8.87
60-3	9.24	8.74	-5.76	
标准样	8.02	8.72	8.02	8.02

由表 6.2 可以看出，相同冲击力下，试件内部孔隙率均有不同程度的降低，但孔隙率的变化率为负值，说明试件内部孔隙数量和体积减小，孔隙被压缩，孔隙总体积减小；标准试件冲击后孔隙率增加，说明试件内部裂纹有扩展或产生了新的裂纹，使孔隙数量或体积增大。

不同斜面角下，试件受冲击后的孔隙平均变化率均为负值，孔隙变化程度由高到低依次为 60°>55°>50°>45°>40°，冲击力对斜面角为 50°、55° 和 60° 的试件孔隙率影响较大。由斜冲击的力学机制可知，在相同冲击力作用下，随着斜面角的增加，作用在斜面法向上的分量逐渐减小。在实验条件下，试件孔隙变化率随着角度的增加而增大。产生这种现象的原因是试件受冲击后孔隙压密和发育现象均有发生，但倾角较小的试件受冲击后内部孔隙发育量占比大于大倾角试件内孔隙发育量占比，倾角较小的试件总体孔隙变化率小于倾角较大的试件总体孔隙变化率。

对比标准试件，相同冲击力下的斜冲击对试件造成的孔隙率变化明显小于正冲击。其机理在于：斜冲击时，冲击力与受力面之间存在一定的角度，作用在试件上的冲击力实质上为正冲击时的冲击力的一个分量，其值小于正冲击时的冲击力值。

2. 多次冲击下试件的孔隙率变化特征

大多数岩体结构并非单次冲击载荷作用就能发生破坏，是经过多次循环冲击作用后破坏的。岩石材料受到外部载荷频繁扰动时，内部微结构产生疲劳损伤，这是由岩石材料在循环载荷作用下每次的不可逆损伤叠加造成的。矿山溜井卸矿过程中，矿岩对井壁的冲击具有反复冲击的特征，单次冲击实验无法准确获得井壁材料在受到循环冲击后的损伤和破坏特征。因此，研究井壁材料在循环冲击作用下的损伤具有重要意义。

为了观察每次循环冲击后试件的孔隙率变化特征，对每组试件进行 5 次循环斜冲击实验，使用核磁共振扫描仪对每次斜冲击前后的试件进行测量，得到原始试件和试件分别受 1 次、2 次、3 次、4 次和 5 次冲击后的内部孔隙率，并计算出试件每次受冲击后的孔隙率变化率和每组试件的孔隙率平均变化率，如表 6.3 和表 6.4 所示。

表 6.3 试件在循环冲击下孔隙率变化率

试件编号	1 次冲击	2 次冲击	3 次冲击	4 次冲击	5 次冲击
40-1	−0.0521	−0.0138	0.1061	0.1050	0.1502
40-2	−0.0362	−0.0537	0.0503	0.1348	0.1450
40-3	−0.0312	0.1032	0.0498	0.1219	0.1383
45-1	−0.0558	0.0096	0.1106	0.1400	0.1482
45-2	−0.0603	−0.0262	0.1018	0.1462	0.1361
45-3	−0.0125	0.1653	0.1307	0.2108	0.1896
50-1	−0.0211	0.1487	0.1690	0.1088	0.1411
50-2	−0.0694	−0.0441	0.0870	0.1218	0.1299
50-3	−0.1515	−0.0259	−0.0688	0.0290	0.0309
55-1	−0.1077	−0.1282	−0.0227	0.0340	0.0412
55-2	−0.0738	−0.0778	0.0280	0.0532	0.0898
55-3	−0.0750	0.0174	−0.0223	0.1010	0.1069
60-1	−0.1591	−0.1269	−0.0871	−0.0660	−0.0617
60-2	−0.0494	−0.0046	0.0337	0.0384	0.0409
60-3	−0.0576	−0.1104	−0.1123	−0.0899	−0.0581

表 6.4 孔隙率平均变化率

试件斜面角	1 次冲击	2 次冲击	3 次冲击	4 次冲击	5 次冲击
40°	−0.0398	0.0119	0.0687	0.1206	0.1445
45°	−0.0429	0.0496	0.1144	0.1657	0.1579
50°	−0.0809	0.0262	0.0624	0.0865	0.1006
55°	−0.0855	−0.0629	−0.0057	0.0627	0.0793
60°	−0.0887	−0.0806	−0.0553	−0.0392	−0.0263

对比表 6.4 试件在循环冲击实验中每次冲击后，其内部孔隙率平均变化率发现，随着冲击次数增加，试件的平均孔隙率变化率逐渐增大，并由初始的负值逐渐变为正值，试件内部的孔隙率逐渐增大，孔隙变化由初始的以孔隙压密为主，逐步转变为以孔隙发育为主。

斜面角为 55° 和 60° 的试件孔隙率平均变化率大部分为负值，说明试件内孔隙压密量大于孔隙的发育量，孔隙率变化依然以孔隙压密为主。小斜面倾角的试件从第 2 次冲击开始至第 5 次冲击，孔隙率平均变化率均为正值，试件内孔隙发育量大于孔隙压密量，孔隙率变化以孔隙发育为主。

对比 5 种斜面角在循环冲击 5 次后的平均孔隙变化率，发现 5 次冲击后试件平均孔隙变化率由高到低依次为 45°>40°>50°>55°>60°；循环冲击后，随着斜面角的增加，试件的孔隙变化率逐渐降低。

以上现象说明，循环冲击对斜面角较小的试件孔隙率的影响大于对斜面角较大的试件的影响。由于冲击角与试件斜面角互余，因此在循环冲击作用下，冲击角越大，试件的孔隙变化程度越大。这是由于冲击力与受力面之间存在夹角，造成试件孔隙率发生变化的能量小于落锤冲击输入的能量，冲击角越大，造成试件孔隙率发生变化的这部分能量越大。循环冲击后，循环冲击输入的总能量相同，但垂直于斜面的分力造成各斜面角试件孔隙率发生变化的总能量不同，斜面角 40° 最大，斜面角 60° 最小。

3. 冲击前后试件的孔喉变化量

取每组试件中的 1 号试件，计算其受斜冲击后的孔喉变化量，如表 6.5 所示。

表 6.5　试件冲击前后的孔喉变化量

斜面角	40°	45°	50°	55°	60°
孔喉变化量/μm	−0.2793	−0.3266	−0.5364	−0.5758	−0.5998

由表 6.5 可以发现，5 种斜面角试件内孔喉变化总量均为负值，说明试件内总体孔喉大小降低，反映出试件处于孔隙压密阶段，并且孔喉变化程度由大到小依次为 60° > 55° > 50° > 45° > 40°，孔喉变化量符合试件受到斜冲击后的内部孔隙率变化情况。

以斜面角为 45° 的试件为例，不同冲击次数后，试件的孔喉分布如图 6.6 所示。

由图 6.6 可以看出，原始试件（即没有经过冲击时）内部，直径在 0～0.1μm 的孔喉分布值最多，且显著高于其他孔喉直径分布值，在此区间内试件孔隙的连通性较好；孔隙直径在 0.1～10μm 内，孔喉直径分布值呈现出抛物线形状；几乎没有大于 10μm 的孔喉直径。由此发现，原始试件内部孔喉直径较小，几乎没有大孔径孔隙存在。随着冲击次数的增加，试件内总体孔喉分布情况大致相同，依然是 0～0.1μm 的孔喉直径占比最多，其他孔径呈抛物线形状，说明冲击力对试件内部孔喉直径的总体变化趋势影响不大。

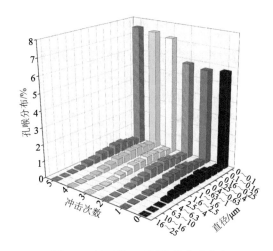

图 6.6　斜面角 45° 试件的孔喉分布

6.3.3　试件孔隙分布特征的核磁共振 T_2 谱图分析

1. 孔隙分布特征的表征方法与原理

核磁共振 T_2 谱图曲线与横坐标之间围成的面积称为 T_2 谱图面积，其大小与岩石试件内的流体量成正比。T_2 谱图中的孔隙分布曲线可直观表达出试件内部的孔隙变化信息，曲线峰值反映了相应孔径下孔隙的数量，峰值越高，相应孔径、孔隙的数量越多[212-213]，可作为反映孔隙结构变化的重要参数[214]。由核磁共振原理[215]可知，核磁共振的横向弛豫速率 $\frac{1}{T_2}$ 为

$$\frac{1}{T_2} = \frac{1}{T_{2B}} + \rho_2 \left(\frac{S}{V}\right) + \frac{25D(\gamma G T_E)^2}{3} \tag{6.4}$$

式中，T_{2B} 为自由流体的弛豫时间（ms）；ρ_2 为岩石的横向表面弛豫强度；S 为孔隙的表面积（μm^2）；V 为孔隙的体积（μm^3）；D 为扩散系数（$\mu m^2/ms$）；γ 为旋磁比（rad/(S·T)）；G 为磁场梯度（gauss/mm）；T_E 为回波间隔（ms）。

当试件内部孔隙中只有一种流体时，体积弛豫比面积弛豫速度慢得多，因此自由流体的弛豫时间 T_{2B} 可以忽略不计。当磁场均匀（磁场梯度 G 值很小），并采用短回波间隔 T_E 时，扩散弛豫也可忽略，式（6.4）可简化为

$$\frac{1}{T_2} = \rho_2 \left(\frac{S}{V}\right) \tag{6.5}$$

由式（6.5）可以看出，试件弛豫速率取决于内部孔隙的表面积与体积之比（S/V）。因此，试件的横向弛豫时间分布能反映出孔隙的尺寸信息。T_2 谱图中，弛豫时间与孔径大小成正比，孔径越大则弛豫时间越长，孔径越小则弛豫时间越短。孔隙分布曲线的峰值反映了相应孔径下孔隙的数量，峰值越高，相应孔径、孔隙的数量越多[215]。

2. 单次冲击下孔隙分布特征

通过核磁共振测试，获得不同斜面角下试件受到冲击前后的 T_2 谱图，如图 6.7 所示。

将试件的内部孔隙按弛豫时间分为 3 个等级[216]，即小孔隙（0～10ms）、中孔隙（10～100ms）和大孔隙（大于 100ms）。分析图 6.7 可以看出：试件在冲击前，其内部小孔隙数量最多，伴有较多中孔隙，大孔隙数量较少。试件的孔隙分布曲线有两个主要峰值，砂岩试件在冲击前的总体弛豫时间基本集中在 0～1000ms 内，第一个峰值位于 0～10ms 内，在 0.5ms 附近，主要为小孔隙；第二个峰值位于 10～100ms 内，在 30ms 附近，主要为中孔隙，试件初始内部孔隙小孔隙最多，中孔隙较多，大孔隙较

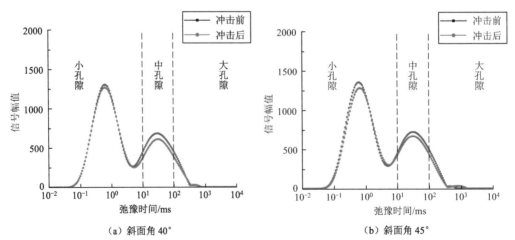

（a）斜面角 40°　　　　　　　（b）斜面角 45°

图 6.7　单次斜冲击下 T_2 谱图分布曲线

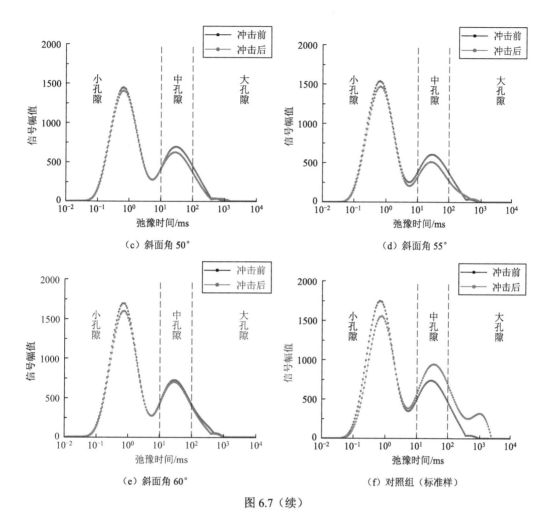

（c）斜面角 50°　　　　　　　　　　（d）斜面角 55°

（e）斜面角 60°　　　　　　　　　　（f）对照组（标准样）

图 6.7（续）

少。两个波峰间的峰值幅度有所降低但不为 0，试件连续性较好。

　　分析图 6.7 可知，斜冲击后，试件的弛豫时间仍在 0～1000ms 内，试件内部可分为 3 个破坏阶段：孔隙压密阶段、原生裂纹发展阶段和新裂纹产生阶段。在 5 种角度斜冲击后试件的 T_2 谱图中，40°～60° 试件的 T_2 谱图曲线第一峰值降低，说明试件内微小孔隙数量减少；40°～55° 试件 T_2 谱图曲线第二峰值降低，说明试件内部中孔隙数量有所降低；60° 试件 T_2 谱图曲线第二峰值与冲击前相比没有明显变化，但此时曲线末端与冲击前相比略微降低；标准样在受到正冲击后出现三个峰值，并且曲线第一峰值降低，第二、第三峰值增加，说明试件内部微小裂隙被压实或微小裂隙发育成为中孔隙和大孔隙，并且有贯通裂纹产生。以上现象说明试件在冲击后主要为内部孔隙压密阶段，正冲击后试件内部孔隙被压密、原生裂纹发育和新裂纹产生等现象均有发生。

　　分析图 6.7 还可以发现，孔隙压密阶段的弛豫时间集中在 0.1～1ms 和 5～500ms，原生裂纹扩展阶段集中在 1～5ms，新裂纹产生的弛豫时间集中在 1～5ms 和大于500ms。这表明弛豫时间的长短与孔隙的孔径大小成正相关[214-215]，即孔径越大，弛豫时间越长；孔径越小，弛豫时间越短。这一结果进一步证实了曲线峰值与孔隙的孔径大小和数量多少的相关性[218]。

3. 循环冲击下孔隙分布特征

在相同能量循环冲击载荷下，对 40°、45°、50°、55° 和 60° 5 种不同斜面角的砂岩试件，分别进行 5 次斜冲击实验，得到了各自的 T_2 谱图分布曲线，如图 6.8 所示，图中曲线反映出试件内部的孔隙直径大小及孔隙数量的情况。

由图 6.8 可知，5 种斜面角试件在循环冲击（1 次冲击、2 次冲击、3 次冲击、4 次冲击、5 次冲击）后，曲线总弛豫时间在 5000ms 以内，各曲线总体变化趋势相同，试件内孔隙率的变化趋势也大致相同。曲线大多由两个谱峰组成，两个峰值之间信号降低，但不为零，试件连续性较好。前两次冲击后，曲线两个峰值与原始试件相比均有不同程度降低，试件内部孔隙尺寸和孔隙数量均降低，试件总体孔隙率减小。3～5 次冲击后，曲线整体向左偏移，说明试件内部孔隙的孔径尺寸减小；第一峰值明显升高，第二峰值降低，试件内小孔隙数量增加，中、大孔隙数量减小。

以上现象说明，随着冲击次数的增加，试件内部孔隙率逐渐增大，小尺寸孔隙在 2 次冲击后显著增加，试件内小孔隙充分发育，中、大孔隙被压密。

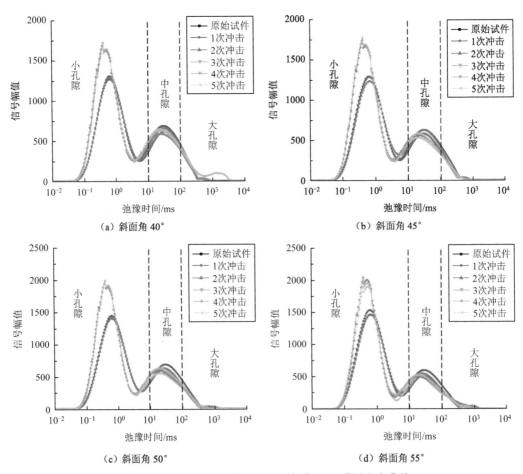

图 6.8 各角度试件循环冲击载荷下 T_2 谱图分布曲线

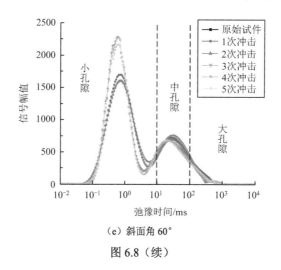

（e）斜面角 60°

图 6.8（续）

分析图 6.8（a）发现，斜面角为 40°的试件在前两次冲击后，曲线没有产生明显的横向位移，总体弛豫时间在 1000ms 内，试件内孔隙直径没有明显变化。

2 次冲击后，曲线第一峰值横向弛豫时间在 0～10ms 内，属于小孔隙，且曲线的第一峰值介于原始试件和 1 次冲击后曲线的第一峰值之间。这表明 2 次冲击后试件内部的小孔隙数量比原始试件内的小孔隙数量少，但略多于 1 次冲击后试件内部小孔隙的数量；试件在 1 次冲击后，其内部的小孔隙虽然被压密，但是在 2 次冲击后略有发育。2 次冲击后曲线第二峰值的横向弛豫时间在 10～100ms 内，属于中孔隙，曲线第二峰值仍介于原始试件和 1 次冲击后曲线第二峰值之间。这表明 2 次冲击后试件内部的中孔隙数量与原始试件相比略有降低，但较 1 次冲击后试件内部的中孔隙数量多，试件内的中孔隙仍被压密，2 次冲击后试件内部的中孔隙与 1 次冲击相比有所发育。试件在经历 1 次冲击和 2 次冲击后，T_2 谱图曲线中弛豫时间大于 100ms 的部分与原始试件的几乎重合，说明在前两次冲击后，试件内大孔隙数量与原始试件内大孔隙数量大致相同，冲击力对大孔隙影响很小。

3 次冲击后的 T_2 谱图曲线与前两次冲击后的 T_2 谱图曲线相比，曲线的两个峰值向左移动，但总体弛豫时间仍在 1000ms 以内，说明试件内部小孔隙和中孔隙的孔径减小，最大孔径变化很小。第一峰值升高，说明试件内的小孔隙数量增多，小孔隙开始发育；第二峰值与前两次冲击相比，信号高度大致相同，说明中孔隙的数量变化不大，没有明显的压密和孔隙发育现象；在 3 次冲击后，试件内的小孔隙数量增加，小孔隙和中孔隙的孔径降低，试件内小孔隙发育，中孔隙被压密。

4 次冲击后的 T_2 谱图曲线变化趋势与 3 次冲击后的 T_2 谱图曲线变化趋势大致相同，曲线第一峰值没有明显的变化，第二峰值信号高度略有差异。4 次冲击后的第二峰值低于 3 次冲击后的第二峰值，试件在 4 次冲击后内部中孔隙数量少于 3 次冲击后的中孔隙数量，冲击力造成试件内的中孔隙被压密。

5 次冲击后试件的 T_2 谱图曲线出现第三个峰值，信号幅值低于曲线第一、第二峰值，试件内有孔隙发育、扩展现象产生。曲线总体横向弛豫时间增加至 5000ms，曲线第一峰值略高于前一次，第二峰值与前一次冲击相比有所降低，试件内小孔隙数量增加，中孔隙数量降低，大孔隙数量明显增多，且大孔隙直径增大。冲击力造成试件大孔隙发育较明显，小孔隙发育较少，中孔隙被压缩或发育成大孔隙。

图 6.8（b）～（e）中的 T_2 谱图曲线变化趋势符合总体变化趋势，即前两次冲击对试件内部孔隙影响较小，小孔隙和中孔隙数量略有降低，后 3 次冲击造成曲线两个峰值向左偏移，小孔隙和中孔隙的孔隙直径减小。第一峰值与前两次冲击相比有大幅度上升，第二峰值降低，没有第三峰值出现，试件内部小孔隙数量大幅度上升，中孔隙数量降低，大孔隙数量降低但最大孔隙直径没有明显变化。

核磁共振 T_2 谱图曲线与坐标轴所围图形面积的大小，与所测岩石中流体的含量成正比。该图形的面积可以视为岩石经核磁共振测试后得出的孔隙率，略小于或者等于岩石的有效孔隙率。因此，核磁共振 T_2 谱图曲线与坐标轴所围图形面积的变化，可以反映出岩石内部孔隙体积的变化。表 6.6 为斜面角 40° 试件在不同冲击次数后 T_2 谱图面积。

表 6.6 斜面角 40° 试件不同冲击次数后 T_2 谱图面积

冲击次数	$S_{总}$	$S_{小孔隙}/S_{总}$	$S_{中孔隙}/S_{总}$	$S_{大孔隙}/S_{总}$
0	12112	65.93%	27.86%	6.21%
1	11489	68.60%	25.57%	6.08%
2	11913	66.35%	26.82%	6.25%
3	13271	70.26%	24.18%	5.56%
4	13131	72.35%	22.46%	5.19%
5	13840	69.18%	22.56%	8.26%

通过分析表 6.6 中数据可知，循环冲击后核磁共振 T_2 谱图曲线与坐标轴所围图形面积先减小后增大，符合孔隙率变化特征。由表 6.6 可以看出，每次冲击后各试件内小孔隙和中孔隙面积总和占总面积的 92% 以上，表明试件内部小尺寸和中型尺寸的孔隙占绝大部分。试件在不同冲击次数后孔隙占比差值较大，最小差值为 59.72%，最大差值达到了 67.17%，试件内各尺寸孔径占比差异大。

6.3.4 孔隙分布特征的核磁共振成像分析

核磁共振成像技术（nuclear magnetic resonance imaging，NMRI）是随着超导体技术、计算机技术和电子电路技术的提高而快速发展起来的一种生物核磁自旋成像技术。其原理如下：介质组织内的氢核在磁场和射频脉冲的影响下发生进动现象，产生射频信号，射频信号经软处理后生成图像。目前，核磁共振成像技术广泛应用于各个领域，如在医学领域，由于人体中各种组织内含水比例不同，导致核磁共振测试的信号强度出现差异，可以将人体内的不同组织、正常组织与该组织中的病变组织通过核磁共振成像图清楚地反映出来，进而提高医生的诊断效率。核磁共振技术在石油化工领域内的应用也十分广泛，利用核磁共振成像技术，围绕储量、储层质量和产能等基本问题，分别对原始含油饱和度、剩余油饱和度和残余油饱和度等参数进行测量，高效而快捷地解决油气勘探开发中油气储量、储层质量和产量评价等问题。

核磁共振成像能够将岩石内部的孔隙分布情况直观地展示出来，直观地看出试件内部的孔隙大小及其分布情况，展示其内部孔隙结构的分布特征。核磁共振成像图中底色为蓝色，绿色代表小孔隙，黄色和红色代表所处位置孔隙数量较多或孔径较大。

1. 单次冲击下试件的孔隙分布特征

为更好地观察试件内部孔隙率的变化情况，以图 6.4（a）中基准面为中心面，对冲击前、后的试件进行核磁共振成像。以斜面角为 45°的试件为例，对比如图 6.9 所示。

对比图 6.9（a）和（b），冲击前试件竖向中心线部分斑点较密集，其他分布较均匀，表明试件无明显裂纹存在；试件部分区域为黄色和红色斑点，该区域含水较多，孔径较大，与其他位置相比孔隙率较大。冲击后试件内部红色、黄色和绿色斑点减少，没有明显的条带状斑点产生，表明试件在受冲击后内部孔隙被压密，但冲击力大小没有达到能够使试件产生明显裂纹的程度。

对比图 6.9（c）和（d），标准样在受冲击后，试件内有明显的条带状斑点产生，每张图片均有条带状斑点，并且条带状斑点位置大致相同，除裂纹处以外其他部位蓝色斑点增多，试件内部小孔隙被压实，大孔隙增加，产生了明显的贯通裂纹，说明试件产生了明显的塑性变形。

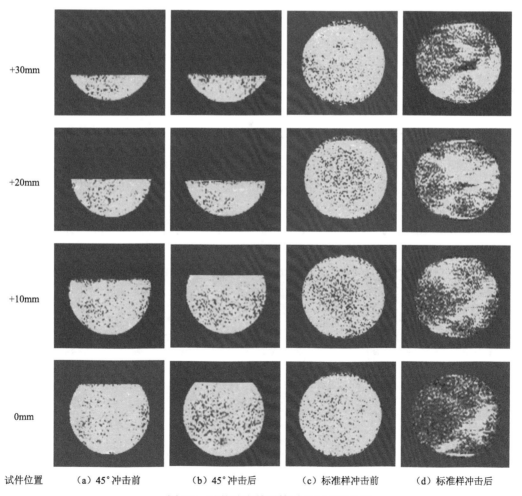

图 6.9　试件冲击前后核磁共振成像对比

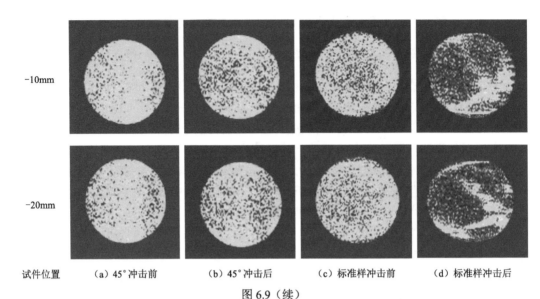

| 试件位置 | （a）45°冲击前 | （b）45°冲击后 | （c）标准样冲击前 | （d）标准样冲击后 |

图 6.9（续）

对比两种冲击模式下冲击前后试件的核磁共振成像图可以发现，在相同冲击力作用下，斜面试件受冲击后，其内部的绿色斑点密度降低，孔隙数量减少，孔隙被压密；但标准试件受冲击后产生了贯通裂纹损伤，冲击对标准试件内孔隙的影响远大于对斜面试件内孔隙的影响。产生这一现象的主要原因是由于斜面角的存在，降低了作用在试件上的冲击力。

2. 循环冲击下试件孔隙结构的演化过程及特征

在经历了不同次数的循环冲击后，岩石内部的孔隙结构变化可以很好地解释其在循环冲击作用下的损伤过程。在每组试件中选取一个代表性试件的 5 张核磁共振成像结果，分析其内部的孔隙大小及其分布情况。如图 6.10 所示，下面以斜面角 45°试件的核磁共振成像图进行分析。各分图中的试件位置从左向右依次为 30m、20m、10m、0m、−10m。

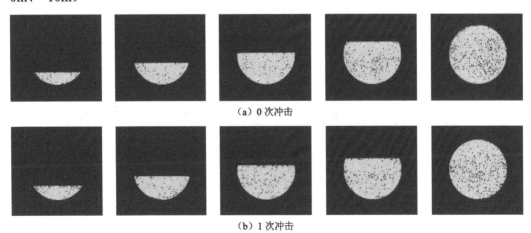

图 6.10　不同冲击次数后试件（斜面角 45°）的核磁共振成像图

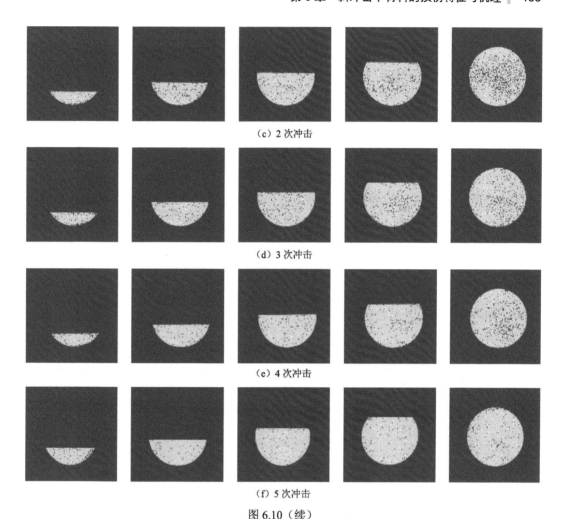

(c) 2 次冲击

(d) 3 次冲击

(e) 4 次冲击

(f) 5 次冲击

图 6.10（续）

由图 6.10 中可以直观地看出，原始试件（0 次冲击）中，核磁共振成像图中绿色斑点分布较为均匀，反映出砂岩良好的均质性，并且图像中绿色斑点还反映出砂岩的本质特征是一种多孔介质材料。在经历 5 次循环冲击后，各个成像图中的黄色和红色斑点明显增多，试件内的孔隙增加。结合循环冲击后试件的核磁共振 T_2 谱图可以发现，试件在前两次冲击后，其内部的孔隙变化不明显，从第三次开始产生明显变化。因此，对核磁共振成像图进行分析时，应将前两次冲击和后三次冲击的核磁共振成像图单独分析。对比图 6.10（a）～（c）发现，随着冲击次数的增加，图像内蓝色斑点增加，试件内孔隙数量和孔隙大小均降低，试件处于压密阶段。

对比图 6.10（a）、（d）、（e）、（f）发现，随着冲击次数的增加，核磁共振成像图内部绿色、黄色和红色斑点增加，试件孔隙数量和孔隙大小增加，孔隙率增大。以上成像图中孔隙率变化符合图 6.8（b）中 T_2 谱图曲线的变化规律。

对其他斜面角试件在循环冲击前后的核磁共振成像图进行分析后发现，在第 1 次冲击后试件内部代表孔隙的绿色斑点明显降低，试件内孔隙含量减少，试件的压密现象明显；第 2 次冲击后试件内部绿色斑点略有增加，试件内孔隙数量少量增加；从第 3 次冲击开始，试件内绿色斑点大幅增加，孔隙数量和大小均有大幅增加，试件孔隙率增大；循环 4 次冲击和循环 5 次冲击后，试件内孔隙变化趋势相同，冲击次数越多，试件内绿色斑点越密集，红色和黄色斑点数量越多。绿色斑点密集，说明试件在此位置处孔隙较多，孔隙连通性较高；红色和黄色斑点较多，说明试件内部孔隙直径较大，此位置含水较多。

综上所述，随着冲击次数的增加，试件内孔隙率呈先减小后增大趋势，试件在经历前两次冲击时孔隙密度降低，孔隙率减小，处于孔隙压密阶段；在经历后三次冲击时试件孔隙密度增大，孔隙率增加，处于孔隙发育阶段。循环冲击对试件造成的损伤更趋近于溜井井壁受矿岩冲击时的真实损伤特征。

6.4　试件材料的裂纹扩展规律

6.4.1　单次冲击下试件裂纹扩展特征

采用 6.2 节给出的实验原理与方法，对不同斜面角的砂岩试件进行单次冲击实验。同时，为便于对比分析斜冲击和正冲击的差异，也采用落锤实验系统进行砂岩标准试件的正冲击实验。斜冲击和正冲击实验过程中，锤头的质量与下落高度均相同。图 6.11 所示为单次冲击前和冲击后试件损伤破坏的实物照片对比。

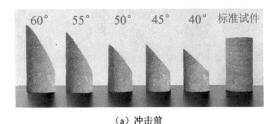
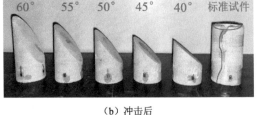

（a）冲击前　　　　　　　　　　　　　（b）冲击后

图 6.11　单次冲击前、后试件损伤破坏的实物照片对比

对比图 6.11（b）中砂岩试件在单次斜冲击后的宏观特征可以发现，斜冲击后的砂岩试件没有发生明显的损伤破坏；正冲击后的标准试件则产生了明显的破坏现象，在落锤锤头与试件接触位置（标准试件顶部的红色圈内部位），试件表面出现了一个凹陷坑，试件侧面有贯通裂纹产生（标准试件红色线条的右侧部位），裂纹方向沿着落锤冲击力的方向。

6.4.2　循环冲击下试件裂纹扩展特征

为进一步研究砂岩试件在循环冲击下的破坏特征和试件破坏时的极限冲击次数，对试件进行无次数限制的循环冲击实验，直至试件破坏为止。当试件产生除斜面顶端尖角处破坏，与已有一条剪切破坏裂纹形式外的其他宏观破坏形式时停止冲击，并记录冲击次数。最终各斜面角试件发生破坏时的冲击次数如表 6.7 所示。

表 6.7　试件破坏时的冲击次数

斜面角	40°	45°	50°	55°	60°
冲击次数	12 次	16 次	22 次	31 次	40 次

图 6.12 给出了试件在多次和无限次斜冲击后试件破坏特征照片与冲击前的试件照片对比情况。由图 6.12 能够发现，实验中试件的破坏大多发生在距离斜面顶端尖角处较近位置，造成此现象的原因是此处试件较薄，易发生破坏。

（a）冲击前

（b）3 次冲击后

（c）4 次冲击后

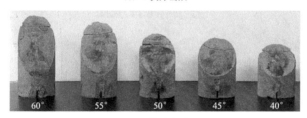

（d）5 次冲击后

（e）破坏后（不限冲击次数）

图 6.12　循环冲击下试件破坏特征

对比图 6.12 可以发现，试件在第 3 次冲击后第一次出现了宏观破坏，冲击力造成斜面角 50°的试件在距离斜面顶端 17mm 处发生剪切破坏。此后，随着冲击次数的增加，各斜面角试件陆续发生破坏，破坏的位置均在斜面上半部分产生，且裂纹平行于试件底面，说明冲击力造成试件产生剪切破坏。

循环冲击 5 次后，各斜面角试件均在斜面上半部分产生一条横向裂纹，忽略试件斜面顶端发生微小破坏的破坏形式，试件无其他明显宏观破坏。

由图 6.12（e）并结合表 6.7 可以看出，相同冲击力作用下，斜面角越小，每次冲击对试件造成的损伤越严重，试件越容易发生破坏；反之，斜面角越大，每次冲击对试件造成的损伤程度小于小角度斜面试件的损伤程度，所以试件达到破坏时需要的冲击次数越多。此现象仍符合斜冲击的力学机制，即斜面角越小，冲击力作用于试件上的分量越大。

6.5　斜冲击下试件的应变演化特征

6.5.1　试件应变特征的数值模拟

为分析在斜冲击下岩石试件产生微小变形的变化特征，研究试件在受冲击后本身发生弹性变形的趋势，采用离散元模拟软件进行斜冲击数值模拟实验。为保持一致性

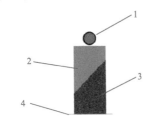

1.落锤锤头；2. 钢柱体；3. 试件；4. 试验机支撑台。

图 6.13　斜冲击数值模拟模型

和规律性，模拟时，模型各部分尺寸大小及冲击加载的相关条件与物理实验尽量保持相同，即锤头质量为 9.5kg，锤头下落高度为 2m，重力加速度为 9.8m/s²，试件的抗压强度为 76.98MPa。

斜冲击数值模拟模型如图 6.13 所示。

在距离试件底端中心处 15mm（保持和物理实验位置相同）位置设置测量元，采集试件在冲击过程中的应变，得到不同斜面角下的试件应变演化特征曲线，如图 6.14 所示。

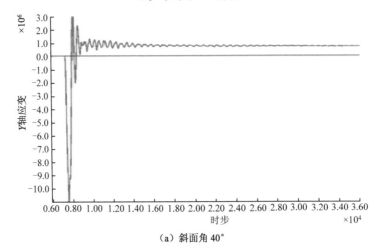

（a）斜面角 40°

图 6.14　不同斜面角下试件应变演化特征曲线

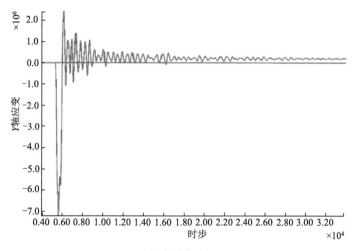

（b）斜面角 45°

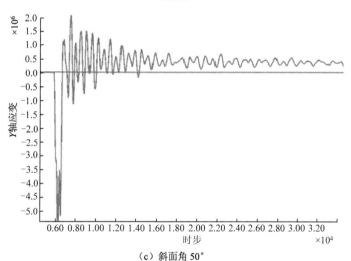

（c）斜面角 50°

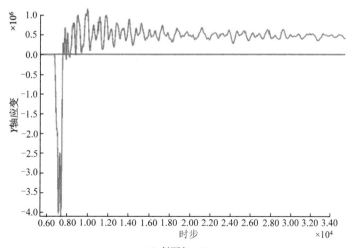

（d）斜面角 55°

图 6.14（续）

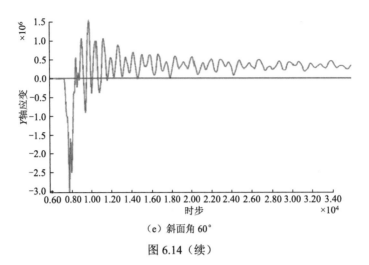

（e）斜面角 60°

图 6.14（续）

分析图 6.14 中 5 种斜面角下试件的应变演化特征曲线，发现试件在受到斜冲击后，应变曲线呈高度振荡状态。冲击力接触组合体瞬间，应变迅速达到极低峰值，然后又迅速反弹，之后应变曲线在一定范围内波动并逐渐衰减，最后维持在一定值上下稳定振荡。在冲击瞬间，应变演化特征曲线大幅下降，试件受压缩现象明显；应变大幅降低后出现稳定振荡状态，波动幅度逐渐减小，说明试件在受冲击时产生了弹性变形；冲击力消失后，试件内的弹性储能使试件产生变形恢复。但从弹性变形恢复情况来看，应变演化后期的应变值均大于零，说明试件变形没有恢复到其原始状态，冲击力造成试件产生微小塑性变形，对试件造成了不可逆的损伤。

通过图 6.14 还可以发现，随着斜面角的增加（冲击角降低），试件应变演化特征曲线的最高与最低峰值的差值在逐渐减小，曲线的振动幅值逐渐降低，冲击力对试件应变的影响越来越小。

6.5.2 落锤冲击下材料的应变演化特征

进一步采用落锤冲击实验，研究斜冲击下砂岩试件的应变演化特征。落锤冲击前，在试件的斜面左右两侧距试件底面 15mm 处，粘贴 120-3AA 型应变片，采用 BX120-3AA 应变仪采集试件在斜冲击时的微变形情况。

图 6.15 给出了不同斜面角下试件在受冲击时的应变-时间曲线。

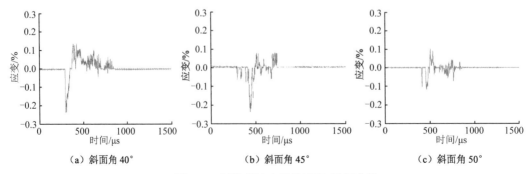

（a）斜面角 40°   （b）斜面角 45°   （c）斜面角 50°

图 6.15　试件斜冲击时的应变-时间曲线

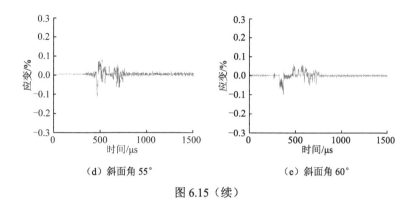

（d）斜面角 55°　　　　　　　（e）斜面角 60°

图 6.15（续）

由图 6.15 可知，相同冲击力下，斜冲击实验与数值模拟所得到应变曲线的变化趋势基本一致，各斜面角试件在受到斜冲击作用后曲线仍呈高度振荡状态；试件在受冲击瞬间，曲线先降后升，之后曲线振动幅度维持稳定且持续减小。随着斜面角的增加，试件的应变曲线振动幅度逐渐降低，冲击力对试件造成的变形量也降低，说明作用于试件上的力逐渐减小。但实际冲击实验得到的应变曲线振动频率高于数值模拟，且应变值最终稳定在 0 值附近上下波动，说明冲击力仅造成试件发生弹性变形，冲击力消失后，试件变形恢复。

造成以上差异的原因可能是数值模拟中对于试件和刚体的约束条件和加载条件都比较理想，在实际实验中存在一些误差和干扰因素，如刚体与试件之间摩擦力差异、试件表面不光滑、刚体弹出后碰撞落锤承载台引发的振动等，都会影响应变片的数据采集。

对比斜冲击物理实验和数值模拟的结果发现：试件在斜冲击作用下产生压缩变形后，试件内部积蓄了一定的弹性变形能。随后，弹性能的释放使试件的变形恢复，试件的峰值应力随着斜面角的增加而逐渐降低，试件最大变形量逐渐减小。

6.6　斜冲击下的能量耗散特征与损伤机理

6.6.1　斜冲击下材料的能量耗散特征

为深入研究矿岩冲击下井壁的能量耗散特征，采用数值模拟记录了斜冲击作用下，各斜面角试件内产生裂纹消耗的能量，如图 6.16 所示。

由图 6.16 可以看出，随着斜面角的增加，产生裂纹时消耗的能量越少，且斜面角 40° 的试件所消耗的能量远远高于其他 4 个角度试件。由于落锤的质量和下落高度一定，因此接触到组合体时所携带的能量也为固定值，产生裂纹消耗的能量少，说明试件裂纹产生的数量也较少。

在数值模拟斜冲击后，试件的形态如图 6.17 所示。

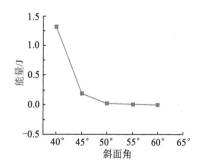

图 6.16　试件产生裂纹消耗的能量

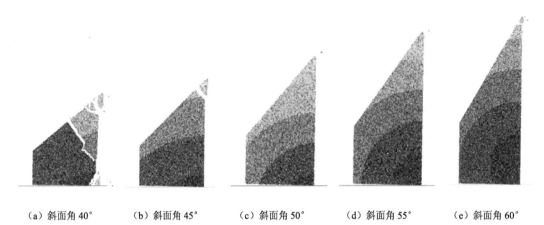

| （a）斜面角 40° | （b）斜面角 45° | （c）斜面角 50° | （d）斜面角 55° | （e）斜面角 60° |

图 6.17　试件受冲击后形态

由图 6.17 可以看出，斜面角为 40° 的试件在受冲击后产生两条明显裂纹，试件损伤较为严重。其他斜面角的试件均在斜面顶端产生微小破坏，其中斜面角 45° 试件有一条明显裂纹。结合不同斜面角试件产生裂纹所消耗能量的曲线（图 6.16）发现，试件产生的裂纹数量多少基本符合消耗能量曲线给出的关系，其中以 40° 斜面角试件的损伤最严重，45° 斜面角试件损伤程度次之，随后是 50°、55° 和 60° 斜面角的试件。

6.6.2　斜冲击下的材料损伤特征

材料受到外力作用后，其内部的微观缺陷（微小孔隙和微小裂隙等）开始发育，造成材料的损伤。损伤力学与断裂力学的引入，使材料的损伤破坏机理研究进入了新阶段[217-219]。岩石内部的孔隙在受到外力作用时，内部损伤开始演化，造成裂隙的产生与扩展，最终导致岩石破坏。

损伤力学是研究材料和结构变形破坏等理论的基础之一。内部存在微观缺陷的材料在受到外力作用后，从变形开始直到完全破坏的全过程中，微观缺陷发育演化，致使材料逐渐劣化。损伤力学不同于断裂力学，断裂力学主要研究材料中存在宏观裂隙的问题，损伤力学主要研究的是材料从微小裂隙的产生和发育开始，随着材料变形量的增加而逐渐劣化，直至产生明显宏观裂纹和完全破坏的整个过程。为更好地描述材料在外部载荷作用下的变形破坏提供了新的方法[220]。

在 6.3.3 节中，通过试件在不同冲击次数后的核磁共振 T_2 谱图成像分析，对砂岩试件的孔隙率分布特征及其微观演化过程进行分析，确定了岩石的损伤特征，在此不再赘述。

6.6.3　斜冲击下井壁材料的损伤机理

通过对井壁材料进行单次、循环斜冲击实验，结合数值模拟实验发现，在相同冲击力作用下，斜面角和冲击次数影响实验中试件孔隙度变化、损伤特征、最终破坏次数和造成试件起裂的能量。单次冲击作用下，试件被压密，试件的孔隙度变化程度与斜面角成反比，造成试件产生裂纹的能量逐渐降低，冲击力对试件造成的损伤较小；在多次循环冲击后，循环次数越多，试件内孔隙率越大，斜面角越大，孔隙率增长率越小。

综合以上研究发现，造成井壁材料出现损伤破坏差异性的原因如下：斜冲击时，由于冲击角的存在，造成冲击力被分解和弱化。冲击力被分解后，垂直作用于试件斜面方向上的分力导致试件孔隙率发生变化，试件内部产生损伤；沿斜面方向上的分力使传力装置产生滑移，较好地模拟了溜井内矿岩块对井壁冲击后的反弹效果。斜面角越大，作用于试件上的分力越小，冲击力携带的能量被耗散在传力装置并使其产生滑移的能量越大，作用于试件损伤的能量就越小，试件的孔隙率变化量和损伤程度也越小。

在相同冲击力作用下，随着斜面角的增加，垂直于试件斜面方向上的分力越小，对试件造成的损伤越小，试件发生破坏所需的冲击次数越多。在相同斜面角下，随着冲击次数的增加，作用于试件并造成试件孔隙率变化的总能量和对试件的损伤程度也在增加，试件更容易发生破坏。

本　章　小　结

矿岩块对溜井井壁的冲击表现出了明显的斜面循环冲击特征。针对目前材料受到斜冲击情况下的变形破坏特征及破坏机理研究较少的现实，本章采用了一种模拟斜冲击的实验装置及方法，以砂岩为研究对象，模拟溜井内矿岩冲击溜井井壁的特征，研究了井壁材料在斜冲击下的孔隙率变化特征及损伤特征。本章主要成果如下。

（1）研发了一种模拟斜冲击的实验装置及方法，采用刚性传力装置与岩石试件组合成受冲击体，实现了落锤冲击模式由正冲击向斜冲击的转变，为研究斜冲击下试件的变形破坏特征与机理提供了有效方法。

（2）以砂岩为研究对象，对 6 种不同斜面角的砂岩试件进行了单次和循环斜冲击实验，给出了试件内部空隙率变化与冲击力、冲击次数和斜面角之间的关系，发现了砂岩试件在斜冲击作用下，其内部产生了 3 个破坏阶段，即孔隙压密阶段、原生裂纹扩展阶段和新裂纹产生阶段。

（3）对试件受斜冲击后的细观损伤和宏观破坏形式进行分析，研究了斜冲击下砂岩试件的损伤特征。研究发现冲击次数和斜面角共同影响试件的损伤特征，单次冲击后试件内部孔隙被压缩，随着冲击次数的增加，试件损伤程度逐渐增大；斜面角越小，冲击力对试件造成的损伤越严重。

通过循环冲击发现，相同的冲击次数下，试件斜面角越大，试件平均孔隙率的增长值越小，说明随着斜面角的增加，冲击角越小，试件孔隙率增长幅度越小，作用于试件上的能量越小，符合斜冲击的力学机制，循环冲击对试件造成的损伤更趋近于试件真实的损伤特征。

（4）以斜冲击下井壁材料的孔隙率变化特征、能量耗散特征和损伤特征为基础，通过不同冲击角下的斜冲击实验，揭示了井壁材料的损伤机理：在相同冲击力下，标准试件内部孔隙率有所增加，斜面角试件的孔隙率降低，冲击角（斜面角）弱化了作用在试件上的冲击力，造成试件损伤的能量小于原冲击力所携带的能量，因此斜冲击对试件的损伤小于正冲击。

相同斜面角、相同冲击力下的循环冲击实验发现，随着冲击次数的增加，试件内孔隙率呈先减小后增大的趋势，前两次冲击造成试件内孔隙率降低，孔隙数量减少，试件处于压密阶段；后三次冲击造成试件孔隙率增加，但试件内小孔隙和中孔隙的孔隙直径减小，小孔隙数量增加，中孔隙数量减小，试件内孔隙压密和孔隙发育现象均有发生，孔隙发育程度大于孔隙压密程度。

（5）通过斜冲击实验和数值模拟分析发现，试件在斜冲击作用下，峰值应力与冲击角度成反比，应变曲线变化最大值为负值，试件被压缩后在弹性能的作用下恢复至原始状态，试件最大变形量逐渐减小。相同冲击力作用下，冲击角度越大，造成试件起裂的这部分能量越大，试件损伤越严重。随着冲击次数的增加，试件内孔隙率先减小后增大。试件在经历两次冲击时孔隙减小，处于孔隙压密阶段；在两次冲击后的冲击过程中试件孔隙率增加，处于孔隙发育阶段。

（6）研究发现，造成试件损伤存在差异的原因是冲击角的存在。冲击角造成落锤冲击力的大小被分解，垂直于试件斜面方向的分力造成试件孔隙率发生变化，试件内部产生损伤；沿斜面方向的分力造成传力装置滑移。冲击角越小，作用于试件上的分力越小，耗散在传力装置滑移上的冲击能量越多，用于试件损伤的能量越小，试件的孔隙率变化和损伤程度越小，试件发生破坏所需的冲击次数越多。

第 7 章　重力压实对井内矿岩散体及井壁侧压力的影响

溜井底部停止放矿时，矿岩散体暂存于溜井储矿段内，上部的矿岩散体在重力作用下，对其下部的散体产生了重力压实作用，改变了散体内部空隙的结构特性，使井内矿岩散体的流动性变差，增加了溜井产生悬拱堵塞的概率。研究重力压实作用下井内矿岩散体内部空隙率的变化特征与规律及其对溜井井壁侧压力的影响，能够有效防范和解决溜井的悬拱堵塞问题。本章主要采用理论分析、物理实验和数值模拟相结合的方法，重点研究井内矿岩散体在重力作用下，其松散特性随井内储矿高度及其在井内滞留时间的变化规律，为防范和解决溜井的悬拱堵塞问题提供理论基础。

7.1　井内矿岩散体的重力压实特性

矿山生产过程中，溜井底部放矿具有间歇性特征。由于溜井结构上的特点和使用上的要求，井内储存的矿岩散体可以看作矿岩块在长筒状空间中的堆积体。这种堆积体因其自身容重和堆积高度较大而具有明显的重力压实特性，其内部空隙率的分布会随堆积高度的变化而变化。矿山生产过程中，为满足生产要求，通常会在溜井储矿段内暂时堆积或储存这些矿岩块，且储矿高度一般会超过 30m，达到 200～300m，甚至更高。溜井储矿段内，上部矿岩散体对底部矿岩散体产生的重力压实作用，实质上改变了矿岩散体内部空隙率的分布，使矿岩散体的流动性变差，增大了溜井内矿岩散体产生悬拱的概率[35]。

溜井储矿段内，由于矿岩散体内部存在的空隙结构，使其具备重力压实的基本条件。影响井内矿岩散体重力压实特性的因素较多，其中井内储存的矿岩散体的高度、矿岩散体内部的空隙分布与空隙率的大小，是影响重力压实特性的重要因素。溜井储矿段内储存的矿岩散体内矿岩块的物理力学特性、形状与几何尺寸、矿岩块的空间排列方式、粉矿含量及含水率等，均会影响矿岩块之间、矿岩块与井壁之间的接触方式，从而影响井内矿岩散体内部的空隙分布和矿岩散体的重力压实特性，对井内矿岩散体的流动性产生影响。

7.1.1　井内矿岩散体的重力压实作用

溜井底部放矿时，井内矿岩散体在重力作用下不断向放矿口移动。由于矿山生产组织方面的原因，溜井底部的放矿是不连续的，具有暂歇性特点。溜井底部停止放矿时，井内储存的矿岩散体会产生重力压实现象，且随着矿岩散体表面以下深度的增加，重力压实的作用效果越明显。

对于井筒半径为 r 的溜井储矿段而言，取其高度微元 Δh，假定微元内矿岩散体的密度为 ρ_0，则该微元内矿岩散体的质量 ΔW 为

$$\Delta W = \pi r^2 \Delta h \rho_0 \tag{7.1}$$

由式（7.1）可以看出，对于特定的溜井，在其几何尺寸一定时，决定该微元内矿

岩散体质量的变量为矿岩散体的密度 ρ_0。当溜井内的储矿高度微元 Δh 内的矿岩散体的质量不变时，溜井内的矿岩散体密度 ρ_0 是一个与其松散体积有关的量。因此，井内矿岩散体在不同位置处的高度微元范围内的质量是不同的，高度微元在矿岩散体表面以下的位置越深，其质量 ΔW 会越大。

产生这种情况的主要原因是，该高度微元 Δh 范围内的体积 V_0 在上覆矿岩散体的重力压实作用下，其内部空隙受到了压缩，使该高度微元范围内的体积 V_0 变小。这种重力压实作用会使溜井储矿段内下部矿岩散体内部的空隙率分布发生改变，导致储矿段内的矿岩散体流动性变差，最终可能引起溜井堵塞。

重力压实作用对井内矿岩散体流动性的影响主要表现在以下两个方面：

（1）受矿岩散体自重影响，上部矿岩散体会对下部矿岩散体产生压实作用，改变下部矿岩散体内部的空隙率分布状态，进而影响井内矿岩散体的流动特性，加大了溜井堵塞的概率。当溜井底部放矿较长时间停滞时，井内矿岩散体在较长时间的重力作用下，滞留在溜井储矿段内的矿岩散体内部的空隙不断被压缩，空隙率降低，影响了井内矿岩散体的流动性。

（2）井内矿岩散体被压实后，矿岩散体内矿岩块之间、矿岩块与溜井井壁之间的空间排列方式、接触方式等，均发生了变化，使矿岩散体结构体系的变形压力增大，变形压力通过矿岩块之间的相互传递，对溜井井壁产生了更大的侧压力。当溜井底部恢复放矿时，矿岩散体与井壁之间的摩擦力也相应变大，增加了溜井产生悬拱的概率。

7.1.2 井内矿岩散体空隙率的实验测定

以相似理论为基础，通过建立溜井储矿段实验室模型，研究井内储矿高度对矿岩散体内部空隙率的影响，能够解决矿山生产现场环境复杂和空隙率无法测量的问题。

1. 矿岩散体内部空隙率的实验测定方法

矿岩散体内部空隙率的测定选用注水法，通过水体积测量矿岩散体内部空隙率大小。根据现场实际，按照几何相似和材料相似的原则，保持溜井实验模型与矿山实际溜井储矿段形状相似，矿岩块粒径、溜井井筒直径及储矿段高度与矿山实际保持相似，采用 1∶20 的相似比进行实验，如图 7.1 所示。

（a）50mm 处　　（b）150mm 处　　（c）250mm 处　　（d）350mm 处　　（e）400mm 处

图 7.1　矿岩散体空隙率的注水法测定

溜井储矿段模型由透明亚克力管制作，以便于观测矿岩块在溜井内的赋存状态及注水后的水位高度；在模型外侧粘贴有标尺，用来测量水位高度；放矿漏斗由透明亚克力管制作，放矿口倾角为 55°。储矿段物理实验模型的主要参数如表 7.1 所示。

表 7.1　储矿段物理实验模型的主要参数

模型比例	模型井筒直径/m	模型高度/m	矿岩散体相似性
1:20	0.3	1.2	现场采集

由于矿岩散体中的粉矿含量及含水率对注水法测量空隙体积影响较大，因此按表 7.2 给出的粒径及组成比例准备实验用矿岩散体，矿岩块的粒径分布为 5～28mm，满足正态分布。按表 7.2 给定的粒径和级配组成进行实验，并假定实验过程中储矿段内粉矿含量、含水率均为恒定值，矿岩散体内部的空隙率变化不会受其影响而改变。

表 7.2　矿岩散体内矿岩块的粒径组成

粒径大小/mm	5～12	12～20	20～28
粒径组成/%	25	55	20

实验时，将矿岩散体装满储矿段井筒模型（高度为 1200mm），并分别在距实验装置标尺 0 刻度以上每 50mm 的高度范围，测量矿岩散体的空隙率。测量时，通过沿井壁缓慢注水的方式，向储矿段井筒注水（图 7.1），获得标尺 0 刻度以上不同高度范围内的注水量，作为该范围内矿岩散体的空隙体积。最后计算矿岩散体内部的空隙率。

2. 空隙率实验测定步骤

（1）将按表 7.2 准备好的矿岩散体缓慢填装入井筒模型内，使其保持自然堆积状态，避免冲击对矿岩散体松散特性的影响，以减少实验误差。

（2）井筒模型内的矿岩散体装满（即填装高度为 1200mm）后，通过模型内壁粘贴的细小软管向井筒模型内缓慢注水，待水位上升至测量高度时，记录标尺 0 刻度以上每 50mm 高度范围内的注水量，即为该高度范围内矿岩散体的空隙体积。

（3）按标尺 0 刻度以上每 50mm 高度，分别计算井筒模型内的矿岩散体体积，作为该范围内的矿岩散体自然堆积体积。

（4）实验过程中，水位每上升 50mm 记录一次注水量，并根据式（2.1）计算该层的空隙率大小，直至实验完成。

重复上述实验过程 3 次，并对不同高度处的矿岩散体内部的空隙率值进行加权平均，以减小误差。重复实验时，须将井筒模型内的矿岩散体全部倒出，并晾干表面水分，然后重新装入井筒模型内测量空隙率。

3. 空隙率的实验测定结果及变化规律

根据储矿高度为 1200mm 时的 3 次实验结果，对不同储矿高度下获得的矿岩散体内部空隙率数据进行加权平均，并绘制溜井储矿段内储矿高度与矿岩散体内部空隙率之间变化的关系曲线，如图 7.2 所示。

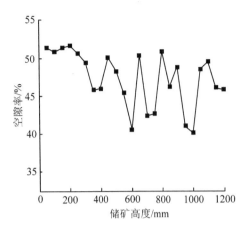

图 7.2 不同储矿高度条件下空隙率分布特征

由图 7.2 可以看出，不同储矿高度下，井内矿岩散体内部的空隙率分布具有如下特征：随矿岩散体表面以下深度的增加，矿岩散体内部的空隙率总体上呈现由高到低的变化趋势，表现出稳定→降低→波动的变化规律。在储矿段上部，即在矿岩散体表面以下300mm 的深度范围内，空隙率整体变化不大，基本稳定在 52%左右。其主要原因是，在该区间内矿岩散体的质量变化不大，矿岩散体的重力压实作用较小，对矿岩散体内的矿岩块的排列方式与接触方式影响不大；在矿岩散体表面以下 300～500mm 的深度范围内，空隙率先降低而后上升，由 52%下降至 45%左右，然后又上升到 50%左右；当深度变化到矿岩散体表面以下 600mm 深度时，空隙率迅速下降到了 40%左右；之后，随矿岩散体表面以下深度的增加，空隙率始终在 40%～50%之间波动变化。

7.1.3 井内矿岩散体内部空隙率的理论计算

溜井内矿岩散体的重力压实特性，与散体内部的空隙率大小及其分布特征密切相关，相同粒径和相同形状的矿岩块组成的散体结构，其内部空隙率越大，重力压实特性越好；空隙率越小，重力压实特性越差。井内矿岩散体的流动性好坏也与内部空隙率的大小相关，空隙率越大，矿岩散体的流动性越好；空隙率越小，则流动性越差。因此，在研究井内矿岩散体内部空隙率及其分布特征的基础上，分析矿岩散体的重力压实特性和流动性之间的关系，对于研究井内矿岩散体的重力压实作用对井内矿岩散体流动性的影响和探究溜井堵塞原因具有重要的意义。

1. 井内矿岩散体的质量与空隙率的关系

由于井内矿岩散体受重力压实作用的影响，溜井储矿段内储存的矿岩散体在垂直方向上的质量呈现出非均匀分布的特征。对于图 7.3 所示的溜井结构，若井内储存的矿岩散体的高度为 h，可通过以下方法，计算求得井内储存的矿岩散体的总质量。

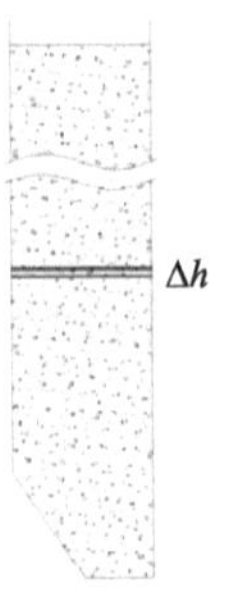

在储矿高度 h 范围内，假设 ρ 为矿岩散体的密度（kg/m³），r 为溜井储矿段的井筒半径（m），取储矿高度微元 Δh，则微元 Δh 范围内的矿岩散体的质量 m 为

$$m = (1-\eta')\rho\pi r^2 \Delta h \qquad (7.2)$$

式中，η'为高度微元内矿岩散体的空隙率（%）；Δh 为储矿高度微元（m）；h 为储存的矿岩散体的总高度（m）。

图 7.3 溜井结构

因此，储矿段内储存的矿岩散体总质量可通过式（7.3）计算，该式即为井内矿岩散体质量与矿岩散体内部空隙率之间的关系模型：

$$m_{\text{总}} = \int_0^h \left(1 - \eta'\right) \rho \pi r^2 \mathrm{d}h \tag{7.3}$$

式（7.3）中，矿岩散体内部的空隙率 η' 可采用 2.2.2 节给出的空隙率表征的分维法，即通过统计矿岩散体内矿岩块的特征尺度及分形维数的方法计算得出。

结合式（2.12）和式（7.3），可得到储矿段内矿岩散体的总质量与矿岩块的特征尺度及分形维数的关系模型：

$$m_{\text{总}} = \int_0^h \left[1 - \left(\frac{S_n}{L}\right)^{3-D}\right] \rho \pi r^2 \mathrm{d}h \tag{7.4}$$

在已知矿岩散体密度 ρ、溜井井筒半径 r 时，通过不同高度处的散体级配及其矿岩块块数，统计矿岩散体内的矿岩块的特征尺度和计算分形维数，可根据式（7.4）计算得到储矿高度、矿岩散体总质量及不同高度处的空隙率大小。

2. 矿岩块特征尺度及分形维数

基于 7.1.2 节进行的井内矿岩散体内部空隙率的实验室测量，分别对距离矿岩散体表面以下 50mm、150mm、250mm、350mm 和 400mm 深度处的矿岩散体取样，每一处所取的样品量为 500g，对不同粒径的矿岩块进行测量，并通过式（2.9）计算矿岩散体内矿岩块的特征尺度。最终，根据式（2.7）和式（2.8）计算该高度处的矿岩散体内矿岩块的分形维数，如表 7.3 所示。

表 7.3　不同高度的矿岩块特征尺度与分形维数

距离矿岩散体表面高度/mm	50	150	250	350	400
特征尺度	29.3	27.9	29.5	27.4	26.8
分形维数	2.196	2.199	2.231	2.173	2.162

3. 不同高度处矿岩散体内部的空隙率

根据 2.2.2 节给出的矿岩散体内部空隙率的表征方法，依据表 7.3 列出的不同高度处矿岩散体内矿岩块的特征尺度和分形维数，在求得矿岩材料常数 C 和空隙体积 V_p 后，即可根据式（2.12）计算得到与物理实验相同高度处的矿岩散体内部的空隙率，结果如表 7.4 所示。

表 7.4　矿岩散体内部空隙率理论计算结果

距离矿岩散体表面高度/mm	50	150	250	350	400
空隙率理论数值	0.515	0.509	0.515	0.472	0.462

7.1.4　空隙率理论计算与实验结果误差分析

根据井内矿岩散体同一高度处内部空隙率理论计算与物理实验结果（表 7.5）可以看出，两者之间存在一定的误差。误差产生的主要原因包括：矿岩块的随机性，矿岩块不规则形状及其在储矿段内的随机排列，模型内装填矿岩块的动态过程中矿岩块的不规则运动等，均会影响实验结果；在相似实验中粉矿含量及矿岩块本身的孔隙性，也会影响采用注水法通过测量水的体积所获得的空隙体积，进而造成实验误差。

表 7.5　空隙率理论计算与实验结果对比

距离矿岩散体表面高度/mm	50	150	250	350	400
空隙率理论数值	0.515	0.509	0.515	0.472	0.462
空隙率实验数值	0.520	0.518	0.509	0.463	0.460

由表 7.5 可以看出，空隙率的理论计算结果与实验结果存在一定误差，但进行误差计算后可知，最大误差不超过 2%。相比之下，实验结果更具有可靠性。

对表 7.5 的空隙率理论计算结果与实验结果进行拟合，得到井内矿岩散体表面以下 400mm 深度范围内的空隙率与储矿高度的关系如下：

$$\eta = -0.011\left(\frac{h-2200}{1200}\right)^2 - 0.02\left(\frac{h-2200}{1200}\right) + 0.51 \tag{7.5}$$

式中，η 为储矿段内矿岩散体内部的空隙率（%）；h 为距离矿岩散体表面的高度（m）。

拟合后的曲线特征如图 7.4 所示。

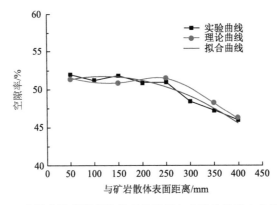

图 7.4　空隙率随高度变化的理论计算与实验结果拟合曲线特征

因此，在同一范围内的储矿段某一高度下，矿岩散体的实体体积所占比例 V_v 的计算式为

$$V_v = 0.011\left(\frac{h-2200}{1200}\right)^2 + 0.02\left(\frac{h-2200}{1200}\right) - 0.49 \tag{7.6}$$

从矿岩散体内部空隙率随矿岩散体表面以下深度变化的理论计算与实验结果的拟合曲线（图 7.4）可以看出：

（1）在距离井内矿岩散体表面以下 250mm 深度范围内，矿岩散体几乎不受重力压实作用的影响，处在自然堆积状态下，矿岩散体内部的空隙率在 50%左右，并出现波动现象。

（2）在距离矿岩散体表面以下 250～400mm 的深度范围内，重力压实作用开始显著影响井内矿岩散体的空隙率，空隙率骤然降低，达到空隙率变化的最大值，约为 46%。

7.1.5 空隙率随储矿高度变化的特征及其机理

1. 重力压实下矿岩散体内部空隙率的变化特征

为研究空隙率随储矿高度变化的特征，对图 7.2 给出的物理实验结果进行拟合分析，得到矿岩散体内部空隙率随储矿高度变化的趋势特征，如图 7.5 所示。

趋势线的特征方程为

$$\eta = -0.5024\left(\frac{h-625}{353.6}\right)^4 + 0.1601\left(\frac{h-625}{353.6}\right)^3 + 2.631\left(\frac{h-625}{353.6}\right)^2 - 2.031\left(\frac{h-625}{353.6}\right) + 45.54$$

（7.7）

式（7.7）即为井内矿岩散体内部空隙率的变化特征方程，根据该式即可求出井内任意高度处的矿岩散体内部的空隙率。

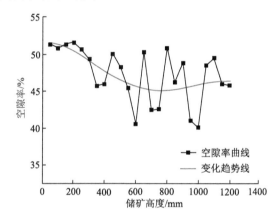

图 7.5 空隙率随储矿高度变化的趋势特征

同样，根据矿岩散体的实体体积与其内部空隙体积之间的关系，可以得到整个井内储存的矿岩散体的实体体积所占比例 V_v 随储矿高度变化的特征方程，表示如下：

$$V_v = 0.5024\left(\frac{h-625}{353.6}\right)^4 - 0.1601\left(\frac{h-625}{353.6}\right)^3 - 2.631\left(\frac{h-625}{353.6}\right)^2 + 2.031\left(\frac{h-625}{353.6}\right) - 44.54$$

（7.8）

式（7.7）反映了井内矿岩散体内部空隙率 η 与井内矿岩散体表面以下深度 h 之间呈幂函数关系。随着矿岩散体表面以下深度的不断增加，矿岩散体内部空隙率 η 不断减小，但其减小速度逐渐减慢。式（7.8）则反映出矿岩散体表面以下深度 h 处，矿岩散体的实体体积 V_v 和 h 之间呈正比关系，即随着 h 的不断增大，矿岩散体的实体体积也在逐渐增大。

由于井内矿岩散体内部空隙率 η 在 h 范围内并不是均匀分布的，因此结合式（7.2）和式（7.7），可得出高度微元 Δh 范围内的矿岩散体的质量 M 为

$$M = \left[0.5024\left(\frac{h-625}{353.6}\right)^4 - 0.1601\left(\frac{h-625}{353.6}\right)^3 - 2.631\left(\frac{h-625}{353.6}\right)^2 \right.$$
$$\left. + 2.031\left(\frac{h-625}{353.6}\right) - 44.54 \right]\rho\pi r^2\Delta h \tag{7.9}$$

因此，根据式（7.4）和式（7.9），可得出储矿段内储存的矿岩散体的总质量为

$$M_{总} = \int_0^h \left[0.5024\left(\frac{h-625}{353.6}\right)^4 - 0.1601\left(\frac{h-625}{353.6}\right)^3 - 2.631\left(\frac{h-625}{353.6}\right)^2 \right.$$
$$\left. + 2.031\left(\frac{h-625}{353.6}\right) - 44.54 \right]\rho\pi r^2\mathrm{d}h \tag{7.10}$$

通过式（7.10）可以发现，井内储存的矿岩散体的总质量也与储矿高度呈幂函数关系，是通过空隙率表征的矿岩散体的实体体积对高度的积分，得到的总质量与高度及空隙率之间的关系。

2. 空隙率随储矿高度变化的机理

溜井储矿段中，矿岩散体内部空隙率随储矿高度产生变化的机理主要表现在以下几个方面。

（1）井内矿岩散体不受溜井底部放矿扰动影响时，重力作用成为影响矿岩散体内矿岩块的空间位置、排列方式及矿岩块之间接触方式的主要扰动源。受储矿段上部矿岩自重影响，下部矿岩散体处于压实状态，且随上部矿岩质量的不断增加，下部矿岩散体被压实的程度也在增加，呈现出随储矿高度变化的特征。

（2）受矿岩块的随机排列方式、接触方式与粒级组成等的影响，矿岩散体内产生了小块矿岩在大块矿岩的排列间隙中"穿越"的现象，使矿岩散体内部的空隙率产生了变化。这种"穿越"主要取决于小块矿岩的粒径与大块矿岩之间的空隙大小的匹配程度，对空隙率的影响取决于实现"穿越"的小块矿岩数量的多少。实验中发现，在距矿岩散体表面以下 400～500mm 的深度范围内，小块矿岩受重力作用的影响，从大块矿岩之间的空隙向下移动，致使下部矿岩散体内部空隙率降低而变得更为"紧实"。

（3）井内矿岩散体内矿岩块的空间排列形态、接触方式与特征尺度，对散体结构内部的空隙率产生了影响，矿岩块的形状及其空间排列形态，又对矿岩块之间的接触方式产生较大影响。在矿岩块的点、线、面 3 种接触方式中，面接触方式形成的矿岩块之间的空隙最小，且接触面积越大，散体结构内部的空隙就越小。矿岩块的特征尺度越大，矿岩块之间形成点接触和线接触方式的可能性越大，散体结构内部的空隙也越大；特征尺度越小，则形成的空隙越小。

（4）随着井内储矿深度的增加，重力压实作用对下部矿岩散体内空隙率的影响变小。在储矿深度超过矿岩散体表面以下 600mm 后，空隙率并没有随储矿深度的增加产生明显变化，矿岩块的排列方式，已达到或接近单位体积内的最优堆积方式，即矿岩散体内部存在空隙率极限值及矿岩散体不可压缩的极限密度。

（5）"散体拱桥"的出现影响了矿岩散体内部空隙率随高度变化的特征。"散体拱

桥"是井内矿岩散体在重力、内摩擦力以及矿岩散体内矿岩块与井壁之间摩擦力等作用下，在矿岩散体内部形成的一种结合较为紧密的散体结构。"散体拱桥"的产生具有一定随机性，与矿岩散体内矿岩块的排列方式、矿岩块之间的接触方式、矿岩块与井壁的接触方式有关。"散体拱桥"具有一定的暂时稳定性，一旦其内部体系的受力平衡被打破，"散体拱桥"随即会发生"坍塌"。"散体拱桥"出现时，在其上、下及"散体拱桥"内的空隙率分布特征存在较大差异。若"散体拱桥"坍塌，则会引起空隙率的重新分布；若"散体拱桥"不坍塌，则可能会引起溜井堵塞。

7.2　重力压实下的溜井井壁侧应力

矿岩散体不同于连续介质，其通常是一个自然的非线性系统。溜井内的矿岩运动时，会发生散体结构和矿岩块自身两种变形。散体结构变形来自组成散体的矿岩块的多变性，主要表现在组成散体的矿岩块的空间位置、接触方式和排列方式的变化，矿岩块的自身变形来自矿岩块之间发生的碰撞和挤压，使其几何形状发生变化。对于溜井内储存的矿岩散体而言，如果将井壁视为刚性边界，矿岩散体受到井壁的约束而形成了圆柱状散体结构，成为侧壁受限的散体结构系统。矿岩块之间的碰撞和摩擦作用，通过矿岩块之间的相互接触，以力链的方式传递，在影响井内矿岩散体流动特性的同时，也向溜井井壁结构施加了纵向应力及横向应力。

因此，对于溜井井壁承受的矿岩散体压力，本节将通过理论分析并辅以实验测试，重点研究重力压实条件下，井内矿岩散体变形对井壁侧应力带来的影响，并揭示其特征与变化规律。

7.2.1　井壁侧应力分布理论分析

颗粒类物质具有复杂的力学特性，对于筒仓这种特殊结构，其仓内储料压力的分布规律较为复杂[221]。在筒仓侧应力问题研究初期，大多认为筒仓侧应力会随着储料高度的增加而增加，并呈线性增长趋势。1883 年，英国科学家 Roberts[222]研究粮仓问题时发现，粮仓底面所承受的压力在粮仓堆积高度大于其两倍直径后不再增加；筒仓侧应力与储料储存高度之间并不是线性关系，当储存高度大于其直径两倍时，侧应力呈现曲线分布形式，即储料下部侧应力大小不会随储料高度的增加而呈线性增加。

随着问题研究的不断深入，1895 年，德国工程师 Janssen[99]发现粮仓中的颗粒类物料会将竖直方向的力转移到水平方向上，并认为颗粒之间及颗粒与仓壁之间存在的摩擦力，使多余的一部分纵向应力转移到了仓壁上。基于一定的假设，Janssen 根据静力平衡的原理，推导出了著名的 Janssen 公式。到目前为止，根据静力平衡原理推导出的 Janssen 公式仍是筒仓结构设计的重要准则之一[223]。

1. Janssen 理论

Janssen 理论的核心思想是筒仓内的储料与仓壁之间处于临界滑动状态时，在某一水平面上，仓壁所受到的侧压力与该平面的垂直压力成正比。Janssen 理论基本上反映了散体的垂直压力随其深度和仓体或类仓体几何尺寸的变化规律[224]。Janssen 理论的基本假设主要如下：

（1）筒仓内的颗粒类物料在垂直方向上的重力密度不变；

（2）在筒仓内的任意一个水平截面上，颗粒类物料受到的垂直压力沿水平方向是均匀分布的，与径向坐标无关；

（3）散体内任意一点的水平压力与垂直压力成比例。

基于上述 3 点假设，对于溜井井内储存的矿岩散体而言，若其单位高度范围内的矿岩散体质量不随该单位高度所在位置的改变而发生变化，则以溜井储矿段中任一高度处的高度为 d*h* 的矿岩散体薄片为微元体，当该微元体的矿岩散体与井壁之间处于临界滑动状态时，矿岩块与井壁之间的摩擦力达到了最大允许值。根据 Janssen 连续介质模型和基本假设，高度为 d*h* 的微元体在临界滑动状态下，作用在其上的力是平衡的。该微元体的力学分析模型如图 7.6 所示。

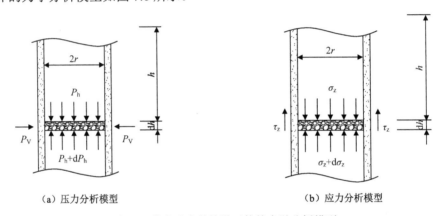

（a）压力分析模型　　　　　　　　　　（b）应力分析模型

图 7.6　井内矿岩散体微元体的力学分析模型

对于溜井井内储存的矿岩散体，已知溜井储矿段的井筒半径为 r，矿岩散体的内摩擦角为 φ，对图 7.6（a）中高度为 d*h* 的微元体进行受力分析可知，该微元体受到的力主要如下：

（1）微元体在重力场作用下受到自身重力载荷 $\pi r^2 \mathrm{d}h\gamma$ 的作用，其中 γ 为散体微元的重力密度。

（2）上部覆盖矿岩块对微元体上表面产生的压力 P_h，下部矿岩块对微元体下表面产生的支撑力为 $P_\mathrm{h}+\mathrm{d}P_\mathrm{h}$。

（3）微元体受到井壁向上的摩擦力 $2\pi r \mathrm{d}h P_\mathrm{V}\mu$ 的作用，其中 μ' 为矿岩块与井壁之间的摩擦系数，$\mu' = \tan\phi$，ϕ 为矿岩块与井壁之间的摩擦角。

由于微元矿岩散体处于临界滑动状态，根据其受力条件，可建立如下受力平衡方程：

$$\pi r^2 P_\mathrm{h} + \pi r^2 \mathrm{d}h\gamma = 2\pi r \mathrm{d}h P_\mathrm{V}\mu' + \pi r^2 \left(P_\mathrm{h} + \mathrm{d}P_\mathrm{h}\right) \tag{7.11}$$

根据 Janssen 理论的基本假设（3），即水平压力与垂直压力成比例，$P_\mathrm{V} = kP_\mathrm{h}$，其中 k 为侧压力系数，$k = \dfrac{1-\sin\phi}{1+\sin\phi}$。

简化式（7.11），得到

$$\frac{\mathrm{d}P_\mathrm{h}}{\mathrm{d}h} + \frac{2k\mu'}{r} \cdot P_\mathrm{h} = \gamma \tag{7.12}$$

求解微分方程（7.12），可以得到

$$P_\mathrm{h} = \frac{\gamma r}{2k\mu'} + Ce^{-\frac{2k\mu'}{r}h} \tag{7.13}$$

对于储矿段井壁受到的侧压力，当 $h=0$ 时，$P_\mathrm{h}=0$。将边界条件代入式（7.13），即可求得积分常数 C 为

$$C = -\frac{\gamma r}{2k\mu'}$$

将积分常数 C 代入式（7.13），即可得到图 7.6（a）中溜井井内矿岩散体深度在 h 处的垂直压力计算公式：

$$P_\mathrm{h} = \frac{\gamma r}{2k\mu'}\left(1 - e^{-\frac{2k\mu'h}{r}}\right) \tag{7.14}$$

根据 Janssen 理论水平压力与垂直压力成比例的基本假设 $P_\mathrm{V} = kP_\mathrm{h}$，即可得到图 7.6（a）中溜井井内矿岩散体深度在 h 处的水平压力计算公式：

$$P_\mathrm{V} = \frac{\gamma r}{2\mu'}\left(1 - e^{-\frac{2k\mu'h}{r}}\right) \tag{7.15}$$

由式（7.15）可知，矿岩散体内的矿岩块静止时，传递给井壁的法向载荷（侧压力），与矿岩散体的物理力学性质（如重力密度、内摩擦角）、溜井的尺寸结构、矿岩块与井壁之间的摩擦系数，以及溜井内部储存的矿岩散体的高度等参数密切相关。

式（7.14）和式（7.15）即为著名的 Janseen 公式，反映了溜井某一截面处井壁承受的矿岩散体的压力源于该截面以上矿岩散体柱的自重应力，其大小与该矿岩散体柱的高度密切相关。

2. Janssen 理论计算溜井井壁侧压力的缺陷

Janssen 理论是基于粮仓的仓壁受力问题的研究建立起来的。粮仓内的颗粒类物料基本上是形状变化不大、颗粒特征尺寸较小且较均匀的颗粒体。相比之下，溜井井内储存的矿岩散体是矿山爆破作业产生的形状各异、块度较大且粒级组成复杂的散体结构。Janssen 公式的理论假设与溜井井内储存的矿岩散体的实际受力情况存在一定偏差，其计算模型只是对溜井井内矿岩散体微元实际受力状态的简化，因此溜井井壁侧压力的理论值与真实值之间存在一定偏差[223]。另外，两种仓内储存的物料特征上的差异，也会导致 Janssen 理论在溜井井壁侧压力计算上存在缺陷，主要表现在以下几方面。

（1）根据 Janssen 理论和其 3 个基本假设可以发现，筒仓内的颗粒类物料在垂直方向上的重力密度不变这一假设，与溜井井内储存的矿岩散体的特征存在较大的差异。受重力压实作用的影响，具有不同尺度特征、形状各异且千差万别的矿岩散体，在溜井内表现出了散体内矿岩块之间不同的排列方式和接触方式，其结果是井内储存的矿岩散体具有随高度变化的空隙率分布特征，因此井内矿岩散体在垂直方向上的重力密度也具有随高度变化的特征。

（2）Janssen 公式通过侧压力系数 k 建立水平压力与垂直压力的关系，并假定 k 为一常数，但实际情况中侧压力系数是随着仓内储料高度的不同而变化的，故导致计算结果与实际情况有一定的出入。在 Janssen 理论的发展过程中，国内外学者做了大量的研究工作，形成了侧压力系数 k 的多种不同的取值方法。例如，孙珊珊等[225-226]基于 Drucker-Prager 准则、Matsuoka-Nakai 准则、Lade-Duncan 准则和统一强度理论推导了平面应变状态下，考虑中间主应力效应的筒仓内储料侧压力系数 k 的表达式；张家康等[227]引入依赖筒仓内储料与仓壁间的摩擦系数 μ' 的无量纲系数 λ，提出了根据总摩擦力确定筒仓内储料侧压力系数的方法，即 $k = \lambda(1 - \sin\phi)$。

对于深度较大的筒仓，各国规范均以 Janssen 公式为基础，采用的侧压力系数计算方法有很大不同，但所有方法均是建立在以散体介质的内摩擦角为基本参数的基础上。例如，《钢筋混凝土筒仓设计标准》（GB 50077—2017）[223]采用的侧压力系数 k 为 Rankine 主动土压力系数，即 $k = \tan^2\left(45° - \dfrac{\phi}{2}\right)$；美国混凝土筒仓规范[228]采用的侧压力系数为静止土压力系数，即 $k = 1 - \sin\phi$，欧洲筒仓规范[229]则以修正的静止土压力系数 $k = 1.1 \times (1 - \sin\phi)$ 作为侧压力系数。由此可见，对于侧压力系数 k 的计算选取，方法不同，最终得到的侧压力的结果也不同。

（3）Janssen 公式是以筒仓中的储料薄片（微元体）与井壁之间处于临界滑动状态时进行的力学平衡分析与公式推导的。对于溜井内储存的矿岩散体而言，矿岩散体与井壁之间处于超临界滑动状态时，或者是流动性较好，或者是密实性较好，溜井井壁受到的散体侧压力或者是比 Janssen 公式计算结果小，或者是比 Janssen 公式计算结果大。所以，采用 Janssen 公式计算出的井壁侧压力值，只是溜井井壁承受的侧压力的一种特殊情况。

（4）由于矿岩散体内矿岩块的块度和形状存在较大的差异，矿岩块与溜井井壁的接触表现出了点、线、面 3 种接触方式的随机性接触特征，这也与粮仓内的颗粒类物料与仓壁的接触方式有所不同。尤其是颗粒的粒度尺寸越小，与仓壁接触的相对表面积越大。对于形状变化不大、粒径较小且较均匀的粮食颗粒，同一平面高度下，与仓壁的接触面积很大，可以认为仓壁受到的散体水平压力是均匀分布的；但对于由形状变化大、块度大而且粒度分布极不均匀的矿岩块组成的矿岩散体，其与井壁接触的点、线、面 3 种接触方式随机出现，使同一平面高度下的矿岩块与井壁的接触表现出非均匀性。因此，溜井井壁受到的矿岩散体水平压力是非均匀分布的。

（5）溜井井内储存的矿岩散体具有相对较大的重力密度，且不同类型的矿岩，其重力密度各有不同，但相比粮仓内的储料，矿岩散体的重力密度要大得多。矿岩散体的重力密度越大，重力压实作用对井内矿岩散体内部空隙率的影响越大，即进一步加剧了散体重力密度在垂直方向上的差异性。

由于上述原因，利用 Janssen 公式计算溜井井内矿岩散体对井壁产生的侧应力时会产生较大的误差。为厘清这一误差，在后续内容中仍将利用 Janssen 公式，对 7.1.2 节的物理实验条件下采用的矿岩散体对溜井储矿段的井壁侧压力进行计算，并对计算结果与实验结果进行对比分析，分析 Janssen 公式计算结果与实验结果的差异性与规律性，研究重力压实作用对井壁侧压力的影响。

3. 井壁侧应力计算结果

在 7.1.2 节的物理实验中，所采用的矿岩散体的重力密度 γ 为 23.2kN/m³，根据实验室测定结果，矿岩散体的内摩擦角 ϕ 为 28.5°。将此 ϕ 值代入 $k=\dfrac{1-\sin\phi}{1+\sin\phi}$ 计算，得到井壁的侧压力系数 k 为 0.3540；代入 $\mu'=\tan\phi$ 计算，得到矿岩散体与仓壁之间的摩擦阻力系数 μ' 为 0.5430。

为研究重力压实作用对溜井井壁侧压力的影响，先利用 Janssen 公式进行溜井储矿段的井壁侧压力的理论计算。计算时，基于前面得到的 γ、k 和 μ' 值，结合将建立的井壁侧压力相似模拟实验平台（图 7.7）的相关几何参数，采用式（7.15）分别计算溜井井筒模型中，距放矿漏斗下底口 0.58m、0.75m、0.92m、1.09m、1.26m、1.43m、1.60m 和 1.77m 处的井壁侧压力，得到的储矿段不同高度处井壁侧压力理论计算结果如表 7.6 所示。

表 7.6　井壁侧压力理论计算结果

压力测量点高度/m	0.58	0.75	0.92	1.09	1.26	1.43	1.60	1.77
井壁侧应力/Pa	3087.13	3022.96	2923.75	2770.40	2533.32	2166.82	1600.25	724.40

7.2.2　重力压实下井壁侧压力的变化特征与机理

1. 井壁侧压力测试物理实验模型

为验证和查明重力压实作用对井壁侧应力变化的影响，寻找其变化规律，构建相似模拟实验平台，如图 7.7 所示。实验平台由溜井储矿段模型、压力数据采集装置及动态分析仪组成。其中，储矿段模型由直径为 300mm、高度为 800mm 的两节亚克力管组装，底部放矿漏斗高 350mm。

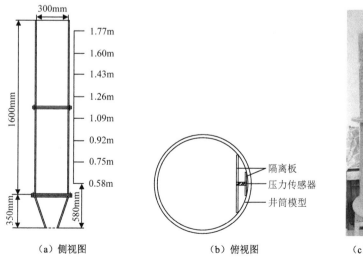

|（a）侧视图 | （b）俯视图 | （c）测试模型实物 |

图 7.7　井壁侧压力相似模拟实验平台

如图 7.7（a）所示，自放矿漏斗的下底面向上，在距下底面 580mm 高度处，采用图 7.7（b）所示的方式安装第 1 个压力传感器，然后每间隔 170mm 各安装 1 个压力传感器，模型上共安装 8 个 HZC-TD1-30KG 型压力传感器。溜井井筒使用透明亚克力管制作，以便于观测矿岩散体在储矿段内的状态。将其分为上下两节，采用法兰连接，以便于分段向溜井模型填装矿岩散体，防止因高度过大，使后期填装矿岩散体对已经填装好的散体产生冲击夯实作用，以保证填装矿岩的自然松散状态。在井筒模型中设置隔离板[图 7.7（b）]，并在两块隔离板之间安装压力传感器，将传感器的数据线通过在井壁上提前钻的小孔引出，与 10 通道压力数据动态分析仪连接。图 7.7（c）中的压力数据动态分析仪用来采集重力压实过程中各测点的压力演化过程信息，分析各测点的压力变化规律。

图 7.7（b）中，隔离板的作用是防止矿岩散体直接作用于压力传感器上，以免造成实验数据误差或实验过程中传感器损坏。为保证压力测定效果，靠近井筒中心线的隔离板采用宽 150mm、高 800mm、厚 2mm 的亚克力板；在靠近井筒中心线的隔离板上嵌有 8 个直径为 60mm、厚 3mm 的圆形亚克力板，沿挡板纵向排列，以此保护传感器，避免矿岩块的尖锐面与传感器直接接触。安装传感器时，传感器前端与该圆形亚克力板接触，矿岩块则与该亚克力板的另一面接触。靠近井壁一侧的隔离板钻有与传感器直径相同的小孔，以方便固定压力传感器。图 7.7（c）中的底座采用白钢方管制作，用以固定井筒模型，保障模型的稳定性，同时为底部放矿提供空间。

实验采用密度为 $3.4 \times 10^3 kg/m^3$ 的磁铁矿矿石，矿岩块的粒度按照 1∶20 的相似比，其粒级组成如表 7.2 所示。实验时，在储矿段模型内填装矿岩散体至 1.85m（包括放矿漏斗高度），其中，井筒模型中的填装高度为 1.50m，模拟矿山溜井的井内储矿高度 30m。填装矿岩散体时，为防止因冲击造成矿岩散体夯实，须将矿岩缓慢地平铺至井筒内。

2. 井壁侧压力的变化特征

实验平台组装结束并检查无误后，接通电源并调整设置好相关参数。将准备好的矿岩散体填装到井筒模型内至实验设计高度，开始进行井壁侧压力测量，其间每 8h 采集 1 组数据，以每天 3 组数据的平均值作为该天的最终数据。

实验共持续 52 天，得到 8 个测点的井壁侧压力随时间变化的曲线，如图 7.8 所示。

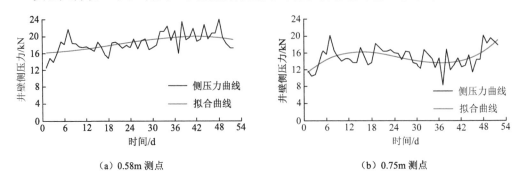

（a）0.58m 测点　　　　　　　　　（b）0.75m 测点

图 7.8　各测点的压力演化过程与特征

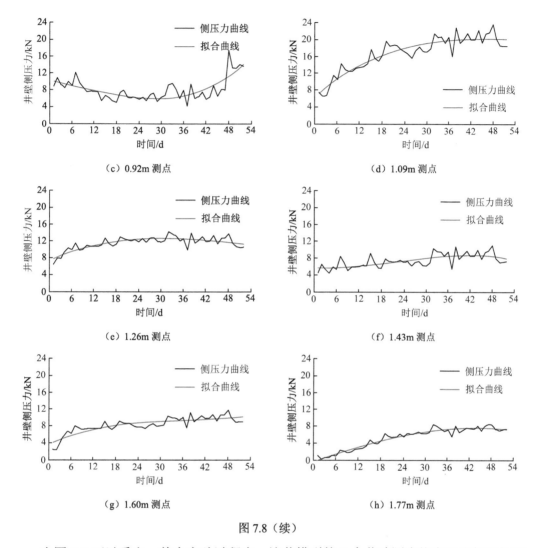

图 7.8（续）

由图 7.8 可以看出，整个实验过程中，溜井模型的 8 个井壁测点均表现出极强的随时间变化的规律性，反映出矿岩散体的重力压实特性，同时也反映出溜井模型底部停止放矿时，井内矿岩散体对井壁侧压力的作用，主要特征如下：

（1）溜井不同高度处的井壁侧压力随时间的增加，呈现出前期不断增长，后期趋于稳定的演化过程。在这一过程中，矿岩散体在重力作用下，汇成散体的矿岩块之间的空隙不断被压缩，散体内部的空隙率降低，重力压实作用突显。

（2）不同高度下，井壁侧压力呈现出明显的随储矿深度增加压力增长的重力影响特征，但增长的速率和路径却有很大的不同。

（3）同一储矿高度下，井壁侧压力的变化并不是随时间的增加呈线性增长，是围绕其增长趋势线上下波动。这一现象说明在重力作用过程中，矿岩散体不断克服内摩擦力的作用而向下移动，压缩其深部散体内的空隙。在这一过程中，该高度处的矿岩散体的密实度降低，空隙率增加，最终降低了作用在井壁上的侧压力。与此同时，该高度处的矿岩散体又受到了其上部散体的压实作用，增加了其密实度，降低了散体内部的空隙率，使井壁的侧压力又一次增加。

（4）重力作用时间越久，井壁侧压力越大。井内矿岩散体在较长时间的重力压实作用下，由于散体内部矿岩块排列方式和接触方式的变化，空隙率降低，使散体内矿岩块之间的接触更为密实，散体结构的变形进一步加大，传递到井壁上的散体结构变形压力越大。这在一定程度上反映出散体内部空隙率、井壁侧压力大小与重力压实作用效果之间存在较为密切的关系，即同一储矿高度下，散体内部的空隙率越大，井壁侧压力越小，重力压实作用效果越明显；空隙率越小，井壁侧压力越大，重力压实作用效果越不明显。

（5）矿岩散体在重力压实作用下产生"微动"，使散体内矿岩块之间的排列方式与接触方式发生改变，给矿岩块之间传递散体结构变形压力的力链的强弱及稳定性带来了影响。力链强时，井内矿岩散体内形成"散体拱桥"，力的传递效果好，井壁受到的侧压力大；力链弱时，"散体拱桥"垮塌，力的传递效果变差，井壁侧压力降低。

因此，这些特征的发现，对于指导溜井生产具有较好的现实意义。

3. 井壁侧压力的变化机理

通过对重力压实作用下溜井井壁侧压力的测试结果与变化特征分析，井壁侧压力产生变化的主要机理表现在以下几方面：

（1）矿岩散体内矿岩块特征尺度的多变性、块体形状的复杂性、空间排列方式的随机性，以及矿岩块之间、矿岩块与溜井井壁之间接触方式的不确定性，使得本身只受自身重力、内摩擦力和井壁约束力作用的矿岩散体成为散体内部力学作用机制极为复杂的散体结构体系。其中，内摩擦力和井壁约束力成为形成"散体拱桥"的主要力系，并对形成"散体拱桥"的矿岩块及"散体拱桥"上部矿岩散体的质量起到支撑作用。

（2）重力压实下，矿岩散体作用在溜井井壁上的压力大小，与矿岩散体内部的空隙特征有一定的关系。根据前面的研究，矿岩散体内部空隙率的大小与散体内矿岩块的空间排列方式、矿岩块与矿岩块之间的接触方式，以及矿岩块与井壁之间的接触方式密切相关。散体内部的空隙率越小，矿岩块之间的接触越紧密，散体结构的变形就越大，矿岩块之间力的传递效果就越好，也越容易形成"散体拱桥"。

（3）从力链角度看，井内矿岩散体内部形成的"散体拱桥"一定是矿岩散体结构体系中的横向强力链，散体结构的变形压力通过该力链传递到溜井井壁上，使井壁承受的侧压力增大。但随着时间的增加，散体内矿岩块在散体内部力系的影响下，不断调整其空间排列方式与形态，产生"微动"，最终使力链断裂，随后重组。力链发生断裂时，力链传递到溜井井壁上的散体结构变形压力减小，导致作用在井壁上的压力降低。

因此，在井内矿岩散体重力和溜井井壁约束力的作用下，矿岩散体的散体结构内部产生了变形压力，变形压力通过散体内矿岩块之间的力链向溜井井壁传递，构成了井壁侧压力的力源，散体内部矿岩块之间力链的形成、断裂与重组，则是井壁侧压力发生变化的根本原因。

7.2.3　井壁侧应力变化特征及其影响因素

1. 井壁侧应力变化特征

根据 7.2.2 节溜井井壁的侧压力实验室测试结果，将第 1 天的井壁侧压力平均值作为重力压实作用前的井壁侧压力的初始值，取测试结束前 5 天的井壁侧压力平均值作为重力压实后的井壁侧压力值，并分别转换为重力作用前的井壁侧应力值和作用后的井壁侧应力值。

对于重力作用前、后的井壁侧压力，通过式（7.16）将其转换为井壁侧应力，结果如表 7.7 所示。为便于对比分析，将采用 Janssen 公式计算得到的相同测量高度处的井壁侧应力理论值也列入表 7.7。

$$\sigma = \frac{F}{S} \tag{7.16}$$

式中，σ 为侧应力（Pa）；F 为井壁侧压力（N）；S 为侧压力作用的接触面积（m^2）。

根据实验装置布置，井壁侧压力的作用面积为图 7.7（b）中压力传感器垫片的面积，$S=0.00264m^2$。

表 7.7　井壁侧应力变化的理论计算与实验测试值

测量高度/m	井壁侧应力理论值/Pa	井壁侧应力/Pa		
		重力作用前	重力作用后	侧应力增量
0.58	3087.13	4753.79	7297.98	+2544.19
0.75	3022.96	4488.64	7136.36	+2647.72
0.92	2923.75	3371.21	5406.57	+2035.36
1.09	2770.40	2821.97	7507.58	+4685.61
1.26	2533.32	2443.19	4295.45	+1852.26
1.43	2166.82	1742.42	3101.01	+1358.59
1.60	1600.25	946.97	3684.34	+2737.37
1.77	724.40	435.61	2840.91	+2405.30

从表 7.7 可以看出，重力压实作用对井壁侧应力产生了显著影响，重力压实作用前、后的最大应力差为 4685.61Pa，最小侧应力增量也达到了 1358.59Pa。

为了更直观地分析井壁侧应力的变化特征，将不同条件下得到的不同测点处的井壁侧应力值绘制成曲线，如图 7.9 所示。

分析图 7.9 可以发现：

（1）重力压实作用影响前，最大井壁侧应力发生在距放矿口 0.58m 处的测点。自放矿口向上，随井壁侧压力测点的增高，井壁侧应力减小，这一特征符合自重应力随高度变化的影

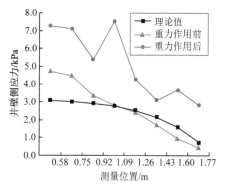

图 7.9　井壁侧应力变化特征

响特征。

（2）重力压实作用影响后，各测点处井壁侧应力均有不同程度的增长，且增长幅度较大。其总体上也表现出了随着井壁压力测点增高而侧应力减小的趋势，只是在 1.09m 测点和 1.60m 测点出现应力增长的突变点。

（3）对比相同测量高度处，0.58～1.09m 四个测点处依据 Janssen 公式计算得到的井壁侧应力，均小于重力压实作用影响前的井壁侧应力；而 1.26～1.77m 四个测点处计算得到的井壁侧应力，均介于重力压实作用影响前和影响后的井壁侧应力之间。

（4）重力压实作用后，井壁的侧应力曲线特征呈现出随压力测点增高而波动下降的态势，与重力压实作用前及利用 Janssen 公式计算得到的侧应力曲线特征有所不同。

2. 影响井壁侧应力分布特征的因素

溜井井壁侧应力的产生，主要源于井内储存的矿岩散体在其重力压实下产生的散体结构变形压力的作用。根据井壁侧应力分布的变化特征，结合溜井内的散体结构变形特征进行分析，影响井壁侧应力分布特征的因素主要表现在以下几方面。

1）井内矿岩散体内部的空隙率影响

井内储存的矿岩散体内部的空隙率既影响散体的重力密度，又与散体内矿岩块的排列方式和接触方式关系密切，因此空隙率对散体体系结构类型具有重要影响。散体内的空隙率越大，散体结构越松散，越容易在重力压实作用下产生较大的变形，这一过程中散体结构积蓄的变形能较小，力的传递效果也差；散体内的空隙率越小，散体结构越紧密，在重力压实作用下积蓄的变形能较大，传递结构变形压力的效果也较好。

因此，在不考虑其他因素影响的条件下，井内矿岩散体内部的空隙越大，井壁的侧应力可能越小；否则，侧应力可能越大。

2）矿岩散体内矿岩块的接触方式影响

受矿岩散体内矿岩块的形状、特征尺度、空间形态和排列方式的影响，矿岩块之间及矿岩块与井壁之间以点、线、面的方式接触。不同的接触方式传递矿岩散体结构的变形压力的能力存在一定的差异，且不同的接触方式，矿岩块之间形成的力链的稳定性及其强弱也存在差异。散体内矿岩块之间的接触面积越小，矿岩块在其他外力的作用下越容易发生转动或移动，容易导致已经形成的力链发生断裂与重组现象，进而影响散体结构变形压力向溜井井壁的传递效果，导致井壁侧应力的大小发生变化。

因此，矿岩散体内矿岩块的接触方式及其接触的紧密程度既影响力链的稳定性与强弱，又影响井壁侧应力的大小，接触面积越大、接触越紧密，井壁的侧应力就越大；否则，侧应力就越小。

3）矿岩散体的重力密度影响

散体的重力密度决定了单位体积内散体质量，进而对重力压实作用产生影响，井内储存的矿岩散体的质量越大，其压实作用越强。散体的重力密度又与散体内部的空隙率关系密切。对于同一矿岩散体而言，散体内部空隙率越大，其重力密度越小，单位体积的质量就越小，表现在重力压实作用方面，压实效果就越差；散体内空隙率越小，其重力密度越大，单位体积的质量也越大，重力压实作用效果就越好。因此，在某种程度上，矿岩散体的重力密度对于井壁侧应力的影响，具有与其对井壁侧压力相同的影响特征。

重力压实作用对溜井内矿岩散体内部空隙率的影响，也间接反映了井内储存的矿岩散体的重力压实对其重力密度的影响[72]。Janssen 公式被广泛应用于筒仓类的侧压力计算研究中，建立了侧压力与筒仓结构参数、储存物料的物理性质等的数学关系，揭示了侧压力与井内矿岩散体高度变化的力学机制。根据 Janssen 公式，可推导出溜井井内储存的矿岩散体在高度 h 处的散体重力密度与井壁侧压力等参数之间的关系：

$$\gamma = \frac{2\mu' P_{\mathrm{V}}}{r\left(1 - \mathrm{e}^{-\frac{2\mu' k}{r} h}\right)} \tag{7.17}$$

由式（7.17）可知，溜井内储存的矿岩散体的重力密度与井壁侧压力存在正比关系，反映出散体的重力密度越大，井壁的侧压力就越大。溜井内储存的矿岩散体的重力密度又与散体内部的空隙率大小有关，重力密度越大，散体内的空隙率越小。

4）井内储存矿岩散体高度的影响

井内储存的矿岩散体的重力压实效果具有随高度增长的特性，井内储存矿岩散体的高度越大，散体的重力压实效果越好，重力压实效果越好，散体结构的变形压力传递效果也越好，由表 7.7 和图 7.9 可以明显看出，井内矿岩散体高度对井壁侧应力的这一影响特征。重力压实作用前，在距溜井底部放矿口 0.58m 和 1.77m 两个测点处，侧应力的差值达到了 4318.18Pa；在经历 52d 的重力压实作用后，两个测点处的侧应力差值达到了 4457.07Pa。其主要原因是测点上方矿岩散体质量的增加，给该测点及其下方的散体带来了更大的压力。

5）压力测点所处位置溜井井筒直径的影响

溜井井筒直径的变化，影响了溜井单位高度范围的矿岩散体的质量变化。直径越大，单位高度内矿岩散体的质量越大，因而能够为下部矿岩散体提供更大的压实重力。对于不同直径的溜井井筒而言，溜井井筒直径的变化对井壁侧应力的影响可以通过 Janssen 理论体现；对于特定的溜井，极少会发生溜井井筒直径变化的情况，因此可以说这种情况下溜井直径的变化不会对井壁侧应力产生影响。

但是，对于溜井底部的放矿漏斗而言，漏斗壁具有一定倾角，其断面的大小是随放矿漏斗高度的变化而变化的。放矿漏斗与溜井井筒连接部位断面面积最大，与井筒断面面积相等；越靠近放矿口，其断面越小；在放矿口处，其断面面积达到最小值。放矿漏斗范围内，单位高度范围内的矿岩散体的质量始终处于变化状态，同时，由于放矿漏斗的结构特殊，漏斗壁还承受了一定的纵向压应力，这与 Janssen 理论的假设相悖。因此，利用 Janssen 公式计算放矿漏斗范围内的井壁侧应力会存在较大的缺陷。

6）矿岩散体在井内滞留时间的影响

井内储存的矿岩散体在溜井底部放矿扰动停止的情况下，随着时间的推移，井壁侧应力也在不断增长。这一变化特征主要是矿岩散体在重力压实作用下，矿岩散体内矿岩块不断发生微小的位移，矿岩块的空间位置与形态、排列方式与接触方式也不断发生变化，使矿岩散体的结构系统产生了变形，变形所产生的压力又不断传递到溜井井壁上，从而使井壁侧压力不断变化。图 7.10 给出了 0.58m、1.09m、1.43m 和 1.77m 4 个压力测点处 52d 的井壁侧压力变化情况。

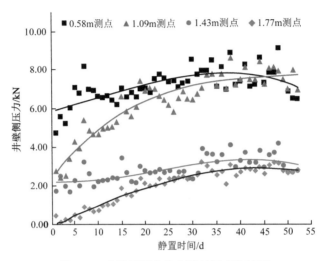

图 7.10　井壁侧压力分布随时间变化特征

由图 7.10 可以看出，不同储矿高度处的井壁侧压力具有明显的随时间变化而变化的特征，随着时间的增加，井壁侧压力总体呈增大的趋势，但不同储矿高度处井壁侧压力增长的速率存在较大差异。表 7.8 给出了井壁侧压力随时间变化的趋势线特征方程。

表 7.8　井壁侧压力随时间变化的趋势线特征方程

距放矿口高度/m	趋势线特征方程	拟合优度指数 R^2
0.58	$\sigma = -0.00003t^3 + 0.0009t^2 + 0.0642t + 5.848$	0.4827
1.09	$\sigma = 0.00004t^3 - 0.0060t^2 + 0.302t + 2.4339$	0.8832
1.43	$\sigma = -0.00004t^3 + 0.0026t^2 - 0.0144t + 2.2303$	0.4633
1.77	$\sigma = -0.00001t^3 - 0.0007t^2 + 0.1185t - 0.0837$	0.9399

由图 7.10 还可以看出，同一储矿高度处的井壁侧压力随时间变化的特征，表现为前期增长速度较快而后期增长缓慢，且随着监测点位置距溜井底部放矿口的距离越近，井壁侧压力变化的随机性也越大。产生这一变化特征的主要原因与矿岩散体内矿岩块之间的空隙被压缩后，散体内部的内摩擦力增大有关。

7.3　重力压实作用的时间影响特征

根据前文的研究，井内矿岩散体在重力压实作用的影响下，会改变散体内部的空隙率和散体结构体系内力的传递与作用效果，进而影响溜井井内矿岩散体的流动性和井壁侧压力的分布状态。井内矿岩散体的重力压实作用效果具有显著的时间影响特征，表现为随矿岩散体在井内滞留时间的延长，重力压实作用的效果越明显[39]。

矿山溜井工程实践中，竖井提升系统的检修、振动放矿机设备维修及更换等，均会暂停溜井底部的放矿工作,从而使矿岩在溜井储矿段内产生了较长时间的滞留。由于散体内矿岩块之间空隙的存在,井内矿岩散体在自重应力的作用下,散体内矿岩块的空间分布状态与接触形式会发生改变,形成井内矿岩散体的另一种运动行为,其结果是使矿岩散体内部的空隙率发生了改变,即产生了重力压实作用效果。目前,对于溜井储矿段内矿岩散体的重力压实作用的研究并不多见,但这种重力压实作用却是影响溜井堵塞、井壁磨损的关键因素之一。其特征表现为重力压实作用的强度与效果是随着溜井角度和井内储存的矿岩散体的高度变化而变化的,且底部停止放矿时间越长,这种压实作用愈加显著[35],对溜井底部恢复放矿后,井内矿岩散体的放出产生的影响越不利。

7.3.1　矿岩滞留时间的影响实验

　　井内矿岩散体的重力压实作用会对溜井储矿段的井壁侧压力和矿岩散体流动性[43]产生一定影响,其中,矿岩散体流动性可以通过单位时间内放出矿岩量(放矿速度)表征[107]。因此,为研究滞留时间对重力压实作用的影响,需要获取不同滞留时间下井壁动、静侧压力及放矿速度。采用自主研发设计的井壁侧压力相似模拟实验平台(见图 7.7),结合称重仪器,实现重力压实作用下井壁侧压力及放矿速度信息的实时采集,为研究提供实验平台及数据支撑。相似模拟实验平台的具体结构与参数详见 7.2.2 节,溜井井壁侧压力监测系统实验装置主要由储矿段模型、数据采集系统和压力传感器组成,如图 7.11 所示。数据采集系统由 12 通道组成,具备实时采集和储存井壁侧压力数据的功能。

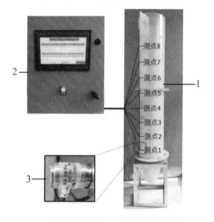

1. 储矿段模型;2. 数据采集系统;
3. 压力传感器。

图 7.11　侧压力测试系统实验装置

1. 实验材料

　　对矿山现场矿石取样测试,测得实验矿石密度 34.0kg/m³、内摩擦角 32°。根据矿山实际矿石散体粒级分布及相似实验比(1∶20),计算得到的矿石散体的粒级组成如表 7.9 所示。

表 7.9　矿石粒级组成

矿石粒径/mm	<10.0	10.0~12.0	12.0~15.0	15.0~30.0	≥30.0
质量占比/%	15	20	30	25	10

2. 实验方案

　　为研究溜井内矿岩散体的滞留时间对重力压实作用的影响,分别进行矿岩散体滞留 0d、5d、10d、15d 和 20d 的 5 组溜井储矿段井壁静、动态侧压力及放矿速度测试。

　　实验时,将准备好的按一定粒级配比(表 7.9)组成的矿石散体装入储矿段模型。

为避免矿石散体的冲击夯实，装矿时应缓慢装入，直至井筒模型内的填装高度达到 1600mm（含放矿漏斗时 1950mm），即填满整个模型。装矿结束后，分别静置 0d、5d、10d、15d 和 20d，首先测定井壁静态侧压力，然后进行溜井底部放矿。

每次采集完静态侧压力数据后，打开放矿漏斗，模拟振动放矿机进行储矿段模型的放矿，在放出井内储存的矿石散体的同时，采集底部放矿条件下的井壁动态侧压力数值。采集动态侧压力数据时，以 30s 内的侧压力的极大值，作为该时段的井壁动态侧压力数据。

溜井模型底部放矿时，模拟振动放矿机出矿的放矿模式，放矿机出矿角度为12°，每放矿 30s 后间歇 60s，利用电子秤称量每次放出的矿石质量，直至储矿段模型内的矿石散体全部放出。

7.3.2 滞留时间对井壁侧压力分布规律的影响

1. 滞留时间对静态侧压力的影响

采用图 7.11 所示的井壁侧压力测试系统实验装置，分别测量溜井底部无放矿时，井内矿岩散体滞留 0d、5d、10d、15d 和 20d 的静态井壁侧压力，得到不同溜井高度处的井壁静态侧压力，如图 7.12 所示。

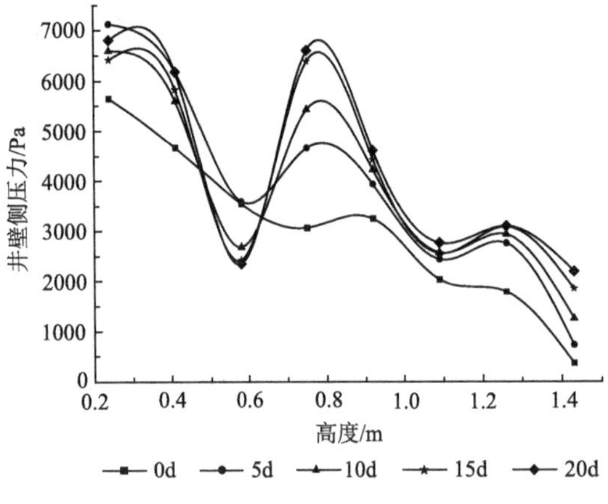

由图 7.12 可知，矿岩散体在井内滞留的时间与井壁侧压力的关系特征表现如下。

（1）整体上，在矿岩散体的不同滞留时间下，井壁静态侧压力随着矿岩散体储存高度的增加呈减小趋势。滞留时间显著影响井壁侧压力及其与矿岩散体储存高度的相关性，矿岩散体高度一定时，随着滞留时间的增加，井壁侧压力呈明显增大趋势。以 0.75m 处测点为例，滞留时间为 0d

图 7.12 滞留时间与井壁侧压力的关系

（模型填装完毕）时井壁侧压力为 3066N，滞留时间为 10d 时侧压力为 5424N，滞留时间为 20d 时侧压力为 6603N，平均每 5d 井壁侧压力增大 700N 左右。

（2）从局部看，部分范围内存在井壁侧压力增大的现象。例如，在 0.58～0.75m 和 1.09～1.26m 范围内，井壁侧压力明显增大。这种现象可能是由重力压实的持续作用，改变了储矿段内矿岩散体矿岩块的接触及排列方式，并使矿岩块接触的紧密程度在不同的高度范围内呈现出的差异所致。散体内矿岩块接触得越紧密，矿岩块之间及矿岩块与井壁之间的作用力越强，井壁的侧压力也越大。

2. 滞留时间对动态井壁侧压力的影响特征

放矿过程中，受井内矿岩散体储存高度下降的影响，模型上部的监测点监测到的数据较少，代表性不大，因此选取底部 1~3 号测点为分析研究对象，分析滞留时间对井壁动态侧压力的影响，如图 7.13 所示。

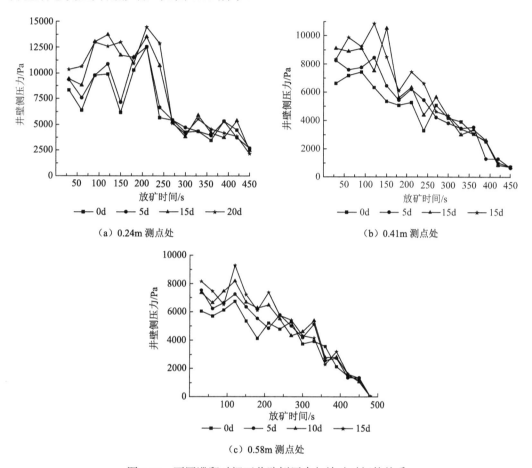

（a）0.24m 测点处

（b）0.41m 测点处

（c）0.58m 测点处

图 7.13　不同滞留时间下井壁侧压力与放矿时间的关系

结合实验现象分析图 7.13 所示井内矿岩散体的滞留时间对井壁动态侧压力的影响，主要表现如下。

（1）整体上，随放矿时间的增加，井壁动态侧压力呈现出先增大后逐渐减小的趋势，动态侧压力峰值并不是放矿一开始就出现，是滞后一段时间。

（2）随着测点高度的增加，到达动态侧压力峰值点的时间不断提前，其峰值与静态侧压力相比均大于静态侧压力，即出现了超压现象[230]。

（3）动态侧压力曲线局部出现振荡。结合实验现象分析，其主要是放矿过程中，散体结构体系内平衡拱的不断建立与破裂所致，使井壁动态侧压力曲线出现了振荡，如图 7.13（a）所示的 60s、150s 和 300s 处。

（4）同一放矿时间下，随着滞留时间的增加，初期侧压力的增大趋势较明显，之后逐渐变缓，说明滞留时间在溜井底部放矿初期对井壁侧压力的影响较大；随着放矿时间的增加，滞留时间对井壁侧压力的影响程度不断减小。

7.3.3 滞留时间对矿岩散体流动性的影响

根据溜井放出的矿岩散体的质量与放矿时间的比值，计算得到井内矿岩散体在不同滞留时间下的流量曲线，如图 7.14 所示。

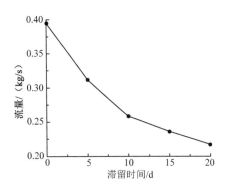

图 7.14 矿岩散体滞留时间变化下的流量图

分析图 7.14 可发现，随着矿岩散体滞留时间的增加，放矿口处流量明显减小，且无滞留时，散体的流量最大，为 0.395kg/s，其流动性最好；滞留 20d 时，流量最小，为 0.218kg/s，流动性最差。0～10d 时，放矿口处流量减小趋势较大；10～20d 时，放矿口处流量减小趋势变缓，滞留时间每增加 5d，流量平均减小 0.035 kg/s。

这一现象表明，矿岩散体在溜井内的滞留时间越长，则溜井底部放矿时，矿岩散体的流动性越差。溜井底部放矿时，单位时间的矿岩流量可以用于表征井内矿岩散体的流动性。

结合井内矿岩散体的滞留时间对静态侧压力（图 7.12）和散体流动性（图 7.14）的影响结果可以得出，矿岩散体在井内滞留的时间越长、井内矿岩散体表面以下的深度越大（图 7.12 中的横坐标数值越小，表明矿岩散体表面以下的深度越大），井壁所受到的侧压力越大，散体内部的空隙率越小，矿岩散体的流动性越差。

这一规律产生的主要原因是，井内矿岩散体在重力载荷的压实作用下，改变了矿岩散体内部的空隙率[72]，使矿岩散体内矿岩块之间的相互接触更为紧密。井内矿岩散体滞留的时间越长，重力压实的持续作用时间越长，散体内部结构体系的力学作用也越复杂，井内矿岩散体形成结拱的条件越充分。重力压实作用过程中，力链是重力载荷在散体内矿岩块之间、矿岩块与井壁之间传递的主要路径。重力载荷传递时，散体内的矿岩块受到了不均匀载荷作用，矿岩块及其与井壁的紧密接触，在矿岩散体结构中形成了力链网络[231-232]，并且，这种力链网络呈现出随时间变化的动态特征。

井内矿岩散体内部的力链网络中，强力链的形成为矿岩散体内部结拱效应的产生提供了力学条件，强力链数量越多，矿岩散体形成结拱的可能性越大。矿岩散体内一旦产生了潜在的结拱条件，这种拱结构将支撑堆积在其上部散体的重力载荷，并通过强力链向井壁传递来自上部矿岩散体的重力载荷，使得溜井井壁的水平应力增大。当拱结构不能支撑其上部散体的载荷时，拱就会塌落，散体结构体系内部的力链开始重组，并产生新的力链网络。这一过程中，也有可能会形成新的散体拱结构。旧拱破裂与新拱形成过程，宏观上表现为散体结构的"沉降"变形，直到矿岩散体内部没有可供矿岩块移动的空间为止[50]，这是散体结构体系中的矿岩块在重力作用下的一种自组织行为。由于散体结构存在的结拱效应和重力压实作用的随时间变化特征，在溜井底部的放矿过程中，局部井壁的动态侧压力会出现异常变化的趋势（图 7.13）。

7.4　降低重力压实作用的理论方法与技术措施

溜井井内矿岩散体的重力作用的响应特征，不仅表现在矿岩散体在重力作用下其内部矿岩块之间的空隙被压缩、空隙率降低和流动性变差的重力压实效果方面，同时也体现在由此带来的矿岩散体作用在溜井井壁上的侧压力或侧应力的增长方面。这两方面的响应特征对溜井系统的顺畅使用表现出了不同的影响，前者可能会导致溜井的堵塞，后者则主要加剧了溜井井壁的磨损破坏。因此，根据理论研究成果和溜井工程实践经验，本节提出降低重力压实作用对井内矿岩散体影响的方法与措施，为溜井生产实践提供指导。

7.4.1　减小矿岩散体重力压实作用的措施

减小井内矿岩散体重力压实作用的措施具体如下：

（1）溜井放矿主要是利用矿岩的重力特性。但是，当溜井底部放矿停止后，重力作用却使溜井井内储存的矿岩散体上部矿岩块对下部矿岩块产生了压实效果，使矿岩散体内矿岩块之间的空隙减小，降低了矿岩散体的松散特性和流动性。

溜井井内矿岩散体内部的空隙率越小，溜井发生堵塞的可能性越大。根据这一关系，在矿山生产实践中，可根据式（7.7）推导出的任意高度的矿岩散体内部空隙率，并通过图 7.5 预测溜井底部放矿过程中，溜井井筒可能发生堵塞的位置。

（2）合理控制进入溜井的矿岩散体内矿岩块的块度与级配，避免出现矿岩块偏大或偏小的情况。这一点在矿山生产中极难做到，但可通过对采掘生产的矿岩散体内矿岩块的特征尺度统计分析，确定其分形维数，计算散体内部的空隙率，提前了解矿岩散体内部空隙率的大小，预测其空隙率的分布特征，研判溜井堵塞的可能，调整采掘生产中的炮眼布置方式和炸药单耗，改变组成矿岩散体的矿岩块的特征尺度与粒级组成，最终改变进入溜井中的矿岩散体内部的空隙率，以改善溜井内的矿岩散体的流动性。

（3）确定合理的溜井井内矿岩散体的储存高度。井内的储矿高度越小，矿岩散体的重力压实作用对散体内部空隙率的影响越小；井内的储矿高度越大，其重力压实作用产生的效果越明显，引起溜井堵塞的概率也越高。矿山正常生产检修影响到溜井停运时间超过 5d 时，应提前大量放出井内储存的矿岩散体，使井内的储矿高度降低到 5～8m，即为后续生产的溜井上部卸矿留有足够的缓冲层厚度，达到既能减弱重力压实作用效果，又能起到防止恢复生产时上部卸矿冲击溜井底部结构的目的。

通过计算储矿段不同高度下矿岩散体内部空隙率的大小，在保证矿岩散体松散度和空隙率变化幅度不大的情况下，通过调整溜井井内的储矿高度，既保证溜井合理的储矿能力，又能有效弱化井内矿岩散体重力压实的作用效果，以确保井内矿岩散体的松散特性，有效预防溜井的井筒堵塞问题发生。

（4）建立溜井上部卸矿与底部放矿之间矿岩量的匹配关系。溜井底部的放矿能够为井内储存的矿岩散体上部矿岩块的下移提供空间条件，同时也能为散体内部空隙率的增加提供补偿空间。

因此，矿山正常的生产过程中，要努力做好溜井上部卸矿和底部放矿的协同工作。在溜井上部卸矿的同时，溜井底部必须进行同步放矿，并注意控制上部卸矿与底部放矿的速度，使卸入溜井的矿岩量和底部放出的矿岩量在一定范围内保持均衡，即保持溜井内的矿岩散体处于相对稳定的高度，从而保证井内矿石散体的松散度或散体内部的空隙率不发生大的波动。

（5）尽量缩短矿岩散体在溜井内的滞留时间。受生产组织管理和生产系统维修、维护工作的影响，溜井底部放矿工作经常会出现停滞现象。井内矿岩散体的重力压实效果具有明显的时间作用特征，溜井底部放矿停滞的时间越长，对井内矿岩散体内部的空隙率影响越大，矿岩散体的重力压实效果越突出。

因此，需要合理统筹安排生产组织管理工作，尽量缩短溜井底部放矿的停滞时间。若生产过程中溜井停运的时间较长，停运时井内又储存有大量的矿岩散体，可每隔 3～5d 适量放出井内储存的矿岩散体，保持井内矿岩散体内部的空隙率与散体的流动性。这样既可降低矿岩散体内矿岩块之间、矿岩块与井壁之间的接触力，减弱井内矿岩散体结构体系的结拱效应，又可减小井内矿岩散体的重力压实作用对矿岩散体的松散程度和流动特性的影响，降低溜井堵塞的概率。

7.4.2 降低井壁侧压力的措施

溜井井内矿岩散体对溜井井壁产生的侧压力是作用在井壁结构上的主要载荷，井壁侧压力计算的正确与否是井壁结构合理设计的基础，也是确保溜井工程安全可靠性和经济性的前提。降低井壁的侧压力，也能够有效降低矿岩散体与溜井井壁之间的摩擦力，有利于降低井内矿岩散体向下流动时对井壁的磨损破坏程度。溜井结构设计、施工与生产管理中，应从以下几方面做出考虑。

1. 降低矿岩散体的垂直压力 P_h

根据 Janssen 理论中水平压力与垂直压力成比例这一核心思想，降低井内矿岩散体的垂直压力 P_h 是降低井壁侧压力的关键。根据式（7.14）对井内储存的矿岩散体在任一深度 h 处的垂直压力的表征，得出井内矿岩散体的重力密度 γ、溜井井筒半径 r 和矿岩散体储存深度 h 与垂直压力呈正相关，这也是影响垂直压力的关键指标。因此，对这 3 个关键指标应根据其特征分别做出考虑。

（1）矿岩散体的重力密度 γ。对于特定的矿岩散体，散体内部空隙率的大小是影响其松散容重，即影响其重力密度 γ 的重要指标。矿岩散体内部的空隙率越大，其重力密度越小。根据对溜井内矿岩散体内部空隙率变化特征的研究成果，提高矿岩散体内部的空隙率，可增加井内矿岩散体的松散性，有利于降低矿岩散体的垂直压力。

（2）溜井井筒半径 r。溜井井筒半径是溜井结构设计的重要参数，其大小与矿山生产的矿岩块的最大尺度和对溜井储矿能力的要求密切相关。根据相关研究，溜井断面设计时，必须满足溜井的直径不小于进入溜井的矿岩块最大尺寸的 3～5 倍，以及满足储矿能力需求这两个基本条件[35]。

（3）溜井内矿岩散体的储存高度 h。降低溜井内矿岩散体的储存高度是减小矿岩散体垂直压力的最重要的方法，井内储存的矿岩散体中任一截面以上的矿岩散体储存高度越大，作用在该截面上的散体的垂直压力也就越大。因此，通过改变溜井的结构，如采用接力溜井布置等方式来降低溜井的高度，能够有效降低井内矿岩散体的垂直压力。降低溜井内矿岩散体的储存高度，还能够有效减轻井内矿岩散体中，上部矿岩对下部矿岩散体的重力压实作用，进一步降低重力压实作用对井内矿岩散体松散容重的影响。

2. 减少粉矿含量

进入溜井井内矿岩散体中的粉矿含量越高，井内储存的矿岩散体内部的空隙率越小，矿岩散体的密实度越大。另外，粉矿含量越高，"穿越"大块矿岩间隙的小块矿岩的数量也越多，散体的密实性越好，重力密度也越大。由于井壁侧压力的计算与井内矿岩散体的重力密度呈正相关，因此减少进入溜井井内的矿岩散体中的粉矿含量，也能够减小井内矿岩散体对井壁侧压力的影响。

本 章 小 结

溜井井内矿岩散体的结构体系是由矿岩块、矿岩块与块之间的空隙组成的，矿岩散体的流动特性与溜井堵塞现象的发生密切相关，散体结构的变形压力又对溜井井壁的变形破坏产生重要影响。井内储存的矿岩散体的结构体系中空隙的存在及其变化，对散体的流动特性和散体结构的变形压力产生重要的影响。因此，揭示溜井井内矿岩散体内部的空隙率变化规律及井壁侧压力分布特征，对于有效解决矿山溜井的堵塞问题具有重要意义。

本章围绕溜井储矿段内储存的矿岩散体的松散特性变化特征，采用理论分析、物理实验和数值模拟相结合的方法，重点研究了重力压实作用下，矿岩散体内部空隙率的变化特征与变化规律，以及矿岩散体结构体系对井壁侧压力与侧应力变化特征与变化规律的影响，取得了如下研究成果。

（1）溜井储矿段内储存的矿岩散体内的矿岩块的几何形体和特征尺度具有复杂多变的特点，因此在组成矿岩散体的矿岩块形成散体的颗粒支撑组构体系时，产生了点、线、面 3 种不同的接触方式。在分析不同接触方式对矿岩散体的松散特性和井壁侧压力影响的基础上，得出了接触方式对井内储存的矿岩散体的松散特性和井壁侧压力的影响规律。

研究发现，矿岩散体内矿岩块在形成颗粒支撑组构时，矿岩块之间的排列形态、接触方式与特征尺度，是影响矿岩散体内部空隙率的重要因素，其中矿岩块之间的面接触方式所形成的空隙最小。散体内矿岩块的特征尺度越大，形成点接触和线接触方式的可能性越大，形成散体结构时所产生的空隙也越大，且矿岩块的特征尺度越大，小粒径矿岩块"穿越"大粒径矿岩块之间间隙的概率越大，最终使矿岩散体内部的空隙率发生了变化。

（2）通过物理实验模拟了溜井储矿段内矿岩散体在井内的滞留过程，采用注水法测量了溜井模型内矿岩散体内部的空隙率，得到了溜井储矿高度与矿岩散体内部空隙率分布之间的关系，发现了井内矿岩散体在没有受到溜井底部放矿扰动时，矿岩散体自身的重力压实作用是影响矿岩块空间位置、排列方式及矿岩块之间接触方式的主要扰动源。

研究发现，重力压实作用仅会在一定范围内，对井内矿岩散体内部的空隙率产生影响。随着井内储存矿岩散体高度的增加，在重力、内摩擦力和矿岩块与井壁之间摩擦力等的作用下，井内矿岩散体的内部随机形成了结合较为紧密的散体结构，即"散体拱桥"，导致"散体拱桥"上、下矿岩散体内的空隙率分布呈现出突变波动特征。这种"散体拱桥"在矿岩散体内的形成与破坏的随机性，会对矿岩散体内部的空隙率分布状态产生较大影响，若"散体拱桥"不能被破坏，则会导致溜井堵塞。

（3）按照相似性原理，建立了溜井储矿段物理模型，实验研究了重力压实作用下，井内矿岩散体内部空隙率随矿岩散体储存高度变化的规律，采用分维方法建立了储矿段内储存矿岩的总质量，与矿岩散体内矿岩块的特征尺度及关联维数的关系模型，得到了不同矿岩储存高度下矿岩散体内部的空隙率。同时，通过对物理实验结果与理论计算结果的拟合分析，得到了井内矿岩散体的总质量、散体内空隙率随矿岩散体储存高度变化的关系模型，并揭示了其特征与规律。

（4）为研究井内矿岩散体的重力压实作用对溜井井壁侧压力的影响，构建了相似模拟实验平台，进行了井内矿岩散体的重力压实特性实验，结果发现，不同的矿岩散体储存高度处的井壁侧压力，呈现出了随时间变化而变化的过程，表现为前期不断增长，后期趋于稳定的状态；在同一储存高度下，井壁侧压力的变化是围绕其增长趋势线上下波动的。随矿岩散体储存面以下深度的增加，井壁侧压力的增长表现出明显的受矿岩散体重力影响的特征，重力作用时间越久，井壁侧压力越大。

溜井井壁侧压力的波动增长方式与矿岩散体内矿岩块之间排列方式和接触方式的变化过程密切相关。井内矿岩散体在重力作用下产生"微动"，改变了散体内矿岩块之间的排列方式与接触方式，同时也改变了矿岩块与井壁的接触方式，使矿岩散体的结构体系变形和传递到溜井井壁上的散体结构的变形压力增大。矿岩散体内部的空隙率、井壁侧压力大小与散体的重力压实作用效果之间存在较为密切的关系，矿岩散体内矿岩块产生"微动"的过程，是井壁侧压力值产生波动的主要原因。

（5）研究发现，井内储存的矿岩散体的结构变形压力，通过散体内矿岩块之间的力链向溜井井壁的传递，形成了井壁侧压力的力源；散体内矿岩块之间力链的形成、断裂与重组，是井壁侧压力发生变化的根本原因。散体内矿岩块形状的复杂性、特征尺度的多变性、空间排列方式的随机性，以及矿岩块之间、矿岩块与溜井井壁之间接触方式的不确定性，增加了井内矿岩散体的结构体系内部力学作用机制的复杂性。

实验研究发现，井内矿岩散体内部空隙率、容重、井内矿岩散体的储存高度、矿岩散体内矿岩块的接触方式、压力测点所处位置的溜井直径，以及矿岩散体在井内的滞留时间，构成了影响溜井井壁侧压力的主要因素。

（6）通过物理实验和采用 Janssen 公式进行理论分析计算发现，采用 Janssen 公式在计算溜井井壁侧压力时，存在计算结果偏小的缺陷。其主要原因是 Janssen 理论的基本假设与溜井内的矿岩散体形态，尤其是散体内矿岩块的形状与大小存在较大的差异，且采用 Rankine 主动土压力系数作为侧压力系数计算的结果也偏小，难以准确反映侧向压力与垂直压力之间的比例关系。

（7）基于井内矿岩散体的重力压实作用对散体内部空隙率和井壁侧压力的影响因素及其机理，提出了减小矿岩散体的重力压实作用和降低井壁侧压力的具体措施，对预防溜井堵塞、降低溜井井壁的磨损破坏程度起到了较好的作用。

第8章　溜井储矿段内矿岩散体的移动特征及其影响

溜井底部放矿过程中，矿岩散体在溜井储矿段井筒内的移动状态、特征与规律，对储矿段井筒的堵塞、井壁磨损问题具有重要影响[1,13]。矿岩散体对其流动性的影响包括矿岩的结块性、散体内矿岩块的形状与尺寸特征、矿岩块的接触方式、含水率、溜井结构、溜井上部卸矿冲击夯实作用、散体的重力压实作用和矿岩散体在井内的滞留时间等 8 个方面，研究这些因素及其对储矿段井筒内矿岩散体移动特征与规律的影响，有助于降低溜井储矿段堵塞和井壁磨损问题发生的概率，提高溜井运输效率。本章主要通过理论分析、数值模拟实验和可视化物理实验相结合的方法，研究溜井底部放矿过程中井内矿岩散体的移动特征，以及矿岩块移动速度的变化规律，探索解决溜井储矿段井筒堵塞和井壁磨损问题的理论依据。

为区分矿岩散体及其组成的矿岩块在溜井的储矿段内和溜矿段内运动方式与特征的差异性，在本章及后续章节的相关研究中，将矿岩散体和矿岩块在溜井储矿段（包括放矿漏斗）内的运动，统称为移动。

8.1　井内矿岩散体的流动特性及其影响因素

8.1.1　矿岩散体流动性对溜井放矿的影响

溜井放矿主要是利用矿岩散体的重力特性，实现矿、废石的低成本高效下向运输，在采用多阶段开采的矿山中应用尤为广泛。由于多因素的相互影响或耦合作用，溜井底部放矿时，溜井内矿岩散体的流动性并不是一固定常态，或流动缓慢，甚至流动中止而发生井筒堵塞；或流动过快，放矿口难以控制，甚至产生"跑矿"或泥石流，造成生产事故发生。

溜井储矿段内矿岩散体流动性的好坏，对溜井底部放矿的影响主要表现在以下两个方面：

（1）流动性差。溜井底部放矿时，多采用放矿机（如振动放矿机）控制底部的放矿速度，使其达到矿山生产能力所要求的放矿速度。若井内矿岩散体的流动性不好，则在单位时间内放出的矿岩量难以达到矿山生产能力的要求，使矿山的生产效率受到影响；如果流动性太差，则极有可能发生放矿过程中的矿岩散体流动中止现象，即发生溜井不同程度的堵塞现象，直接影响矿山生产的正常与顺畅进行。

（2）流动性好。当矿山生产过程中因某些原因影响，井内矿岩散体的流动性特别好，则在放矿过程中，溜井底部放矿机难以控制井内矿岩散体的放出速度，井内矿岩散体有可能以"泥石流"的形式从放矿口大量涌出，对布置在溜井底部的生产设施造成冲击，甚至酿成人身伤亡事故。

因此，研究储矿段内矿岩散体的移动特征，使井内储存的矿岩散体保持合理的流动特性，确保溜井底部放矿时，储矿段内的矿岩散体能够按照设定的放矿速度，在控制状态下连续稳定地放出，是保证溜井连续稳定安全生产与提高生产效率的关键。

8.1.2 影响矿岩散体流动性的因素

溜井运输中，影响矿岩散体流动特性的因素主要表现为散体内矿岩的物理力学特性、矿岩块的粒度及其分布特征、矿岩含水率和溜井结构等方面。这些因素或是单一作用，或是多因素相互影响或相互作用，在不同程度上对矿岩散体的流动特性产生影响。

1. 矿岩散体的结块性

结块性是组成矿岩散体的矿岩块在遇水受压并经过一段时间后连接成整块的性质。矿岩散体的结块性对矿岩散体在溜井内的流动性的影响很大。当矿岩中含有黏土质矿物时，或是高硫矿石遇水受压并经过一段时间后，矿岩散体会黏结在一起，对溜井内矿岩散体的移动和溜井底部的放矿等产生很大影响。尤其是细粒级含量较多的黏性矿物，其黏结阻力更大，这种类型的矿岩散体在溜井内停滞时间越长，越容易结块和形成悬拱。

2. 矿岩块的形状与尺寸特征

矿岩散体内，矿岩块的粒度及其分布特征，尤其是矿岩散体内的粉矿含量对溜井内矿岩散体的流动性具有重要影响。Hadjigeorgiou 和 Lessard[32]研究了 Quebec 地下矿山矿岩块形状与块度分布对溜井内矿岩散体流动性的影响，认为方形断面的垂直溜井中矿岩散体的流动性较好。溜井内的矿岩散体是由形状各异、大小不一的矿岩块，以及它们之间的空隙构成的，这些构成矿岩散体的矿岩块的粒度越小，其比表面积越大，流动性越好。

溜井内储存的矿岩散体是来自矿山采掘生产过程中，通过爆破破岩方式产生的矿岩碎块，这些矿岩块的粒度组成可看作自然级配。不同矿山由于采矿方法和生产运输工艺不同，进入溜井内的矿岩块的最大块度也有所不同，矿岩散体中的粉矿含量也不相同。矿岩进入溜井后，若大块矿岩的尺寸与溜井尺寸不匹配[35]，或受其他因素的影响，则有可能在溜井内产生大块"咬合拱"；若粉矿含量较高，在一定的含水量影响下，则有可能产生"黏结拱"。在溜井内，无论是产生矿岩散体的大块"咬合拱"，还是"黏结拱"，都会严重影响矿岩散体的流动性，进而影响溜井的放矿效果。

3. 矿岩散体内矿岩块的接触方式

井内矿岩散体是通过其内部矿岩块之间的接触方式对其内部空隙率产生影响的，空隙率的变化进而影响井内矿岩散体的松散性特征和流动性。矿岩散体内部空隙率越大，其松散性越好，流动性也越好；空隙率越小，散体越密实，流动性也越差。溜井储矿段中，组成矿岩散体的矿岩块的几何形态与特征尺度的复杂多变性，使其在溜井井壁约束下形成颗粒支撑组构体系时，以点、线和面 3 种方式相互接触[47]，矿岩块之间及其与井壁之间接触面积的大小决定了其对矿岩散体流动性的影响程度，接触面积越大，散体内部的空隙体积就越小，流动性也越差。

4. 井内矿岩散体的含水率

井内矿岩散体的含水率对散体流动特性的影响也很大[233]。水在矿岩散体中主要以强结合水、弱结合水和自由水 3 种形式存在[234]，它们的存在改变了矿岩散体内细小矿岩块之间的摩擦力和黏结力，进而影响矿岩散体的流动性。其作用机理主要表现如下。

（1）当矿岩散体内的含水率在某一限值以内时，水主要以强结合水和弱结合水的形式存在。随着矿岩散体中含水量的增加，水吸附于矿岩散体内矿岩块的表面，使矿岩块之间的黏结力增加，矿岩块之间的黏结阻力增大，散体的流动特性变差。

（2）当含水率超过该限值时，矿岩散体内的强结合水和弱结合水达到饱和状态。若含水量继续增加，则导致散体内的自由水增加。此时，水在矿岩散体内矿岩块之间起到润滑作用，使矿岩块之间的黏结阻力不断减小，直至消失，进而使矿岩散体的流动性变好。

井内矿岩散体内的含水率在从小到大变化的过程中，矿岩的流动性也会发生由好到差、再由差到好的变化。对于特定的矿岩散体，使矿岩散体的流动性由差变好的含水量的峰值，应是该散体中强结合水和弱结合水的最大含量。这一含量的大小与矿岩散体内矿岩块的比表面积的大小密切相关，矿岩块的比表面积越大，该含水量的峰值越高；反之，该峰值就越小。

因此，在特定的溜井结构和特定的矿岩散体内矿岩块的粒度组成条件下，根据井内矿岩散体中含水率的不同，矿岩散体的流动特性主要表现出以下 3 个方面的特征。

（1）矿岩散体内一定范围内的含水率，增加了矿岩散体内矿岩块之间的黏结力，使矿岩散体的黏结阻力增大，流动性变差。其结果导致溜井底部放矿时，放矿速度变得缓慢，或导致矿岩散体中止流动，在溜井内产生悬拱堵塞。

（2）极低的含水率或者含水率适宜时，矿岩散体的流动性较好。在这种情况下，矿岩散体内矿岩块之间的黏结阻力较小，能够对溜井内的矿岩散体在重力作用下的快速下移起到一定的阻滞作用，但又能确保溜井底部放矿时，矿岩散体能够顺畅连续地被放出。

（3）当含水率较大，超过一定限值时，水的润滑作用使矿岩散体内矿岩块之间的黏结阻力消失，使矿岩散体的流动性变得"非常"好。在这种情况下，容易在溜井底部形成"泥石流"，对溜井下部的生产设施产生强烈的冲击破坏作用。

5. 溜井结构

溜井结构对矿岩散体流动性的影响，主要表现在溜井倾角、断面形状和断面尺寸 3 个方面，具体如下。

（1）溜井倾角对矿岩散体流动性的影响，主要表现为在溜井底部放矿时，溜井倾角改变了井内矿岩散体的流动方向。对于垂直主溜井，井内矿岩散体的流动方向与重力方向一致，矿岩散体在重力作用下的流动特征突显；对于倾斜主溜井，井内的矿岩散体虽然在重力作用下产生移动，但是其移动方向始终与重力方向存在一夹角，因此，井内矿岩散体在其移动方向上的重力作用特征减弱，但由于在倾斜主溜井底板的垂直方向上增加了矿岩散体的重力分量，使矿岩散体的内聚力增加，最终导致矿岩散体的流动性变差。

（2）溜井的井筒断面形状选择不当，也易造成溜井堵塞。目前，对溜井断面形状影响矿岩散体流动性的机理尚缺乏深入的研究，但依然可以直观推测，溜井井筒断面形状的不同，造成了井内矿岩散体移动时的边界约束条件的不同，因此，肯定会影响井内矿岩散体的流动性。

（3）溜井井筒的断面尺寸对井内矿岩散体的流动性的影响，主要表现在矿岩散体内的矿岩块粒度组成及其分布特征、矿岩块的形状、含水率、矿岩块的黏结性及散体内的粉矿含量等因素与溜井井筒断面尺寸的综合作用方面[35]。断面尺寸过小，则容易产生悬拱，造成溜井堵塞。

6. 上部卸矿冲击夯实作用

我国金属矿山的溜井及溜井下部矿仓大多采用垂直布置的方式。矿岩散体在从采掘工作面运抵溜井上部卸矿站后进行卸载，经过卸矿站、分支溜井进入主溜井后，矿岩散体在重力的作用下，在溜井内迅速下落，最终坠落至储矿段内储存的矿岩散体表面上，在形成新的井内储存的矿岩散体的同时，也对井内原有的矿岩散体产生冲击夯实作用。上部卸矿对井内矿岩散体产生的冲击夯实程度，与下落矿岩块的质量和下落高度密切相关，矿岩块的质量和下落高度越大，井内矿岩散体被夯实的密实度越大；反之，密实度越小。

矿岩块在主溜井内下落的过程中，受其初始运动方向的影响，除发生矿岩块之间的相互碰撞和矿岩块与井壁之间的碰撞外，还会对溜井内储存的矿岩散体产生冲击夯实作用[37]。井内矿岩散体在被冲击夯实的过程中，散体内的矿岩块的移动特征和力的作用特点复杂，同时伴随着冲击能量的转换与耗散。溜井内下落的矿岩块将其运动动能转换为冲击能，并以"力链"的形式在井内矿岩散体内部、通过散体内的矿岩块之间传递冲击力，实现对井内矿岩散体的轴向冲击和径向压缩，其结果是使矿岩散体内部的空隙被压缩，密实度增加，散体的流动性变差。

7. 井内矿岩散体的重力压实作用

溜井内，矿岩散体的储存高度（即储矿高度）是影响矿岩散体流动性的又一因素。刘艳章等[38]为探索金山店铁矿主溜井内储矿高度对矿岩散体流动性的影响，以质量流率比作为定量评价指标，采用 PFC2D 数值模拟和溜井放矿相似实验相结合，研究了不同储矿高度下的矿岩散体的流动状态，发现了井内矿岩散体的流动状态与储矿高度密切相关。

储矿高度对矿岩散体流动性的影响主要表现在井内储存的矿岩散体的上部矿岩散

体对下部矿岩散体的重力压实作用[1]。当溜井底部停止放矿时，溜井内储存的矿岩散体的上部矿岩散体通过持续的重力作用，对下部矿岩散体进行压实，从而提高了井内矿岩散体的密实度，降低了矿岩散体的流动性。压实下部矿岩散体的作用力，与溜井内储存的矿岩散体的容重、储矿高度和溜井底部停止放矿的时间等密切相关，若主溜井为倾斜主溜井，则还与主溜井井筒的倾角相关[35]。

8. 井内矿岩散体的滞留时间

溜井储矿段具有储存矿岩散体的功能，当溜井底部某种原因暂时停止放矿时，井内储存的矿岩散体会滞留在溜井的储矿段内，矿岩散体在井内滞留的时间越长，重力压实的作用特征越明显，矿岩散体的流动性也越差，对溜井底部恢复放矿后的矿岩散体的放出产生了不利影响。马强英等[39]通过构建溜井井壁侧压力监测系统平台，研究了重力压实作用下，矿岩散体在井内的滞留时间对井壁侧压力及矿岩散体流动性的影响，并分析了其影响机理，认为当井内矿岩散体的储存高度一定时，随着矿岩散体在井内滞留时间的增加，溜井井壁的静态侧压力呈现出了明显的增大趋势，间接反映了重力压实作用对矿岩散体流动性的影响。因此，缩短矿岩散体在井内的滞留时间，可以提高井内矿岩散体的流动性，降低溜井堵塞的风险。

8.2 溜井储矿段矿岩散体移动特征及其测定方法

根据溜井储矿段的结构特征，自上而下可将其分为储矿段（即矿仓）、放矿漏斗和放矿口 3 部分，如图 8.1 所示。在矿山的生产过程中，溜井储矿段的内部储存一定高度、一定级配的矿岩散体。矿仓承担储存矿岩散体的任务；放矿漏斗起着连接矿仓和放矿口并改变矿岩散体流向的作用；放矿口可根据需要，设置于靠近溜井侧壁或位于溜井井筒中心线的位置。

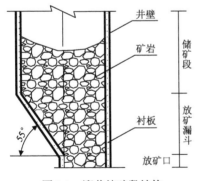

图 8.1　溜井储矿段结构

溜井底部的放矿过程中，矿岩散体自储矿段内部某一初始位置开始移动，依次经过矿仓、放矿漏斗，最终到达放矿口。在矿岩散体移动的过程中，储矿段井筒的直径、放矿口尺寸、放矿漏斗侧壁倾角等，任何一个因素的变化，都会影响矿岩散体的移动状态，也都可能导致矿岩散体的移动特征发生变化。

本节根据溜井储矿段的结构特点，建立数值放矿模型和物理实验平台，查明影响储矿段内矿岩散体移动的因素，以流体力学、颗粒流动力学为理论基础，研究不同因素下储矿段内矿岩散体的移动特征，以及各因素对矿岩散体移动的作用机制，揭示溜井储矿段井壁的破坏机理。

8.2.1　矿岩散体的移动特征

溜井的工程特性决定了难以通过矿山现场的实时观测来获得矿岩散体在溜井井内的移动特征，也难以通过生产现场的观测数据直接获得矿岩散体的移动特征与井壁破坏特征之间的相互关系[176]。目前，针对溜井储矿段内的矿岩散体的移动特征研究，主要有数值模拟实验和物理模拟实验两种方法。

根据相似性原理，在实验室条件下，结合溜井储矿段的结构特点，建立溜井储矿段放矿模型，并在模型内储存的矿岩散体内设置矿岩标记层，通过在模型放矿过程中，记录标记层内的矿岩块的位置变化或标记层的形态变化，实现对矿岩散体移动特征的表征（图 8.2）。目前在矿岩散体移动规律的相关研究[80,176]中，主要是通过矿岩标记层内的矿岩块的形态变化表征矿岩散体移动特征，其基本原理是根据矿岩标记层形态内的矿岩块的变化特点，判断标记层内不同位置的矿岩块移动速度。

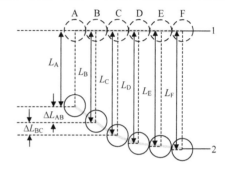

1. 放矿前形态；2. 放矿一段时间后形态。

图 8.2　矿岩标记层形态变化特征

对于图 8.2 所示的矿岩标记层形态变化特征，放矿前，矿岩标记层内的各矿岩块水平布置，初始速度为 0，矿岩标记层呈"平面"状态；在经过时间 t 放矿后，矿岩标记层下移，其形态会发生变化，呈"曲面"状态。

1. 矿岩散体的移动特征

若 A、B、C、D、E、F 为组成矿岩标记层的矿岩块，假设矿岩标记层的形态变化符合图 8.2 所示的特征，则标记层内的矿岩块移动符合以下规律。

1）不同位置矿岩块的位移及速度分布特征

从图 8.2 可以看出，在经历一段时间的放矿后，矿岩块 F 的位移最大，A 的位移最小，并呈现出不同位置的矿岩块由左到右，位移增大的趋势。放矿时间一定时，矿岩块的位移越大，说明矿岩块在这段时间内的平均移动速度越大。

2）同一平面相邻矿岩块的速度差变化特征

假设将矿岩标记层的形态视为一曲线（矿岩块同步下移时为直线），则该曲线的曲率的变化趋势，能够表征标记层内矿岩块在初始位置处于同一平面下的相邻两个矿岩块的速度差的大小（以下简称相邻矿岩块的速度差）。以图 8.2 为例，通过矿岩标记层的形态能够看出，矿岩块 A 与矿岩块 B 之间的位移差 ΔL_{AB} 大于矿岩块 B 与矿岩块 C 之间的位移差 ΔL_{BC}，说明矿岩块 A 和 B 之间的速度差大于矿岩块 B 和 C 之间的速度差。图 8.2 中，在放矿一段时间后，代表矿岩标记层形态的曲线 2 由左到右的变化曲率呈降低趋势，可知相邻矿岩块的速度差也呈降低趋势。分析相邻矿岩块的速度差，可以了解各因素变化对矿岩散体移动的影响程度。

2. 矿岩散体移动的速度场

可通过数值模拟软件生成模型放矿过程中储矿段内的矿岩散体内矿岩块的移动速度矢量图，进而分析散体内矿岩块移动过程中的速度大小、方向及整体分布情况。

3. 井壁有、无摩擦条件下的矿岩移动特征对比分析

影响溜井井内矿岩散体移动特征的边界效应主要有井壁边界约束和井壁摩擦两个方面。溜井井内矿岩散体的移动特征是这两种作用效果叠加结果的体现。井壁边界约束作用和井壁摩擦作用对井内矿岩散体移动规律的影响机理完全不同，前者表现为影响矿岩散体的整体受力特征，进而影响散体内矿岩块的移动方向与速度；后者直接影响散体内矿岩块移动的速度分布特征。

分析井内矿岩标记层及矿岩散体内矿岩块的速度场变化特征，能够获得各因素对井内矿岩散体的移动特征影响的一般性规律，但无法确定该因素是如何影响矿岩块移动的。对于储矿段的矿仓和放矿漏斗两个构成部分，放矿漏斗结构参数的变化是否影响、通过何种方式影响矿岩散体内矿岩块的移动速度的分布，相关研究尚无定论。因此，仅研究实际放矿过程中在井壁摩擦作用下，各因素对井内矿岩散体内矿岩块移动的影响特征，仍存在许多不确定因素。对比分析井壁有、无摩擦两种条件下的井内矿岩散体移动特征的差异性，有助于揭示各因素对散体内矿岩块移动特征的作用机制。

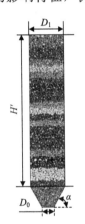

图 8.3 溜井储矿段放矿模型

8.2.2 矿岩散体移动特征的数值模拟方法

数值模拟是实现溜井放矿可视化研究的一种较好的方法。为分析溜井储矿段内矿岩散体的移动特征，采用二维离散元模拟软件，按 1∶1 的相似比，建立放矿口位于溜井中心的储矿段放矿模型，如图 8.3 所示。储矿段实验模型由左右两侧井壁、放矿漏斗及一个能够控制放矿的底板围成，其内部储存高度为 H' 的矿岩散体。模型的细观参数赋值通过现场调研及矿岩试样的力学实验获得，如表 8.1 所示。

表 8.1 模型细观参数

参数名称	矿岩块及块与块之间细观参数				墙体细观参数		
	接触模型	剪切模量/GPa	泊松比	摩擦系数	接触模型	法向刚度/(N/m)	切向刚度/(N/m)
赋值	Hertz	13.6	0.23	0.5	线性	$1×10^9$	$1×10^9$

模型内部矿岩散体的生成采用模拟溜井卸矿过程的方法，在距离储矿段内储存的矿岩散体表面 40m（即卸矿高度）的高度自由下落，储矿段内储存的矿岩散体达到指定高度后上部卸矿，待矿岩散体内部趋于稳定状态（运行约 $7×10^6$ 时步）后开始放矿。储矿段内，组成矿岩散体的矿岩块的密度为 3400kg/m³，散体内矿岩块的粒径及级

配组成如表 4.1 所示。

为观测矿岩散体的移动特征，放矿前，以放矿漏斗和矿仓交界面为基准面，以上向为正方向，对模型内趋于稳定状态的矿岩散体按照 1m 的间距进行分组，并设为不同颜色作为矿岩标记层。

为对比各因素的影响特征，设置数值实验的对照组模型。对照组模型的结构尺寸为储矿段井筒直径 D_1=6m，放矿口简化为圆形，直径 D_0=2m，放矿漏斗侧壁倾角 α=60°。

研究无井壁摩擦条件下，井内矿岩散体的移动特征时，设置散体内部矿岩块与井壁之间的摩擦系数为 0；研究有井壁摩擦条件下的矿岩散体的移动特征时，设置散体内部矿岩块与井壁之间的摩擦系数为 0.4。

8.2.3　移动特征的物理实验及观测方法

研究溜井储矿段内矿岩散体的移动特征是查明溜井储矿段井筒堵塞和分析储矿段井壁损伤的主要手段之一。矿岩散体在溜井储矿段内的移动是一种难以进行测量且无法观测的物体移动方式，为实验研究矿岩散体在溜井储矿段内的移动特征，传统的溜井储矿段放矿实验是利用透明的储矿箱制实验装置，通过观察溜井储矿段底部放矿时，与模型边壁接触的矿岩散体内矿岩块的移动范围，推测模型内矿岩散体的整体移动情况。这种实验装置无法了解散体内部的矿岩移动情况，不能为研究溜井储矿段矿岩散体移动特征提供必要的实验数据。

为实现储矿段中矿岩散体移动特征的可视化研究，曹朋等[235]发明了一种能够测定溜井储矿段内矿岩散体移动特征的装置及方法。该装置及方法的核心原理是采用了一种纵向剖分式亚克力圆管来模拟溜井的储矿段，在测定矿岩散体移动规律时，首先将纵向剖分式亚克力圆管固定于结构架上，向其内投放矿岩块并进行放矿实验，当达到放矿实验要求后，向圆管中注入无色无机胶凝剂，使管内的矿岩散体固结；然后，放倒亚克力圆管，并打开圆管连接扣，拆开剖分式亚克力圆管，露出胶凝后的固结体，并按一定的厚度逐层剥离固结的矿岩散体；最后，通过不同层位矿岩散体的固结体切片中标志层的位置信息，测量该区域中矿岩标志层中矿岩块的移动轨迹及移动范围，达到测定矿岩散体移动特征的目的。

基于上述原理，以垂直主溜井的储矿段为研究对象，按照相似比 1∶40，建立溜井储矿段的放矿物理实验平台，测定溜井储矿段矿岩散体的移动特征，实验装置如图 8.4 所示。

该实验装置由储矿装置、固定支架和放矿装置组成。其中，储矿装置有两种形式，一种是由透明软质 PVC 水晶板围成一个圆形溜井储矿段模型，用于研究矿岩散体与溜井井壁之间无摩擦作用时的矿岩散体移动特征；另一种采用水泥砂浆浇筑成圆形的溜井储矿段井筒模型，用于研究矿岩散体与溜井井壁之间有摩擦作用下，摩擦系数对矿岩散体移动

1. 储矿装置；2.固定支架；3. 放矿装置。

图 8.4　矿岩散体移动特征实验装置

特征的影响。放矿装置由两个 L 形钢板及方形亚克力板组成，钢板上端固定在固定支架上，亚克力板的两侧搭在钢板上，作为放矿口的底板。固定支架由角铁拼接而成，用于固定放矿装置和溜井储矿段模型。

实验选用水溶性丙烯酸酯防水涂料（以下称为 A 料）及其催化剂（以下称为 B 料）作为胶凝剂，对井内矿岩散体进行低强度固结。室温下丙烯酸酯防水涂料、催化剂与水的配合比为 10∶1∶100。

测定井内矿岩散体内部移动特征的实验方案及实验过程如图 8.5 所示，具体步骤如下。

（a）装填后的模型　　　　　（b）截止放矿时的模型　　　（c）矿岩散体移动特征切片

图 8.5　实验各阶段

实验准备：将矿岩破碎成合适粒径的矿岩块，对其进行筛分和清洗，然后晾干并进行染色，对于不同颜色的矿岩块，待其染色干燥后，分别按照设计的矿岩块的粒径和级配进行混合，形成实验用的矿岩散体。将储矿装置和放矿装置固定在固定架上，并关闭放矿口。

第 1 步，先按照松散系数 2.2 填装未染色的矿岩块，填装高度为设计储矿高度的一半，平整上表面后，填装染色的矿岩块，每隔 15mm 放置一层染色矿岩块作为标记层，相邻标记层颜色差异明显，直到模型内的填装高度达到设计值，如图 8.5（a）所示。

第 2 步，打开放矿口，按照溜井底部放矿的方式与要求进行放矿。放矿时，在储矿装置上部同步补充矿岩块，使储矿装置中的矿岩散体始终处于满仓状态；当放矿口出现第 2 种颜色的矿岩块时，立即停止放矿并密封放矿口，如图 8.5（b）所示。

第 3 步，配置胶凝剂，并将胶凝剂缓慢倒入储矿装置中，直到胶凝剂液面高于矿岩散体表面高度 30mm 左右为止，然后在室温下静置 5h 以上。

第 4 步，待储矿装置的矿岩散体胶结稳定后，取下储矿段模型，将其水平放置于实验台。拆开储矿装置筒体，取出凝固的柱状矿岩散体，然后从凝固的矿岩散体的边缘开始，沿柱状矿岩散体凝固体的中心线所在平面，剖分矿岩散体的凝固体，获得溜井储矿段内矿岩散体的移动特征切片，如图 8.5（c）所示。

第 5 步，对矿岩散体的移动特征切片进行拍照，记录各个矿岩标记层形态特征。

完成上述步骤，即可得到矿岩散体内矿岩块的移动特征的实际形态。

8.3 溜井储矿段内矿岩散体的移动及其规律

8.3.1 溜井储矿段放矿的离散元模型

采用 8.2.2 节给定的矿岩散体移动特征的数值模拟方法，以及矿岩散体内矿岩块的粒径与级配组成、细观力学参数，以垂直主溜井储矿段为实验研究对象，建立放矿口中心与井筒断面中心重合的储矿段放矿模型，模拟主溜井储矿段的放矿过程。为了便于观察放矿过程中溜井井内储存矿岩散体的移动情况，将筒仓内矿岩散体内的矿岩块按不同的颜色，形成厚度为 1m 的矿岩标记带。为分析矿岩散体内矿岩块的移动速度变化特征，在实验模型内建立 *xoy* 二维坐标系，记录放矿过程中矿岩块的位移与时间之间的关系，如图 8.6 所示。

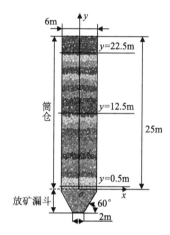

图 8.6 溜井储矿段放矿模型

模拟计算时，采用球形颗粒模拟组成矿岩散体的矿岩块，矿岩块之间的接触选用 Hertz 力学接触模型，球与墙之间选用线性接触模型[236]。为规避放矿方式和放矿速度对井内矿岩散体内矿岩块的个体移动速度的影响，采用连续放矿方式，不控制单位时间内矿岩散体的放出量，使矿岩块自放矿口处自由下落。

8.3.2 储矿段放矿过程的速度变化特征

1. 矿岩散体的整体移动速度分布特征

放矿过程中矿岩标记层的变化情况能够反映矿岩散体内矿岩块的整体速度分布特征。为便于分析矿岩块的整体速度分布特征，按照放出矿岩量的多少，记录矿岩标记层的形态特征。放矿前和放矿过程中的矿岩标记层的形态特征如图 8.7 所示。

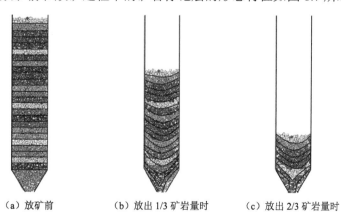

（a）放矿前　　　　（b）放出 1/3 矿岩量时　　　（c）放出 2/3 矿岩量时

图 8.7 放矿前和放矿过程中的矿岩标记层形态特征

由图 8.7 可以看出，放矿前，矿岩标记层的分布为水平状，上下标记层之间的界限清晰。放出 1/3 的矿岩量时，矿岩标记层分别在筒仓和放矿漏斗内呈现出差异性较大的两种形态特征，即筒仓内的矿岩标记层的形态呈现出弧形分布特征，放矿漏斗内的矿岩标记层形态呈现出 V 字形分布特征。分析矿岩标记层形态在筒仓内部的变化特征可以发现，越靠近筒仓中心线的矿岩块，其下移的速度越快，并且随着矿岩标记层内的矿岩块与放矿漏斗位置的距离越来越近，矿岩标记层形态的"弧度"呈现出增大的趋势；在放矿漏斗内的矿岩标记层的形态变化特征表明，矿岩标记层内的矿岩块在进入放矿漏斗后，靠近中心线附近的矿岩块下移速度进一步增大，且远大于靠近漏斗壁的矿岩块的下移速度，靠近漏斗壁的部分矿岩块会滞留在漏斗壁上，进而对其上部的矿岩散体内的矿岩块的移动产生一定的阻滞作用。当放出井内储存的 2/3 的矿岩量时，矿岩标记层形态的变化与上述变化特征一致，如图 8.7（c）所示。

2. 矿岩块的瞬时速度变化特征

为了揭示溜井储矿段内储存的矿岩散体在底部放矿过程中的速度变化规律，选取矿岩散体内具有代表性的多个矿岩块作为研究对象，结合矿岩标记层的形态变化特征进行分析。发现标记层内矿岩块初始标高越大，在溜井内的移动时间就越长，其移动过程也更加完整，同一平面下的矿岩块在下移过程中，矿岩块的下移速度呈现出以筒仓中心线对称的分布特征。选取筒仓中心线左侧同一标高下的编号及坐标分别为 ID1（-2.8，22.5）、ID2（-1.4，22.5）、ID3（0，22.5）的 3 个矿岩块进行分析。在放矿过程中，编号为 ID1 的矿岩块的移动速度随时间变化的曲线如图 8.8 所示。

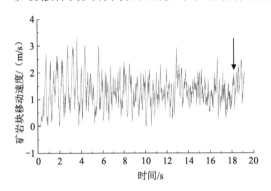

图 8.8　矿岩块 ID1 移动速度随时间的变化曲线
（箭头指向处为矿岩块进入放矿漏斗的时间点）

由图 8.8 可知，矿岩块 ID1 从其初始位置移动到放矿口总历时约为 20s。放矿过程中，矿岩块 ID1 的瞬时移动速度随时间的变化呈现出波动变化的特征，根据波峰和波谷的平均值的变化趋势，矿岩块 ID1 的瞬时移动速度变化整体上呈现出 3 种不同的波动形式。0～4s 内，矿岩块 ID1 的瞬时移动速度上下波动幅度与其他时间段相比较大，其波动范围为 0～3.32m/s，波峰和波谷的平均值分别为 2.55m/s 和 0.45m/s；4～16.5s 内，矿岩块 ID1 的瞬时移动速度波动幅度较小，其波动范围为 0.03～3.00m/s，波谷的波动幅度与前一时间段基本相似，波峰的波动幅度明显小于 0～4s 时间段，波峰和波谷的平均值分别为 1.99m/s 和 0.64m/s；16.5～20s 内，矿岩块 ID1 的瞬时移动速度呈上升趋势，波峰和波谷的波动幅度随时间的变化而增大，波谷增幅明显，其平均值达到 1.11m/s。

在放矿过程中，编号为 ID2、ID3 的矿岩块的移动速度随时间变化的曲线如图 8.9 所示。

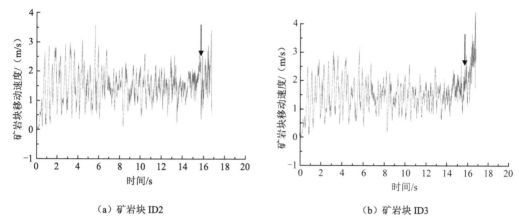

图 8.9　矿岩块 ID2 和 ID3 移动速度随时间变化曲线

（箭头指向处为矿岩块进入放矿漏斗的时间点）

对比图 8.8 和图 8.9 可知，矿岩块 ID2、ID3 的瞬时移动速度随时间变化的波动形式与 ID1 基本一致，说明散体内矿岩块的瞬时移动速度变化的整体波动形式具有普遍性。通过对比块 ID1、ID2 和 ID3 的瞬时移动速度变化特征可知：同一高度下，横坐标不同的矿岩块，其瞬时移动速度的变化幅度不同，在 0~4s 内，不同矿岩块的波动幅度差异明显，散体内的矿岩块位置越靠近井筒中心线，矿岩块的瞬时移动速度波动幅度越小；在放矿 4s 之后且矿岩块到达放矿漏斗之前，散体内的矿岩块位置越靠近井筒中心线，其瞬时速度的波动幅度越稳定；到达放矿漏斗后，散体内的矿岩块的瞬时移动速度波动剧烈，波动幅度均呈增大趋势。不同位置下，散体内的矿岩块到达放矿漏斗的时间不同。矿岩块 ID1 用时 18.1s，矿岩块 ID2 和 ID3 分别用时 15.6s 和 15.4s，说明散体内的矿岩块位置越靠近井筒中心线，矿岩块到达放矿漏斗时所需的时间越少。

以上结果表明：在放矿过程中，矿岩散体内的矿岩块在储矿段内的瞬时移动速度变化，整体上呈现出周期性的波动形式，0~4s 内波动幅度较大且波峰波谷清晰；4~16.5s 内波动幅度较小；16.5~20s 内波动幅度较大，且在该时段内，散体内的矿岩块的瞬时移动速度的波峰与波谷的平均值呈明显随时间增长而增长的态势。在放矿漏斗内，散体内的矿岩块的瞬时移动速度会大于该矿岩块在筒仓移动时的瞬时速度。矿岩散体内的矿岩块在溜井储矿段或放矿漏斗中的位置不会影响其瞬时速度的波动形式，但会影响散体内矿岩块移动速度的波动幅度及其到达放矿口的时间。

8.3.3　矿岩块移动速度的时均化分析

由图 8.8 和图 8.9 可知，在放矿过程中，矿岩散体内的矿岩块在溜井储矿段内的移动，当其分别经过筒仓段和放矿漏斗段时，瞬时速度变化形式的差异性较大，须分别讨论。为了进一步分析散体内矿岩块在储矿段内不同区域移动时的瞬时速度变化特征，采用时均化分析方法，对矿岩块在筒仓和放矿漏斗内的瞬时移动速度进行分析，以揭示放矿过程中矿岩块在溜井储矿段内移动的速度变化特征。

1. 速度时均化分析方法

将运动要素时均化，进而分析流动单元的运动特征，是流体力学中研究湍流运动的有效途径之一[239]。参考流体力学中湍流运动的分析方法，在不考虑矿岩散体内矿岩块移动的随机性条件下，将矿岩散体内矿岩块的移动速度时均化，能够深入分析矿岩块的瞬时速度的稳定波动过程，研究矿岩块的瞬时移动速度变化特征。

假设井内矿岩散体内某个矿岩块的初始坐标为 (x_1, y_1)，在溜井底部放矿经历了 Δt 后，矿岩块的坐标为 (x_2, y_2)，根据瞬时速度计算公式，有

$$\begin{cases} \Delta L = \sqrt{(x_2 - x_1)^2 + (y_2 - y_1)^2} \\ v = \dfrac{\Delta L}{\Delta t} \end{cases} \tag{8.1}$$

式中，ΔL 为矿岩块位移（m）；v 为该时刻下该矿岩块的瞬时移动速度（m/s）。

已知不同时刻下某矿岩块的坐标位置信息，则在 t 时刻，矿岩块的瞬时移动速度计算如下：

$$v = \frac{\sqrt{(x_2 - x_1)^2 + (y_2 - y_1)^2}}{\Delta t} \tag{8.2}$$

假设该矿岩块在某一时刻的瞬时移动速度为 v，t 时刻下，矿岩块的速度为 v_t，在时间 T 内，矿岩块移动速度的平均值 $\overline{v}$ 为

$$\overline{v} = \frac{1}{T} \int_0^T v_t \, \mathrm{d}t \tag{8.3}$$

由矿岩块移动速度与时间的关系曲线可知，矿岩块的瞬时移动速度是随时间而不断变化的。结合湍流运动分析方法及样本均值、偏差处理方法，可以认为这种瞬时移动速度 v 由时均移动速度 $\overline{v}$ 和波动移动速度 v' 构成，即

$$v = \overline{v} + v' \tag{8.4}$$

引用波动流速的均方根值表示矿岩块的瞬时移动速度的波动幅度的大小[237]，即矿岩块的瞬时速度波动强度 N 为

$$N = \frac{v'}{\overline{v}} \tag{8.5}$$

2. 矿岩块速度时均化分析

在放矿开始的 0～4s 内，矿岩块速度变化的幅度较大，对该时段矿岩块的移动过程分析较为困难。因此，忽略这一时间段，主要分析矿岩块移动状态稳定后的速度变化情况，即对 4～16.5s（矿岩块经过筒仓区段）和 18～20s（矿岩块经过放矿漏斗区段）这两个时间段内，矿岩块的瞬时速度的变化过程分别进行时均化分析。通过对矿岩标记层内的矿岩块 ID1 的瞬时速度随时间变化曲线（图 8.8）进行线性拟合，得到溜井储矿段内矿岩块 ID1 经过筒仓区段和放矿漏斗区段的瞬时速度、时均速度与放矿时间的关系，如图 8.10 所示。

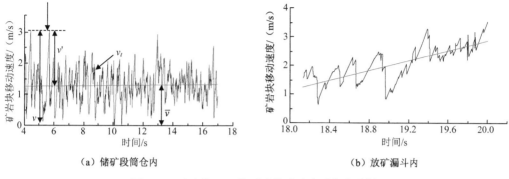

（a）储矿段筒仓内　　　　　　　　　（b）放矿漏斗内

图 8.10　矿岩块 ID1 的瞬时移动速度时均化分析

由图 8.10（a）可知，矿岩标记层内的矿岩块 ID1 经过筒仓区段时的时均移动速度为 1.2338m/s，斜率为 0.0054，波动强度为 1.4315，矿岩块近乎做时均速度恒定的移动；由图 8.10（b）可知，矿岩块 ID1 在经过放矿漏斗区段时，矿岩块的时均移动速度为 14.4276m/s，斜率为 0.8652，矿岩块做时均速度随时间增加而增大的移动。

分别对矿岩标记层内的矿岩块 ID1、ID2 和 ID3 的瞬时移动速度进行时均化分析，结果如表 8.2 所示。

表 8.2　矿岩块的瞬时移动速度时均化分析结果

矿岩块移动区域		ID1	ID2	ID3
筒仓内	斜率	0.0054	−0.0101	−0.0059
	截距	1.2338	1.5671	1.5428
放矿漏斗内	斜率	0.8652	1.7041	2.5622
	截距	−14.4276	−25.1568	−38.7940

由表 8.2 可知，矿岩散体内矿岩块在筒仓和放矿漏斗内的瞬时移动速度的时均化结果呈现出明显的差异性。在筒仓内，不同位置矿岩块移动的时均速度与时间关系曲线的斜率和截距相差不大，时均速度与时间关系曲线近似为一条水平直线；在放矿漏斗内，散体内矿岩块的位置越接近筒仓中心线，时均速度与时间关系曲线的斜率越大，截距的绝对值也越大。通过对矿岩标记层内矿岩块瞬时速度与时间关系曲线的时均化分析发现，筒仓内的矿岩块以恒定的时均速度移动，矿岩块 ID1 的时均速度略小于块 ID2 和 ID3，块 ID2 和 ID3 的时均速度相差较小。在放矿漏斗内，标记层内矿岩块的时均速度随着放矿时间的增加而增大。矿岩块所在的位置影响时均速度的变化特征，呈现出矿岩块越靠近筒仓中心线，其时均速度增长得越快。同时，矿岩块经过放矿漏斗时的时均速度明显大于该块经过筒仓时的时均速度。

3. 矿岩块瞬时速度变化对溜井问题的影响

在溜井结构参数、井壁与矿岩块的硬度等因素一定的条件下，井壁的磨损程度主要受矿岩块与井壁之间井壁动态侧应力[109]和相对速度[176]的共同影响。根据溜井内组成矿岩散体的矿岩块的速度时均化分析研究获得的结果能够发现，散体内矿岩块的瞬时速度变化对储矿段的堵塞和井壁磨损存在一定的影响。

（1）"矿岩块在筒仓内以恒定的时均速度下移"这一特征说明，连续放矿条件下，筒仓中散体内的矿岩块与井壁接触时的相对速度是一定的，与组成散体的矿岩块的位置标高无关。此时，井壁磨损程度的分布特征由井壁动态应力决定，磨损特征与井壁应力分布特征[238]一致。在放矿漏斗内，组成散体的矿岩块移动的时均速度随时间的增加而增大，说明井壁磨损程度的分布特征是由矿岩块与井壁之间相对速度和井壁的动态应力共同影响的。

（2）在筒仓的不同位置，组成矿岩散体的矿岩块移动的时均速度恒定且相差较小时，矿岩块呈整体下移的趋势，不易发生堵塞。

（3）在放矿漏斗不同位置，矿岩块的时均速度的差异性较大，且随着时间的增加，散体内的矿岩块之间的相对移动时均速度差相差越大，越容易发生结拱堵塞。

因此，溜井放矿过程中，在放矿漏斗内发生堵塞的概率要大于筒仓，组成矿岩散体的矿岩块产生悬拱的概率随井内矿岩散体储存高度的降低而增大。由于放矿漏斗边界倾角的影响，溜井底部放矿时，部分矿岩块滞留在放矿漏斗两侧，阻碍了其上部矿岩块向下移动，进一步增加了溜井产生悬拱的概率。

8.4　井壁摩擦对矿岩移动规律的影响

矿岩散体在溜井储矿段向下移动的过程中会产生与井壁的摩擦作用，尤其是矿岩散体内矿岩块与溜井井壁之间的摩擦，会影响矿岩散体在移动过程中的受力特征，摩擦系数是影响矿岩散体与井壁之间摩擦力大小的主要因素之一。因此，本节以摩擦系数为主要研究对象，采用数值模拟实验和物理模拟实验相结合的方法，分析研究溜井放矿过程中，摩擦系数对矿岩移动规律的影响特征和作用机制的影响。

8.4.1　矿岩移动变化特征

通过数值模拟实验，研究并得到不同摩擦系数下，井内矿岩散体的移动特征，如图 8.11 所示。

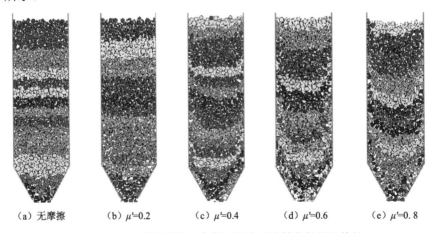

（a）无摩擦　　（b）μ'=0.2　　（c）μ'=0.4　　（d）μ'=0.6　　（e）μ'=0.8

图 8.11　不同摩擦系数 μ' 条件下井内矿岩散体的移动特征

分析图 8.11，对比矿岩标记层的形态变化情况发现，不同摩擦系数条件下，储矿段筒仓内矿岩标记层形态呈现出以下特征：

（1）溜井底部放矿前，同一层的矿岩标记层形态呈水平分布，各层界限明显，同一平面上的标记层内矿岩块移动的初速度均为 0；在放矿进行一段时间后，无摩擦力时，各矿岩标记层呈现出整体下移状态，各层界限明显，各标记层内的矿岩块的位置仅发生铅垂方向的变化，极少有矿岩块发生水平位置的变化或进入其他矿岩标记层，如图 8.11（a）所示。与无摩擦力时的情形相比，当摩擦系数较小时（$\mu' \leqslant 0.2$），各标记层内仅与井壁直接接触的矿岩块的下降速度有所降低，其余矿岩块的移动与无摩擦作用下的矿岩块的移动差别不大，如图 8.11（b）所示。当摩擦系数较大时（$\mu' \geqslant 0.4$），各矿岩标记层的形状呈明显的 U 字形分布状态。

（2）如果将矿岩标记层的移动特征看作类似于 U 字形的曲线，则从图 8.11（c）～（e）可以看出，随着矿岩散体与井壁之间摩擦系数的增大，该曲线的弧度呈增大趋势。在接近井筒中心线的一定范围内，该曲线的弧度接近水平，可以认为该范围内与无摩擦作用时的矿岩散体的移动特征相似，该范围内的矿岩散体呈整体下移态势。摩擦系数越小，该现象越明显。

（3）对比矿岩散体移动带的规整程度能够发现，随着摩擦系数由 0.2 增加到 0.8，矿岩标记层内的个别矿岩块"穿越"到下层矿岩标记层的范围内，随着摩擦系数的增大，发生这种现象的次数越来越多，尤其是接近井壁周边的矿岩块，发生"穿越"现象的特征表现得特别明显。

（4）在放矿漏斗内，同一平面的矿岩标记层呈 V 字形向下移动状态，表明放矿漏斗壁附近的散体内矿岩块下降特别缓慢，其速度明显小于远离漏斗壁的矿岩块的下降速度。漏斗壁的形态对矿岩散体移动产生的约束与限制，是产生这一现象的根本原因。

从上述矿岩标记层在溜井底部放矿过程中的移动形态的变化特征可知，在矿岩散体与井壁之间的摩擦系数影响下，矿岩散体的移动特征主要表现如下：

（1）矿岩块与溜井井壁的摩擦作用是导致储矿段筒仓内，矿岩散体内矿岩块的移动速度发生变化的主要原因。无摩擦作用时，矿岩散体呈现出整体下移状态；有摩擦作用时，矿岩散体的下移呈现出位于井筒中心线附近的矿岩块移动速度快，靠近井壁附近的矿岩块移动速度慢的移动特征，且整体上表现出同一水平面的矿岩散体内相邻矿岩块之间的速度差，随着矿岩散体与井壁之间摩擦系数的增加而增大的特点，且组成散体的矿岩块与井壁的距离越近，这一特点表现得越明显。

（2）摩擦系数对储矿段内矿岩散体移动特征的影响程度，随着摩擦系数的增大而增强。摩擦系数越大，对矿岩块移动速度的影响范围就越大。当摩擦系数为 0.2 时，摩擦作用影响的范围仅限于与井壁直接接触的矿岩块；当摩擦系数由 0.4 增加到 0.8 时，摩擦作用的影响范围由大约占筒仓的 2/5 范围扩大到整个井筒。从这一点来看，在工程实践中，提高溜井井壁的平整度和光滑度，有利于改善储矿段井筒内的矿岩散体流动状态。

（3）增大矿岩散体与井壁之间的摩擦系数，矿岩散体与井壁之间摩擦力会对矿岩块的移动起阻滞作用，增强矿岩块在井筒内移动的随机性，尤其是对位于井壁附近矿岩块的影响尤为显著。其主要原因是摩擦力的阻滞作用引起了矿岩散体内矿岩块的空间姿态发生了改变，出现了翻转、旋转等能够使矿岩块产生横向位移的移动方式。

（4）放矿漏斗内，由于漏斗壁的形态对矿岩散体移动的约束和摩擦力对漏斗壁附近的矿岩块移动的阻滞作用，使漏斗壁附近的矿岩散体移动受到了极为明显的影响。

为验证溜井井壁摩擦对散体内矿岩块移动速度差异性的影响，采用 8.2.3 节给出的移动特征的物理实验及观测方法，进一步直观地分析摩擦对矿岩散体移动规律的影响。实验中，以 PVC 透明软质水晶板模拟无摩擦作用下的溜井井壁，以水泥砂浆浇筑的井筒模拟有摩擦作用下的井壁（摩擦系数接近 0.4），得到了溜井储矿段内矿岩散体移动的特征切片，如图 8.12 所示。

图 8.12（a）反映了无摩擦作用下的溜井储矿段内的矿岩散体移动特征。从图 8.12（a）中可以明显看出，储矿段井筒内的矿岩散体，整体上呈现出矿岩标记层同步下移的趋势，但井壁周边的矿岩块的移动速度略小于溜井井筒中心线的矿岩块的移动速度。其主要原因是 PVC 软质水晶板与矿岩散体之间，仍存在一定的摩擦作用，实验选用的材料尚无法实现矿岩散体与井壁之间完全无摩擦。当井筒内组成散体的同一水平面的矿岩块进入放矿漏斗后，井壁附近矿岩块的移动速度与放矿漏斗中心周围矿岩块的移动速度相比，产生了较大差异。物理实验结果表明：无摩擦作用下，矿岩散体在井筒与放矿漏斗内的移动特征与数值模拟的实验结果基本一致，但物理实验中产生的井壁周边矿岩块移动速度略小的这一现象，其主要原因是物理实验尚无法模拟完全光滑的井壁，即实验选用的材料尚无法实现矿岩散体与井壁之间的完全无摩擦，PVC 软质水晶板与矿岩散体之间仍存在一定的摩擦作用。

（a）无井壁摩擦作用　　（b）有井壁摩擦作用

图 8.12　摩擦条件影响下的矿岩散体移动特征

图 8.12（b）反映了有摩擦作用下溜井储矿段内矿岩散体的移动特征。由图 8.12（b）可以看出，有摩擦作用时，放矿前处于同一平面的矿岩标记层的形态，在放矿一段时间后呈现出 U 字形形态，表现为矿岩标记层内的矿岩块距离井壁越近，其移动速度越小，在放矿漏斗范围内，这一现象尤其明显。物理实验结果表明，有摩擦作用时，矿岩散体在井筒与放矿漏斗内的移动特征与数值模拟的实验结果基本一致。

8.4.2　矿岩散体速度场变化特征

为进一步研究摩擦系数对矿岩散体移动特征的影响，以矿岩块与井壁之间的摩擦系数 μ' 分别为 0、0.4、0.8 为例，采用 8.2.2 节中的矿岩移动特征的数值模拟方法，计算井内矿岩散体移动的速度场，结果如图 8.13 所示。

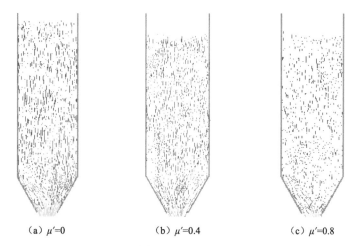

$$(a)\ \mu'=0 \qquad\qquad (b)\ \mu'=0.4 \qquad\qquad (c)\ \mu'=0.8$$

图 8.13　不同摩擦系数 μ' 下的矿岩散体速度场

由图 8.13 可以看出，在垂直主溜井的储矿段井筒内，矿岩散体的移动方向在整体上表现为铅垂向下。无摩擦作用时，矿岩散体速度分布较为均匀；有摩擦作用时，随着矿岩散体与井壁之间的摩擦系数的增大，储矿段内的矿岩散体的下降速度呈现出减小的趋势，矿岩散体内，井壁周边的矿岩块的移动速度变化明显。

8.4.3　影响矿岩散体移动规律的力学机制

溜井储矿段内储存的矿岩散体具有与流体相类似的特征，表现为所形成的散体的整体形态具有与容器（储矿段井筒的内部形状）高度相似的特征，反映出井内储存的矿岩散体受到井筒内部形状约束。井壁构成了矿岩散体整体形状的约束边界，矿岩散体的运动也受到了井壁约束。在流体力学中，边界的形状及其摩擦作用是影响流体单元运动的主要因素，溜井内储存的矿岩散体同样也受到溜井井壁形状及其摩擦作用的影响。根据溜井储矿段的使用功能及形状特征，溜井储矿段可分为筒仓部分和放矿漏斗部分，这两种结构形式具有不同的边界变化特征，组成矿岩散体的颗粒系统的受力特征有很大差别。因此，本节参考流体力学的分析思路，结合溜井储矿段的不同边界变化特征，研究矿岩散体与溜井井壁的摩擦效应对井内矿岩散体移动特征的影响。

1. 井内矿岩散体移动时的摩擦效应

溜井储矿段内储存的矿岩散体在移动过程中，组成散体的矿岩块与溜井井壁之间、矿岩块与矿岩块之间，均会产生摩擦力，对散体内矿岩块的移动产生阻滞作用。溜井储矿段的筒仓与放矿漏斗具有不同的边界特征，对井内矿岩散体的整体形态与运动起到了约束作用，这种约束作用构成了井内矿岩散体与溜井井壁产生摩擦力的基本条件。溜井底部放矿时，井内矿岩散体在重力作用下不断向放矿口移动，在这一过程中，散体内不同位置的矿岩块表现出了较强的非均速性，两相邻矿岩块之间的速度差也构成了散体内矿岩块之间产生摩擦力的基本条件之一。以筒仓部分矿岩运动为例，引用流体力学相关知识进行分析。

在流体力学的层流问题研究中，牛顿内摩擦定律认为，当流动单元的速度存在差异性时，不同流速下的相邻流层中流动单元存在动量交换，产生流动的切向力。该力促使流速小的流体层加速，导致流速大的流体层减速。

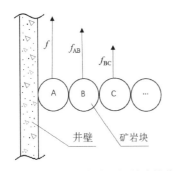

图 8.14　井壁、矿岩块之间的摩擦作用

如图 8.14 所示，溜井储矿段内，矿岩散体中位于同一层位的矿岩块 A、B、C···，其运动方向都是铅垂向下的，且与溜井的井壁边界走向一致，这一特征与流体力学中"层流"状态相似。在矿岩散体运动过程中，由于井壁处于"静止"状态，矿岩块 A 在向下运动时，产生了与井壁的摩擦力 f，导致其运动速度下降。矿岩块 A 运动速度的降低，使其与相邻的矿岩块 B 产生了速度差，由于矿岩块 A 与 B 之间速度差的存在，这两个矿岩块之间也产生了摩擦力 f_{AB}，进而影响到矿岩块 B 的向下运动速度。同样的原因，矿岩块 B 的速度下降，使矿岩块 B 与 C 之间产生了摩擦力 f_{BC}，也对矿岩块 C 的速度产生了影响。以此类推，可以说明，溜井储矿段内储存的矿岩散体在向下运动时，矿岩散体与溜井井壁之间的摩擦力直接阻滞了与井壁接触的矿岩块的运动，降低了其运动速度；两两相邻的矿岩块之间存在的速度差，使该两个矿岩块之间也产生了摩擦力的作用，促使速度较大的矿岩块的运动速度下降。因此，摩擦力对矿岩散体内矿岩块速度的影响具有一定的"传递"效应，"传递"的路径是由溜井井壁向溜井井筒中心线不断扩展，进而影响到了整个储矿段内的矿岩散体的运动状态。

在放矿漏斗部分，由于漏斗壁倾角的影响，矿岩散体的运动受到井壁摩擦阻力的作用会更大，散体内的矿岩块越靠近漏斗壁，其移动速度降低幅度越大，进一步增大了同一平面下相邻矿岩块的速度差。

2. 边界作用对矿岩散体内力链分布特征的影响

矿岩散体在无约束状态下，其内部的力链网络主要受到散体内矿岩块的自重、矿岩块之间的摩擦力和矿岩块之间的接触方式等的影响。溜井储矿段内储存的矿岩散体在井壁边界的约束限制下，具有与井壁边界相同的外形形态，这种井壁边界的约束限制对井内矿岩散体内部的力链分布特征也产生影响。矿岩散体在无边界约束和有边界约束下，其结构体系内部的力链分布特征如图 8.15 所示。

由图 8.15（a）可以看出，矿岩散体在无边界约束条件下，其结构体系内部的力链结构分布由散体结构体系的底部中间向外、由强向弱呈扇形扩展，强力链分布不均且方向各异。图 8.15（b）显示在井壁边界约束条件下，矿岩散体结构体系内部的力链结构分布整体上表现出了自下而上由强到弱的分布特征，表明矿岩散体的重力压实作用对结构体系内的力链分布特征产生一定影响。除散体结构体系上方力链网络较弱外（重力压实作用影响较小），其余部分力链分布较为均匀，井壁边界的约束作用对力链分布结构分布产生了影响。矿岩散体的重力作用通过散体内部矿岩块之间形成的力链传递到溜井井壁上，对井壁产生了侧压力，这一点不难通过 Janssen 理论得到验证。井壁受到的侧压力反作用于矿岩散体结构体系，对散体结构体系的变形起到了约束与限制作用。

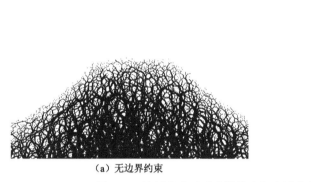

（a）无边界约束　　　　　　　　　　（b）有边界约束

图 8.15　边界约束对矿岩散体内部力链分布特征的影响

本 章 小 结

　　本章以放矿漏斗中心线与溜井井筒中心线重合的圆形断面溜井储矿段结构为研究对象，对溜井储矿段内储存的矿岩散体的流动特性、溜井底部放矿时井内矿岩散体的移动特征、影响因素与移动规律等进行了研究，对揭示储矿段井筒的堵塞机理有一定的现实意义。本章的研究取得了以下成果。

　　（1）采用理论分析和工程实际相结合的方法，从矿岩的结块性、组成散体的矿岩块的形状与尺寸特征、井内矿岩散体内矿岩块的接触方式、矿岩散体的含水率、溜井结构、溜井上部卸矿的冲击夯实作用、井内矿岩散体的重力压实作用和矿岩散体在井内的滞留时间等 8 个方面，研究了井内矿岩散体流动性的影响因素，并提出了相关建议。

　　（2）研究并应用了矿岩散体内矿岩块移动特征可视化研究的装置及方法，实现了溜井储矿段内矿岩散体内矿岩块移动特征的实验室测定，为矿岩散体内矿岩块的移动特征研究提供了可行的方法，并结合数值模拟实验研究了井内矿岩散体的移动特征。

　　（3）对矿岩散体内矿岩块在溜井储矿段内，不同时段的矿岩块移动状态的研究发现，散体内矿岩块在移动过程中呈现出整体下移的状态，筒仓中心线附近的矿岩块的向下移动的速度略大于靠近溜井井壁的矿岩块的下移速度，在放矿漏斗内，这一现象更加突出，并且放矿口侧壁滞留的矿岩块会影响侧壁上方的矿岩散体的流动。

　　（4）矿岩散体内矿岩块的瞬时移动速度的时均化分析研究表明，在溜井底部的放矿过程中，储矿段内组成散体的矿岩块的瞬时移动速度呈现出波动变化的形式，整体上表现如下：在筒仓内，矿岩块的瞬时移动速度的波动幅度先较大，随后较小，瞬时移动速度的波动较为稳定，且时均速度为一定值；在放矿漏斗内，散体内矿岩块的瞬时移动速度的波动幅度较大，且波峰、波谷呈现出明显增加的态势，时均移动速度随时间的增加而增大。在筒仓内，组成散体的矿岩块的时均移动速度恒定且差异较小时，不易发生溜井堵塞；在放矿漏斗部位，矿岩块时均移动速度的差异性较大，易于发生溜井堵塞。

（5）采用数值模拟实验和物理模拟实验相结合的方法，研究了井壁摩擦条件对溜井底部放矿过程中井内矿岩散体移动的影响特征与矿岩散体移动规律。井壁摩擦对矿岩移动特征与规律的影响主要表现在两个方面：一是矿岩散体与井壁之间的摩擦效应降低了井内矿岩散体的放出速度，进而影响井内矿岩散体内矿岩块的速度分布特征，表现出靠近井筒中心线的矿岩块向下移动的速度快，远离井筒中心线的矿岩块移动速度慢的特征；二是矿岩散体与井壁之间的摩擦作用是导致垂直井筒内同一水平面的矿岩块之间产生移动速度差的原因，也是影响放矿漏斗内矿岩块之间产生移动速度差的主要原因之一。

第 9 章　溜井储矿段内矿岩移动规律及其预测

矿岩散体在溜井储矿段内的移动具有不可视和不可量测的特性，传统的物理实验方法无法提供研究所需的实验现象与实验数据，因此获得矿岩散体在溜井储矿段中的移动规律极为困难。为揭示溜井储矿段内矿岩散体移动规律，并实现对移动规律的有效预测，本章通过储矿段放矿离散元模拟实验，分别从细观及宏观角度分析矿岩散体移动过程及其整体移动特征，研究溜井底部放矿过程中矿岩散体移动速度、轨迹和位移的变化特征，并结合物理实验，从宏观角度分析矿岩散体移动过程中矿岩标记层的形态变化特征和标记层内矿岩块的速度分布特征。在此基础上，以颗粒流动力学、流体力学为理论基础，构建矿岩散体移动速度、位移和轨迹的预测模型，并结合物理实验和数值模拟实验，对预测模型的可靠性进行验证。

9.1　储矿段放矿实验模型

1. 离散元数值放矿实验模型

目前，离散元数值模拟是研究颗粒类散体运动问题的主要方法之一。通过建立离散元数值模拟放矿实验，可以从细观角度追踪、记录放矿过程中的矿岩标记层内矿岩块的位置，分析矿岩块移动轨迹、速度变化特征及其与放矿时间、溜井结构的关系，揭示细观角度下储矿段内矿岩散体内部矿岩块个体的移动规律。

以垂直主溜井的储矿段为实验对象，建立储矿段放矿模型。以溜井中心线与放矿口中心线重合的溜井结构为研究对象，如图 9.1 所示。图中，溜井储矿段的井筒直径 D_1=6m，储矿高度为 24m，放矿口直径 D_0=2m，放矿漏斗倾角 α=60°，井壁壁面的摩擦系数为 0.4。为便于观察和分析矿岩散体内矿岩块的移动轨迹和速度变化情况，沿用 8.3.1 节的建模方法，按不同颜色，在模型中形成厚度为 1m 的矿岩标记层。选取指定位置（或范围）内的矿岩块，在放矿过程中追踪并记录其位置的 x、y 坐标，以及矿岩块位移与时间的关系。

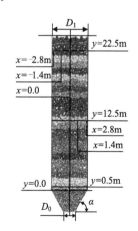

图 9.1　溜井储矿段放矿模型

数值模拟时，采用球形颗粒模拟矿岩块[239]，其粒径级配组成见表 4.1。根据现场实际情况，确定矿岩块之间的接触采用 Hertz 力学接触模型，球与墙之间采用线性接触模型[239]，所需细观力学参数如表 9.1 所示。为规避放矿方式、放矿速度对溜井中矿岩散体内矿岩块个体的移动速度的影响，研究分析矿岩块速度变化特征时，溜井底部放矿口处采用连续放矿方式，即控制矿岩散体自由下落，不控制单位时间内的矿岩放出量。

表 9.1　矿岩散体细观力学参数

矿岩块之间剪切模量/GPa	泊松比	矿岩块之间的摩擦系数	阻尼系数	墙体法向接触刚度/（N/m）	墙体切向接触刚度/（N/m）	井壁摩擦系数
13.6	0.23	0.5	0.3	1×10^9	1×10^9	0.4

2. 物理放矿实验模型

参照 8.3.2 节给出的储矿段放矿物理实验模型及其实验研究方法，从宏观角度分析研究矿岩移动过程中矿岩标记层的形态变化特征和矿岩的速度分布特征。

9.2　矿岩块的细观移动特征

从细观角度研究溜井储矿段中矿岩散体内矿岩块的移动规律时，可以根据溜井底部放矿在经过时间 t 后，矿岩块位置的 x、y 坐标值的变化，绘制出矿岩块的坐标轨迹，计算不同时刻下矿岩块的速度及其累积移动量，分析研究各因素与放矿时间之间的关系。

9.2.1　矿岩块的移动轨迹

在二维空间中，设矿岩散体内某个矿岩块的初始坐标为（x_0，y_0），采用图 9.1 所示的模型，进行溜井底部放矿实验。追踪 y_0 为 22.5m、12.5m 和 0.5m 时的矿岩块移动轨迹，以矿岩块 x 坐标范围映射块的位置颜色，记录不同时刻下的散体内矿岩块移动轨迹，如图 9.2 所示。

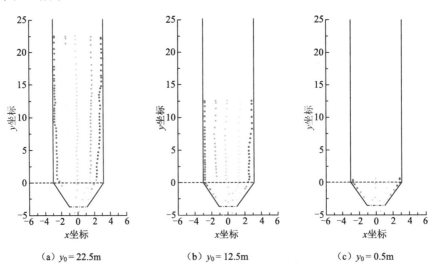

（a）y_0 = 22.5m　　　　（b）y_0 = 12.5m　　　　（c）y_0 = 0.5m

图 9.2　不同初始位置（x_0，y_0）下的矿岩块移动轨迹

根据图 9.2 给出的散体内矿岩块的移动轨迹可以发现，放矿过程中，由于矿岩块在储矿段内所处的位置不同，其轨迹变化主要表现为以下两种移动方式。

（1）在储矿段筒仓范围内，矿岩散体内大多数矿岩块的轨迹接近于一条铅垂向下的直线，矿岩块的初始位置越靠近溜井井筒中心线，该趋势越明显。在放矿一段时间后，初始位置距离溜井井壁较近的矿岩块，可能会发生较小的横向位移，横向位移的方向指向溜井井筒中心线，位移一般不超过最大矿岩块的粒径。该矿岩块在发生横向位移后，其移动轨迹整体上仍接近于铅垂向下的直线。

在分析散体内矿岩块的移动过程中发现，矿岩块的初始位置越靠近溜井井筒中心线，矿岩块的移动速度越大。当时间间隔一定时，距离溜井井筒中心线较近的矿岩块的瞬时位移大于与其相邻的其他矿岩块的瞬时位移，相邻矿岩块之间会产生较大空隙，为速度较小的矿岩块提供了发生横向位移的空间。散体内矿岩块的初始位置越靠近溜井井壁，其移动速度越小，发生横向位移的可能性越大。由于井壁周边范围内相邻矿岩块的速度差较大，该范围内的矿岩块移动的瞬时位移差、发生横向位移的概率和位移也远大于井筒断面内的其他范围内的矿岩块。

（2）当散体内的矿岩块移动至接近或到达放矿漏斗范围内时，矿岩块移动的随机性增强，其轨迹的差异性也很大。整体上，散体内矿岩块在接近放矿漏斗到放矿口位置的移动过程中，其轨迹接近于直线，该直线的斜率与放矿漏斗边界的倾角相关，表现出散体内矿岩块进入放矿漏斗范围时的位置越接近井壁，其移动轨迹的倾角越接近放矿漏斗边界的倾角，与放矿漏斗壁接触的矿岩块则沿着漏斗壁边界滑移到放矿口；散体内矿岩块接近放矿漏斗时的位置越靠近溜井井筒中心线，其移动轨迹线越接近于铅垂向下的直线。

综上所述，在溜井储矿段内，矿岩散体内矿岩块的移动轨迹表现出的特征可归纳如下：散体内矿岩块在储矿段筒仓内的移动主要表现为铅垂向下的移动特征，其中一少部分矿岩块会产生横向位移，为小概率事件，散体内矿岩块产生横向位移的主要原因与放矿过程中矿岩块之间的接触方式与矿岩散体的松散特性发生变化有关；在放矿漏斗范围内，散体内的矿岩块的移动产生了横向位移，其移动轨迹表现出向放矿口方向"汇集"的移动特征，矿岩块发生横向位移的主要原因是其在移动过程中受到了放矿漏斗底部结构变化的影响。

9.2.2　矿岩块的位移变化特征

为揭示放矿过程中溜井储矿段内矿岩散体内部矿岩块的位移变化特征，根据图 9.1 建立的模型，将筒仓中心线左侧位置接近（-2.8，22.5）（-1.4，22.5）（0，22.5）处的 3 块矿岩块作为标志块，分别编号为 ID1、ID2、ID3，然后进行放矿，测量记录不同时刻矿岩标志块在 x 方向和 y 方向上的位移变化情况，以研究矿岩块位移随时间变化的特征。

1. x 方向上的位移变化特征

放矿过程中，矿岩块在 x 方向上的位移变化特征如图 9.3 所示。

由图 9.3 可以看出，散体内矿岩标志块在筒仓和放矿漏斗中移动时，在 x 方向上的位移变化特征明显不同。散体内的矿岩块在筒仓中移动时，其水平位移不超过最大矿岩块的粒径，在 0.2m 左右波动；在到达放矿漏斗前，矿岩散体内所有矿岩块的最大位移均不超过 0.25m。在矿岩块到达放矿漏斗之前的 1s 左右，矿岩块在 x 方向位移开始增加，但位移的增长速度趋于定值。

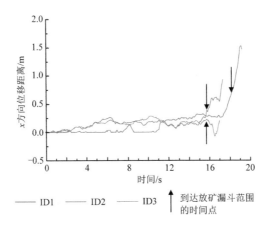

图 9.3　矿岩块在 x 方向上的位移变化特征

对于单一的矿岩标志块，ID1 因距离井壁较近，放矿前期在 x 方向上的位移接近于 0，在 11s 左右开始发生较小的位移；ID2 和 ID3 则在放矿一段时间（约 3s）后，开始在 x 方向上产生较小的位移，到达放矿口后，ID2 和 ID3 的位移变化幅度明显增大，其中 ID2 的位移增加，ID3 则出现了位移先减小后增加的趋势。

2. y 方向上的位移变化特征

放矿过程中，矿岩散体内的矿岩块在 y 方向上的位移变化特征如图 9.4 所示。

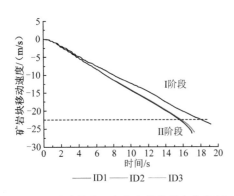

图 9.4　矿岩块在 y 方向上的位移变化特征

由图 9.4 可以看出，散体内的矿岩标志块在 y 方向上的位移特征与 x 方向上的位移特征有很大的区别，y 方向的位移表现出明显的随放矿时间的变化而呈线性变化的特征。如果将散体内的矿岩块在筒仓内的移动过程视为 I 阶段，将其进入放矿漏斗后的移动视为II阶段，则在 I 阶段内，自开始放矿时，矿岩块沿 y 方向向下移动的距离缓慢增加，并随着放矿的持续，位移按一定的斜率持续增加；在 II 阶段内，随着放矿时间的持续，散体内的矿岩块的位移及其变化率均呈上升的趋势。

矿岩散体内的矿岩标志块在 y 方向上的位移还表现出矿岩块的初始位置影响位移变化速率的特征。整体上，散体内矿岩块的初始位置越接近溜井井筒中心线，其位移变化的曲线斜率就越大。

对比矿岩块在 x 方向和 y 方向上的位移变化特征可以看出，矿岩散体内的矿岩块在储矿段筒仓内的位移主要是沿 y 方向铅垂向下的，只有当其到达放矿漏斗时，在 x

方向上的位移才会发生连续的、随放矿时间明显增加的特征，这一特征与散体内矿岩块移动的轨迹变化特征一致。

9.2.3　矿岩块移动瞬时速度变化特征

1. 矿岩块的瞬时速度变化特征[240]

为查明溜井储矿段内组成散体的矿岩块移动的瞬时速度的变化特征，采用 8.3.3 节的矿岩块移动速度的时均化分析方法，研究矿岩散体内矿岩块移动的瞬时速度波动过程。

1）散体内矿岩块移动的瞬时速度

假设在储矿段内，移动中的矿岩块所处的位置坐标为（x_2，y_2），在经历时间 Δt 的放矿后，其位置坐标变化为（x_1，y_1），则矿岩块位移与 Δt 时间段内矿岩块移动的瞬时速度计算公式见式（8.1）。

散体内矿岩块在 t 时刻的瞬时速度见式（8.2）。

根据 9.2.1 节和 9.2.2 节的数值模拟，得到在放矿过程中，矿岩标志块 ID1、ID2 和 ID3 的移动速度随时间变化的特征曲线见图 8.8 和图 8.9。

对比图 8.8 和图 8.9 可以发现，ID1、ID2 和 ID3 3 个矿岩标志块具有相同的速度变化趋势或特征。在储矿段筒仓的同一平面内，矿岩块的速度具有相似的波动过程，但波动的幅度不同；在放矿初期的 0～4s 内，不同矿岩块的速度幅度表现出越靠近井筒中心线，波动幅度越小的特征；在放矿 4s 之后和到达放矿漏斗之前的这段时间内，矿岩块越靠近井筒中心线，其速度的波动幅度越趋于稳定；在矿岩块到达放矿漏斗后，矿岩块的速度波动剧烈，幅度均呈增大趋势。不同位置下，矿岩块到达放矿漏斗的时间不同，3 个矿岩标志块中，ID1 用时 18.1s，ID2 和 ID3 分别用时 15.6s 和 15.4s，说明越靠近井筒中心线，矿岩块到达放矿漏斗所需的时间越少。

因此，根据放矿过程中矿岩块移动速度随时间变化的关系曲线（图 8.8 和图 8.9），可将散体内矿岩块的移动过程依次划分为加速移动开始、稳定波动和接近放矿漏斗范围后的加速移动 3 个阶段。ID1、ID2 和 ID3 3 个矿岩标志块具有相同的移动速度变化趋势或特征，总体上表现如下：在储矿段筒仓内，同一平面下散体内矿岩块的移动速度波动过程相似而变化幅度不同；在放矿漏斗内，组成散体的矿岩块的初始位置越靠近溜井井筒中心线，其速度增长越快，到达放矿口的最终移动速度也越大。

由于散体内矿岩块在加速及变速移动过程中的随机性较强，因此，目前尚无有效的研究方法，且该过程的耗时较短，研究意义不大。

2）矿岩散体内矿岩块移动的瞬时速度的波动强度

散体内矿岩块移动的瞬时速度的波动强度采用 8.3.3 节的时均化分析方法，在获取散体内矿岩块在某一时刻移动的瞬时速度为 v 和 t 时刻下的速度 v_t 后，采用式（8.3）求得时间 T 内矿岩块移动速度的平均值 $\bar{v}$。

如图 8.8 和图 8.9 所示，散体内矿岩块移动的瞬时速度呈现出显著地随时间变化的特征，可根据式（8.4）求出该矿岩块移动的瞬时速度 v，然后根据式（8.5）求出该矿岩块的波动强度 N。

3）散体内矿岩块移动的瞬时速度时均化分析

由图 8.8 和图 8.9 可知，溜井底部放矿过程中，散体内矿岩块在储矿段筒仓和放矿漏斗内移动时，其瞬时速度的变化形式差异较大。因此，将散体内矿岩块在储矿段中的移动划分为筒仓和放矿漏斗内两部分，采用时均化分析方法，分别进行矿岩块的瞬时速度变化分析，以直观地揭示散体内矿岩块在放矿过程中的瞬时速度变化特征。

分析图 8.8 和图 8.9 可以发现，在放矿开始的 0～4s 内，散体内矿岩块的瞬时速度变化幅度较大，属不稳定移动阶段。对该时段矿岩块的移动过程分析较为困难，因此忽略这一时间段。当散体内矿岩块移动分别进入 4～16.5s（该矿岩块在筒仓内移动）和 18～20s（该矿岩块接近和进入放矿漏斗）时间段后，其移动的瞬时速度变化趋于稳定。选取这两个时间段，对该矿岩块的瞬时速度的变化过程分别进行时均化分析。

以图 8.8 为例，矿岩标志块 ID1 分别在放矿 4～16.5s 和 18～20s 期间，速度波动较为稳定，对该矿岩块的移动速度进行时均化分析，见图 8.10。

目前，由于溜井内矿岩散体内矿岩块移动特征的不可量测性，对 v_t 进行定量研究十分困难。因此，对图 8.10 所示的矿岩块移动速度随时间变化曲线进行线性拟合，得到拟合函数如下：

$$y = a + bx \tag{9.1}$$

拟合后，矿岩标志块 ID1 在储矿段筒仓和放矿漏斗中移动的时均化速度拟合曲线分别见图 8.10（a）和（b）。

由图 8.10（a）可知，矿岩标志块 ID1 在储矿段筒仓内的移动，其时均速度为 1.2338m/s，移动拟合曲线方程的斜率为 0.0054，可以认为矿岩块的时均速度近似为一恒定值，反映出溜井底部的放矿在经历一定的时间，储矿段筒仓内的矿岩块为时均速度恒定的波动移动。由图 8.10（b）可知，矿岩标志块 ID1 在放矿漏斗内移动的时均速度为 14.4276m/s，移动拟合曲线方程的斜率为 0.8652，其移动表现为时均速度随时间增加而增大的特征。

矿岩标志块 ID1～ID3 在储矿段内移动时，其瞬时速度的时均速度拟合结果如表 9.2 所示。

表 9.2　矿岩标志块 ID1～ID3 移动的时均速度拟合结果

矿岩标志块编号	矿岩块移动部位	时均化速度曲线方程	a	b
ID1	储矿段筒仓内	$y = 1.2338 + 0.0054x$	1.2338	0.0054
	放矿漏斗内	$y = -14.4276 + 0.8652x$	-14.4276	0.8652
ID2	储矿段筒仓内	$y = 1.6259 - 0.0101x$	1.6259	-0.0101
	放矿漏斗内	$y = -25.1568 + 1.7041x$	-25.1568	1.7041
ID3	储矿段筒仓内	$y = 1.6230 - 0.0059x$	1.6230	-0.0059
	放矿漏斗内	$y = -38.7940 + 2.5622x$	-38.7940	2.5622

通过该矿岩块移动瞬时速度的时均化分析发现，散体内矿岩块在储矿段内的移动可视为一个时均移动和波动移动的叠加。在已知矿岩块时均速度的条件下，通过计算可得矿岩块移动的最大速度、最小速度、最大波动速度和波动强度等移动速度特征值。

为进一步研究矿岩块初始位置与移动速度的关系，根据数值模拟实验结果，并通过计算，获得矿岩标志块 ID1～ID3 的移动速度特征值，如表 9.3 所示。

表 9.3　ID1～ID3 矿岩标志块的移动速度特征值

矿岩块编号	矿岩块移动部位	时均速度 $\bar{v}$/(m/s)	最小速度 v_{min}/(m/s)	最大波动速度 v'_{max}/(m/s)	波动强度 N
ID1	储矿段筒仓内	1.2338	0.0022	1.7662	1.43
	放矿漏斗内	-14.4276	0.6140	1.1492	—
ID2	储矿段筒仓内	1.6259	0.0066	1.9304	1.19
	放矿漏斗内	-25.1568	0.0875	3.2560	—
ID3	储矿段筒仓内	1.6230	0.2767	1.5628	0.96
	放矿漏斗内	-38.7940	0.4177	1.1827	—

由表 9.3 可知，放矿过程中，散体内矿岩块在储矿段筒仓内的平面位置对其移动速度随时间变化的影响波动较大。例如，在储矿段筒仓内，ID2 的最大波动速度达到了 1.9304m/s，比其时均速度高出了 18.73%；在放矿漏斗内，该矿岩块的最大波动速度达到了 3.2560m/s，比 ID1 和 ID2 的最大波动速度分别高出了 182.32%和 1175.30%。由矿岩标志块 ID1～ID3 的位置信息可知，距离溜井井壁最近的矿岩块移动的时均速度最小，散体内矿岩块离溜井井筒中心线越近，其时均速度越小；矿岩块距离井壁越近，其波动强度越大；散体内矿岩块的最大波动速度与其位置关系不大。

2. 平均速度变化特征

如果溜井底部放矿开始时，散体内某矿岩块的初始位置坐标为（x_0，y_0），在经历 t 的放矿后，矿岩块移动至（x_t，y_t）坐标位置，根据平均速度计算公式，有

$$\begin{cases} S = \sqrt{\left(x_t - x_0\right)^2 + \left(y_t - y_0\right)^2} \\ \bar{v} = \dfrac{S}{t} \end{cases} \tag{9.2}$$

式中，S 为经历 t 时间的放矿后该矿岩块的移动距离（m）；$\bar{v}$ 为 t 时间段内矿岩块的平均速度（m/s）。

在数值模拟实验中，通过监测不同时刻下矿岩标志块的位置信息，可通过式（9.3）计算出在放矿 t 后，该矿岩块移动的平均速度为

$$\bar{v} = \frac{\sqrt{\left(x_t - x_0\right)^2 + \left(y_t - y_0\right)^2}}{t} \tag{9.3}$$

根据数值模拟结果，计算放矿过程中矿岩标志块 ID1～ID3 的平均移动速度，得到矿岩块移动平均速度随时间变化的特征曲线，如图 9.5 所示。

分析图 9.5 可知，从平均速度的角度来看，在溜井底部的放矿过程中，储矿段筒仓内矿岩块依次经过了加速、匀速、加速 3 个移动阶段。在开始放矿的 5s 内，矿岩块移动的平均速度快速增加，但加速度呈减小趋势；在放矿一段时间后，矿岩块移动的平均速度在小范围内波动，如 ID1 的平均速度在 1.2m/s 左右变化，ID2 和 ID3 的平均速度在 1.4m/s 左右变化，这一变化特征一直持续到矿岩块接近放矿漏斗为止；当矿岩块

的位置接近放矿漏斗时，矿岩块移动的平均速度开始明显增大，同时其加速度也呈增大趋势。

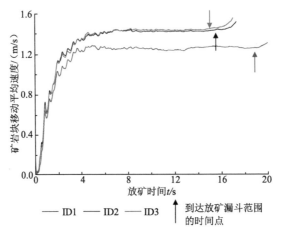

图 9.5　矿岩块移动平均速度随时间变化的特征曲线

矿岩块在溜井储矿段内的初始平面位置，影响矿岩块整个移动过程中的速度变化特征。在前期的加速阶段，矿岩块的位置越接近井壁，矿岩块移动的加速度越小；在移动中期速度小范围变化阶段，矿岩块的位置越接近井壁，其加速度越小；在后期加速阶段，靠近井壁的矿岩块，其移动的加速度较小，加速度变化率也小于靠近溜井井筒中心线的矿岩块。

9.3　储矿段内矿岩散体的宏观移动特征

溜井底部的放矿活动，导致储矿段内储存的矿岩散体在重力作用下，不断改变其在溜井中的位置，并以其特有的移动状态向溜井底部的放矿口移动，直至从放矿口放出。储矿段内矿岩散体的这一移动过程所表现出的移动特征及其规律极为复杂，目前尚难以通过现有理论表征矿岩散体的移动特征及其规律。

因此，本节采用物理实验和数值模拟实验相结合的方法，从宏观角度研究放矿过程中溜井储矿段内矿岩的总体移动特征，分析储矿段同一平面下矿岩移动的特点及其速度场变化特征，以发现和揭示溜井储矿段内矿岩散体的移动特征及其规律。

9.3.1　矿岩散体的整体移动过程

溜井底部放矿前，储矿段内矿岩散体内矿岩块的初始速度为 0，即处于相对静止状态。当放矿口打开并开始放矿时，放矿口附近的矿岩散体由近及远，不断向放矿口移动并被放出。在此过程中，先期放出的矿岩散体为井内储存的矿岩散体提供了向放矿口移动的空间条件，从而使井内矿岩散体在重力作用下逐步有序向下移动。在井内矿岩散体的流动性较好和放矿口连续放矿的条件下，这一由溜井底部放矿口放矿引起的储矿段内矿岩散体的移动状态的变化，其持续过程由放矿口的放矿速度、井内矿岩散体储存量控制。

在放矿口中心线与溜井井筒中心线重合条件下的数值模拟实验中，井内矿岩散体的速度场变化情况能够较好地展现矿岩散体的这一移动过程，如图 9.6 所示。

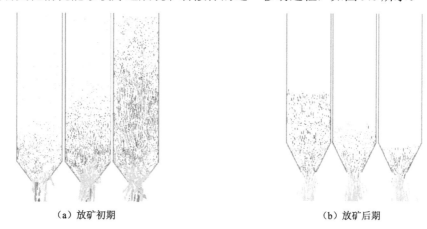

（a）放矿初期　　　　　　　　　　　　　　　　（b）放矿后期

图 9.6　溜井底部放矿时矿岩散体速度场变化特征

数值模拟放矿实验发现，当储矿段内的全部矿岩散体进入移动状态后，井内矿岩散体的整体移动呈现出一种比较稳定的移动状态，且具有较强的规律性，具体表现如下：储矿段内矿岩散体内矿岩块的整体速度分布相对于溜井井筒中心线对称，距离井壁越近，散体内矿岩块移动的速度越慢；距离溜井井筒中心线越近，矿岩块移动的速度越快。筒仓内的矿岩散体内部的矿岩块做向下的移动，同一横坐标下的矿岩块的速度比较接近；放矿漏斗内矿岩块向放矿口移动，矿岩块距离放矿口越近，其移动速度越大。

当井内储存的矿岩散体的近 2/3 的矿岩块被放出后，由于井内储存矿岩散体的重力压实作用的减弱，随着放矿时间的增加，储矿段内矿岩散体内矿岩块移动的速度整体上呈下降趋势，如图 9.6（b）所示。

溜井底部放矿时，单位时间内放出的矿岩量影响储矿段矿岩散体速度场。为进一步研究单位时间内放出矿岩量的变化特征，采用储矿段放矿数值模型，监测不同时刻下穿过放矿口及储矿段截面（标高为 0）的矿岩散体的累计质量，如图 9.7 所示。

分析图 9.7 可知，放矿口处放出的矿岩量与放矿时间呈近似线性关系，与穿过储矿段任一横截面的矿岩质量与放矿时间的关系相似。该特征与 Beverloo 经验公式（即颗粒质量流率公式）表达的内涵一致。根据 Beverloo 经验公式的

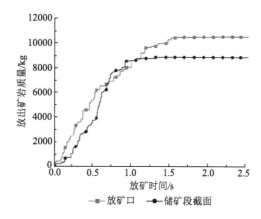

图 9.7　穿过溜井某一截面的矿岩散体累计质量与放矿时间的关系

相关研究可知，溜井储矿段内，单位时间放出的矿岩量与放矿口的直径、矿岩散体内矿岩块的粒径、井壁摩擦系数、重力加速度、储矿段的结构、矿岩块的密度有关。在溜井结构形式与参数、矿岩块的粒径一定的条件下，单位时间内，溜井放矿口放出的矿岩质量为一定值，该值与单位时间内穿过储矿段任一横截面的矿岩散体的质量相等。

9.3.2 矿岩块的位移状态分布特征

分别采用数值模拟实验和物理放矿实验方法，研究溜井底部连续放矿时，储矿段中矿岩散体内矿岩块的移动特征。为实现物理放矿实验时，矿岩散体内矿岩块移动特征的可视化，采用测定溜井储矿段物料移动特征的实验装置及方法的专利技术[238]，得到矿岩块在溜井储矿段内的移动特征。

数值模拟实验和物理放矿实验模型建立时，将不同颜色的矿岩块按一定的厚度，在模型中形成标记层，各标记层呈水平布置，溜井底部开始放矿前，模型内矿岩块的初始速度均为 0。

通过数值模拟放矿实验，得到储矿段内矿岩移动特征的实验结果，如图 9.8（a）所示。物理放矿实验结束后，先对物理实验模型进行注胶、剖分和拍照，得到矿岩移动特征的物理实验结果，如图 9.8（b）所示。

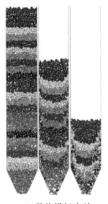 

（a）数值模拟实验   （b）物理放矿实验

图 9.8 储矿段中的矿岩散体移动特征

对比图 9.8（a）和（b）可以明显看出，溜井储矿段的数值模拟放矿实验结果和物理放矿实验结果具有很高的相似特征，两种实验结果的矿岩标记层均呈 U 字形或 V 字形分布。

在储矿段筒仓内，矿岩标记层呈现出 U 字形分布特征。越靠近井壁的矿岩块，其移动速度越慢；越靠近溜井井筒中心线的矿岩块，其移动速度越快，且相邻矿岩块之间的速度差越小。这一现象说明，散体内矿岩块与溜井井壁之间的摩擦，对矿岩块的向下移动产生了一定的阻滞作用，同时，这种阻滞作用也通过该矿岩块传递给了与其相邻的矿岩块，减缓了与其相邻的矿岩块的下移速度。但由于矿岩块之间的相对移动，还使矿岩块产生了滚动、转动等运动形式，因此，通过矿岩块传递的阻滞作用对相邻矿岩块的移动速度虽然有影响，但是影响有限。仔细对比不同颜色矿岩块的分布情况，还发现个别矿岩块的移动速度缓慢，使其滞留在了上一层的矿岩标记层内，这种现象较多地发生在距离溜井底部和溜井井壁较近的区域。

在放矿漏斗范围内，矿岩标记层呈现出明显的 V 字形分布特征。矿岩块进入放矿漏斗后，表现出向放矿口方向移动的特征。矿岩块越靠近放矿漏斗中心线，其移动速度越大；越靠近放矿漏斗壁，其移动速度越小。相比之下，在放矿漏斗范围的同一平面内，相邻矿岩块之间的移动速度差要大于筒仓内相邻矿岩块之间移动的速度差。对比不同颜色矿岩块的分布情况，也能够发现少量矿岩块滞留在放矿漏斗壁上，对其上部矿岩块的移动产生了不利影响。

9.3.3　矿岩块移动的速度分布特征

研究溜井储矿段内，初始位置位于同一平面的矿岩块的移动速度分布特征，有利于查明矿岩块移动过程中，矿岩块与溜井井壁之间的摩擦作用，以及矿岩块之间的相对移动状态对矿岩移动速度的影响。

以溜井储矿段的井筒中心线为 y 坐标，代表矿岩块移动的时均速度；以溜井径向为 x 坐标（即矿岩块在该平面内的位置，井筒中心线为 x 坐标的 0 点），代表矿岩块在储矿段内 22.5m 平面上的初始位置。采用数值模拟实验方法和时均化分析方法，得到初始位置位于 22.5m 平面的矿岩块移动的时均速度，分析矿岩块移动的平均速度与矿岩所在初始位置的关系。

以铅垂向下为正方向，储矿段筒仓和放矿漏斗范围内的矿岩块初始位置与其时均速度的关系如图 9.9 所示。

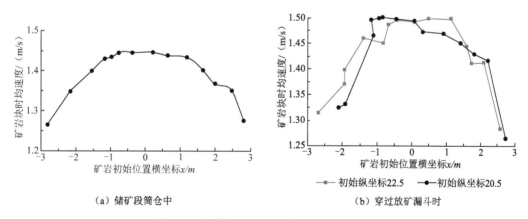

（a）储矿段筒仓中　　　　　　　　（b）穿过放矿漏斗时

图 9.9　矿岩块初始位置与其时均速度的关系

1. 储矿段筒仓内矿岩块的时均速度分布特征

储矿段筒仓内，散体内大多数的矿岩块按铅垂向下的方向移动。由于其移动过程中的初始位置几乎保持不变，时均速度又处于恒定状态，因此可以建立散体内某一矿岩块初始位置与其时均速度的关系，反映矿岩块不同初始位置时均速度的分布特征。不考虑溜井底部放矿初期矿岩块移动加速阶段时，选取矿岩块初始位置位于 22.5m 平面，该矿岩块初始位置与其时均速度的关系如图 9.9（a）所示。

由图 9.9（a）可知，在储矿段筒仓内，整体上该矿岩块的移动速度在 1.25～1.45m/s 范围内变化。同一平面内，矿岩块移动的平均速度与矿岩块所处位置的横坐标呈凸函数的关系，矿岩块位置越靠近井壁，其移动速度越小，相邻矿岩块之间的速度差越大；越靠近溜井中心线（$x=0$），相邻矿岩块的平均速度越接近。例如，矿岩块的横坐标 x 由-1 到+1 变化时，相邻矿岩块的速度差较小，在该范围内，矿岩块几乎同步下移。

在储矿段筒仓的同一平面内，散体内矿岩块之间速度差主要是溜井井壁的摩擦效应所造成的。因此，由同一平面内矿岩块的速度分布特征可知，溜井井壁的摩擦效应对井壁附近的矿岩块移动产生了明显的减速作用，矿岩块距离井壁越远，摩擦效应造成的影响越弱。

2. 放矿漏斗范围内矿岩块的时均速度分布特征

根据矿岩块移动的速度变化特征可知，在放矿漏斗范围内，矿岩做加速度增大的加速移动，其移动过程中耗时较短，因此分析矿岩块移动的瞬时速度分布较为困难，这里仅分析矿岩块经过放矿漏斗范围的平均速度。分别以位于 22.5m 和 20.5m 两个平面的矿岩块为例，矿岩块移动的平均速度分布曲线如图 9.9（b）所示。

由图 9.9（b）可知，矿岩块移动的速度在 1.25～1.50m/s 的范围内变化。放矿漏斗范围内，矿岩块移动的随机性明显大于在筒仓内移动的随机性。整体上，同一平面内，矿岩块移动的平均速度与矿岩块所处位置的横坐标（即矿岩块在该平面内的位置）也呈凸函数的关系，矿岩块的位置越靠近漏斗壁，其移动速度越小，相邻矿岩块之间的移动速度差越大，且大于筒仓内的速度差。矿岩块经过放矿漏斗时的平均速度大于其经过筒仓时的平均速度。

9.4　储矿段内的矿岩散体移动规律

前文的研究中，以颗粒流动力学、流体力学为理论基础，通过数值模拟、物理实验研究了溜井储矿段矿岩散体内矿岩块单元移动特征及矿岩散体的总体移动特征。结果表明，溜井底部放矿过程中，储矿段内的矿岩移动表现了一定的规律性。

9.4.1　矿岩散体移动的细观移动规律

以放矿漏斗中心线与溜井井筒中心线重合型垂直主溜井储矿段为研究对象，根据储矿段中矿岩散体内矿岩块单元的移动轨迹、位移、速度及加速度变化特征的研究，细观角度下，储矿段内的矿岩散体移动具有以下特征。

（1）放矿过程中，矿岩散体的移动轨迹主要随其约束边界（井壁与放矿漏斗壁）的走向变化。在储矿段边界铅垂向下的筒仓部分，矿岩散体内矿岩块做铅垂向下移动，其轨迹接近于一条直线；在距离井壁较近的少部分矿岩块会发生向溜井井筒中心线方向的横向位移，且位移较小，之后继续做铅垂向下移动。在放矿漏斗内，散体内的矿岩块移动方向为朝向放矿口，矿岩块的位置越接近井壁，其移动轨迹的倾角越接近于放矿漏斗壁的倾角；越靠近溜井井筒中心线，散体内矿岩块移动的轨迹越接近铅垂线。

（2）不同的溜井储矿段结构下，散体内矿岩块的位移变化特征不同。矿岩散体内矿岩块在筒仓内的水平位移较小，大多数矿岩块的水平位移不超过最大矿岩块的粒径；铅垂方向的位移与放矿时间呈明显的线性关系，以铅垂向下为正方向，散体内矿岩块越接近溜井井筒中心线，铅垂方向位移的变化率越大。散体内矿岩块接近或到达放矿漏斗后，其水平方向的位移明显增长，铅垂方向位移的增长率随放矿时间的增加而增大。

（3）放矿过程中，矿岩散体内的矿岩块移动速度是不断波动变化的，放矿初期，矿岩块移动速度的波动幅度较大，后期较小。整体上，溜井底部的放矿开始后，散体内的矿岩块依次做加速度减小的加速移动（前 4s 左右），矿岩块的位置越接近井壁，该时间段内矿岩移动加速度越小。然后，矿岩块在较长时间内，做时均速度恒定的移动，散体内的矿岩块的位置越靠近溜井井壁，其时均速度越小。当散体内的矿岩块到达或接近放矿漏斗后，矿岩块开始做加速度增加的加速移动，直至到达放矿口，在这一过程中，组成散体的矿岩块的位置越靠近漏斗壁，其移动的加速度及其增长率越小。

（4）矿岩散体内的矿岩块在井内同一平面的初始位置，影响放矿过程中矿岩块的移动速度与特征。在储矿段的筒仓内，主要影响散体内矿岩块的速度大小，在放矿漏斗范围内，主要影响散体内矿岩块移动速度的大小和方向。

9.4.2 矿岩散体移动的宏观移动规律

根据溜井底部放矿过程中，储矿段内矿岩散体的整体移动特征及速度分布特征可知，宏观角度下，储矿段内矿岩散体的移动规律具有以下特征。

（1）连续放矿过程中，单位时间穿过放矿口或储矿段内任一横截面的矿岩散体质量为定值，该值的大小与放矿口尺寸、组成散体的矿岩块粒径、井壁摩擦系数等有关。经过一段时间的放矿后，储矿段内的矿岩散体整体趋向一种稳定的移动状态，该状态受井壁摩擦、溜井结构参数等影响，矿岩散体移动呈现出较强的规律性。

（2）储矿段筒仓内，矿岩散体内的矿岩块做铅垂向下移动，放矿漏斗内的矿岩块向放矿口移动。散体内矿岩块的位置越靠近溜井井壁，受摩擦效应的影响越大，移动得越缓慢，导致放矿前处于同一平面的矿岩散体，在经过一段时间的放矿后的形态呈 U 字形分布；受边界作用和井壁摩擦作用的影响，矿岩标记层在放矿漏斗内的形态呈 V 字形分布。矿岩散体内的矿岩块经过放矿漏斗时的平均速度大于经过筒仓的平均速度。

（3）矿岩散体内的矿岩块位置越靠近井壁，其相邻矿岩块之间的速度差越大，且在任一平面内，散体内的矿岩块移动速度相对于溜井中心线对称分布；以铅垂向下为移动的正方向，储矿段任一水平面内的矿岩散体的移动速度近似呈凸函数分布。放矿漏斗范围内相邻矿岩块之间的速度差要大于筒仓内的速度差。

（4）井壁摩擦是导致储矿段筒仓内同一平面的矿岩散体内不同矿岩块产生速度差的原因。在井壁无摩擦条件下，筒仓内的矿岩散体在井筒全断面范围内整体向下移动，放矿漏斗内的矿岩块的速度差也较小。

由于放矿过程中矿岩移动随机性较强，为更加直观地了解矿岩移动规律，可通过绘制储矿段内矿岩移动规律示意图的方法，对矿山生产实践进行指导。绘制矿岩散体移动规律示意图前，需要对储矿段内的矿岩散体移动过程进行一定的简化。由储矿段内的矿岩散体移动规律可知，放矿开始前期，散体内的矿岩块会做短时间的加速移动，在该阶段内，矿岩块移动的随机性很强且时间极短，不便于分析移动状态，因此，可不考虑此阶段散体内的矿岩块移动特征。根据散体内矿岩块的移动规律，筒仓内有大多数矿岩块主要做铅垂向下的移动，可将其移动迹线视为一条直线；放矿漏斗内的矿岩块主要做朝向放矿口的变向移动，可将其移动迹线视为一条曲线，散体内矿岩块的移动过程中的实际位置是在该曲线左右一定范围内变化的。

在上述条件下，绘制的矿岩散体移动规律示意图如图 9.10 所示。图中，α 为放矿漏斗倾角。

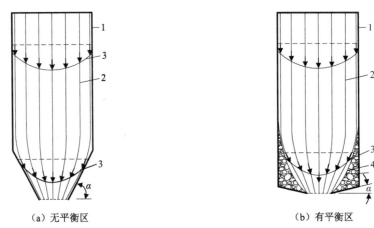

（a）无平衡区　　　　　　　　　　（b）有平衡区

1. 溜井储矿段边界；2. 散体内矿岩移动迹线；3. 速度分布；4. 滑动微面。

图 9.10　溜井储矿段内矿岩块移动规律示意图

根据矿岩散体的滑动微面、放矿漏斗倾角与矿岩块移动状态的关系可知，当放矿漏斗倾角较小时，有部分矿岩块滞留在井壁与放矿漏斗壁上，导致"空环效应"的产生，减小了矿岩散体移动的通道面积。该区域产生矿岩块堆积，这些堆积的矿岩块基本不发生移动，可称为平衡区。根据平衡区出现与否，溜井储矿段内矿岩散体的移动规律示意图可分为无平衡区和有平衡区两种情况，其变化特征如下：

（1）有平衡区时，组成散体的部分矿岩块堆积在放矿漏斗壁上，形成"空环效应"。其余范围内的矿岩块的移动状态与无平衡区时的矿岩块的移动特征一致。

（2）无平衡区时，储矿段井壁即为矿岩散体移动的边界，筒仓内，组成散体的矿岩块主要做铅垂下向移动。散体内的矿岩块位置越靠近井壁，其移动速度越小，相邻矿岩块之间的速度差越大，矿岩散体的整体速度相对于溜井井筒中心线对称分布；放矿漏斗内，散体内的矿岩块向放矿口移动，其移动速度与相邻矿岩块之间的速度差要明显大于筒仓内的速度与速度差。

9.5　储矿段矿岩散体移动规律预测

矿岩散体在溜井内移动的过程中，与井壁接触并产生力的作用，是导致溜井井壁破坏的主要原因之一[81]，移动过程中，散体内矿岩块之间的相互作用又是产生溜井堵塞的重要原因之一[1]。溜井储矿段内，矿岩散体移动状态的不确定性，导致溜井储矿段内的堵塞频率[241]、井壁磨损程度[176]也各不相同。因此，研究溜井储矿段内矿岩散体的移动规律，实现矿岩散体移动过程中的轨迹和速度变化的定量化分析，是揭示溜井储矿段堵塞和井壁磨损等问题发生机理的重要研究方向。

由于矿岩散体在溜井内的移动状态具有不可量测性，因此，很难通过常规手段得到矿岩散体在溜井储矿段内的移动特征，这给获得溜井储矿段内矿岩散体的移动规律带来了很大困难。早在 20 世纪 80 年代，就已经有学者注意到研究矿岩散体在溜井储矿段内的移动规律是研究磨损问题、优化储矿段结构参数、解决储矿段变形破坏问题的关键[242]。例如，郭宝昆和张福珍[75]根据矿岩散体在溜井中的移动规律，将储矿段划分成 4 个区域，并据此分析了不同区域内的溜井堵塞、磨损情况；谭志恢[69]将按照矿岩移动规律对溜井储矿段进行的分区称为“分区理论”，认为储矿段内的矿岩散体移动主要受崩落角影响，并首次引用椭球体放矿理论描述了矿岩散体的整体移动过程；近年来，王其飞[80]再次引用椭球体理论对溜井储矿段进行了较为详细的分区，定性分析了不同区域内的矿岩散体移动规律；刘艳章等[175]在此基础上，结合储矿段结构计算了各区域在溜井储矿段的高度分布情况。

溜井内矿岩散体移动的相关研究工作已持续了 40 多年，但由于缺乏能够预测矿岩散体移动轨迹、速度变化的相关理论或数学模型，目前的研究基本处于宏观描述储矿段内矿岩散体移动特点的层面，至今没有建立起系统的矿岩散体移动方面的理论模型[147]。其主要原因是储矿段内的矿岩散体移动过程中的力学机制极为复杂，采用现有的理论定量分析矿岩块之间、矿岩块与溜井井壁之间的相互作用与影响，及其对矿岩散体移动状态的影响较为困难。目前，大多数的研究以椭球体放矿理论为基础，从宏观角度推测矿岩散体的移动规律。若能采用合适的理论，建立起矿岩位移、速度、放矿量和溜井结构参数等之间的关系，预测或揭示矿岩散体移动过程中的轨迹和速度分布特征，则能为深入分析矿岩的流动性[243-244]、储矿段的堵塞、井壁的损伤等问题提供理论依据。

本节以放矿漏斗中心线与溜井井筒中心线重合型的溜井结构为研究对象，根据溜井底部放矿过程中矿岩散体内矿岩块的移动特点和流体力学中流动单元的移动特点，建立储矿段内的矿岩移动网络，并将 Beverloo 经验公式、流动网络等应用到储矿段内的矿岩散体移动特征的研究之中，构建预测矿岩散体移动轨迹和速度的数学模型，以期为深入研究储矿段溜井堵塞和井壁损伤等问题提供理论依据[148]。

9.5.1　储矿段内矿岩散体移动规律预测的理论基础

目前，对储矿段内矿岩散体移动规律研究的理论基础仅有椭球体放矿理论，但建立该理论的实验基础是无边界条件下放矿，并没有考虑溜井井壁边界条件对矿岩散体移动的影响[245]。溜井储矿段内的矿岩散体移动，是一种具有边界效应的散体运动，在溜井底部的放矿过程中，溜井井壁对矿岩散体移动状态的作用及效果非常明显。矿岩散体在移动过程中不仅受重力和内摩擦力的作用，还受到溜井井壁侧应力的作用[109]。溜井储矿段结构参数的改变会导致井壁侧压力的大小、方向发生变化，进而影响放矿过程中矿岩散体的移动速度和方向。

研究固定边界条件下物质单元移动的理论主要有颗粒流动力学理论和流体力学。一方面，对于出口在底部的筒仓，仓内储存颗粒的卸载过程是颗粒流动力学研究的典型对象之一，溜井储矿段的放矿过程与其极为相似，采用颗粒流动力学理论对于研究储矿段放矿过程矿岩散体的移动具有其适用性。另一方面，相比于颗粒流、放矿学等理论，流体力学中涉及流体流动的理论体系更为完整，相关计算方法也更为系统和具体[246]。储矿段中的矿岩散体移动主要受井壁边界的"限制、阻碍"作用，受摩擦作用影响较小[249]，与直流管中理想流体的边界作用[247]具有相似性。

由于矿岩散体在储矿段移动过程中的力学机制研究仍存在一定缺陷，因此在应用颗粒流动力学理论和流体力学建立模型时，重点以直流管与储矿段（筒仓）结构条件相似、组成散体的矿岩块的粒径相近为研究基础，尽量规避复杂的力学问题分析，以简化计算过程。

1. 颗粒流动力学中的筒仓卸载问题

在筒仓卸载方面偏重于研究颗粒接触的力学机制和筒仓壁侧压力分布等问题，但由于筒仓卸载过程中颗粒间力学作用的复杂性，许多机理至今尚未明确[248]，其中包括颗粒移动速度、轨迹的计算问题。有学者从不同角度建立了矿岩速度计算模型[249]，但研究因局限于二维空间状态而没有得到广泛应用。目前，仅能够根据被广泛认可、使用的筒仓卸载方面的理论或研究，推测矿岩散体内矿岩块的大致移动迹线、放矿口尺寸与矿岩块流量之间的关系。

1）筒仓卸载过程中的颗粒移动特征

在与储矿段结构参数等相似的筒仓重力卸载问题研究中，颗粒群在筒仓内的运动流被分为整体流和中心流两种类型[252]。整体流常常发生于内壁光滑、放矿漏斗倾角较大、内部储存颗粒之间的黏结力较小的筒仓中，颗粒流动通道与筒仓壁一致；中心流常常发生于壁面粗糙、放矿口倾角较小或平底结构的筒仓中，尤其是发生在内部储存颗粒的粒度较小或颗粒间黏结力较大的筒仓内。中心流形式的颗粒群流动过程中，筒仓放矿口附近存在颗粒不发生移动的小范围区域，该区域内的颗粒群形成一种类似漏斗的边界，减小了颗粒流动的通道面积，Brown 等[250]将这一现象称为"空环效应"。筒仓卸载过程中是否形成"空环效应"是评判筒仓内卸料流型的主要标准之一，筒仓放矿口上部的半锥角（图 9.11 中卸料死区"边界线"与筒仓仓壁边界形成的夹角）、颗粒的自然安息角是影响"空环效应"产生与否的主要因素。

在筒仓卸载方面的研究，虽然没有明确颗粒的流动迹线，但相关研究发现，远离放矿口处的颗粒呈直线匀速运动，其方向呈铅垂向下特征[251]。在接近放矿口处时，颗粒的运动方向会发生改变，慢慢指向放矿口，但沿中心线运

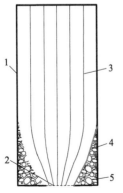

1. 筒仓边界；2. 放矿口；3. 颗粒运动迹线；4. 卸料死区"边界线"；5. 卸料死区。

图 9.11　筒仓卸载过程中颗粒运动迹线

动的颗粒仍铅垂向下移动；颗粒距筒仓放矿口的位置越近，其移动轨迹越接近于直线。

2）Beverloo 经验公式

Beverloo 经验公式是颗粒流流量计算常用的基本理论公式之一[252]，大量研究已证明了该公式的精确性和可靠性[253-254]。经过多年发展，该公式的表达式为

$$W = C\rho_b \sqrt{g} \left(D_0 - k_1 d_p\right)^{5/2} \tag{9.4}$$

式中，W 为单位时间内颗粒通过放矿口的质量（kg/s）；C 为与筒仓结构有关的无量纲常数，一般取值 0.5～0.7；ρ_b 为颗粒床层堆积密度（kg/m³）；g 为重力加速度（m/s²）；D_0 为筒仓放矿口的直径（m）；k_1 为与颗粒形状有关的无量纲常数，一般取值 1.2～3.0；d_p 为颗粒粒径（m）。

Beverloo 经验公式表明：在筒仓结构一定的条件下，单位时间内穿过筒仓并与速度方向垂直的任意截面（也可以为曲面）的颗粒质量是一定的，且与单位时间内通过放矿口的颗粒质量相等。Beverloo 经验公式也可改写为面积与流量的关系式：$W \propto S\sqrt{gD}$ [254]，其中 S 为放矿口的面积。由于该公式建立在颗粒连续运动条件下，因此其也适用于筒仓内部的颗粒流动。

因此，基于 Beverloo 经验公式的内涵，能够建立起矿岩块的位移、速度与流量等参数之间的关系。

2. 流体力学中的理想流体问题

1）直流管中理想流体的流动单元流动特点

直流管中理想流体的流动过程中，容器的边界主要起着限制流体流动范围和改变流体流动方向的作用。当直流管的边界不变时，同一平面上流体流动的单位速度相等，且流动方向平行于管道中心；当直流管断面缩小时，流动单元向放出口运动，其速度随流动通道的缩小而增加[250]，如图 9.12 所示。

2）流动网络

流动网络反映了理想流体中流动单元的流动特点，是国内外分析理想流体流动过程的常用方法之一[250]。理想流体的二维流动网络如图 9.13 所示。

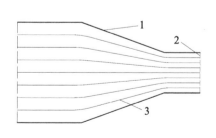

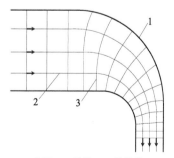

1. 直流管边界；2. 放出口；3. 流动单元运动迹线。

1. 边界；2. 流线；3. 等位线。

图 9.12　直流管中理想流体的流动特征　　　　图 9.13　理想流体的二维流动网络

二维流动网络由流线和等位线组成。流线代表理想流体内部流动单元的移动迹线，等位线与流线垂直，同一等位线上流动单元的流速相等。在三维流动网络中，在

同一点由无数条等位线组成了唯一的等位面。因此，等位线和等位面的分布特征是建立三维流函数的基础。

3）流量与截面面积的关系

流体力学中，单位时间内流过任何截面的流体体积称为流量，在理想流体中通常指的是体积量。流量的大小等于平均流速乘以与速度垂直的等位面的面积[250]。因此，在给定的流动网络内，单位时间内穿过任意等位面的流量为一定值。

3. 物质单元运动的相似性问题

颗粒流动力学和流体力学的相关研究发现，在一定边界条件下，物质单元的运动状态是相似的。筒仓卸载过程中，颗粒运动的特征和直流管中理想流体的流动特征具有一定的相似性，其边界条件和物质单元运动的相似性表现如下：在放矿漏斗中心线与容器中心线重合、不考虑容器边界摩擦作用等条件下，固定边界中物质单元的运动特征具有相似性的特征。在远离筒仓放矿口范围内或物质流动通道不变时，物质单元做匀速直线运动，各单元间的相对速度为 0；在放矿口附近或当物质流动通道缩小时，物质单元运动的迹线发生变化，运动方向逐渐指向放矿口。此外，在物质单元的运动过程中，单位时间内通过与物质单元运动速度垂直的截面的物质总质量是一定值，该值的大小与该截面面积、物质单元运动速度有关。

4. 矿岩散体移动轨迹和速度预测模型构建的理论基础

1）矿岩散体移动规律

根据一定条件下物质单元运动状态的相似性，结合放矿漏斗中心线与溜井中心线重合条件下溜井储矿段结构的特点，可以将储矿段划分为矿岩散体匀速移动区（以下简称匀速区）、矿岩散体变速移动区（以下简称变速区）和平衡区 3 个区。若放矿漏斗的边壁与水平面的夹角为 α，由于不同的放矿漏斗的 α 并不一定相同，当 α 不同时，矿岩散体移动特征会出现无平衡区和有平衡区两种情况，如图 9.14 所示。

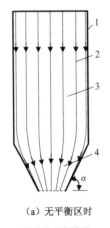

（a）无平衡区时　　　　　　　　　（b）有平衡区时

1. 溜井储矿段边界；2. 流线；3. 矿岩匀速移动区；4. 矿岩变速移动区；5. 平衡区。

图 9.14　溜井储矿段内矿岩移动规律

当放矿漏斗壁的倾角 α 较大时，放矿口附近没有矿岩块"滞留"，矿岩块呈"整体流"状态下移。在这种情形下，根据矿岩散体移动速度的变化特征，储矿段可划分为匀速区和变速区两部分，即储矿段筒仓结构范围内为匀速区，放矿口上部的漏斗结构范围内为变速区，如图 9.14（a）所示。

当放矿漏斗的倾角较小或为平底结构的放矿漏斗时，在放矿口上部一段范围内的漏斗壁上会存在矿岩散体流动的"死区"，导致"空环效应"发生，减小了矿岩散体流动的通道面积。井内矿岩散体移动时，在该区域内矿岩散体不发生位移而产生堆积，可称为平衡区。以平衡区上部标高为界，该标高以上为匀速区，标高以下为变速区，如图 9.14（b）所示。

储矿段内，矿岩散体内的矿岩块在不同区域移动的过程中，呈现出如下特征：

（1）在匀速区内，散体内的矿岩块呈整体下移状态，矿岩块做直线向下移动；

（2）在平衡区内，散体内的矿岩块呈静止状态，形成类似漏斗形的矿岩散体滑动边界，减小了矿岩散体流动的通道面积；

（3）矿岩散体在变速区内，位于放矿漏斗中心线上的矿岩块做直线移动，其方向垂直向下；其他位置的矿岩块受井壁边界的影响，不断向放矿口移动，移动方向由铅直向下缓慢指向放矿口，做曲线移动，但随散体内矿岩块移动的位置越接近放矿口，其移动轨迹越接近直线。

2）储矿段内的矿岩散体移动网络

参考流体力学的三维流函数计算方法，将矿岩散体的滑动边界面视为平面，变速区内的矿岩移动迹线视为直线。同时，假设系统存在一等位面为匀速区和变速区的分界面，当矿岩块位于该等位面以上时，其移动特征符合匀速区移动特征；当矿岩块位于该等位面以下时，符合变速区移动特征。根据储矿段内矿岩移动特点和理想流体流动网络绘制方法，建立储矿段矿岩散体移动网络，如图 9.15 所示。

匀速区内，矿岩散体的流线为铅垂向下的直线，等位面为储矿段匀速区范围的横截面；变速区内矿岩散体的流线指向放矿口下放矿漏斗中心线上一点，等位面为放矿漏斗横截面截取的球面，其球心在放矿口下放矿漏斗中心线上。流线和等位面的分布特征反映了散体内矿岩块的位移、速度与边界、放矿量之间的几何关系。

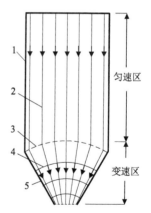

1. 边界；2. 流线；3. 分界等位面；
4. 等位面；5. 滑动边界。

图 9.15　储矿段矿岩散体移动网络

9.5.2　井壁无摩擦条件下矿岩散体移动规律预测

1. 基本假设

基于放矿漏斗中心线与溜井井筒中心线重合类型的溜井，为建立储矿段矿岩散体移动的预测模型，定量分析散体内矿岩块移动轨迹和速度，预测不同初始位置下散体内矿岩块移动方向、位移及速度变化，根据矿岩散体的移动规律和匀速区内矿岩散体的移动过程（图9.16），做出如下基本假设：

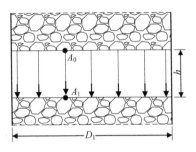

图 9.16 匀速区内矿岩散体移动过程分析

（1）放矿过程中井内矿岩散体的移动过程是连续的；

（2）矿岩散体移动规律符合储矿段矿岩散体移动网络分布特征；

（3）不考虑井壁与矿岩散体的摩擦作用。

2. 矿岩块的位移及移动轨迹方程

1）匀速区矿岩散体内矿岩块的位移及移动轨迹方程

如图 9.16 所示，在匀速区内矿岩散体呈现出整体全断面匀速下移状态。设匀速区内某一矿岩块初始位置为 A_0，坐标为 (x_0, y_0, z_0)；经过时间 t 后，该矿岩块到达 A_1 点位置，坐标为 (x_1, y_1, z_1)。由于矿岩块做下向直线移动，因此仅 z 值发生变化，该矿岩块的下降高度等于该矿岩块在 t 时间内的位移，可建立如下关系式：

$$\begin{cases} x_1 = x_0 \\ y_1 = y_0 \\ z_1 = z_0 - \Delta L_A \\ \Delta L_A = h \end{cases} \tag{9.5}$$

式中，h 为匀速区内该矿岩块的下降高度（m）；ΔL_A 为该矿岩块在 t 时间内的位移（m）。

在匀速区内，矿岩散体呈整体下移状态，其放出量与穿过 A_0 点的横截面（等位面）的矿岩量相等。由于穿过该截面的矿岩散体位于 A_0 点和 A_1 点各自所在等位面之间，因此可建立如下关系式：

$$\begin{cases} W_1 = W_0 t \\ W_2 = \pi \left(\dfrac{D_1}{2} \right)^2 h \rho_p \\ W_1 = W_2 \end{cases} \tag{9.6}$$

式中，W_1 为 t 时间内放出的矿岩散体质量（kg）；W_0 为单位时间内矿岩散体通过放矿口的质量（kg/s）；W_2 为 t 时间内穿过 A_0 点的横截面（等位面）的矿岩散体质量（kg）；D_1 为储矿段的断面直径（m）；ρ_p 为储矿段内矿岩散体的堆积密度（kg/m³）。

结合式（9.4），整理可以得到该矿岩块在 t 时间内的位移 ΔL_A 为

$$\Delta L_A = \frac{4 C \rho_b \sqrt{g} \left(D_0 - k_1 d_p \right)^{5/2} t}{\pi D_1^2 \rho_p} \tag{9.7}$$

结合式（9.5），放矿 t 时间后矿岩块位置坐标 (x_1, y_1, z_1) 为

$$\begin{cases} x_1 = x_0 \\ y_1 = y_0 \\ z_1 = z_0 - \dfrac{4C\rho_b \sqrt{g}\left(D_0 - k_1 d_p\right)^{5/2} t}{\pi D_1^2 \rho_p} \end{cases} \tag{9.8}$$

式（9.8）即为该矿岩块在匀速区的移动轨迹预测模型。

2）变速区内矿岩块的位移及移动轨迹方程

变速区内，矿岩散体内的矿岩块移动的流向指向放矿口，将其移动轨迹简化为直线，移动方向指向放矿口下放矿漏斗中心延长线上一点 O，如图 9.17 所示。

设该区内某一矿岩块初始位置为 B_0（x_2，y_2，z_2）点，经过时间 t 后，该矿岩块到达 B_1（x_3，y_3，z_3）点。由图 9.17 可知，B_0 点和 B_1 点即在半径为 R_0、R_1 的球面上，又在穿过原点的一条直线上，矿岩块在 t 时间内的位移为 R_0 与 R_1 之差，方向指向 O 点，可建立如下关系式：

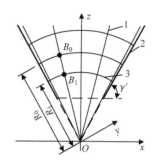

1. 流线；2. 滑动边界；3. 等位面。

图 9.17　变速区内矿岩散体移动过程分析

$$\begin{cases} \dfrac{x_2}{x_3} = \dfrac{y_2}{y_3} = \dfrac{z_2}{z_3} \\ x_2^2 + y_2^2 + z_2^2 = R_0^2 \\ x_3^2 + y_3^2 + z_3^2 = R_1^2 \\ \Delta L_B = R_0 - R_1 \end{cases} \tag{9.9}$$

式中，R_0 为 B_0 点所在等位面的半径（m）；R_1 为 B_1 点所在等位面的半径（m）；ΔL_B 为矿岩块在 t 时间内的位移（m）。

根据储矿段内矿岩散体移动特点及其在变速区内矿岩散体的移动过程分析可知，在变速区内，矿岩散体的放出量与穿过 B_0 点的横截面（等位面）的矿岩散体质量相等。由于矿岩散体呈整体下移，穿过该截面的矿岩散体的质量即为在 B_0 点所在等位面和 B_1 点所在等位面之间的矿岩量，矿岩散体的体积变化量为半径 R_0、R_1 的球顶锥体的体积差。因此，可建立如下关系式：

$$\begin{cases} W_1 = W_0 t \\ W_3 = \dfrac{2}{3}\pi\left(R_0^3 - R_1^3\right)\left[1 - \cos\left(90° - \gamma'\right)\right]\rho_p \\ W_1 = W_3 \end{cases} \tag{9.10}$$

式中，W_3 为穿过 B_0 和 B_1 点两个横截面（等位面）之间的矿岩散体质量（kg）；γ' 为矿岩滑动边界倾角（°）。由于矿岩散体沿放矿漏斗壁滑动时，可能会存在矿岩散体黏结在放矿漏斗壁上，形成"流动死区"的现象。因而，矿岩散体滑动边界的倾角 γ' 并不一定与放矿漏斗的倾角 α 相等，对比分析图 9.14（b）和图 9.17 可知，矿岩散体滑动边界倾角和放矿漏斗倾角存在 $\gamma' \geqslant \alpha$ 的关系。

根据式（9.4）、式（9.9）和式（9.10），可以得到放矿 t 时间后矿岩块在变速区内

的位置坐标（x_3，y_3，z_3）为

$$\begin{cases} x_3 = \dfrac{\sqrt[3]{\left(x_2^2 + y_2^2 + z_2^2\right)^{3/2} - \dfrac{3C\rho_b\sqrt{g}\left(D_0 - k_1 d_p\right)^{5/2} t}{2\pi(1-\sin\gamma')\rho_p}}}{\sqrt{1 + \dfrac{y_2^2}{x_2^2} + \dfrac{z_2^2}{x_2^2}}} \\[30pt] y_3 = \dfrac{\sqrt[3]{\left(x_2^2 + y_2^2 + z_2^2\right)^{3/2} - \dfrac{3C\rho_b\sqrt{g}\left(D_0 - k_1 d_p\right)^{5/2} t}{2\pi(1-\sin\gamma')\rho_p}}}{\sqrt{1 + \dfrac{x_2^2}{y_2^2} + \dfrac{z_2^2}{y_2^2}}} \\[30pt] z_3 = \dfrac{\sqrt[3]{\left(x_2^2 + y_2^2 + z_2^2\right)^{3/2} - \dfrac{3C\rho_b\sqrt{g}\left(D_0 - k_1 d_p\right)^{5/2} t}{2\pi(1-\sin\gamma')\rho_p}}}{\sqrt{1 + \dfrac{x_2^2}{z_2^2} + \dfrac{y_2^2}{z_2^2}}} \end{cases} \tag{9.11}$$

式（9.11）即为该矿岩块在变速区的移动轨迹预测模型。

根据放矿前后的矿岩块在变速区的位置坐标，可求得该矿岩块从 B_0 点移动到 B_1 点位置的位移关系式如下：

$$\Delta L_B = \sqrt{x_3^2 + y_3^2 + z_3^2} - \sqrt{x_2^2 + y_2^2 + z_2^2} \tag{9.12}$$

3. 矿岩块移动的速度方程

1）匀速区内矿岩块移动速度方程

根据矿岩散体内矿岩块在匀速区内移动过程分析（图 9.16）可知，匀速区内，组成散体的矿岩块做匀速直线移动。因此，散体内的矿岩块在经过时间 t 后下降的高度 h 与该矿岩块移动速度 v_A 的关系如下：

$$h = v_A t \tag{9.13}$$

式中，v_A 为矿岩块在 A_0 点的速度（m/s）。

结合式（9.4）～式（9.6）和式（9.13），可以得到该矿岩块在匀速区内移动的速度方程：

$$v_A = \frac{4C\rho_b\sqrt{g}\left(D_0 - k_1 d_p\right)^{5/2}}{\pi D_1^2 \rho_p} \tag{9.14}$$

2）变速区内矿岩块移动速度方程

由于矿岩散体内矿岩块在变速区内的移动视为变速直线运动，因此不能通过位移计算其速度。根据"单位时间内穿过任意截面（与速度垂直）的矿岩质量为定值"这一特点，Δt 时刻内放出的矿岩量与同时刻内穿过 B 点所在等位面的矿岩量相等。根据稳定质量流动量定理[255]，可建立如下方程：

$$\frac{dm}{dt} = \rho v A = \rho Q \tag{9.15}$$

式中，dm/dt 为质量流（kg/s）；ρ 为流体单元密度（kg/m）；v 为流体单元速度（m/s）；

A 为流体单元所在截面面积（m^2）；Q 为流体体积变化量（m^3）。

如图 9.18 所示，过 B_0 点的等位面为圆心在 O 点、半径为 R_0 的球冠表面。结合式（9.9）和式（9.15）可建立如下关系式：

$$\begin{cases} W_0 = \rho_p Q_0 \\ \rho_p Q_0 = \rho_p v_B A_B \\ A_B = 2\pi R_0 h_B \\ R_0 = \sqrt{x_2^2 + y_2^2 + z_2^2} \\ h_B = R_0 - R_0 \sin\gamma' \end{cases} \quad (9.16)$$

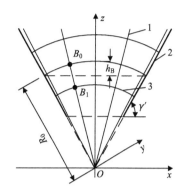

1. 矿岩块移动迹线；2. 矿岩散体滑动边界；
3. 等位面。

图 9.18　储矿区内矿岩散体移动过程分析

式中，Q_0 为放出的矿岩散体的体积（m^3）；v_B 为矿岩块在 B_0 点的速度（m/s）；A_B 为 B_0 点所在等位面的面积（m^2）；h_B 为等位面形成的球冠高度（m）。

整理式（9.16），可得到该矿岩块在变速区内 B_0 点的速度方程为

$$v_B = \frac{C\rho_b \sqrt{g}\left(D_0 - k_1 d_p\right)^{5/2}}{2\pi\left(x_2^2 + y_2^2 + z_2^2\right)\left(1 - \sin\gamma'\right)\rho_p} \quad (9.17)$$

4. 矿岩的速度分区及特征

由图 9.16 和图 9.17 可知，矿岩散体内的矿岩块在从匀速区向变速区移动的过程中，存在一移动速度变化的分界等位面。在该速度分界等位面上，散体内的矿岩块的移动速度满足以下特征：

$$v_A = v_B \quad (9.18)$$

设在该等位面上存在一点 D，其位置坐标为（x_D, y_D, z_D），整理可得

$$x_D^2 + y_D^2 + z_D^2 = \frac{D_1^2}{8\left(1 - \sin\gamma'\right)} \quad (9.19)$$

因此，根据式（9.19），可以得出矿岩块在匀速区向变速区移动的条件方程：

$$\begin{cases} x_D^2 + y_D^2 + z_D^2 > \dfrac{D_1^2}{8\left(1 - \sin\gamma'\right)} & （匀速区）\\[3mm] x_D^2 + y_D^2 + z_D^2 = \dfrac{D_1^2}{8\left(1 - \sin\gamma'\right)} & （分界面）\\[3mm] x_D^2 + y_D^2 + z_D^2 < \dfrac{D_1^2}{8\left(1 - \sin\gamma'\right)} & （变速区）\end{cases} \quad (9.20)$$

由式（9.20）可知，矿岩块移动速度变化的分界等位面为一球面，球面半径的大小与储矿段的断面直径、放矿口倾角有关。

5. 井壁无摩擦下矿岩移动规律预测模型小结

在矿岩与井壁之间无摩擦的条件下，矿岩在储矿段的移动规律预测模型可通过矿

岩移动速度、位移及移动轨迹来表征，在此对其进行小结归类，以方便读者理解。

1）矿岩块的移动速度

在已知溜井储矿段各相关参数的条件下，储矿段中任意一点处的矿岩块移动速度可通过式（9.21）进行预测，矿岩块移动方向可由矿岩移动网络图获得。

$$
\begin{cases}
v_A = \dfrac{4C\rho_b\sqrt{g}\left(D_0 - k_1 d_p\right)^{5/2}}{\pi D_1^2 \rho_p} & \text{（筒仓中）} \\[4mm]
v_B = \dfrac{C\rho_b\sqrt{g}\left(D_0 - k_1 d_p\right)^{5/2}}{2\pi\left(x_2^2 + y_2^2 + z_2^2\right)(1-\sin\gamma')\rho_p} & \text{（放矿漏斗中）}
\end{cases}
\tag{9.21}
$$

2）矿岩块的位移

对已知矿岩块的初始坐标点，在溜井底部放矿经历一段时间 t 后，该矿岩块的位移可通过下式进行预测：

$$
\begin{cases}
\Delta L_A = \dfrac{4C\rho_b\sqrt{g}\left(D_0 - k_1 d_p\right)^{5/2}t}{\pi D_1^2 \rho_p} & \text{（筒仓中）} \\[4mm]
\Delta L_B = \sqrt{x_3^2 + y_3^2 + z_3^2} - \sqrt{x_2^2 + y_2^2 + z_2^2} & \text{（放矿漏斗中）}
\end{cases}
\tag{9.22}
$$

3）矿岩块的移动轨迹

采用式（9.22）求得溜井底部放矿在经历时间 t 后的矿岩块的位移，对该矿岩块的移动轨迹（矿岩块的当前位置）可通过下式进行预测：

$$
\begin{cases}
x_1 = x_0 & \text{（筒仓中）}\\
y_1 = y_0 & \\
z_1 = z_0 - \dfrac{4C\rho_b\sqrt{g}\left(D_0 - k_1 d_p\right)^{5/2}t}{\pi D_1^2 \rho_p} & \\[5mm]
x_3 = \dfrac{\sqrt[3]{\left(x_2^2 + y_2^2 + z_2^2\right)^{3/2} - \dfrac{3C\rho_b\sqrt{g}\left(D_0 - k_1 d_p\right)^{5/2}t}{2\pi(1-\sin\alpha)\rho_p}}}{\sqrt{1 + \dfrac{y_2^2}{x_2^2} + \dfrac{z_2^2}{x_2^2}}} & \\[8mm]
y_3 = \dfrac{\sqrt[3]{\left(x_2^2 + y_2^2 + z_2^2\right)^{3/2} - \dfrac{3C\rho_b\sqrt{g}\left(D_0 - k_1 d_p\right)^{5/2}t}{2\pi(1-\sin\alpha)\rho_p}}}{\sqrt{1 + \dfrac{x_2^2}{y_2^2} + \dfrac{z_2^2}{y_2^2}}} & \text{（放矿漏斗中）}\\[8mm]
z_3 = \dfrac{\sqrt[3]{\left(x_2^2 + y_2^2 + z_2^2\right)^{3/2} - \dfrac{3C\rho_b\sqrt{g}\left(D_0 - k_1 d_p\right)^{5/2}t}{2\pi(1-\sin\alpha)\rho_p}}}{\sqrt{1 + \dfrac{x_2^2}{z_2^2} + \dfrac{y_2^2}{z_2^2}}} &
\end{cases}
\tag{9.23}
$$

井壁无摩擦条件下进行矿岩移动规律预测时，可根据矿岩散体流动网络及矿岩分界面表达式的建立过程，采用式（9.20）判断溜井筒仓与放矿漏斗的分界面，确定矿岩块移动的空间范围是位于溜井筒仓内还是放矿漏斗内，以便选择正确的矿岩移动速度、位移和轨迹方程。

9.5.3　井壁有摩擦条件下的矿岩散体移动规律预测

1. 模型建立的理论基础与基本假设

矿岩散体与溜井井壁之间的摩擦作用主要影响矿岩移动速度大小、速度分布，对矿岩移动方向影响较小。井壁有无摩擦作用及摩擦系数的大小都不会改变"筒仓中矿岩做铅垂向下移动，放矿漏斗中矿岩向放矿口移动"这一移动规律。由于井壁摩擦对矿岩移动轨迹的影响较小，因此，在矿岩散体与溜井井壁之间存在摩擦作用的条件下，储矿段内的矿岩移动迹线分布特征仍符合井壁无摩擦作用下矿岩移动的流线分布特征（图 9.16）。构建有井壁摩擦条件下的矿岩移动预测模型时，只要获得每条移动迹线上矿岩块的速度变化特征，就可以建立起井壁有摩擦作用下矿岩块移动速度、位移与放矿时间等参数之间的关系。

1）分析矿岩块个体速度变化的隔离法

根据矿岩移动规律及矿岩移动的迹线图可知，放矿过程中矿岩块做铅垂向下移动，井壁有摩擦条件下矿岩移动速度与其到井壁的距离有关。参考流体力学层流移动分析方法[163,250]，采用隔离法分析矿岩块个体的速度规律，具体分析过程如下。

首先，引用矿岩散体的平均粒径概念：

$$\overline{D}_l = (D_1 l_1 + D_2 l_2 + D_3 l_3 + \cdots + D_n l_n) \tag{9.24}$$

式中，$\overline{D}_l$ 为矿岩散体内矿岩块的平均粒径（m）；D_n 为单一矿岩块的粒径（m）；l_n 为第 n 种矿岩粒径所占的体积分数（%）。

其次，根据矿岩散体流动网络及移动轨迹图，可将溜井底部放矿过程中，储矿段内的矿岩移动整体分为 $2n-1$ 个运动通道，如图 9.19 所示。

其中，每个通道宽度约等于矿岩散体内部矿岩块的平均粒径 $\overline{D}_l$，三维空间中通道分布的俯视图如图 9.20 所示。

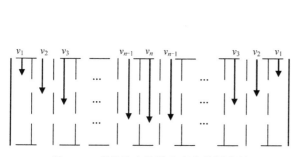

图 9.19　矿岩块个体速度变化的隔离法
分析过程

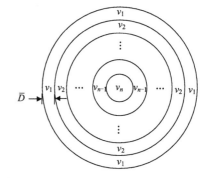

图 9.20　矿岩块个体速度变化的隔离法
分析俯视图

连续放矿条件下，每个运动通道内的矿岩块受力特征相同。在不考虑矿岩块移动随机性的情况下，各通道的走向与矿岩移动的迹线（流线）一致，同一平面内处于同一通道内的矿岩块的移动特征相同。在矿岩块与井壁之间无摩擦作用的条件下，同一平面内各通道的矿岩块移动速度相同；有摩擦作用时，该平面下的矿岩块移动速度会降低。矿岩块所处的通道不同，其移动速度变化值也不相同；但在同一通道内，矿岩块受边界影响的特征及受摩擦作用的影响是一致的。矿岩块在井壁有摩擦作用下的移动速度，可以通过井壁无摩擦条件下的矿岩移动速度预测模型求得。在这一求解过程中，只要确定摩擦效应对矿岩块造成的速度变化值，就能够得到矿岩块与井壁存在摩擦条件下该运动通道内的矿岩速度。

假设某运动通道内摩擦效应导致的矿岩速度变化值为 v_{kn}，则有

$$
\begin{cases}
v_0 - v_{k1} = v_1 \\
v_0 - v_{k2} = v_2 \\
v_0 - v_{k3} = v_3 \\
\quad\vdots \\
v_0 - v_{k(n-1)} = v_{n-1} \\
v_0 - v_{k(n)} = v_n
\end{cases}
\tag{9.25}
$$

式中，v_0 为井壁无摩擦条件下矿岩移动速度（m/s）；v_1，v_2，$\cdots$，v_n 为井壁有摩擦条件下第 n 个通道的矿岩移动速度（m/s）。

因此，从整体上看，假设井壁无摩擦条件下矿岩移动速度为 v_0，在井壁有摩擦条件下的矿岩移动速度为 v_n，由于摩擦引起的矿岩块移动速度变化值为 v_k，则存在

$$
v_0 - v_k = v_n
\tag{9.26}
$$

分析图 9.19 和图 9.20 可知，某运动通道内摩擦效应导致的矿岩速度变化值 v_{kn} 与该通道与井壁的距离有关。

目前，计算井壁有摩擦条件下物质单元运动速度或速度分布的模型，大多是基于某种关系假设或通过拟合方法获得的。以流体力学中管道湍流速度公式推导为例[240]，普朗特认为管道中流动单元的运动会受到井壁附近流动现象的激烈扰动，其基于以井壁与单元流动特征关系的假设条件，提出了速度缺陷公式，进而求得了管道流体速度分布；穆迪（Moody）以大量实验数据为基础，绘制了管道摩擦系数分布曲线，并沿用至今；哈兰（Haaland）结合前人的研究成果，提出了湍流管道摩擦系数的近似表达式。

由此可知，在井壁有摩擦条件下，矿岩块的速度变化值与其所在运动通道与井壁的距离的函数关系，可以通过拟合的方式得到其近似表达式。

2）隔离法分析的基本假设

假设溜井储矿段放矿过程中，矿岩块与井壁之间存在摩擦作用时，矿岩块的移动过程是连续的，其移动规律符合储矿段的矿岩移动网络分布特征，且矿岩块的移动速度变化值 v_n 满足式（9.26）给出的条件，即 $v_0 - v_k = v_n$。

上述内容构成了研究矿岩块与井壁之间有摩擦作用条件下，储矿段内矿岩移动特征与规律的基本假设。

2. 速度变化值拟合方程

假设由摩擦效应引起的速度变化值 v_L，与矿岩块与井壁的距离 L 间的函数关系式为 $v_L = f(L)$，可采用图 9.1 所示的溜井储矿段数值模拟放矿模型进行放矿实验，监测并记录放矿过程中矿岩块的位置与速度，然后对所获得的位置与速度，采用 Origin 软件自动选择最优模型进行拟合，可以获得该函数的拟合关系表达式。

在井壁无摩擦条件下，当矿岩移动速度 v_0 为 2.297m/s 时，通过数值模拟放矿实验和数据处理，得到矿岩块的速度变化与井壁距离关系曲线，如图 9.21 所示。

采用 Origin 软件对实验所获得的矿岩块位置与速度值进行拟合分析，得到速度变化值与井壁距离关系最优拟合函数模型及其相关参数，如表 9.4 所示。

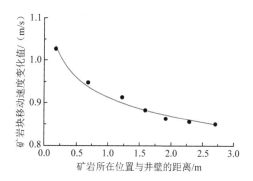

图 9.21　速度变化值与井壁距离的关系曲线

表 9.4　最优拟合函数模型及其相关参数

基本函数模型	a	b	拟合优度指数 R^2
$y = ax^b$	0.9142	-0.0728	0.9853

根据表 9.4，在井壁有摩擦条件下，矿岩块移动的速度变化值与其到井壁的距离 L 之间的函数关系模型为

$$v_L = 0.9142L^{-0.0728} \tag{9.27}$$

3. 矿岩散体移动的速度方程

1）筒仓内矿岩散体移动的速度方程

在基本假设条件下，若溜井储矿段筒仓内，组成矿岩散体的任一矿岩块的初始位置坐标为 (x_0, y_0)，根据该矿岩块坐标与溜井结构的空间位置关系（图 9.16），可建立如下关系方程式：

$$\begin{cases} L_1 = \dfrac{D}{2} - \sqrt{x_0{}^2 + y_0{}^2} \\ v_n = v_0 - v_{k(L)} \end{cases} \tag{9.28}$$

式中，L_1 为筒仓部分矿岩与井壁之间的距离（m）；D 为溜井储矿段井筒直径（m）；v_n 为井壁有摩擦条件下该矿岩块的移动速度（m/s）；v_0 为井壁无摩擦条件下该矿岩块的移动速度（m/s）；$v_{k(L)}$ 为摩擦引起的该矿岩块的速度变化值（m/s）。

若 $v_{k(L)}$ 满足式（9.27）给出的拟合函数关系模型，则有

$$v_C = v_0 - a\left(\frac{D}{2} - \sqrt{x_0{}^2 + y_0{}^2}\right)^b \tag{9.29}$$

式中，v_C 为有摩擦条件下筒仓内该点矿岩移动速度（m/s）；a、b 为常数，可采用与速

度变化值拟合方程获取 a、b 参数值相同的方法,通过对数值模拟放矿实验的结果进行拟合分析获得。

2)放矿漏斗内矿岩散体移动的速度方程

已知放矿漏斗范围内,组成矿岩散体的任一矿岩块的初始坐标为(x_3,y_3,z_3),根据该矿岩块的位置与放矿漏斗结构的关系,可计算出该矿岩块与放矿漏斗壁的距离 L_2:

$$L_2 = z_3 \tan \alpha - \sqrt{x_3^2 + y_3^2} \tag{9.30}$$

式中,α 为放矿漏斗壁的倾角(°)。

因此,根据假设条件,可得到放矿漏斗范围内任一矿岩块的移动速度 v_D 为

$$v_D = v_0 - a\left(z_3 \tan \alpha - \sqrt{x_3^2 + y_3^2}\right)^b \tag{9.31}$$

同样,式(9.31)中的 a、b 为常数,可采用与速度变化值拟合方程获取 a、b 参数值相同的方法获得。

4. 矿岩位移及移动轨迹方程

根据图 9.15 给出的溜井储矿段内矿岩散体的移动特征,对于溜井储矿段内移动组成的井内矿岩散体的某一矿岩块,假设其在溜井筒仓和放矿漏斗范围内的初始位置分别为(x_1,y_1,z_1)和(x_3,y_3,z_3),在溜井底部放矿经过时间 t 后,该矿岩块的位置分别为(x_2,y_2,z_2)和(x_4,y_4,z_4),如图 9.22 所示。分别对该矿岩块在溜井储矿段的筒仓和放矿漏斗范围内的移动轨迹进行分析。

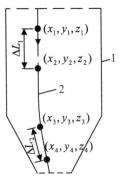

1. 储矿段边界;2. 矿岩块移动迹线。

图 9.22 储矿段内矿岩块移动轨迹分析

1)筒仓内的矿岩块移动轨迹方程

根据图 9.22 所示的矿岩块移动轨迹,在储矿段的筒仓内,已知该矿岩块移动的时均速度为 v_{1n},则在溜井底部放矿经过 t 时间后,该矿岩块发生的位移 ΔL_1 为

$$\Delta L_1 = v_{1n} t \tag{9.32}$$

根据图 9.22 所示的该矿岩块位置及其位移关系,结合井壁无摩擦条件下矿岩移动的分析过程,可建立筒仓内井壁有摩擦条件下的矿岩块移动轨迹方程:

$$\begin{cases} x_2 = x_1 \\ y_2 = y_1 \\ z_2 = z_1 - \Delta L_1 \end{cases} \tag{9.33}$$

2)放矿漏斗内的矿岩块移动轨迹方程

根据 9.3 节对放矿漏斗范围内矿岩块移动速度变化特征的研究结果可知,放矿漏斗范围内,组成散体的矿岩块做加速度增大的加速移动。由于矿岩散体内不同矿岩块移动速度的不同,造成了矿岩散体移动网络中等位面的面积随时间变化的不规律性,因此对溜井底部放矿时,在时间 t 范围内的矿岩块的位移判断极其困难。为解决这一问题,可通过散体内矿岩块在放矿漏斗范围内移动的时均化速度分析,求得其平均速

度，进而建立起矿岩位移、轨迹与时间之间的关系。

根据放矿漏斗壁边界与散体内矿岩块移动迹线的空间关系，建立放矿漏斗内矿岩块移动轨迹的分析模型，如图9.23所示。

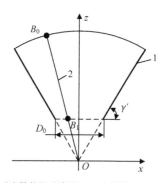

溜井底部放矿过程中，位于 B_0 点的矿岩块会移动到放矿口 B_1 点的位置。根据式（9.20）给出的放矿漏斗与筒仓分界面方程，若该矿岩块在筒仓内的初始位置为（x_1, y_1, z_1），在经过时间 t 后，该矿岩块到达放矿漏斗分界面 B_0 点时的坐标为（x_{B_0}, y_{B_0}, z_{B_0}），则可建立如下方程式：

1. 矿岩散体滑动边界；2. 矿岩块移动迹线。

图9.23 放矿漏斗内矿岩块移动轨迹分析模型

$$\begin{cases} x_{B_0} = x_1 \\ y_{B_0} = y_1 \\ z_{B_0} = \sqrt{\dfrac{D_1^2}{8(1-\sin\alpha)} - x_1^2 - y_1^2} \end{cases} \tag{9.34}$$

由此，可建立起该矿岩块到达放矿口位置 B_1 点的坐标（x_{B_1}, y_{B_1}, z_{B_1}）与其初始坐标（x_1, y_1, z_1）之间的关系，表示如下：

$$\begin{cases} x_{B_1} = \dfrac{\dfrac{D_0}{2}\tan\alpha \cdot x_1}{\sqrt{\dfrac{D_1^2}{8(1-\sin\alpha)} - x_1^2 - y_1^2}} \\[3em] y_{B_1} = \dfrac{\dfrac{D_0}{2}\tan\alpha \cdot y_1}{\sqrt{\dfrac{D_1^2}{8(1-\sin\alpha)} - x_1^2 - y_1^2}} \\[3em] z_{B_1} = \dfrac{D_0}{2}\tan\alpha \end{cases} \tag{9.35}$$

在已知坐标点情况下，可由式（9.31）求得该点矿岩块的移动速度，假设组成散体的任一矿岩块到达 B_0 点和 B_1 点时的速度分别为 v_{B_0} 和 v_{B_1}，则该矿岩块在放矿漏斗内移动时的平均速度 $\bar{v}_B$ 及矿岩块的位移 ΔL_2 的关系为

$$\begin{cases} \bar{v}_B = \dfrac{v_{B_0} + v_{B_1}}{2} \\ \Delta L_2 = \bar{v}_B t \end{cases} \tag{9.36}$$

整理式（9.36），可以得出该矿岩块从 B_0 点移动到 B_1 点时的位移 ΔL_2 为

$$\Delta L_2 = \frac{v_{B_0} + v_{B_1}}{2} t \tag{9.37}$$

根据图9.22中放矿漏斗内矿岩块的位移 ΔL_2 及该矿岩块的初始位置（x_3, y_3, z_3），可求得在放矿经历时间 t 后矿岩块的位置，表示如下：

$$\begin{cases} x_4 = x_3\left(1 - \dfrac{\Delta L_2}{\sqrt{x_3{}^2 + y_3{}^2 + z_3{}^2}}\right) \\[3mm] y_4 = y_3\left(1 - \dfrac{\Delta L_2}{\sqrt{x_3{}^2 + y_3{}^2 + z_3{}^2}}\right) \\[3mm] z_4 = z_3\left(1 - \dfrac{\Delta L_2}{\sqrt{x_3{}^2 + y_3{}^2 + z_3{}^2}}\right) \end{cases} \qquad (9.38)$$

5. 井壁有摩擦条件下矿岩移动规律预测模型小结

在矿岩散体与储矿段井壁之间有摩擦的条件下，矿岩散体在储矿段井筒内的移动规律预测可通过矿岩散体内任意矿岩块的移动速度、位移及移动轨迹来表征，在此对其进行小结归类。

1）任意矿岩块的移动速度

已知溜井储矿段各相关参数的条件，在矿岩散体与储矿段井壁之间有摩擦时，储矿段中任意一点处的矿岩块的移动速度可通过式（9.39）进行预测，矿岩块的移动方向可由矿岩散体的移动网络图获得：

$$\begin{cases} v_S = v_0 - a\left(\dfrac{D}{2} - \sqrt{x_0{}^2 + y_0{}^2}\right)^b & \text{（筒仓中）} \\[3mm] v_F = v_0 - a\left(z_3\tan\alpha - \sqrt{x_3{}^2 + y_3{}^2}\right)^b & \text{（放矿漏斗中）} \end{cases} \qquad (9.39)$$

2）任意矿岩块的位移

在溜井底部放矿经历时间 t 后，对已知初始位置的矿岩块的位移可通过下式进行预测：

$$\begin{cases} \Delta L_1 = v_{1n}t & \text{（筒仓中）} \\[3mm] \Delta L_2 = \dfrac{v_{F_0} + v_{F_1}}{2}t & \text{（放矿漏斗中）} \end{cases} \qquad (9.40)$$

3）任意矿岩块的移动轨迹

根据式（9.22）获得某一矿岩块在经历时间 t 后的位移后，其移动轨迹（即该矿岩块的当前位置）可通过下式进行预测：

$$\begin{cases} \left.\begin{array}{l} x_2 = x_1 \\ y_2 = y_1 \\ z_2 = z_1 - \Delta L_1 \end{array}\right\} & \text{（筒仓中）} \\[6mm] \left.\begin{array}{l} x_4 = x_3\left(1 - \dfrac{\Delta L_2}{\sqrt{x_3{}^2 + y_3{}^2 + z_3{}^2}}\right) \\[3mm] y_4 = y_3\left(1 - \dfrac{\Delta L_2}{\sqrt{x_3{}^2 + y_3{}^2 + z_3{}^2}}\right) \\[3mm] z_4 = z_3\left(1 - \dfrac{\Delta L_2}{\sqrt{x_3{}^2 + y_3{}^2 + z_3{}^2}}\right) \end{array}\right\} & \text{（放矿漏斗中）} \end{cases} \qquad (9.41)$$

在矿岩散体与储矿段井壁之间存在摩擦的条件下进行矿岩散体移动规律预测时，同样需要根据矿岩散体的移动网络及散体内矿岩块移动速度分界面表达式的建立过程，采用式（9.20）对筒仓与放矿漏斗的分界面进行判断，确定矿岩块移动的空间范围，以便选择正确的矿岩散体移动速度、位移和轨迹预测方程。

9.5.4　矿岩移动规律预测模型可靠性分析

为进一步分析研究矿岩散体移动规律预测模型的可靠性，采用物理实验和数值模拟实验两种方法，对前面所建立的预测模型进行实验验证。由于溜井储矿段内矿岩散体移动的复杂性和当前研究手段的局限性，目前尚无法精确测定矿岩散体内矿岩块的移动位移、轨迹和速度。因此，在 9.5.2 节和 9.5.3 节研究的基础上，本节结合矿岩散体移动规律的表征方法，通过图形对比分析法研究矿岩标记层的整体分布特征，以验证所建立的矿岩散体移动规律预测模型的可靠性。

对于预测模型可靠性的验证，主要采用数值模拟放矿实验和物理放矿实验两种方式，获取放矿实验过程中的矿岩标记层的形态信息，与采用预测模型计算得到的信息进行比较，判断三者的吻合程度，以定性分析预测模型的可靠性。其具体方法与步骤如下：

第 1 步，确定实验参数，参照 9.3 节给出的实验方法，建立物理实验及数值模拟实验模型，分别进行溜井储矿段的放矿实验，当放矿量达到模型装矿量的一半时，停止底部放矿，得到矿岩标记层形态分布特征；

第 2 步，根据放矿实验获得的参数，采用所建立的预测模型进行理论计算，得到停止放矿时，标记层内的矿岩块停滞的位置，连接各停滞点，形成物理实验和数值模拟实验两种实验条件下的矿岩散体移动形态分布特征；

第 3 步，对比物理实验、数值模拟实验与理论计算分别获得的矿岩标记层移动形态分布特征，研究其变化特征，分析预测模型的准确性及其误差原因。

1. 井壁无摩擦条件下矿岩移动预测模型的可靠性

物理实验和数值模拟实验能够得到放矿量一定条件下，储矿段内不同标记层的矿岩移动形态。因此，将井壁无摩擦条件下预测模型公式改写成通过储矿段某一截面的矿岩量与矿岩位置表征的关系式，具体如下。

匀速区（筒仓）内的矿岩移动轨迹公式为

$$\begin{cases} x_1 = x_0 \\ y_1 = y_0 \\ z_1 = z_0 - \dfrac{4W}{\pi D_1^2 \rho_p} \end{cases} \tag{9.42}$$

式中，W 表示单位时间内通过放矿口的矿岩散体的质量（kg/s）。

变速区（放矿漏斗）内的矿岩移动轨迹公式为

$$\begin{cases} x_3 = \cfrac{\sqrt[3]{\left(x_2^2 + y_2^2 + z_2^2\right)^{\frac{3}{2}} - \cfrac{3W}{2\pi(1-\sin\alpha)\rho_p}}}{\sqrt{1 + \cfrac{y_2^2}{x_2^2} + \cfrac{z_2^2}{x_2^2}}} \\[30pt] y_3 = \cfrac{\sqrt[3]{\left(x_2^2 + y_2^2 + z_2^2\right)^{\frac{3}{2}} - \cfrac{3W}{2\pi(1-\sin\alpha)\rho_p}}}{\sqrt{1 + \cfrac{x_2^2}{y_2^2} + \cfrac{z_2^2}{y_2^2}}} \\[30pt] z_3 = \cfrac{\sqrt[3]{\left(x_2^2 + y_2^2 + z_2^2\right)^{\frac{3}{2}} - \cfrac{3W}{2\pi(1-\sin\alpha)\rho_p}}}{\sqrt{1 + \cfrac{x_2^2}{z_2^2} + \cfrac{y_2^2}{z_2^2}}} \end{cases} \tag{9.43}$$

根据矿岩移动轨迹方程，通过理论计算，可得井壁无摩擦条件下的矿岩移动形态特征，如图 9.24（a）所示。

采用 9.3 节所描述的物理实验与数值模拟实验方案，模拟的溜井储矿段直径为 6m，放矿漏斗侧壁的倾角为 60°，放矿口宽度 2m，矿岩块密度为 3400kg/m³，矿岩散体内矿岩块的平均粒径为 0.1688m，其他参数与 9.3 节的实验参数保持相同。两种实验模型得到的井壁无摩擦条件下矿岩移动形态特征分别如图 9.24（b）和（c）所示。

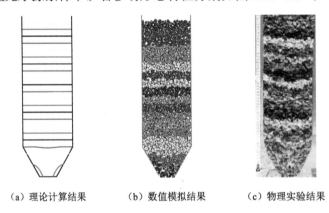

（a）理论计算结果　　　（b）数值模拟结果　　　（c）物理实验结果

图 9.24　井壁无摩擦条件下矿岩移动形态理论计算与实验结果

对比图 9.24（a）、（b）、（c）不难发现，在矿岩与溜井井壁之间无摩擦时，通过理论计算、数值模拟和物理实验 3 种方法得到的矿岩移动形态特征表现如下：

（1）矿岩散体在匀速区（筒仓）的移动过程中，矿岩块呈现出整体下移状态，矿岩标记层的形态呈水平状，理论计算结果与数值模拟实验结果基本一致，物理实验结果存在井壁周边矿岩移动较慢的现象，说明矿岩散体与井壁的模型材料之间仍然存在较小的摩擦力，影响了矿岩标记层移动的最终状态，但并不影响对比分析的整体结果。

（2）矿岩散体在变速区（放矿漏斗）的移动过程中，理论计算结果与数值模拟实验结果基本相近，随着矿岩标记层在井内标高的降低，其形态逐渐呈现出向 U 字形变化。物理实验中矿岩标记层的形态则呈 V 字形变化，实验结果与理论计算和数值模拟实验的结果相差较大。这反映出物理模拟实验中，矿岩散体作用在放矿漏斗底部的压力较大，进一步增大了矿岩块与放矿漏斗壁之间的摩擦作用，使漏斗壁周边的矿岩散体的移动速度，比溜井井筒中心线附近的矿岩移动速度有了较大幅度的降低。

因此，无论是在匀速区还是在变速区，采用 3 种不同方法得到的井壁无摩擦条件下矿岩散体在储矿段内的移动形态，采用预测模型的理论计算结果与数值模拟实验结果的相似度极高，物理实验得到的移动形态与前两种方法得到的结果比较，存在一定误差。产生这一误差的主要原因是，物理实验中虽然选择了摩擦系数很小的亚克力材料作为溜井井壁材料，但并未能从根本上消除井壁与矿岩散体之间的摩擦作用，对井壁附近的矿岩移动造成了影响，进而影响了物理实验中矿岩移动形态的分布特征。

但是，从整体上看，3 种不同方法得到的井壁无摩擦条件下的矿岩移动形态分布基本特征，能够反映出所建立的矿岩与井壁之间无摩擦条件时的矿岩移动规律，所建立的预测模型应用于预测和研究矿岩移动规律时，是具有一定的可靠性的。

2. 有井壁摩擦条件下矿岩移动预测模型的可靠性

摩擦力的大小与矿岩散体作用在井壁上的压力大小、接触面的粗糙程度呈正相关。由于矿岩散体内矿岩块的表面和井壁表面均存在一定程度的粗糙度，且矿岩散体储存在溜井储矿段内，对井壁产生了一定的压力，因此，溜井底部放矿时，井内矿岩散体在向下移动的过程中，与井壁接触的矿岩散体与井壁之间产生了摩擦力作用。摩擦力的作用使临近井壁的矿岩块的移动受到了阻滞，摩擦力越大，矿岩块受到的阻滞作用越大，矿岩块下移的速度越慢。在矿岩块的组成、物理力学特性和储存的几何特征条件不变的情况下，影响矿岩块移动特征的变量参数为矿岩散体与井壁之间摩擦系数的大小。

取矿岩散体与溜井井壁之间的摩擦系数为 0.4，其他参数与井壁有摩擦条件下模型预测过程中的参数取值保持相同，根据所建立的井壁有摩擦条件下矿岩散体移动轨迹方程，通过理论计算，得到了井壁有摩擦条件下的矿岩散体移动形态的特征，如图 9.25（a）所示。

采用 9.3 节描述的物理实验与数值模拟实验方案，保持与井壁无摩擦条件下，矿岩散体移动形态特征物理实验和数值模拟时相同的溜井结构参数、矿岩物理力学参数及其他参数，进行井壁有摩擦条件矿岩散体移动的形态特征研究。数值模拟实验与物理实验得到的井壁有摩擦条件矿岩散体移动的形态特征分别如图 9.25（b）和（c）所示。

对比图 9.25 不难发现，在矿岩散体与井壁之间存在摩擦条件下，理论计算、数值模拟和物理实验 3 种方法得到的矿岩散体移动形态具有以下特征：

（1）在矿岩散体移动的匀速区（筒仓）内，3 种不同方法分别得到的矿岩散体移动形态均呈 U 字形分布特征。其中，位于溜井井筒中心线附近的散体内的矿岩块接近于同步下移，其速度明显大于溜井井壁附近的矿岩块移动速度。

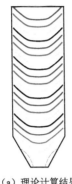

（a）理论计算结果　　　　（b）数值模拟结果　　　　（c）物理实验结果

图 9.25　井壁有摩擦条件下矿岩散体移动形态理论计算与实验结果

（2）在矿岩散体移动的变速区（放矿漏斗）中，3 种不同方法分别得到的矿岩散体移动形态均呈 V 字形分布特征，预测模型计算得到的矿岩标记层形态变化趋势与物理实验结果和数值模拟结果几乎一致。

（3）与理论计算和物理实验结果相比，数值模拟结果中的矿岩标记层的形态标高偏大，稍显整体下移趋势，造成该误差的原因可能与二维数值模拟时矿岩散体的松散性的变化有关。矿岩散体的松散性变化对数值模拟时的矿岩移动形态产生了影响，但对物理实验结果影响不大。由于矿岩移动预测模型中没有考虑矿岩松散性的变化，因此，预测模型所得结果更接近物理实验结果。

从整体上看，3 种不同方法得到的矿岩移动形态分布的基本特征，较为充分地反映出所建立的矿岩与井壁之间有摩擦条件下的矿岩散体移动规律预测模型具有较高的可靠性，能够满足研究和预测溜井储矿段矿岩散体移动规律的要求。

本 章 小 结

了解并掌握矿岩散体在溜井储矿段内的移动规律，是揭示溜井堵塞及井壁损伤问题发生机理的研究基础。矿山实际生产过程中，储矿段内矿岩散体的移动速度、轨迹是无法通过常规手段测得的。本章以放矿漏斗中心线与溜井井筒中心线重合的圆形断面溜井结构为研究对象，参考颗粒流动力学和流体力学中质量单元运动的分析方法，结合流动网络概念、Beverloo 经验公式，建立了井壁无摩擦条件下和井壁有摩擦条件下的矿岩散体的位移、移动轨迹和速度预测模型。该模型提供了一个依据溜井结构参数、矿岩粒径、放矿时间等可在矿山生产现场中进行测量的指标，预测矿岩散体移动速度、位移和轨迹的计算方法，对分析储矿段矿岩散体移动的速度场、位移场，研究矿岩散体的流动性和储矿段堵塞等问题有一定的理论意义和实际价值。本章研究取得的主要成果如下。

（1）溜井储矿段的放矿过程中，筒仓内组成矿岩散体的矿岩块的时均速度恒定且相差较小时，不易发生溜井堵塞问题；在放矿漏斗内，不同位置的矿岩块，由于其时均速度差异性较大，易发生放矿漏斗堵塞的问题。

（2）根据筒仓内储存物料卸载过程中和直流管下理想流体流动过程中质量单元的运动特点，研究了放矿漏斗中心线与溜井井筒中心线重合的溜井结构条件下，溜井储矿段内矿岩散体的移动规律，将储矿段内的矿岩散体移动分为匀速区、变速区和平衡区。匀速区内，散体内的矿岩块做直线向下移动，速度不变；变速区内，矿岩块做曲线运动，速度随散体内矿岩块位置的变化而变化；平衡区内的矿岩块则不发生位移。

（3）建立了矿岩散体移动网络，引入流动网络概念、Beverloo 经验公式、稳定质量流动量定理等，在一定的假设条件下，建立了井壁无摩擦条件下溜井储矿段内矿岩散体移动规律的预测模型，实现了对井壁无摩擦条件下散体内矿岩块移动速度、位移、轨迹的预测。该模型能够计算储矿段内任意一点的矿岩块移动速度，以及放矿 t 时间后该矿岩块的位移及其位置坐标，定量分析该矿岩块的移动过程。

（4）采用隔离法分析了散体内矿岩块的移动速度与矿岩块位置的关系。在一定的假设条件下，以井壁无摩擦条件下溜井储矿段内，组成矿岩散体的矿岩块的速度方程、速度变化值拟合方程式为基础，构建了井壁有摩擦条件下的散体内矿岩块移动速度、位移、轨迹计算模型，实现了对井壁有摩擦条件下的矿岩散体移动速度、位移、轨迹的预测。

（5）根据所建立的储矿段内矿岩散体移动的预测模型可知，在溜井储矿段连续放矿的过程中，单位时间内放出的矿岩量和通过与速度垂直的截面的矿岩量为一定值，该值与筒仓结构、矿岩散体的密度、放矿口直径、重力加速度、散体内矿岩块的粒度和形状有关，与储矿段的高度无关。

（6）采用数值模拟实验和物理模拟实验，对储矿段内矿岩散体移动规律的预测模型进行了可靠性分析验证。研究发现，理论计算所得矿岩移动形态与数值模拟实验特征基本一致，由于物理实验存在误差，放矿漏斗处矿岩散体的移动形态差异性较大。但整体上反映出所建立的矿岩散体移动规律预测模型对于预测和研究矿岩散体的移动规律有较高的可靠性，基本能够满足对目前矿岩散体内移动特征的预测，有助于解决井壁破坏和溜井堵塞两大溜井问题。

（7）建立的散体内矿岩块的位移、移动轨迹和速度方程，适用于放矿漏斗中心线与溜井井筒中心线重合条件下，储矿段内矿岩散体移动轨迹及速度的预测。当放矿漏斗中心线与溜井井筒中心线不重合时，应用所建立的预测模型会存在较大的差异。

第10章 溜井储矿段井壁的磨损机理

溜井井壁的磨损破坏是矿山生产过程中的常见问题，井壁磨损在降低溜井服务寿命的同时，也极大地增加了矿山生产的安全隐患。井壁侧压力的变化是影响溜井储矿段井壁磨损的主要力源，分析并查清引起井壁磨损的主要力源分布规律及井壁磨损的分布特征，有助于研究和揭示溜井井壁的磨损机理，为溜井摩擦损伤方面的后续研究提供理论支撑。为了便于分析不同情况下储矿段井壁侧压力的分布特征及其变化规律，按照溜井生产中井内矿岩散体的流动特征，将井壁侧压力分为静态侧压力和动态侧压力。本章主要以溜井储矿段为研究对象，基于散体力学、接触力学与摩擦学等理论，采用物理实验和数值模拟相结合的研究手段，分析井内矿岩散体在静止状态和流动状态下的内部细观力学变化规律及其对井壁的宏观力学作用，发现引起井壁摩擦损伤的机理。

10.1 溜井储矿段的力学分析

1. 单个矿岩块的静力学分析

溜井储矿段内储存的矿岩散体与溜井井壁之间产生的摩擦力，是导致溜井井壁磨擦损伤的力源，该摩擦力的大小与矿岩散体施加在井壁上的侧压力的大小密切相关。

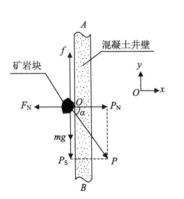

图 10.1 储矿段井壁上某点的受力分析

经典力学认为，材料的磨损与作用在摩擦面上的正压力和摩擦系数的大小密切相关。为便于分析井壁摩擦的宏观力学状态[81]，本节以混凝土衬砌溜井为例，选取储矿段内任意长度的井壁 AB 段进行分析。当质量为 mg 的矿岩块静止作用在该微面上的某一点 O 处时，井壁受到该矿岩块及其他矿岩块通过该矿岩块传递来的载荷 P 的作用，如图 10.1 所示。

若矿岩块与井壁之间的摩擦系数为 μ，则矿岩块与井壁之间的摩擦力为

$$f = \mu P_N \tag{10.1}$$

式中，P_N 为载荷 P 在 x 方向的分量（N），$P_N = P\cos\alpha$。

由式（10.1）可以看出，溜井井壁壁面产生的摩擦力只与矿岩块和井壁之间的摩擦系数、矿岩块传递给井壁的载荷有关。也就是说，当矿岩块与溜井井壁之间的摩擦系数一定时，矿岩块与溜井井壁之间摩擦力与矿岩块对溜井井壁的侧压力成正比。

由图 10.1 可知，当矿岩块与井壁相对静止时，矿岩块在 x 轴和 y 轴方向上的力分别满足下式：

$$P_N = F_N \tag{10.2}$$

$$P_S + mg = f \tag{10.3}$$

式中，F_N 为矿岩块受到的井壁支撑力（反作用力）（N）；P_S 为载荷 P 在 y 方向的分量（N），$P_S = P\sin\alpha$。

由式（10.3）可知，当 $P_S + mg < f$ 时，矿岩块处于相对静止的状态，此时井壁壁面产生的摩擦力属于静摩擦力；当 $P_S + mg > f$ 时，矿岩块与井壁之间产生相对移动，若忽略矿岩块与井壁之间的滚动，则井壁壁面产生的摩擦力属于滑动摩擦力；当 $P_S + mg = f$ 时，矿岩块与井壁之间处于相对静止和产生运动的临界状态，在这种情况下，也可以认为井壁材料受到的静摩擦力达到了峰值。

2. 矿岩块微元体的静力学分析

目前对矿岩块微元体的静力学分析主要以 Janssen 理论为主。7.2.1 节已经对 Janssen 理论分析方法做了较为详细的介绍，在此不再赘述。

10.2 储矿段井壁的动态力学分析

10.2.1 矿岩块的极限平衡分析

一个多世纪以来，各国学者对地表储料筒仓的受力问题进行了大量研究，并取得了令人瞩目的成果。例如，著名的 Janssen[99]公式、Jenike[256]修正方程等，均是基于研究粮仓受力问题得到的。但是，针对矿山溜井受力问题的研究与地表储料筒仓受力问题的研究存在较大的差异。这种差异表现如下：一是地表储料筒仓与矿山溜井储存的物料特征不同，前者储存的是粒径相对较小且粒度分布较均匀的颗粒状物料或粉料，后者储存的是形状、尺寸及组成差别较大的矿岩散体；二是地表储料筒仓与矿山溜井的承载结构不同，前者受到来自储料的压力，是一种有限承载结构，主要研究的是筒仓结构体系的承载能力，后者同样受到来自所储存的矿岩散体的压力，但由于其建造于岩体之中，可认为溜井井壁是一种无限承载结构，主要研究的是溜井底部放矿时，井壁在散体压力作用下引起的磨损问题。

散体力学认为，散体颗粒的滑移面并非是切应力最大的平面，是 τ/σ 达到最大值时的平面。因此，在整个散体体系内部，单个散体颗粒在某一平面内的应力状态应满足如下关系[257]：

$$-f(\sigma) \leqslant \tau \leqslant +f(\sigma) \tag{10.4}$$

式中，τ 为剪切力（MPa）；σ 为最大主应力（MPa）；$f(\sigma)$ 为极限应力包络线函数。

根据式（10.4），以（σ，τ）为横纵坐标，绘制矿岩散体内矿岩块的极限平衡函数 $\pm f(\sigma)$ 的应力包络线曲线，如图 10.2 所示。矿岩块的最大主应力 σ_1、σ_2、σ_3 形成的应力圆与 $\pm f(\sigma)$ 相切时，其抗剪强度与剪切力数值大小相同，即 $\tau = |\pm f(\sigma)|$，此时，矿

岩块处于静止与滑移的临界状态，即极限平衡状态。若 $\tau > |\pm f(\sigma)|$，则矿岩块的应力圆与包络线相割，该状态下的矿岩块在溜井储矿段内侧发生流动。

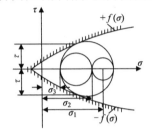

图 10.2　矿岩块的极限平衡函数

10.2.2　矿岩块对井壁的动力学分析

1. 动力学分析理论基础

目前，散体颗粒在筒仓内流动过程中产生的流动压力或动态压力的相关研究大多以 Jenike 理论为基础[258]。Jenike 理论在 Janseen 公式的基础上，提出了侧压力系数 k 为主应力平面内最大主应力与最小主应力的比值，这与 Janssen 理论中的水平压力与垂直压力成比例的基本假设存在一定差异。但后续的研究发现，Jenike 在研究侧压力系数时，认为筒仓内的散体在流动过程中，无论是处于整体流状态还是管状流状态，其侧压力的分布曲线均为平滑、统一的，这与由散体颗粒分布的随机性及自身的不均匀性所引起的侧压力分布具有一定差异[100]。

有很多学者认为，筒仓在卸料过程中，储料内部不断形成动态压力拱，压力拱的形成阻碍了其上部储料的流动，同时产生了流动的惯性力。在惯性力与拱上部储料的重力作用下，仓壁在动态压力拱的拱脚处受到了较储料静止时大得多的压力。

刘定华和魏宜华[259]基于 Rembert[260] 和 Jenike 的研究成果，认为筒仓在底部卸料过程中表现出的侧压力增大现象，其主要原因是散体内部产生了应力置换，即在总能量保持不变的前提下，重力场方向的垂直动态压力 P_h^d 不断减小，筒仓壁法向上的水平动态压力 P_v^d 不断增大，且二者之间满足式（10.5）给出的关系：

$$\begin{cases} P_v^d = K \cdot P_h^d \\ k = \dfrac{k_b - k_a}{H^2} \cdot h^2 + k_a \end{cases} \tag{10.5}$$

式中，k 为侧压力系数；H、h 分别为筒仓的总高度和储矿高度（m）；k_a、k_b 分别为筒仓内储料的主动、被动侧压力系数。当式（10.5）用于分析溜井储矿段内储存的矿岩散体时，H、h 分别为溜井储矿段的总高度和储矿高度（m）；k_a、k_b 分别为井内矿岩散体的主动、被动侧压力系数。

2. 矿岩块微元体的动力学分析

根据散体力学相关理论可知，当 $\tau > |\pm f(\sigma)|$ 时，矿岩块会在溜井内产生流动，其经典力学方程满足 $P_s + mg > f$。假定自溜井底部的放矿口打开后，矿岩块以恒定流量

从溜井放矿口放出，则矿岩块微元体仍满足式（7.11）的力学平衡条件。引入刘定华和魏宜华[259]的研究成果，即将式（10.5）代入式（7.11）中，并采用"常数变易法"进行整理，可得

$$P_{\mathrm{h}}^{\mathrm{d}} = \mathrm{e}^{-\frac{2\mu}{r}\int K\mathrm{d}\Delta h}\left[\gamma \cdot \int \mathrm{e}^{\frac{2\mu}{r}\int K\mathrm{d}\Delta h}\mathrm{d}\Delta h + C\right] \tag{10.6}$$

式中，C 为常数，可通过边界条件的计算获得。

将式（10.5）中的侧压力系数 k、边界条件 $h=0$ 和 $P_{\mathrm{h}}^{\mathrm{d}}=0$ 代入式（10.6）中，可得

$$P_{\mathrm{h}}^{\mathrm{d}} = \mathrm{e}^{-\left(\frac{2\mu}{r}\cdot\frac{k_{\mathrm{b}}-k_{\mathrm{a}}}{3H^2}\cdot h^3 + \frac{2\mu}{r}\cdot k_{\mathrm{a}}\cdot h\right)}\left[\gamma \cdot \int \mathrm{e}^{\left(\frac{2\mu}{r}\cdot\frac{k_{\mathrm{b}}-k_{\mathrm{a}}}{3H^2}\cdot h^3 + \frac{2\mu}{r}\cdot k_{\mathrm{a}}\cdot h\right)}\mathrm{d}\Delta h\right] \tag{10.7}$$

为便于对式（10.7）进行求解，令 $p = \dfrac{2\mu}{r}\cdot\dfrac{k_{\mathrm{b}}-k_{\mathrm{a}}}{3H^2}$，$q = \dfrac{2\mu}{r}\cdot k_{\mathrm{a}}$，对积分 $\int \mathrm{e}^{\left(\frac{2\mu}{r}\cdot\frac{k_{\mathrm{b}}-k_{\mathrm{a}}}{3H^2}\cdot h^3 + \frac{2\mu}{r}\cdot k_{\mathrm{a}}\cdot h\right)}\mathrm{d}\Delta h$ 进行化简，采用泰勒级数将其展开，可得

$$\int \mathrm{e}^{(ph^3+qh)}\mathrm{d}\Delta h = \int\left[1 + \left(ph^3+qh\right) + \frac{1}{2!}\left(ph^3+qh\right)^2 + \cdots + \frac{1}{n!}\left(ph^3+qh\right)^n\right]\mathrm{d}\Delta h$$

$$= \sum_{n=0}^{\infty}\int \frac{1}{n!}\left(ph^3+qh\right)^n \mathrm{d}\Delta h \tag{10.8}$$

将式（10.8）代入式（10.5），可得到溜井井壁的水平动态侧压力 $P_{\mathrm{v}}^{\mathrm{d}}$ 和溜井底板的垂直动态压力 $P_{\mathrm{h}}^{\mathrm{d}}$ 的表达式，具体如下：

$$\begin{cases} P_{\mathrm{v}}^{\mathrm{d}} = \gamma K \cdot \mathrm{e}^{\left[-\left(ph^3+qh\right)\right]} \cdot \displaystyle\sum_{n=0}^{\infty}\int \frac{1}{n!}\left(ph^3+qh\right)^n \mathrm{d}\Delta h \\ P_{\mathrm{h}}^{\mathrm{d}} = \gamma \cdot \mathrm{e}^{\left[-\left(ph^3+qh\right)\right]} \cdot \displaystyle\sum_{n=0}^{\infty}\int \frac{1}{n!}\left(ph^3+qh\right)^n \mathrm{d}\Delta h \end{cases} \tag{10.9}$$

式中，n 为自然数。

值得注意的是，当溜井内的储矿高度较小时，井壁各处侧压力计算式中的 n 仅须考虑前 3 和 4 项；当储矿高度较大或计算底板压力时，n 值需要逐渐增大[148]。此外，式（10.9）是基于水平动态压力与垂直动态压力呈二次抛物线规律推导得到的，可作为溜井井壁稳定性研究的理论依据。但是，水平动态压力与垂直动态压力之间的数值关系仍须通过物理实验进行验证与完善。

10.3 储矿段井壁静态侧压力的分布特征

溜井储矿段井壁的磨损破坏是多因素耦合作用的结果，在引起井壁磨损破坏的诸多因素中，井内矿岩散体流动引起的井壁侧压力变化是储矿段井壁产生磨损现象的主要原因。由于井内矿岩散体的复杂运动会对井壁侧压力产生不同程度的影响[261]，因此按照井内矿岩散体是否流动，可将井壁侧压力的分布特征分为井内矿岩散体无流动特征引起的井壁静态侧压力和井内矿岩散体具有流动特征引起的井壁动态侧压力两大类型。影响储矿段井壁静态侧压力变化的因素主要有溜井断面尺寸[262]、井内矿岩散体高

度、滞留时间[39]和上部卸矿冲击等。

考虑目前在矿山生产现场尚难以实现上述因素对井壁侧压力影响规律的准确研究，数值模型具有多次重复实验、细观角度易于表征的特点，因此本节主要以物理实验和数值模拟为手段，通过物理实验验证数值模型的可靠性，并在此基础上，针对上部卸矿冲击作用下，储矿段井壁静态侧压力和动态侧压力的变化等问题进行系统研究，为井壁动态侧压力分布特征研究和最终揭示井壁磨损现象的本质奠定基础。

10.3.1 井壁侧压力分布特征的实验研究

1. 井壁侧压力分布特征的物理实验

溜井是地下矿山简化提升运输系统和实现矿、废石低成本下向运输的关键工程，其连续性运输是矿山稳定连续生产的前提与保障。受限于溜井狭窄的几何空间和复杂的地质环境，采用现场实验方法研究溜井问题，不仅难度系数大、安全风险高，而且直接影响矿山的正常生产。

因此，基于流体力学的相似性原理[263]，在确保物理实验数据准确性和获取方式便捷性的同时，按照 3.4.2 节给出的相似比计算公式，针对几何相似和运动相似两种情况，搭建溜井储矿段的物理实验平台。

在相似实验平台搭建过程中，储矿段井壁的尺寸、结构及矿岩材料的选用是物理实验模型是否可靠的重要前提。考虑物理实验平台的布置空间和溜井实际的几何尺寸，研究采用的物理实验模型线性尺寸相似比为 1∶20；对于矿岩散体材料的选用，以矿岩散体自然安息角为参考标准，选用密度为 3050kg/m³ 的磁铁矿石，即矿岩散体材料相似比为 1。物理相似实验的相似比常数如表 10.1 所示。

表 10.1　物理相似实验的相似比常数

矿岩材料密度相似比	时间相似比	速度相似比	加速度相似比	模型几何比例
1.0	$\sqrt{20}$	$\sqrt{20}$	1.0	1∶20

2. 井壁侧压力实时监测实验

储矿段井壁侧压力实时监测平台由溜井储矿段井筒、放矿漏斗、钢结构支座和压力检测装置构成。8 个 HZC-TD1-30KG 型压力传感器均匀布置于井筒一侧，获取矿岩散体在装填、放矿过程中的井壁侧压力波动数据，并借助计算机进行统计分析，最终达到实时监测井壁侧压力变化的目的。物理实验方案及实验步骤如下。

1）实验准备

将高度 H 为 1600mm、直径 D 为 300mm 的透明亚克力圆形筒仓，与倾角为 72°、高度 h 为 320mm、下部放矿口直径 A 为 150mm 的放矿漏斗通过螺栓进行组装、拼接，并固定在 800mm×800mm×1800mm 的钢结构支座上。物理相似实验原理如图 10.3（a）所示，物理相似实验平台如图 10.3（b）所示。

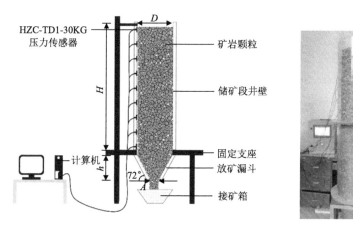

（a）物理相似实验原理　　　　　　　　（b）物理相似实验平台

图 10.3　溜井物理相似实验模型

2）实验实施

（1）安装压力传感器。压力传感器的尺寸为 13mm×22mm（半径×高度），考虑压力传感器的接触平面与圆形筒仓结构无法实现紧密贴合，实验沿筒仓内壁的同一侧布置两块高强度亚克力长板，两块板的间隔为 22mm（传感器高度）。其中，亚克力板 1 的尺寸为 1600mm×75mm×5mm，用于固定传感器；亚克力板 2 的尺寸为 1600mm×185mm×5mm，用于防止矿岩散体对板 1 的挤压，导致压力传感器测量数据产生误差，如图 10.4（a）所示。为避免矿岩散体与传感器因接触面过小（点接触、线接触）引起的测量数据误差，在传感器接触平面粘贴直径为 60mm、厚度为 5mm 的刚性圆片，对传感器接触平面进行适当放大。圆片与传感器的连接方式如图 10.4（b）所示。

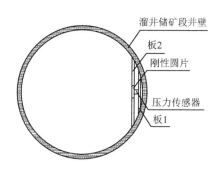

（a）长板平面布置图　　　　　　　　（b）图片与传感器的连接方式

图 10.4　压力传感器布置

（2）测定矿岩散体的细观参数。

① 测定矿岩散体密度。通过四分法选取矿岩散体样品，利用排水法测量获得矿岩散体的密度，其原理如下：

a. 选取体积为 1L 的玻璃容器，向容器内注水至满水状态；

b. 将质量为 M 的矿岩散体浸泡 48h 后，加入满水状态的玻璃容器中；

c. 量取因矿岩散体的加入而溢出水体的体积，并记作 V；

d. 根据 $\rho = M/V$，可获得矿岩散体的密度 ρ 为 3050kg/m³。

在上述工作结束之后，利用振动筛对矿岩散体进行筛选，获取矿岩散体内矿岩块的粒径及质量占比，结果如表 10.2 所示。

表 10.2 矿岩散体内矿岩块的粒径及质量占比

矿岩块粒径/mm	5～10	10～15	15～20	20～25	25～30
质量占比/%	15	25	30	20	10

② 测定矿岩散体的自然安息角。采用图 10.5 所示的塌落式测量法[264]测定矿岩散体的自然安息角，步骤如下：

图 10.5　自然安息角测量装置

a. 将四分法选取的矿岩散体样品装填至塌落式测量装置标高的 2/3 位置；

b. 静止一段时间后打开下部放矿口，使矿岩散体在重力载荷作用下产生滑移、滚落；

c. 待滑移、滚落现象结束后，测定矿岩散体的自然安息角；

d. 将多次实验测得的自然安息角取平均值，最终得到了矿岩散体样品的自然安息角为 38.6°。

（3）依次向溜井储矿段内部装填矿岩散体，当井内矿岩散体的累积高度 H 到达 1600mm 时，装矿工作结束，读取压力传感器示数，作为矿岩散体静态作用下的井壁侧压力数据。

3. 井壁侧压力分布特征的数值分析模型

目前，PFC2D5.0 版本中，在岩土、采矿领域常用的接触模型主要包括线性接触模型、Hertz 接触模型、线性平行黏结模型和抗转动线性接触模型 4 种。虽然接触模型的可选性较多，但是合理地选用接触模型可在达到预期实验效果的同时，实现缩短模型计算运行时间的目的。因此，基于离散元的建模原理及物理相似实验模型的力学参数，储矿段数值模型的构建主要分为以下几点。

1）选用接触模型

物理相似实验中，矿岩块多为棱角分明、形态各异的不规则几何块体，采用 PFC 中的颗粒簇（clump）进行矿岩块之间的迭代计算时，由于矿岩块的数目较多且实际形态各异，通过 3D 扫描、CAD 等软件的导入法实现大量不规则块体的块簇模板不太现实，会导致模拟结果产生失真现象。已有成果发现[265-266]，通过调整圆形颗粒间的滚动摩擦系数，降低颗粒的转动能力，可实现球形颗粒与不规则块体运动相似的结果。因此，在储矿段几何模型的构建过程中，对矿岩块与井壁之间、矿岩块之间，分别选用线性接触模型和抗转动线性接触模型。

线性接触模型与抗转动线性接触模型中，矿岩块之间的运动及力学传递分别满足牛顿第二定律和力-位移方程。为了便于分析矿岩块之间载荷的传递方式及本构关系，

以图 10.6 所示的矿岩块 A、B 接触现象为例，
具体的本构方程及力-位移方程如下。

（1）接触模型的本构方程[267]如下：

$$\begin{cases} m\ddot{x} = F \\ I\ddot{\theta} = M \end{cases} \qquad (10.10)$$

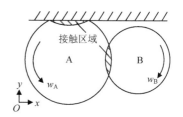

图 10.6　颗粒接触二维示意图

式中，m 和 I 分别为特定矿岩块的质量（kg）与
转动惯量（kg·m²）；F 和 M 分别为矿岩块之间、
矿岩块与墙体之间接触产生的合力（N）和合力矩（N·m）；$\ddot{x}$ 和 $\ddot{\theta}$ 分别为特定矿岩块位
移线速度与转动角速度的二阶导数（线加速度和角加速度）。

其中，矿岩块位移线速度 $\dot{x}$ 和转动角速度 $\dot{\theta}$ 分别与时间满足如下关系：

$$\begin{cases} \dot{x}_{\left(i+\frac{1}{2}\right)} = \dot{x}_{\left(i-\frac{1}{2}\right)} + \ddot{x}_i \Delta T \\ \dot{\theta}_{\left(i+\frac{1}{2}\right)} = \dot{\theta}_{\left(i-\frac{1}{2}\right)} + \ddot{\theta}_i \Delta T \end{cases} \qquad (10.11)$$

由式（10.10）和式（10.11）可得特定矿岩块的实时运动位移与旋转角度，其关系式为

$$\begin{cases} x_{(i+1)} = x_{(i)} + \dot{x}_{\left(i+\frac{1}{2}\right)} \Delta T \\ \theta_{(i+1)} = \theta_{(i)} + \dot{\theta}_{\left(i+\frac{1}{2}\right)} \Delta T \end{cases} \qquad (10.12)$$

式中，ΔT 为模拟的时步长度；下标 $i-\dfrac{1}{2}$、i、$i+\dfrac{1}{2}$ 和 $i+1$ 分别为 $T_i - \dfrac{\Delta T}{2}$、$T_i$、
$T_i + \dfrac{\Delta T}{2}$ 和 $T_i + \Delta T$ 时刻。

（2）线性接触模型的力-位移方程[268]如下：

$$\begin{cases} F_c = F_l + F_d \\ M_c \equiv 0 \end{cases} \qquad (10.13)$$

式中，F_c 为矿岩块与墙体之间的接触载荷（N）；F_l 与 F_d 分别为线性接触力和阻尼力
（N）；M_c 为接触力矩（N·m）。

（3）抗转动线性接触模型为[268-269]的方程如下：

$$\begin{cases} F_c' = F_l' + F_d' \\ M_c' \equiv M_i^r \end{cases} \qquad (10.14)$$

式中，F_c' 为矿岩块之间的接触载荷（N）；F_l' 与 F_d' 分别为线性接触力和阻尼力（N）；
M_c' 为接触力矩（N·m）；M_i^r 为滚动阻力力矩（N·m），其中 $M_i^r = M_{i-1}^r - k_r \Delta\theta_{i-1}$，$i$ 和 $i-1$
分别表示矿岩块运动的第 i 和 $i-1$ 时刻，k_r 为滚动阻力刚度（N/m），$\Delta\theta$ 为相对旋转
增量。

由式（10.13）和式（10.14）不难看出，两种接触模型的力矩传递部分存在一定区
别，这与接触模型的本构方程密切相关。因此，在离散元模拟过程中，应根据接触模
型的本构方程确定合理的接触模型。

2）确定细观参数

离散元模拟过程中，接触模型细观参数的准确性是影响数值模拟可靠性的重要因素。线性接触模型中常见的细观参数包括法向刚度 k_n、切向刚度 k_s、接触摩擦系数 ξ 等；抗转动线性接触模型在线性接触模型的基础上，增加了矿岩块的有效模量 E^*、法向与切向刚度比 k^* 和抗转动摩擦系数。其中，矿岩块的有效模量可根据弹性模量确定，E^* 为 350MPa，法向与切向刚度比 k^* 为 1.0。

对于抗转动摩擦系数，按照等比例构建塌落式测量数值模型（图 10.7），当数值模拟结果与物理实验结论相同时，视为抗转动摩擦系数标定成功。通过多次调试抗滚动摩擦系数与不同细观参数的组合方案，最终确定抗转动摩擦系数为 0.7，其余细观参数如表 10.3 所示。

图 10.7　离散元塌落式测量数值模型

表 10.3　数值模型细观参数

类型	法向刚度/（N/m）	切向刚度/（N/m）	矿岩密度/（kg/m³）	摩擦系数	抗转动摩擦系数	矿岩块粒径 d/m	矿岩块数目/个
矿岩块	$3.33×10^9$	$3.33×10^9$	3050	0.7	0.7	$0.1≤d≤0.6$	53468
墙体	$3.33×10^9$	$3.33×10^9$	—	0.65	—	—	—

3）创建溜井几何模型

按照物理相似实验模型，结合溜井实际生产条件，井壁采用混凝土支护，不考虑其特殊加固方式。因此，在利用 PFC2D 构建溜井几何模型的过程中，采用 wall create 命令生成直径为 6m、高度为 40m 的溜井储矿段井筒和倾角为 72°、放矿口直径为 3m 的放矿漏斗（模拟井壁的墙体单元为 1m）。采用落雨法[270]生成高度为 32m 的矿岩散体堆积体，并运行若干时步，待矿岩散体系统内部达到受力平衡后，沿重力场方向以 4m 为间距，设置厚度为 1m 的矿岩标记层，用于观察分析井内矿岩散体的宏观流动特征。溜井放矿的离散元模型如图 10.8 所示。

10.3.2　卸矿冲击对井壁侧压力的影响特征

以放矿口中心与溜井井筒中心线重合为例，根据某矿山采用 6m³ 铲运机出矿的实际情况，从宏观尺度上，研究卸矿垂直高度（卸矿高度）H' 为 5m、10m、15m、20m、25m、30m 下，井内矿岩散体内部的力学响应及井壁侧压力的变化特征。图 10.9 为不同卸矿高度冲击下的溜井储矿段离散元模型。

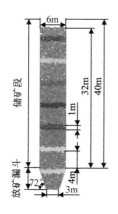
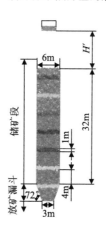

图 10.8　溜井放矿离散元模型　　　　图 10.9　不同卸矿高度下的溜井储矿段离散元模型

1. 卸矿冲击过程

模型运行过程中，通过删除卸矿箱底板，使上部矿岩（以下统一称为冲击体）在重力场作用下冲击井内矿岩散体表面。根据冲击体与井内矿岩散体的空间位置，可将整个冲击过程分为卸矿冲击前、冲击过程中和卸矿冲击后 3 部分，如图 10.10 所示。

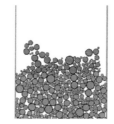

（a）卸矿冲击前　　　　　（b）冲击过程中　　　　　（c）卸矿冲击后

图 10.10　溜井上部卸矿冲击作用过程

如图 10.11（a）所示，卸矿冲击前，由矿岩散体组成的冲击体沿重力场方向垂直下落，下落过程中冲击体的重力势能逐步转换为动能，最终作用在井内矿岩散体的表面上。

如图 10.11（b）所示，冲击过程中，冲击体对井内矿岩散体表层的矿岩块产生撞击效果，此时冲击体在矿岩散体表层矿岩块的缓冲作用下，内部发生了应力的重分布，由此产生的冲击载荷以弹性冲击波的形式传递至矿岩散体的底部和储矿段井壁，同时井壁和井内矿岩散体会施加给冲击体反向作用力，进而改变冲击体原始的运动特征，使冲击体在矿岩散体的表面产生"飞溅"现象[162]。

如图 10.11（c）所示，卸矿冲击后，冲击体在井内矿岩散体表面的上部四处扩散后，又在重力作用下最终覆盖在矿岩散体表面上，直至矿岩散体内部重新达到力的平衡状态。

2. 井内矿岩散体的空隙率变化规律

上部卸矿冲击井内矿岩散体表面时，会改变井内矿岩散体内矿岩块的原始空间排列和接触方式，进而影响矿岩散体内部的空隙率。若获得冲击过程中井内矿岩散体内部的空隙率变化特征，则可从宏观角度间接表征上部卸矿冲击对井壁的力学作用。

为获得井内矿岩散体内部的空隙率变化特征，通过在模型内部布置测量圆的方法，实时监测散体内部的空隙率，如图 10.11（a）所示。为避免溜井上部卸矿冲击高度较小时，各层测量圆空隙率数据因波动程度过小而难以统计的缺点，下面以卸矿高度 30m 为例，展示各层测量圆的空隙率波动数据，如图 10.11（b）所示。图 10.11（a）中的测量圆的颜色与图 10.11（b）中的空隙率波动数据曲线颜色相互对应。

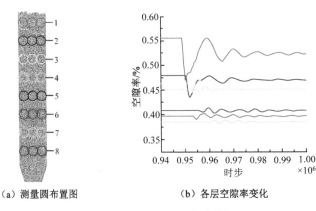

（a）测量圆布置图　　　　（b）各层空隙率变化

图 10.11　空隙率变化特征

由图 10.11（b）可以看出，在上部卸矿冲击开始之前，受自身重力载荷的影响，在井内矿岩散体的不同储矿深度处，空隙率存在一定的差异，越靠近储矿段的底部，空隙率越小，矿岩散体的重力压实效果越明显；在冲击开始后，不同储矿深度处的空隙率呈现出了不尽相同的变化规律。为便于分析不同储矿深度处的空隙率变化规律，将图 10.11（a）中的测量圆自上而下依次定义为第 1 层、第 2 层、第 3 层、…、第 8 层。结合图 10.11（a）和（b）不难看出，卸矿冲击过程中，各层测量圆呈现出的空隙率分布规律不尽相同，主要体现在以下几方面：

（1）冲击作用引起的第 1 层测量圆位置的空隙率从 55%迅速减至 47%左右，并在一段时间之后，空隙率稳定在了 52.4%。

（2）第 2 层测量圆位置的空隙率变化规律与第一层的变化规律相似，均呈现出先减小后增大的特征，即冲击作用后，井内矿岩散体的空隙率会产生一定的反弹现象。

（3）第 3 层测量圆位置的空隙率，从卸矿冲击开始到结束，矿岩散体内部的空隙率由 46.4%减至 45%，降低了 1.4%，波动幅度较小，波动范围也较小。

（4）第 4 层～第 8 层测量圆位置的空隙率变化规律基本相似，表现为在冲击作用后，矿岩散体的空隙率产生一定的波动现象，且波动的幅度呈现出降低的态势，随冲击作用后的时间增加，各空隙率曲线的波动幅度趋于平缓。这一特征反映出测量圆在矿岩散体中的位置越低，散体的重力压实作用对矿岩散体内部空隙率的影响不断增加。

上述现象表明，随着测量圆层数的增加，即随着井内矿岩散体储存深度的增加，矿岩散体内部空隙率的波动幅度与波动范围均呈减小态势，即第 1 层测量圆位置空隙率的波动幅度最大且波动范围最广，第 8 层测量圆位置空隙率的波动幅度最小且波动范围极小，其余部位空隙率的波动程度均处于两者之间的过渡状态。

进一步分析可知，卸矿冲击前，井内矿岩散体的表层散体（第 1 层测量圆所在位置）并不会受到重力压实效果的影响，随着储矿深度的增加，井内矿岩散体受到重力压实效果愈发明显，散体内部的空隙率也随之降低。卸矿冲击后，储矿段内储存的矿岩散体的上部（第 1～3 层），散体内部的空隙率受到上部卸矿的高速冲击的影响，使该区域矿岩散体内的空隙率产生了较大变化，表明该区域内矿岩散体由接触松散、接触力强度较小向接触密实、接触力强度增大的状态发展；储矿段中部矿岩散体（第 4～7 层），其内部空隙率的改变滞后于上部区域的矿岩散体，但在冲击作用下，该区域内的矿岩散体仍由接触松散、接触力强度较小向接触密实、接触力强度增大的态势发展；储矿段底部的矿岩散体（第 8 层）内部的空隙率不发生变化，表明该区域内矿岩散体内部的空隙率主要受到其上部矿岩散体的重力压实影响。

综上所述，卸矿冲击前后，储矿段不同区域内的矿岩散体内部空隙率的变化在空间和时间上均存在滞后现象，说明冲击载荷在井内矿岩散体内部传播的过程中具有显著的时间效应，即上部矿岩散体在受到局部冲击的瞬间，将冲击载荷在井内矿岩散体内部进行了空间扩展和时间延长，进而降低了矿岩散体内部的空隙率，产生了冲击夯实效果[65,271]。冲击载荷消失后，井内矿岩散体在冲击夯实和重力压实的综合作用下，其内部空隙率最终稳定在某一固定值的状态。

3. 井内矿岩散体内的力链变化特征

力链结构是井内矿岩散体内部矿岩块之间作用力的特殊表达形式，揭示了矿岩散体体系内部的结构层次与力学性质的关系，是微观接触在不对称力场的宏观量度[110]。根据矿岩散体内部力链的强弱变化及其方向分布，可研究上部卸矿冲击作用在井内矿岩散体体系内的力学传播机制，以获得井壁侧压力变化特征。

在 5.3.4 节的分析中，分别通过图 5.10 和图 5.11 给出了不同卸矿高度冲击下，井内矿岩散体表面以下 20m 的范围内，散体内部的横向和纵向力链的分布特征。为全面了解整个井内储存的矿岩散体在不同的高度卸矿冲击后，其内部横向、纵向力链的分布情况，在此做出进一步分析。

图 10.12 给出了不同高度卸矿冲击后，井内储存的矿岩散体内部横向力链的分布情况。

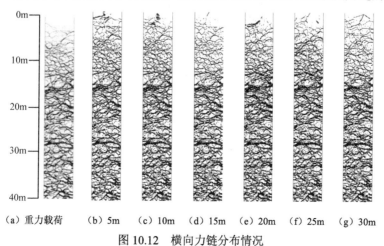

（a）重力载荷　　（b）5m　　（c）10m　　（d）15m　　（e）20m　　（f）25m　　（g）30m

图 10.12　横向力链分布情况

由图 10.12（a）可以看出，溜井上部卸矿冲击前，井内矿岩散体在重力载荷作用下，其内部的横向力链多以弱力链的形式存在，少数强力链贯穿于整个溜井断面，且集中分布在井内矿岩散体表面以下 10～20m 范围内。从图 10.12（b）～（g）可以看出，在不同卸矿高度的卸矿冲击下，井内矿岩散体内部强、弱力链的数量及其分布发生了明显变化。当卸矿高度为 5m 时，弱力链主要存在于井内矿岩散体表面以下 10m 范围内，强力链数量几乎不发生变化。随着卸矿冲击高度的不断增加，矿岩散体内部的强力链数量在逐渐增多，弱力链数量在逐渐减少。强力链的方向与重力场方向几乎垂直，卸矿冲击载荷主要通过强力链传递至井壁两侧，增大了井壁的侧压力；弱力链的方向则是随机分布，对井壁的侧压力影响不大。

图 10.13 展示了卸矿冲击前、后，井内矿岩散体内部的纵向力链分布情况。

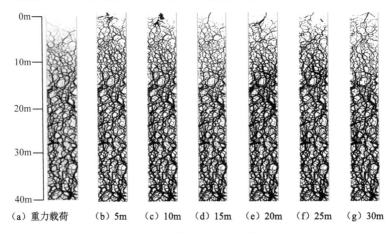

图 10.13　纵向力链分布情况

（a）重力载荷　　（b）5m　　（c）10m　　（d）15m　　（e）20m　　（f）25m　　（g）30m

由图 10.13 可以发现，卸矿冲击前，在重力载荷作用下，井内矿岩散体内部纵向强力链的数量较少，弱力链非均匀地分布在矿岩散体内部。不同卸矿高度冲击下，矿岩散体内部的纵向强、弱力链的数量及其分布也发生了明显变化，如图 10.13（b）～（g）所示。在卸矿高度为 5m 时，强力链主要分布在矿岩散体中心线位置，数量几乎不发生变化；弱力链的覆盖范围广且数量较多，与强力链产生了链接作用。随着卸矿高度的不断增加，矿岩散体内部自上而下的强力链的长度也在增长，且覆盖范围增大，强力链的方向与重力场的方向近乎平行，导致冲击载荷沿强力链网络快速扩展。同时，弱力链的链接作用对强力链及散体结构体系的稳定产生了较大的影响。

对比图 10.12 和图 10.13 可以发现，在卸矿高度从 5m 增加到 30m 的过程中，冲击体产生的冲击载荷对横向力链与纵向力链均产生了不同程度的影响，表现如下：卸矿冲击后，井内矿岩散体内部的横向、纵向力链的强度和数量均发生了较大变化，变化的程度与卸矿高度的增加幅度呈正相关趋势。卸矿高度变化对横向、纵向力链的影响主要集中在井内矿岩散体表面以下 10m 的范围内。

4. 井壁侧压力变化情况

图 10.14 分别展示了不同卸矿高度冲击下，井壁两侧的侧压力峰值的分布特征。

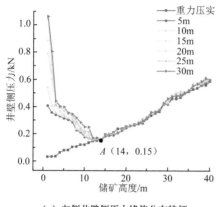
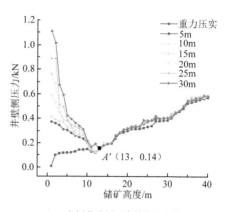

（a）左侧井壁侧压力峰值分布特征　　　　（b）右侧井壁侧压力峰值分布特征

图 10.14　不同卸矿高度冲击下井壁两侧的压力峰值分布特征

由图 10.14 可以看出，在重力载荷作用下，两侧井壁的压力曲线与井内的储矿高度呈线性相关。在不同卸矿高度的冲击体的冲击下，井壁上的侧压力分布呈现出一定的规律性，其特征表现在如下几方面：

（1）卸矿冲击对井壁侧压力的影响主要集中在矿岩散体表面以下 14m 范围内，且在相同的卸矿高度下，井壁两侧产生的压力值和影响范围存在一定差异。如图 10.14（a）中的 A 点，在井内储存的矿岩散体表面以下 14m 处，压力值为 0.15kN；在图 10.14（b）中的 A' 点处，即矿岩散体表面以下 13m 处，压力值为 0.14kN。

（2）不同的卸矿高度冲击下，井内矿岩散体作用在井壁上的侧压力值，远大于同一储矿高度下矿岩散体的重力载荷作用在井壁上的压力值。当卸矿高度 $H \leqslant 10m$ 时，井内矿岩散体表面附近的井壁侧压力约为 0.40kN；随着卸矿高度的增加，矿岩散体表面附近的井壁侧压力明显增大，其中，侧压力最大值达到了 1.10kN。

（3）在井内矿岩散体表面以下 14～40m 范围内，卸矿冲击对井壁侧压力的影响较小，但井壁侧压力与储矿高度成正比，表现出明显的矿岩散体的重力压实特性。

对比分析图 10.14（a）和图 10.15（b）可知，在井内矿岩散体表面以下 14m 的范围内，卸矿冲击引起的井壁侧压力变化较大，井壁侧压力变化的力源主要是溜井上部卸矿对井内矿岩散体的冲击载荷；在矿岩散体表面以下 14m 深的井壁侧压力，则主要源自上部矿岩散体的重力载荷。

10.3.3　卸矿冲击对井壁侧压力分布与磨损的影响机理

对比分析溜井上部卸矿冲击前和不同卸矿高度的卸矿冲击下，井内储存的矿岩散体体系的细观力学变化特征可以得出，溜井上部卸矿产生的冲击作用对井壁侧压力的影响特征及其机理主要表现在以下方面。

（1）溜井上部卸矿对井内矿岩散体的冲击，能够在一定范围内对储矿段井壁的侧压力产生影响，矿岩散体内矿岩块之间的力链是卸矿冲击载荷传递到井壁上的主要路径。

卸矿冲击对井壁侧压力的影响范围主要集中在井内矿岩散体表面以下 14m 的范围内，侧压力的变化幅度呈现出随卸矿高度的增加而增大的特征。卸矿冲击过程中，冲击载荷在井内矿岩散体内部传递时，在时间和空间上存在一定的滞后效应，反映在井内矿岩散体内部空隙率的变化上，则是矿岩散体表层散体内部的空隙率变化最早，波动程度最大，使井内储存的矿岩散体表现出被冲击夯实的响应特征。

上部卸矿的冲击夯实作用[37]使井内矿岩散体内的矿岩块产生了位移或转动，改变了矿岩块原有的空间排列方式与接触方式，表现为矿岩散体的空隙体积被压缩，矿岩块与块之间的接触更为紧密。在卸矿冲击的过程中，井壁为矿岩块的空间位置和空间形态的变化提供了约束，将矿岩块的移动或转动限制在有限的空间范围内。在冲击载荷的传递过程中，矿岩散体内部的力链成为冲击载荷传递的主要路径，但由于矿岩块的移动或转动，使散体体系内部的力链网络不断发生断裂与重组，对上部卸矿的冲击能量起到了耗散作用，这使得卸矿冲击对井壁受力的影响仅表现在井内矿岩散体表面以下一定高度的范围内。

（2）相同的卸矿高度下，储矿段内同一高度处的两侧井壁的压力值存在较大差异，呈现出了非均匀分布的特征（如图10.14所示曲线中的 A 点和 A′点）。

上部卸矿在溜井井筒中下落的过程中，矿岩块之间、矿岩块与溜井井壁之间的相互碰撞，对矿岩块冲击井内矿岩散体表面的位置产生了影响，冲击位置的变化、矿岩散体内部原有的空隙率，以及上部卸矿冲击井内矿岩散体时的能量大小等，都会对井壁侧压力的分布特征产生影响。

相同的冲击下，同一高度处的井壁侧压力产生差异的主要机理表现如下。

① 上部卸矿进入溜井并在井内下落的过程中，矿岩块之间及矿岩块与井壁之间的碰撞改变了矿岩块的运动方向，使下落的矿岩块对井内矿岩散体表面的冲击位置产生了随机性，形成了冲击的"偏心载荷"，因此使井壁两侧的压力值产生了差异。

② 不同质量的矿岩块在冲击井内矿岩散体时，所携带的冲击能量存在较大的差异，当其冲击到矿岩散体表面的不同位置时，使"偏心载荷"的作用效果也表现出了较大的差异性。

③ 矿岩块冲击井内矿岩散体后，被冲击的矿岩散体内的矿岩块产生了位移或转动。被冲击的矿岩块在向与其相邻的矿岩块传递冲击能量时，又引起与其相邻的矿岩块发生了位移或转动。这一过程中，每次的能量传递都会造成不同程度的能量损失；矿岩块发生位移或转动，则形成了矿岩块之间力链的断裂与重组，使力链的强度发生变化，其结果是导致不同的力链最终传递到井壁上的压力值出现了差异，进而影响了井壁的受力特征。

（3）卸矿冲击引起井内矿岩散体内部的横向、纵向力链的强度和数量均发生了较大变化，这是井壁侧压力产生不同程度变化的直接因素之一，也是造成井壁产生磨损破坏的间接因素。

矿岩散体内部的力链网络变化特征，反映了矿岩散体内部矿岩块之间的力学作用机理及其对井壁侧压力变化规律的影响。卸矿冲击载荷通过横向力链传递到井壁上，是影响井壁侧压力变化的主要原因；冲击载荷通过纵向力链向井内储存矿岩散体的深部传递，使矿岩散体内的矿岩块之间产生位移、旋转或挤压，降低了矿岩散体的空隙率，使矿岩散体产生了冲击夯实效果，最终引起井壁上的侧压力发生了变化，进而间接影响了储矿段井壁的磨损程度。

卸矿冲击对矿岩散体内部横向力链与纵向力链的影响主要表现如下：冲击载荷通过横向力链快速扩散至井壁，引起井壁侧压力产生变化；通过纵向力链向矿岩散体的深部传递，使井内储存的矿岩散体产生了夯实效果。卸矿冲击的过程中，矿岩散体内矿岩块之间产生位移、旋转或挤压，改变了矿岩块之间原有的空间形态、排列方式和接触特征（接触方式与接触的紧密程度）。这一过程中，矿岩块的接触特征不断发生变化，原有的力链网络不断发生断裂与重组，使力链及其网络的强弱始终处于动态调整和变化的状态，其结果是降低了井内矿岩散体的松散度，使其产生了井内矿岩散体的重力压实与上部卸矿的冲击夯实两种效果。

卸矿冲击对储矿段井壁的磨损破坏产生间接影响。卸矿冲击高度变化时，上部卸矿作用在井内矿岩散体上的瞬时冲击载荷随之变化，使井内矿岩散体的密实度产生了变化。这一结果削弱了初始状态下高空隙矿岩散体的缓冲效果，提高了横向力链传递载荷的能力，进而引起井壁侧压力随卸矿冲击高度的变化而产生较大波动，即井内矿岩散体作用在溜井井壁上的正压力产生了波动变化。由于材料磨损程度与作用在摩擦面上的正压力密切相关，井内矿岩散体作用在井壁上的正压力的这种变化，改变了矿岩块与井壁之间的摩擦力，最终间接影响矿岩散体对溜井井壁的摩擦效果与井壁磨损程度。

（4）井壁侧压力分布特征及其变化规律是卸矿冲击能量转换与耗散的结果。

从溜井上部卸矿冲击井内储存的矿岩散体，到被冲击的矿岩散体内部达到新的平衡状态的整个过程中，始终伴随着能量的转换与耗散和矿岩散体内矿岩块空间状态的变化与静止。下落矿岩块携带的能量作用于井内矿岩散体时，部分能量耗散于碰撞过程，在相同冲击能量下，冲击时间越短，冲击作用效果越强[182]。在井内矿岩散体表面以下 14m 的范围内，部分能量转换为被撞击的矿岩块产生位移或旋转的运动能量，使其与相邻的矿岩块发生碰撞，再次发生能量的转换与耗散和被碰撞矿岩块的位移或转动，直至矿岩块与井壁产生碰撞，并将剩余能量作用于溜井井壁上，最终表现为井内矿岩散体表面以下 14m 以深范围内，井壁侧压力呈现出以重力载荷为主的受力特性。上部卸矿冲击井内矿岩散体的整个过程中，冲击载荷通过矿岩散体内部一条或多条路径向井壁传递，下落矿岩携带的能量一部分被耗散于井内矿岩散体体系，改变了散体的体系结构；另一部分则造成井壁的弹塑性变形，使井壁产生损伤[183]。

10.4　储矿段井壁动态侧压力的分布特征

一般地，溜井内储存的矿岩散体多为含水、含粉矿较高、流动较差的散状物料，溜井底部放矿时，在放矿漏斗附近容易出现矿岩散体的结拱现象，破坏矿岩散体流动的连续性，影响矿岩块放出。

矿岩散体在溜井储矿段的流动过程中，复杂的流动特征（中心流、整体流）与储矿段井壁动态侧压力密不可分，井壁动态侧压力的变化又直接影响溜井储矿段井壁的磨损情况。溜井底部放矿的过程中，矿岩散体作用在井壁上的动态侧压力是导致储矿段井壁磨损破坏的重要力源，其与溜井底部的放矿方式、矿岩散体的物理特性、移动规律和溜井的几何尺寸密切相关。已有研究发现，矿岩块度[108]、含水率[36]、溜井直径[264]、溜井倾角[97]、井壁材料粗糙度[272]等因素，均会对井内矿岩散体的流动特征产生间接影响，放矿漏斗的倾角、底部放矿口的位置等因素则会对井内矿岩散体的流动特征产生直接影响[264,273]。

矿山实际生产中，溜井底部放矿口的中心位置与溜井井筒中心线并不完全重合。因此，本节采用数值分析方法，研究不同偏心距下，溜井底部放矿对井内储存的矿岩散体的内部细观力学特征和矿岩散体宏观流动特性的影响，进而揭示不同放矿口位置对井壁动态侧压力的影响特征，以研究井壁侧压力变化对井壁磨损影响规律。

10.4.1 溜井底部放矿的模型构建

1. 确定放矿口位置与偏心距

溜井底部放矿时，主要放出的矿岩散体为暂存于溜井储矿段（矿仓）内的矿岩块。从溜井生产的实际角度考虑溜井储矿段井壁为混凝土支护井壁，不采用特殊加固方式。因此，以溜井储矿段为研究对象，在 10.3.2 节的基础上，以溜井井筒中心线与放矿漏斗口的中心线的差值为内涵，引入放矿口偏心距 e（eccentric distance），表征溜井底部放矿口中心线与溜井井筒中心线的相对位置。

若溜井储矿段的井筒断面为直径为 6m 的圆形，为了简化数值模拟，假设放矿口也是圆形断面（现场多为矩形），且直径为 3m。根据偏心距 e 的定义，很容易知道偏心距 e 的最小值为 0m，最大值为 1.5m。这意味着，当 $e=0.0$m 时，放矿口的中心线与溜井井筒中心线重合；当 $e=1.5$m 时，放矿口形状与溜井断面形状的两个圆相切于某一点，即储矿段井筒断面边界与放矿漏斗边界相切。因此，在这一条件下，e 的取值范围为[0，1.5]，即偏心距 e 在该范围内发生变化。

图 10.15 给出了上述假设条件下，偏心距 e 在两种极值条件下的溜井底部结构模型。

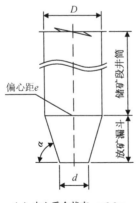

（a）中心重合状态 $e=0.0$m

（b）边界相切状态 $e=1.5$m

图 10.15　偏心距极值状态下的溜井底部结构模型

2. 构建放矿数值模型

以 $e=0.0$m 时的放矿漏斗侧壁倾角 72° 为基础，计算确定放矿漏斗的高度为 4.62m。以此高度为基础，若溜井储矿段的高度为 40m，根据图 10.15 的模型结构，分别生成 $e=0.0$m、$e=0.5$m、$e=1.0$m 和 $e=1.5$m 的溜井放矿模型，其中以偏心距 $e=0.0$m 条件下的放矿口中心为各放矿模型的坐标原点，如图 10.16 所示。

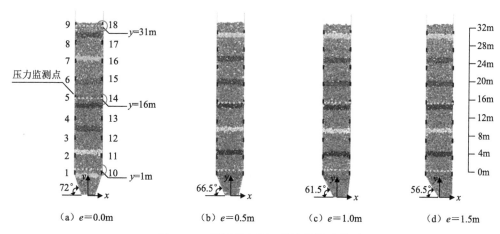

图 10.16　不同偏心距 e 的溜井放矿模型

不同偏心距 e 的溜井放矿模型由储矿段井筒和放矿漏斗构成，其中储矿段井筒高度为 40m，放矿漏斗高度为 4.62m，放矿漏斗侧壁的最小倾角分别为 72°、66.5°、61.5° 和 56.45°。

模拟计算时，采用落雨法在溜井储矿段内生成高度为 32m 的矿岩块，待矿岩散体内部受力平衡后，每隔 5m 设置厚度为 1m 的矿岩标记层，用于观察和分析矿岩散体的宏观流动特征。开始放矿时，沿储矿段两侧井壁以 4m 为间隔布置压力监测点，并将监测点自下而上依次编号为 1~9 和 10~18，如图 10.16 所示。

值得注意的是，各放矿模型除放矿漏斗侧壁的倾角不同外，其余参数均与 10.3.1 节保持一致。

3. 放矿模拟方法

在研究不同偏心距下井壁侧压力变化特征的过程中，考虑矿山生产过程中溜井底部放矿的间歇性特征，模拟计算时，设置溜井底部的放矿为非连续放矿模式，其具体计算过程如下。

第 1 步，删除溜井底部放矿口墙体，打开放矿口，使储矿段内的矿岩散体在重力载荷作用下依次从放矿口放出。

第 2 步，实时统计放出的矿岩散体体积。当放出散体的体积不小于 5m³ 时，关闭溜井底部放矿口。

第 3 步，待储矿段内矿岩散体重新达到内力平衡状态时，单次放矿工作完成。

依次循环上述步骤，直至井内矿岩散体被全部放出。多次实验发现，当循环放矿

22 次时，井内储存的矿岩散体能够被完全放出。

10.4.2 底部放矿时矿岩散体的宏观流动特征

溜井放矿数值模拟过程中，记录了不同偏心距 e 下，井内矿岩散体的移动过程与移动状态。图 10.17 给出了不同放矿条件下，部分放矿节点处井内矿岩散体的宏观流动特征。

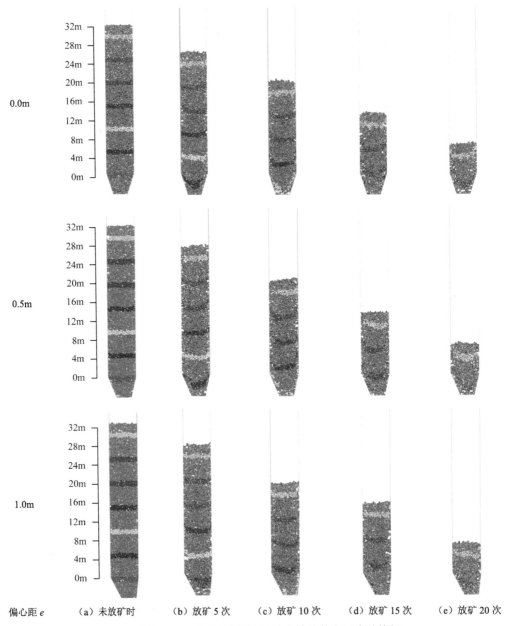

图 10.17　不同偏心距 e 时矿岩散体的宏观流动特征

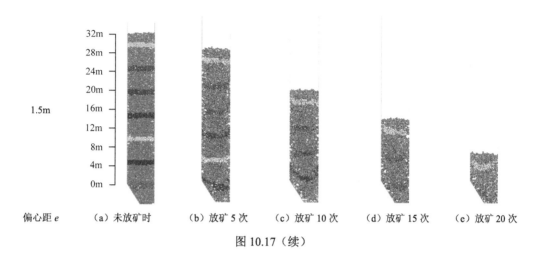

图 10.17（续）

分别以最小偏心距 $e=0.0m$ 和最大偏心距 $e=1.5m$ 为例，对比分析不同偏心距下溜井底部放矿时，井内矿岩散体的流动特征。

1. 偏心距 $e=0.0m$ 时的矿岩散体流动特征

$e=0.0m$ 时，偏心距最小，放矿漏斗中心线与溜井井筒中心线重合。放矿前和放矿后，储矿段内部矿岩散体的流动特征表现如下。

（1）放矿开始前，矿岩标记层为未流动状态，标记层呈"一"字形，且均匀分布在储矿段筒仓内。

（2）放矿 5 次时，放矿漏斗内的矿岩标记层呈现出 U 字形分布，表明在放矿漏斗范围内，矿岩块的流动具有随位置变化的差异化特征，越靠近漏斗中心线的位置，矿岩块的流动速度越快；越远离中心线，矿岩块向下流动的速度越慢。在储矿高度 10～24m 范围内，矿岩标记层呈"一"字形分布，表明在此范围内，矿岩块的流动处于整体下降特征，矿岩块的流动尚未受到溜井底部放矿的影响；在储矿高度 0～10m 范围内，矿岩标记层形态处于"一"字形向 U 字形的过渡状态，表明矿岩块的流动已开始受到底部放矿的影响，位于溜井中心线附近的矿岩块流动速度逐渐加快。

（3）多次放矿后，位于放矿漏斗内的矿岩标记层表现出明显的 V 字形形态，位于储矿段筒仓内部的标记层已呈现出 U 字形分布形态。这表明越是靠近放矿漏斗位置，矿岩块离中心线越近，其流动的速度越快，呈现出典型的"漏斗状流动"特征。

2. 偏心距 $e=1.5m$ 时的矿岩散体流动特征

$e=1.5m$ 时，偏心距最大。由图 10.17 可以发现：

（1）未开始放矿时，放矿漏斗内和储矿段筒仓内，矿岩标记层形态保持了与 $e=0.0m$ 时未放矿状态下相同的形态，说明溜井底部在未放矿状态下，矿岩块未发生流动，也不存在对其流动特征的影响问题。

（2）放矿 5 次时，进入放矿漏斗范围内的矿岩标记层呈现出类似斜 V 字形形态，矿岩块的流动方向偏向放矿口中心线的位置。位于储矿段筒仓内部最上层的矿岩标记层呈现出"一"字形分布形态，倾斜的方向受放矿口位置的影响明显；位于 0～24m 的矿岩标记层表现出从"一"字形向斜 V 字形形态过渡的特征，矿岩块的流动中心方向不断向放矿漏斗中心线方向偏转。

（3）多次放矿后，位于放矿漏斗内的矿岩标记层呈现出明显的倾斜 V 字形形态，其下部偏向放矿口中心线，表明放矿口中心位置对矿岩块流动方向产生了影响；位于储矿段筒仓内部最上层的矿岩标记层呈现出"一"字形分布形态；位于中间层位的矿岩标记层则表现出从"一"字形向斜 V 字形过渡的形态，斜 V 字形倾斜的方向受到放矿口位置的明显影响，表现出离放矿口位置近的一侧，矿岩块的流动速度快的特征。在这一过渡过程中，位于筒仓中心部位的矿岩块的流速明显加快，其流动方向也发生了向放矿漏斗中心线方向的偏转。

因此，根据图 10.17 表述的矿岩标记层的分布特征及其演变规律，可以得出当偏心距 $e=0.0m$ 时，溜井储矿段内的矿岩块流动状态是一个由"一"字形向 V 字形不断演变的过程。随着偏心距 e 的增大，矿岩块的流动状态表现出从"一"字形向斜 V 字形演变的过程；且偏心距 e 越大，筒仓与放矿漏斗衔接处的矿岩块的移动特征愈加紊乱，表明放矿口偏心距的改变直接影响了放矿漏斗范围内、筒仓与放矿漏斗衔接处矿岩散体的移动特征。

10.4.3 矿岩散体宏观流动特征的演化机理

1. 矿岩散体移动规律的演化特征

为进一步揭示不同偏心距下，矿岩散体的宏观流动特征及流动形态产生的机理，以图 10.16 给出的 4 种偏心距下放矿模型为研究基础，矿岩散体内部受力平衡后，在各层矿岩标记层的中心层位，各提取 7 个矿岩块作为标志块，记录其流动的实时位置，分析溜井底部放矿时各层标志块的流动特征。为更清晰地观察与分析矿岩散体特征，在绘制流动特征图时，只保留矿岩标志块。

图 10.18 给出了不同偏心距下，不同放矿状态时，矿岩标志块的流动特征。

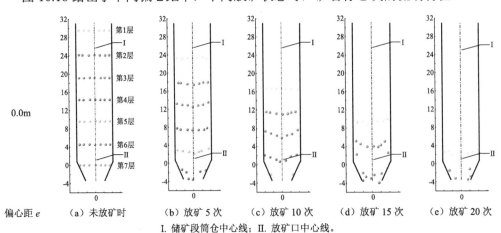

I. 储矿段筒仓中心线；II. 放矿口中心线。

图 10.18　不同偏心距 e 下矿岩标志块的流动特征

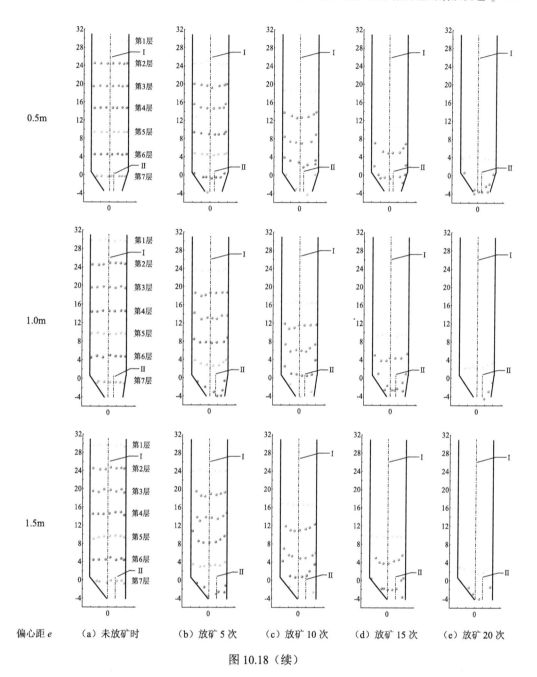

偏心距 e　　（a）未放矿时　　（b）放矿 5 次　　（c）放矿 10 次　　（d）放矿 15 次　　（e）放矿 20 次

图 10.18（续）

由图 10.18 可知：

（1）在溜井底部未放矿的状态下，井内储存的矿岩散体未受到矿岩散体移动的影响，不同偏心距下各层的矿岩标志块均呈"一"字形分布。

（2）各偏心距下放矿 5 次后，原第 7 层的矿岩标志块已从放矿口放出，第 6 层的标志块完全进入放矿漏斗范围内，井内储存的矿岩散体高度下降。

对比不同偏心距 e 下的矿岩标志块分布形态可以发现，第 1 层的标志块均呈"一"字形分布，第 2～5 层的标志块呈现出了由"一"字形分布向 U 字形分布过渡并最终形成 U 字形分布的特征。这一现象表明，井筒内的矿岩散体的移动表现出了沿筒仓中心线整体下移的特征，离放矿口越近，同一层位的矿岩标志块之间越具有明显的竖向位移差，离井筒中心线越近的矿岩标志块的位移越大。

进入放矿漏斗范围的第 6 层的矿岩标志块分布特征，表现出散体内矿岩块之间的竖向位移差明显增大，越靠近放矿口中心线，相邻矿岩块的位移差越大，矿岩标志块呈现出明显的 V 字形分布特征。同时，随着偏心距 e 的增大，矿岩散体的移动也由中心对称的 V 字形分布逐步转变为非中心对称的斜 V 字形结构，V 字形结构的中心偏向于放矿口的中心，表明放矿漏斗的偏心距 e 改变了矿岩散体的移动方向。

（3）放矿 10 次后，原第 5、6 层的矿岩标志块中，除第 5 层的标志块仅有个别残留尚未放出外，其余均被放出。第 1 层的矿岩标志块也呈"一"字形分布，第 2~4 层的矿岩标志块的 U 字形分布特征尤为突出，井筒内矿岩散体的"整体流动"，表现出位于井筒中心线的矿岩块与远离中心线的矿岩块之间的位移差更大。由于第 4 层的标志块已接近放矿漏斗位置，其分布已呈现出一定的 V 字形特征。

对比不同偏心距 e 下的矿岩标志块分布形态可以发现，随着偏心距 e 的增大，从第 2 位开始，矿岩标志块的整体移动方向逐渐向放矿漏斗中心线偏转，且偏心距 e 越大，离放矿漏斗位置的距离越近，偏转的程度越大。这表明溜井底部放矿时，放矿漏斗位置与偏心距 e 的大小对矿岩散体的移动特征演化具有重要影响。

通过对比前、后各 5 次放矿放出标志块的信息还可以发现，放出量相同，但井内矿岩散体的下降高度不同，可见前 5 次的放矿对井内矿岩散体的密实度产生了较大影响，即提高了井内矿岩散体的松散性。

（4）放矿 15 次后，溜井井筒内的矿岩标志块只剩下第 1 和 2 层的矿岩标志块。在放矿漏斗范围内，除第 3 层的矿岩标志块外，还有第 4 层的个别矿岩标志块残留。

从放矿 15 次后井内存留的矿岩标志块分布特征来看，井内矿岩散体表面的高度下降幅度较大，第 1 层的矿岩标志块呈现出了不规则的"一"字形分布特征，第 2 层的矿岩标志块则表现出明显的 U 字形分布，第 3 层的矿岩标志块在进入放矿漏斗后已转变为 V 字形分布。

对比不同偏心距 e 下的矿岩标志块分布形态可以发现，由于井内储存矿岩散体的高度降幅较大，因此溜井底部的放矿已对第 1 层的矿岩标志块的分布特征产生了影响。随着偏心距 e 的增大，第 2 层的矿岩标志块的整体流动方向发生了向放矿漏斗中心线的明显偏转，且偏心距 e 越大，离放矿漏斗位置的距离越近，偏转的程度越大。这同样表明了溜井底部放矿时，放矿漏斗位置与偏心距 e 的大小对矿岩散体的移动特征演化具有重要的影响。

对比分析矿岩标志块在放矿漏斗内的残留情况可以看出，与放矿 10 次时第 5 层位的残留块所处的位置相比，矿岩标志块的残留均发生在漏斗壁的位置，说明散体内矿岩块与井壁之间的摩擦极大地减缓了矿岩块的移动速度。

（5）放矿 20 次后，井内第 1 层已接近放矿漏斗位置，并表现出了 V 字形（$e=0m$）或斜 V 字形（$e\neq0m$）的分布特征。第 2 层的矿岩标志块已有部分被放出，但残留的矿岩标志块基本呈现出 V 字形或斜 V 字形分布特征。同时，放矿漏斗壁附近仍有其他层的矿岩标志块残留，表明放矿漏斗壁的倾斜情况对矿岩散体的移动产生了较大影响。

综上所述，矿岩散体的移动特征与上部覆盖矿岩散体量、井壁摩擦阻力、偏心距密切相关，主要体现在如下几方面：

（1）偏心距对矿岩散体的移动特征的影响是有限的，主要集中在放矿漏斗及放矿漏斗与筒仓的衔接处。

（2）井壁摩擦阻力对中心线处散体内的矿岩块移动的阻滞力较小，对与其直接接触的矿岩块阻滞力较大。

（3）矿岩散体的移动特征与其上部覆盖的矿岩散体量呈正相关。

2. 矿岩散体移动规律的演化机理

矿岩散体内矿岩块在溜井内的移动规律的演化，是井内矿岩散体在各种力的作用下所产生的结果。图 10.16 建立的 4 种偏心距下溜井储矿段放矿模型中，井内矿岩散体在溜井底部的放矿过程中受到了多种力的综合作用，主要有矿岩散体的重力、溜井井壁的约束力、矿岩散体内矿岩块之间及矿岩块与井壁之间的摩擦力等，均在不同程度上影响了矿岩散体在溜井储矿段的移动特征。

（1）重力是井内储存的矿岩散体产生向下移动的根本力源，也是井内矿岩散体产生压实作用的主要力源。井内矿岩散体在其自重应力作用下，矿岩散体内矿岩块之间、矿岩块与井壁之间接触的紧密程度大幅提高，散体内部的力链强度增强，使重力的作用效果不断通过力链向井壁和溜井底部传递。

一方面，矿岩散体的重力在通过其内部的力链结构向溜井井壁传递的过程中，受到井壁的位移约束后，其结果是所传递的重力作用到井壁上，使井壁受到了力的作用而产生了井壁侧压力。溜井底部放矿时，这种力的传递是一种动态的作用效果，因此形成了井壁的动态侧压力。

另一方面，重力通过矿岩散体内部的力链结构向下传递，最终作用在溜井底部，形成了对溜井底板的压力。

（2）矿岩散体内矿岩块之间及矿岩块与井壁之间的摩擦力是降低矿岩散体在储矿段内移动速度的重要原因。

综合分析组成散体的矿岩块之间、矿岩块与井壁之间的摩擦力的作用特征可知，未放矿前，矿岩块在矿岩散体内部的力学平衡条件下未产生转动、滑动等运动趋势，保持着原有的空间形态及排列方式；放矿开始时，矿岩散体在各种力的综合作用下，散体内部矿岩块的空间形态及排列方式均发生了改变，井壁的摩擦力阻碍了与其相邻矿岩块的移动或转动，这部分矿岩块进一步对相邻矿岩块的流动产生了拖曳力[65]。受矿岩散体内摩擦阻力、力学传递损耗等作用的影响，这种拖曳力在传递过程中不断衰减，最终使散体内矿岩块的竖向位移随拖曳力传递距离的增加而增加，使靠近几何中心线处的矿岩块产生较大的竖向位移，靠近井壁处的矿岩块产生的竖向位移较小，最终使矿岩散体标记层的形态产生了由一字形向 U 字形至 V 字形演变的移动特征。

（3）放矿漏斗与溜井中心线偏心距 e 的存在，是矿岩散体移动到放矿漏斗附近发生矿岩块移动方向偏转的主要原因。溜井底部放矿时，矿岩块在重力作用下向放矿漏斗口移动时，其空间位置和移动方向的变化具有一定的随机性。矿岩块的形状、大小，以及矿岩块之间、矿岩块与井壁之间的摩擦作用等，都会影响矿岩块在溜井中的空间位置、排列方式、流动速度和移动方向。但是，改变散体"中心流动"方式的核心是"流动中心"的改变，放矿漏斗中心线与溜井中心线偏心距 e 的存在，正好改变了矿岩散体的流动中心。

10.4.4 井内矿岩散体细观力学变化特征

为进一步分析矿岩散体移动对井壁力学特征的影响，采用网格化分析法[274]，将溜井储矿段划分为 53 个大小相同的正方形网格，每个网格内布置半径为 1m 的内切测量圆，并将其自下而上依次编码为第 1 层、第 2 层、…、第 18 层，如图 10.19 所示。通过各层测量圆记录储矿段内矿岩散体的应力分布、配位数变化，以表征不同偏心距下矿岩散体移动的细观力学变化特征，并揭示矿岩散体移动对井壁动态侧压力的影响机理。

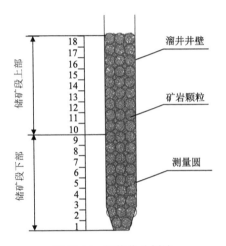

图 10.19　网格化分析法

1. 井内矿岩散体内部的应力分布特征

应力十字架是分析散体内部应力分布特征的常用研究方法[275]。应力十字架采用张量可视化技术，整合并统计各个测量圆内部的横、纵向应力值，借助离散元软件的 Plot 窗口，实现散体内部的横、纵向应力分布特征的量化表征。因此，使用应力十字架可直观分析溜井放矿口在不同偏心距 e 下井内矿岩散体内部的应力分布特征，进而作为矿岩散体内部力学环境演变规律的宏观量度。

图 10.20～图 10.23 分别展示了放矿口在不同偏心距 e 下，矿岩散体内部应力十字架在不同放矿阶段的分布情况。其中，应力十字架的方向代表该测量圆内矿岩块的主应力方向，应力十字架的大小表示应力大小，应力十字架的颜色以第二应力不变量作

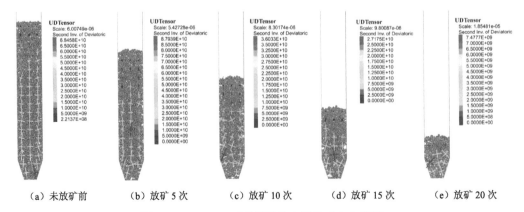

（a）未放矿前　　（b）放矿 5 次　　（c）放矿 10 次　　（d）放矿 15 次　　（e）放矿 20 次

图 10.20　e=0.0m 时矿岩散体内部的应力十字架

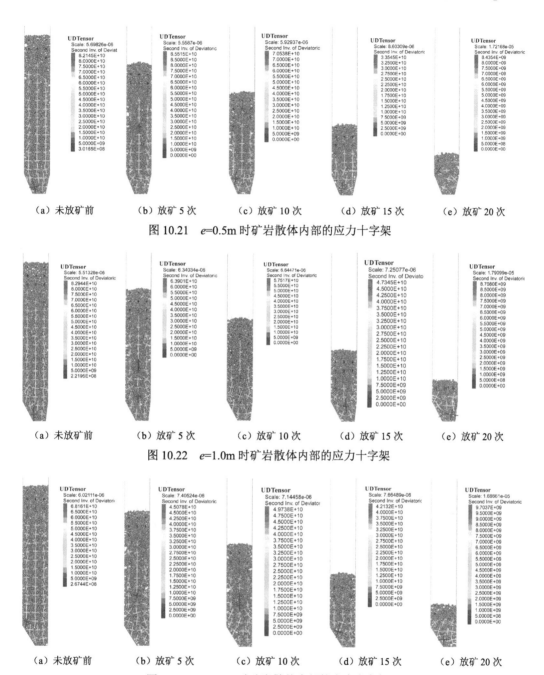

（a）未放矿前　（b）放矿 5 次　（c）放矿 10 次　（d）放矿 15 次　（e）放矿 20 次

图 10.21　e=0.5m 时矿岩散体内部的应力十字架

（a）未放矿前　（b）放矿 5 次　（c）放矿 10 次　（d）放矿 15 次　（e）放矿 20 次

图 10.22　e=1.0m 时矿岩散体内部的应力十字架

（a）未放矿前　（b）放矿 5 次　（c）放矿 10 次　（d）放矿 15 次　（e）放矿 20 次

图 10.23　e=1.5m 时矿岩散体内部的应力十字架

为参考，所对应的数值即为第二应力不变量的计算值。图中，UD Tensor 表示用户定义函数的窗口项目类别名称，Scale 为比例大小，Second Inv. of Deviatoric 为应力偏张量的第二不变量。

对比不同偏心距 e 下矿岩散体内部的应力十字架分布特征可以发现：

（1）偏心距 e 的改变对储矿段筒仓内矿岩散体的横、纵向应力值没有影响，对放矿漏斗内的矿岩散体的横、纵向应力值影响较大。在整个溜井储矿段的筒仓内，矿岩散体的应力十字架长度与井内矿岩散体的储存深度呈正相关，矿岩散体的储存深度越大，应力十字架的长度越大。这表明在溜井筒仓内，上部覆盖的矿岩散体总量是导致筒仓下部产生高应力的主要原因。

（2）当矿岩散体进入放矿漏斗内部时，不同偏心距下，散体内部的应力十字架均沿漏斗壁的方向产生了明显的偏转，且相邻十字架相互交织形成了"架拱"结构，说明偏心距的改变会直接影响放矿漏斗范围内矿岩散体的横、纵向应力分布特征。这一分布特征也揭示了溜井系统在其运行过程中，底部结构部位堵塞频繁[35]的原因与机理。

2. 矿岩散体内矿岩块的接触密实度变化特征

配位数定义为矿岩散体内部矿岩块在散体体系内部的平均接触数目，是评价散体内部矿岩块细观接触程度的指标之一。配位数能够在一定程度上反映矿岩散体内部矿岩块接触特性的优劣和密实程度，可用于直观分析矿岩散体流动过程中其内部细观力学的演变规律，进而从细观角度揭示矿岩散体密实度对井壁侧压力的影响规律[276]。配位数 Z 的计算式[277]如下：

$$Z = \frac{2N_c}{N_p} \tag{10.15}$$

式中，N_c 为法向接触力大于 0 时，散体体系中散体颗粒接触的实际接触数目（个）；N_p 为散体体系中总的颗粒数目（个）。

在应用式（10.15）时须注意，当单个颗粒的接触数目只有一个或没有邻近颗粒与之接触时，视为该颗粒对整个体系的细观力学是没有贡献的，应给予忽略。

为便于统计各层配位数变化情况，引入配位数平均值 Z_a，其计算式如下：

$$Z_a = \frac{\sum_{i=1}^{3} Z_i}{3} \tag{10.16}$$

根据配位数的定义，结合 10.4.2 节溜井井内矿岩散体的宏观流动特征研究时确定的放矿节点，通过模拟计算得到放矿漏斗在不同偏心距下，井内矿岩散体内部各层的配位数的平均值，其变化特征如图 10.24 所示。

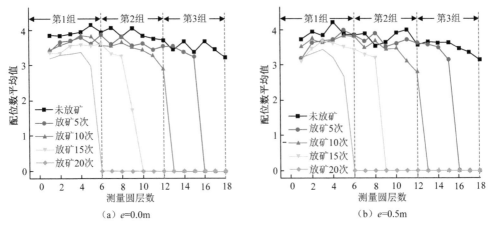

图 10.24　矿岩散体内部配位数平均值的变化特征

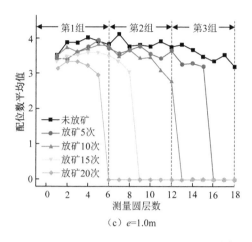
（c）e=1.0m

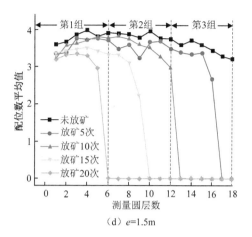
（d）e=1.5m

图 10.24（续）

为了进一步研究放矿次数对矿岩散体内的配位数平均值的影响特征，下面以图 10.24（a）为例进行深入分析。按照测量圆的空间位置将配位数平均值分为 3 组：第 1 组包括 1～6 层的测量圆，第 2 组包括 7～12 层的测量圆，第 3 组包括 13～18 层的测量圆。通过统计分析不同放矿次数下各组配位数平均值的变化情况，可以发现：

（1）放矿开始前，第 1 组、第 2 组和第 3 组的配位数平均值分别维持在 3.84～4.15、3.72～4.05 和 3.21～3.68，不同组的配位数波动程度满足第 3 组＞第 2 组＞第 1 组的变化规律，各组对应的配位数平均值的大小与其波动程度的变化规律完全相反。

（2）当放矿 5 次时，第 1 组的配位数平均值由 3.41 逐步上升至 3.87；第 2 组的配位数平均值与未放矿时的变化规律相似，均呈波动式下降；第 3 组的配位数平均值由 3.54 迅速减少，直至为 0。

（3）当放矿 10 次时，第 1 组的配位数平均值由 3.44 上升至 3.85；第 2 组与第 3 组的配位数平均值均随测量圆层数的增加呈指数式递减，最终稳定在 0 值附近。

（4）随着放矿次数的增加，各组配位数平均值的变化规律几乎一致，均以指数形式递减，直至为 0。

综合上述分析可知，第 1 组配位数所在的测量圆位置，在整个放矿过程中受到了第 2、3 组矿岩块自重和流动产生的惯性力作用，使其产生了配位数波动式增大的现象，说明该区域内，矿岩散体内部矿岩块由接触松散与接触强度较小，向接触密实与接触强度大的态势发展，矿岩散体对井壁的作用力也由接触力较小向接触力较大的态势发展；第 2 组配位数所在的测量圆位置受到矿岩散体放出的影响，该区域内的配位数的值低于第 1 组配位数的值，说明第 2 组测量圆范围内，散体内的矿岩块也由接触松散和接触强度较小，向接触密实和接触强度大的态势发展，矿岩散体对井壁的作用力也由接触力较小向接触力较大的态势发展，但其发展的程度不及第 1 组；第 3 组配位数所在的测量圆位置优先受到了矿岩散体放出（井内矿岩散体表面下降）的影响，且该区域上方无覆盖矿岩，因此第 3 组测量圆的配位数数值自放矿开始便逐渐下降，矿岩散体对井壁的作用力也随放矿的持续进行而随之下降。

3. 矿岩散体内部的接触力分布特征

力链作为颗粒类材料内部细观接触力的宏观表达，力链的演变特征是分析矿岩散体移动过程中力学环境变化的有效工具[278]。由于颗粒类材料内部接触力分布的不均匀性，对接触力网络进行定性表征极具挑战性。已有研究表明[274]，接触力概率分布函数（probability density function，PDF）能够从接触力大小的角度反映散体体系内部接触力的分布情况。

已知矿岩散体内矿岩块之间的总接触力为 F，对矿岩散体体系内任意矿岩块 i 的法向、切向接触力矢量和与平均接触力 $\langle f_n \rangle$ 进行归一化处理，计算式[279]如下：

$$f_1 = \frac{F}{\langle f_n \rangle} \tag{10.17}$$

式中，f_1 为接触力与平均接触力的比值，无量纲；$\langle f_n \rangle$ 为接触力均值（N），$\langle f_n \rangle = \sum\limits_{i=1}^{N_i} F / N_i$，$i$ 为矿岩散体体系内随机矿岩块的编号，N_i 为矿岩块的总数目（个）。

针对式（10.17）的计算结果，将 f_1 以 0.5 为间隔划分为若干区间，并分别统计各个区间内的接触力数目，便可得到接触力概率分布曲线。

图 10.25 为放矿过程中不同偏心距 e 时，矿岩散体内部矿岩块接触力的概率分布曲线。

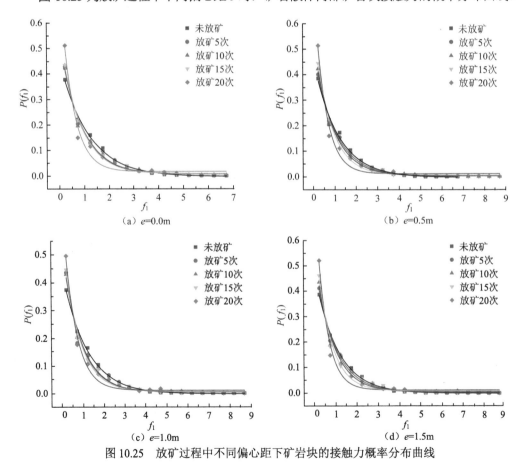

图 10.25　放矿过程中不同偏心距下矿岩块的接触力概率分布曲线

由图 10.25 可以看出，对放矿过程中不同偏心距下矿岩散体内部矿岩块的接触力进行归一化处理后，得到的接触力强度分布规律较为相似，均呈指数式衰减，说明放矿过程中的矿岩散体流动对散体体系内的 PDF 有着显著影响。

根据图 10.25 中 PDF 的变化特征，采用指数函数 $y = A_1 \times \mathrm{e}^{-\frac{x}{m}} + A_2$（式中，$A_1$、$A_2$、$m$ 为拟合函数的系数），对不同状态下矿岩散体内部的接触力 PDF 曲线进行拟合分析（表 10.4），可以看出，整个放矿过程中不同偏心距下 PDF 拟合优度指数 R^2 均大于 0.97，表明拟合效果良好。

表 10.4　不同状态下矿岩散体内部矿岩块的接触力概率分布函数拟合分析

偏心距 e/m	放矿次数/次	拟合函数方程	拟合优度指数 R^2
0.0	0	$y = 0.46612 \times \mathrm{e}^{\left(-\frac{x}{1.13352}\right)} - 0.00329$	0.996
	5	$y = 0.54019 \times \mathrm{e}^{\left(-\frac{x}{0.85799}\right)} + 0.00615$	0.988
	10	$y = 0.56317 \times \mathrm{e}^{\left(-\frac{x}{0.80218}\right)} + 0.00789$	0.987
	15	$y = 0.57632 \times \mathrm{e}^{\left(-\frac{x}{0.79039}\right)} + 0.0072$	0.995
	20	$y = 0.80496 \times \mathrm{e}^{\left(-\frac{x}{0.49188}\right)} + 0.01676$	0.971
0.5	0	$y = 0.46707 \times \mathrm{e}^{\left(-\frac{x}{1.12544}\right)} - 0.0029$	0.988
	5	$y = 0.50129 \times \mathrm{e}^{\left(-\frac{x}{0.99188}\right)} + 0.0012$	0.996
	10	$y = 0.53734 \times \mathrm{e}^{\left(-\frac{x}{0.89014}\right)} + 0.0031$	0.993
	15	$y = 0.59943 \times \mathrm{e}^{\left(-\frac{x}{0.76284}\right)} + 0.00562$	0.995
	20	$y = 0.78818 \times \mathrm{e}^{\left(-\frac{x}{0.52339}\right)} + 0.01142$	0.978
1.0	0	$y = 0.46318 \times \mathrm{e}^{\left(-\frac{x}{1.13739}\right)} - 0.00249$	0.997
	5	$y = 0.55851 \times \mathrm{e}^{\left(-\frac{x}{0.82095}\right)} + 0.00539$	0.977
	10	$y = 0.55487 \times \mathrm{e}^{\left(-\frac{x}{0.84776}\right)} + 0.00404$	0.991
	15	$y = 0.59655 \times \mathrm{e}^{\left(-\frac{x}{0.75927}\right)} + 0.00613$	0.990
	20	$y = 0.73996 \times \mathrm{e}^{\left(-\frac{x}{0.56722}\right)} + 0.0104$	0.985
1.5	0	$y = 0.4848 \times \mathrm{e}^{\left(-\frac{x}{1.05268}\right)} - 0.0006$	0.998
	5	$y = 0.51974 \times \mathrm{e}^{\left(-\frac{x}{0.93092}\right)} + 0.00244$	0.992
	10	$y = 0.56351 \times \mathrm{e}^{\left(-\frac{x}{0.82359}\right)} + 0.00477$	0.983
	15	$y = 0.63622 \times \mathrm{e}^{\left(-\frac{x}{0.67564}\right)} + 0.00887$	0.981
	20	$y = 0.83193 \times \mathrm{e}^{\left(-\frac{x}{0.48907}\right)} + 0.01226$	0.975

分析 4 种偏心距 e 下矿岩散体内部矿岩块的接触力强度概率分布和力链的力学特性[110]能够发现，各偏心距下矿岩块的接触力强度在 0.0～2.0 区间的占比高达 85%，在 2.0～9.0 区间的占比不足 15%。这说明在整个由矿岩块组成的散体体系内，弱力链是

力链网络的主要组成部分，强力链是力链网络的重要组成部分，强、弱力链相互交织形成的力链网络，维持整个散体体系的相对稳定。当溜井底部放矿时，随着放矿次数的增加，整个散体体系内部的力链不断发生断裂重组，弱力链占比呈指数式下降，强力链占比趋于稳定。这表明在散体体系内，弱力链所包含的矿岩块对整个散体体系的稳定性贡献较小，强力链所包含的矿岩块对整个散体体系的稳定性发挥着重要作用。

为进一步分析偏心距 e 对矿岩散体内部矿岩块的接触力概率分布特征的影响，分别统计各偏心距下部分放矿节点处矿岩块的接触力概率分布情况，如图 10.26 所示。

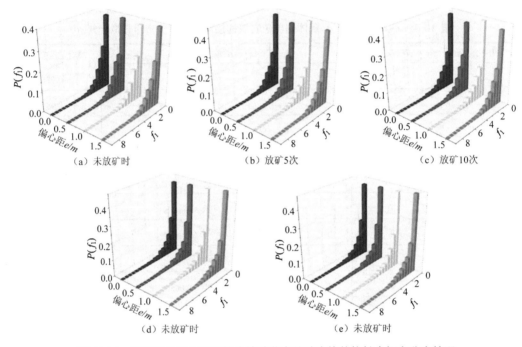

图 10.26　放矿时各偏心距下部分放矿节点处矿岩块的接触力概率分布情况

由图 10.26 可以看出，在各偏心距下，同一放矿节点处，矿岩块的接触力概率分布的差值较小，表明偏心距 e 的改变对矿岩散体体系内部的接触力概率分布影响不大。造成上述现象的原因主要有以下几点。

（1）在放矿漏斗范围内，偏心距 e 的改变影响了该范围内矿岩散体的初始力学环境，进而影响散体体系内矿岩块的接触力，导致接触力概率分布发生了变化；在储矿段筒仓内，偏心距 e 的改变对矿岩散体内部矿岩块的接触力的影响主要发生在筒仓与放矿漏斗交会处附近，但这一接触力的影响在整个筒仓中的占比极小，统计分析时可忽略不计。

（2）矿岩散体之间接触力的变化，主要取决于矿岩散体内矿岩块的空间排列方式与接触方式。在溜井底部停止放矿的状态下，散体内矿岩块在重力场和上覆矿岩的重力压实作用下，其原始空间位置与接触方式均未发生改变，矿岩散体内部矿岩块的接触力也达到了静态平衡状态。也就是说，偏心距 e 的改变仅影响了局部矿岩散体内矿岩块的接触力大小，但其影响程度极小，可忽略不计。

10.4.5　井壁侧应力的变化特征与机理

1. 井壁侧应力的变化特征

溜井储矿段内矿岩散体的流动过程中，放矿漏斗偏心距 e 的存在与改变直接影响矿岩散体内部矿岩块的空间排列、接触形式及其流动特征，间接影响了储矿段两侧井壁的力学环境[65,95,280]。根据摩擦学的基本原理，当溜井底部的放矿口放矿时，井内储存的矿岩散体内矿岩块与井壁之间的相对运动、矿岩散体对井壁产生的侧应力及散体与井壁之间摩擦系数的大小等，均是影响溜井井壁磨损程度的基本条件与影响因素。因此，研究溜井井壁侧应力的变化特征，对进一步研究井壁的磨损问题具有重要意义。

对于图 10.16 给出的 4 种偏心距 e 下的溜井放矿模型，实时记录了溜井底部放矿过程中，矿岩散体作用在溜井井壁上各监测点处的侧应力峰值的变化情况。其中，根据 10.3.3 节与文献[163]的研究成果，在放矿漏斗偏心距 $e=0.0\text{m}$（中心放矿）条件下放矿时，溜井两侧井壁的侧应力相差较小，只对井壁一侧的侧应力进行了实时监测。

为便于对比不同偏心距 e 下，溜井井壁相同侧的侧应力变化特征，按图 10.16 给出的溜井放矿模型，将 1～9 号监测点对应的井壁称为"左侧井壁"，将 10～18 号监测点对应的井壁称为"右侧井壁"。不同放矿状态下井壁左、右两侧各监测点的侧应力峰值变化曲线分别如图 10.27 和图 10.28 所示。

由图 10.27 和图 10.28 可以看出，在不同偏心距下，溜井底部放矿过程中，各测点的动态侧应力表现出以下变化特征。

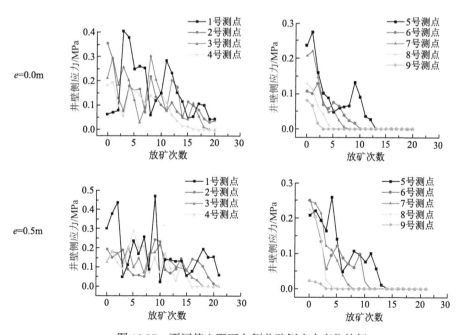

图 10.27　不同偏心距下左侧井壁侧应力变化特征

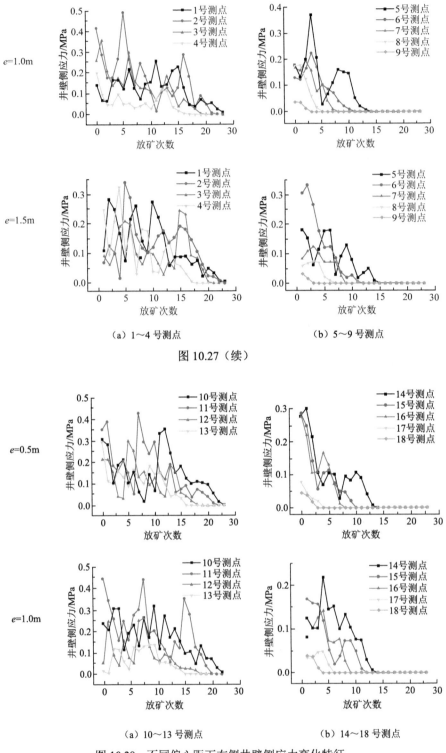

（a）1~4 号测点 （b）5~9 号测点

图 10.27（续）

（a）10~13 号测点 （b）14~18 号测点

图 10.28 不同偏心距下右侧井壁侧应力变化特征

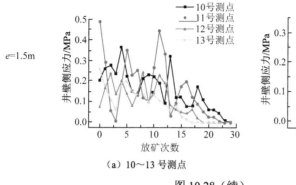
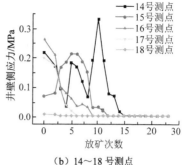

（a）10～13 号测点　　　　　（b）14～18 号测点

图 10.28（续）

（1）在不同偏心距下的放矿过程中，部分监测点的井壁动态侧应力相较于静态侧应力明显偏大，且随着溜井底部矿岩散体的放出，井壁的动态侧应力均呈现出上下振荡态势。测点位置越靠近放矿漏斗（如左侧井壁的 1～4 号测点和右侧井壁的 10～13 号测点），井壁动态侧应力峰值增加的幅度最大。

（2）井壁的最大动态侧应力并非发生在溜井底部放矿的初期，而是在井内矿岩散体开始流动的一段时间之后，各监测点处最大动态侧应力出现的放矿时间节点也不相同。

（3）各监测点处井壁动态侧应力变化呈现出一定的周期性，但动态侧应力并不完全满足测点 1>测点 2>…>测点 9 的规律。当最大动态侧应力出现后，随着井内矿岩散体表面高度的下降，动态侧应力也逐渐变小。

2. 井壁侧压力的"超压现象"与特征

对于筒仓仓壁动态侧压力问题的研究，大量的研究成果集中在粮食仓储方面，如苏联科学家 Г. К.克列因[281]在早期的研究中，实测了筒仓不同高度处的仓壁静态和动态应力值，发现粮仓卸料时，仓壁压力值会出现周期性的波动现象，且随着卸料的进行，在筒仓的中下部会出现压力突增现象。

溜井底部放矿的过程中，井内矿岩散体的物理力学特性、块度形状、粒径大小与分布特征、含水率、移动速度、井内储存的矿岩散体高度与直径之比、井壁表面的粗糙度等因素，都会对井内矿岩散体作用在井壁上的压力产生不同程度的影响，形成井内矿岩散体对溜井井壁的动态侧压力作用特征。溜井储矿段内，当暂存的矿岩散体在静置状态下时，会对井壁产生静态侧压力。当溜井底部放矿时，井内的矿岩散体在重力作用下向放矿漏斗移动时，会对井壁产生超过静态侧压力的动态侧压力，形成所谓的超压现象[282]。与井内矿岩散体静止时对井壁产生的静压力相比，矿岩散体向下移动时所产生的动态侧压力对井壁的危害更大[283]，这一点不难通过摩擦学的相关原理进行论证。

为进一步量化分析放矿漏斗偏心距 e 对井壁动态侧压力的影响，仍以储矿段井筒断面直径为 6m，放矿口尺寸为 3m 条件下的溜井底部 22 次放矿（放空溜井）为例，统计不同偏心距下各测点的超压次数及超压系数，对井壁的损伤程度进行半量化分析。分析时，以某一偏心放矿模型中两侧井壁的累计超压系数最小、超压次数最少作为井壁受损程度较小的评判准则，其具体步骤如下：

第 1 步，以井内矿岩散体静置（放矿 0 次）时，各测点处的井壁静态侧压力为基准，观察在某一放矿节点中，是否存在动态侧压力大于静态侧压力的现象，若存在，则获取动态侧压力与静态侧压力的比值（超压系数），并记为一次"超压"。

第 2 步，将各偏心距 e 下放矿中，左、右两侧井壁的超压次数单独累加，当左侧超压次数大于右侧时，视为该偏心距 e 下井内矿岩散体流动对左侧井壁侧压力影响较大；反之，视为对右侧井壁侧压力影响较大。

第 3 步，对同一放矿模型下的两侧井壁超压次数、超压系数进行统计整理，当超压次数与超压系数累计值最小时，视为该偏心距 e 下放矿，矿岩散体移动对井壁的损伤程度最小，反之亦然。

根据上述井壁损伤程度的评判方法与步骤，对各偏心距 e 下的超压次数、超压系数进行统计分析。溜井底部放矿过程中，不同放矿漏斗偏心距 e 条件下，井壁各监测点的超压次数与最大超压系数统计结果如表 10.5 所示。

表 10.5 不同偏心距下井壁各监测点的超压次数与最大超压系数统计结果

井壁位置	监测点	超压次数/次				最大超压系数			
		$e=0.0m$	$e=0.5m$	$e=1.0m$	$e=1.5m$	$e=0.0m$	$e=0.5m$	$e=1.0m$	$e=1.5m$
左侧井壁	1	15	3	8	9	6.4	1.56	1.83	2.54
	2	0	1	1	16	0	1.25	1.18	4.83
	3	3	9	2	9	1.42	1.72	1.37	2.62
	4	1	6	0	1	1.07	1.57	0	1.31
	5	1	2	3	0	1.16	1.24	2.09	0
	6	1	0	3	1	1.21	0	1.72	1.09
	7	1	0	1	3	1.06	0	1.15	1.50
	8	0	0	1	3	0	0	1.01	1.21
	9	0	0	0	0	0	0	0	0
右侧井壁	10		2	5	9		1.16	1.36	1.78
	11		2	0	0		1.22	0	0
	12		2	11	13		1.40	5.21	3.29
	13		1	14	0		1.09	9.03	0
	14		0	4	1		0	1.74	1.54
	15		0	0	7		0	0	3.12
	16		0	2	0		0	1.15	0
	17		0	3	0		0	1.46	0
	18		0	0	0		0	0	0

对比分析表 10.5 给出的不同偏心距下放矿过程中，溜井井壁不同监测点处的井壁侧压力超压次数与最大超压系数，可以得出如下结论。

1）偏心距 $e=0.0m$ 时

由表 10.5 可以看出，偏心距 $e=0.0m$，即放矿漏斗中心线与溜井井筒中心线重合条件下放矿时，各监测点的超压现象具有以下变化特征：

（1）从发生超压现象的次数来看，1～9 号监测点中，1 号、3～7 号点均出现了不同程度的超压现象，其中 1 号点累计超压 15 次，3 号点超压 3 次，4～7 号点均超压 1 次。这说明 $e=0.0m$ 时，储矿段下部区域产生超压现象的次数远大于储矿段上部，且越靠近储矿段底部的监测点，发生超压现象的次数越多。

（2）从各监测点的超压系数来看，1 号点超压系数最大，3 号点次之，其中 1 号点的峰值超压系数约为 6 号点的 5 倍。这进一步表明在 $e=0.0m$，即放矿漏斗中心线与溜井井筒中心线重合条件下放矿时，超压系数与储矿高度呈正相关，即井内储存的矿岩散体高度越大，超压系数就越大。

2）偏心距 $e=0.5m$ 时

由表 10.5 可以看出，偏心距 $e=0.5m$ 条件下放矿时，各监测点的超压现象表现出以下变化特征：

（1）从各监测点发生超压现象的次数来看，放矿过程中 1～5 号监测点和 10～13 号监测点均发生了超压现象。其中，左侧井壁监测到超压次数从大到小的监测点依次为 3、4、1、5 和 2 号；右侧井壁的 10～13 号各监测点中，10～12 号监测点的超压次数相同，但仅有 2 次，13 号监测点的超压次数仅有 1 次。左、右侧井壁的 6～9 号监测点和 14～18 号监测点的超压次数均为 0，没有发生超压现象。这表明在该偏心距下，储矿段的下部仍为超压现象的主要发生区域。

（2）从各监测点的超压系数变化情况来看，左侧井壁 1～5 号监测点的超压系数从大到小依次为 3、4、1、2 和 5 号监测点，其中 3 号监测点的超压系数最大，为 1.72；1 号与 4 号监测点的超压系数近似相等，分别为 1.56 和 1.57；5 号监测点超压系数最小，为 1.24。右侧井壁监测到超压次数从大到小的监测点依次为 12、11、10 和 14 号。与偏心距 $e=0.0m$ 相比，偏心距的增大（$e=0.5m$）改变了储矿段的最大超压系数分布的位置

（3）对比左、右两侧井壁同一标高位置的两个监测点，右侧井壁各监测点的超压次数、超压系数均出现了不同程度的下降。这一现象表明，在偏心距 $e=0.5m$ 时，矿岩散体的移动对左侧井壁产生的横向挤压作用影响较大，对右侧井壁的影响较小。

（4）对比分析两侧井壁的超压次数与超压系数可知，左侧井壁共发生了 21 次超压现象，右侧井壁共发生了 7 次。这表明在该偏心距下，溜井左侧井壁承受的矿岩散体移动所造成的横向挤压作用仍大于右侧井壁。

3）偏心距 $e=1.0m$ 时

由表 10.5 可以看出，在偏心距 $e=1.0m$ 条件下放矿时，各监测点的超压现象表现出以下变化特征。

（1）1～9 号监测点中，1～3 和 5～8 号监测点均发生了超压现象，4 号、9 号监测点未发生超压现象。放矿过程中，1 号监测点累计发生了 8 次超压现象，5 号监测点累计发生 3 次。值得注意的是，虽然 1 号监测点发生的超压次数大于 5 号监测点，但是其最大超压系数却小于 5 号监测点，进一步验证了偏心距的增加会直接影响井壁最大超压系数分布的位置。

（2）10~18 号监测点中，发生超压现象的监测点包括 10 号、12~14 号、16~17 号，其中 13 号监测点发生超压现象的次数达 14 次，最大超压系数高达 9.03，约为 10 号监测点的 6.6 倍，约为左侧井壁最大超压系数监测值（5 号点）的 4.3 倍。这表明偏心距 e 的增加是改变左右两侧井壁侧压力和散体内应力场分布特征的重要原因之一。

（3）对比分析两侧井壁的超压次数与超压系数可知，左侧井壁共发生了 19 次超压现象，右侧井壁共发生了 39 次。这表明在这一偏心距下，矿岩散体移动对井壁产生的横向挤压作用的影响程度发生了转变，右侧井壁受到的影响较大，左侧井壁的影响较小。

4）偏心距 $e=1.5\mathrm{m}$ 时

由表 10.5 可看出，在 $e=1.5\mathrm{m}$ 条件下放矿时，各监测点的超压现象表现出以下变化特征。

（1）左侧井壁的 1~4 号、6~8 号监测点均发生了超压现象，其中 2 号监测点累计发生了 16 次超压现象，最大超压系数达 4.83。1 号和 3 号监测点各发生了 9 次超压现象，两者的最大超压系数约为 2 号监测点的 1/2。这表明在偏心距 $e=1.5\mathrm{m}$ 时，2 号监测点受到矿岩散体移动引起的横向挤压作用最大，进一步验证了偏心距的增加会改变井壁超压次数和最大超压系数的分布位置与分布特征。

（2）右侧井壁的 10~18 号监测点中，10、12、14 和 15 号监测点均发生了超压现象，其中储矿段下部各监测点发生超压现象的次数和超压系数都大于储矿段的上部。这表明在该偏心距下，下部区域承受的载荷大于上部区域。

（3）对比分析两侧井壁的超压次数与超压系数可知，左侧井壁共发生了 42 次超压现象，右侧井壁共发生了 30 次。这表明在偏心距 $e=1.5\mathrm{m}$ 时，左侧井壁受到矿岩散体移动产生的横向挤压作用的影响较大，右侧井壁受到的影响较小。

综合分析上述现象可知：

溜井底部放矿漏斗偏心距 e 的改变，对溜井储矿段两侧井壁的侧压力变化具有较大影响。以偏心距 $e=0.0\mathrm{m}$ 时的放矿为基准，研究发现随偏心距 e 的增加，会影响储矿段内井壁最大超压系数的分布特征，造成溜井两侧井壁侧压力的非对称式分布。井壁的超压现象主要集中在溜井储矿段下部位置，偏心距的改变也会影响井壁的超压次数。

溜井底部放矿过程中，矿岩散体移动引起的井壁侧压力、超压次数和超压系数变化是造成储矿段井壁受损的主要原因。同一条件下，井壁超压现象发生的次数越少，超压系数越小，井壁受磨损的程度也越低。因此，从超压次数、超压系数的角度来看，井壁受损程度从大到小的各偏心距满足 $e=1.5\mathrm{m} > e=1.0\mathrm{m} > e=0.0\mathrm{m} > e=0.5\mathrm{m}$，故偏心距 $e=0.5\mathrm{m}$ 条件下，储矿段井壁的受损程度最低。

3. 井壁侧压力变化的力学机理

溜井井壁侧压力的变化或井内矿岩散体对井壁的动态超压作用，主要源自矿岩散体内部应力场的变化。溜井底部放矿过程中，在不同放矿口的偏心距下，矿岩散体内部的相邻十字架相互交织形成了"架拱"结构，使矿岩散体内部的应力场发生转变，进而引发溜井的"悬拱"堵塞现象。"悬拱"堵塞现象的产生，阻碍了"悬拱"以上部分矿岩散体继续向下流动，同时也将上部矿岩散体流动的惯性力与上部矿岩散体的重力通过"悬拱"向拱角处传递，最终作用在溜井井壁上，使井壁在拱脚处受到了比井内矿岩散体静止时大得多的压力。

结合矿岩散体流动性及流动过程中成拱效应的相关研究成果[284-285]可知，矿岩散体作为典型的非连续介质，其流动过程中产生"成拱-垮落"这一现象，拱的生成会引起拱脚附近测点的侧压力增大，即"超压现象"；拱的垮落会导致拱脚附近的测点侧压力瞬间减小。"成拱-垮落"这一现象在储矿段储存的矿岩散体内部的间断发生，也进一步解释了各测点处井壁侧压力呈周期性波动变化的机理。

矿岩散体在井内流动的过程中，储矿段的下部井壁在承受上部矿岩散体重力载荷的同时，矿岩散体的"结拱"现象也使上部矿岩散体流动的惯性力通过"悬拱"向拱角处传递，进一步增大了井壁的动态侧压力和超压系数；矿岩散体的"破拱"现象引起的二次冲击载荷，也会导致井壁动态侧压力、超压系数的进一步增大。井壁侧压力的增大，意味着矿岩散体向下移动时，与溜井井壁接触的矿岩块与井壁之间摩擦力增大，从而加大了对井壁的摩擦损伤，不利于井壁的稳定性。

矿岩散体内部矿岩块之间，以及矿岩块与井壁之间接触面积的大小，决定了井内矿岩散体的流动性和对井壁侧压力的影响程度。其主要原因是溜井内的矿岩散体是由具有不同形状、不同几何尺寸和不同组分的矿岩块组成的颗粒类材料，矿岩块的几何形态与特征尺度的复杂多变性，使其在溜井井壁约束下形成颗粒支撑组构体系时，以点、线和面 3 种方式相互接触。矿岩块以不同方式接触时，接触面积的差异，对矿岩块形成的颗粒支撑组构体系的内部受力和稳定性，产生了重要影响。

在矿岩散体的结构体系内，矿岩块的旋转是导致矿岩块之间及其与井壁之间接触方式发生改变的根本原因。溜井底部放矿过程中，矿岩散体的重力及其在溜井内下落时的冲击力在井内矿岩散体结构体系内部传递的过程中，使井内矿岩散体内部的矿岩块产生了移动和位移，并改变了矿岩块的空间排列方式与接触方式[72-73]，进而影响井内矿岩散体的流动性及其井壁侧压力。

10.5 储矿段井壁的磨损机理

溜井底部放矿时，井内矿岩散体在重力作用下向放矿口移动的过程中，与井壁接触的矿岩散体对井壁产生了摩擦作用。矿岩散体内矿岩块和井壁材料物理力学特性的差异、日积月累的摩擦作用及溜井堵塞后的爆破疏通，均会引起溜井井壁产生较大的损伤与变形，这种现象普遍存在于矿山生产的溜井系统之中。

在矿山溜井的实际应用过程中，溜井井壁的磨损程度不仅受矿岩散体的块度及其分布、含水率[286]、块体形状[287]、矿岩及井壁材料的性质[288]、温度效应[289]等因素综合作用的影响，也与井壁侧压力的分布特征密切相关。考虑现有研究手段的局限性及多因素影响下磨损的复杂性，本节在对井壁静、动态侧压力分布特征与规律研究的基础上，以摩擦学和接触力学为理论基础，结合井壁侧压力的分布规律及研究成果，推导井壁摩擦程度的量化表达式。

10.5.1 井壁切削磨损的力学分析

摩擦学理论中，按照构件损伤的表层变化及破坏形式，可将磨损分为黏着磨损、疲劳磨损、磨粒磨损和腐蚀磨损；按照构件的磨损机制，可将上述 4 种磨损归纳为切削机制、疲劳机制和黏着机制[290]。对于矿山溜井系统而言，已有研究表明[291,177]，溜井井壁的磨损伴随着溜井放矿的全过程，且各类磨损机制相互依存，相互联系。

第 9 章根据溜井底部放矿过程中，井内矿岩散体移动特点和流体力学中流动单元的运动特点，以及储矿段直径、放矿口尺寸及位置、放矿漏斗倾角等参数对矿岩移动规律的影响，引用 Beverloo 公式和流动网络，建立了储矿段内矿岩移动轨迹和速度的预测模型[148]，为研究储矿段堵塞和井壁损伤等问题提供了基础。为进一步量化表达溜井储矿段内井壁的磨损程度，本节主要以 Hertz 接触理论为基础，分析矿岩散体对井壁切削磨损的力学行为，以揭示矿岩散体对井壁的磨损机理。

1. 储矿段矿岩散体的移动特征

参考散体流动性的相关研究[264]，沿用 9.5.3 节中的隔离分析法，将储矿段横向断面从左至右依次编号 1、2、3、…、2n-2、2n-1，每个通道内部的速度分布如图 10.29 所示。

根据经典力学的三要素可知，井壁材料若在摩擦作用下产生损伤破坏，需要满足以下 3 点：①矿岩块与井壁直接接触；②具有相对运动的趋势；③两者之间产生力学作用。若假定矿岩块在流动过程中，相邻通道内的矿岩块在重力场方向始终满足层流特征，则在此理想条件下，储矿段井壁的摩擦损伤仅与具有速度 v_1 的通道 1 和通道 $2n-1$ 有关。

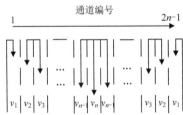

图 10.29 每个通道内部的速度分布

2. 储矿段内矿岩与井壁的接触模型

1）Hertz 接触理论的应用

Hertz 接触理论[292-293]是从细观角度量化分析两物体之间因点接触产生弹塑性变形的重要理论之一，在研究储矿段井壁损伤问题时，应用 Hertz 接触理论须做如下假设：

（1）矿岩散体内的矿岩块、储矿段井壁均属于各向同性体，应力、应变在物体内的变化是连续的；

（2）散体内的矿岩块与井壁的碰撞是典型的线接触逐步演变至面接触的过程，由于两者的接触区域很小，且刚度较大，因此将接触区域视为弹性半空间体；

（3）矿岩散体以数目众多的矿岩块集合体存在于储矿段内部，在整个放矿过程中，不考虑散体内的矿岩块之间因彼此作用产生的自转、跳跃等现象；

（4）散体内的矿岩块与井壁发生接触后，不会因为摩擦作用使矿岩块产生内部裂隙和破碎。

基于以上假设，将通道 1（或通道 2n-1）内的任意矿岩块 A 与储矿段井壁的接触简化为半径 R_1、R_2 的球形块 O_1 和 O_2，具体的接触模型如图 10.30 所示。

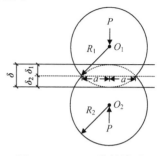

图 10.30　Hertz 接触模型

根据 Hertz 接触理论可知，在法向载荷 P 的作用下，两球体的接触面半径 a 与两球心的相对位移 δ 满足如下关系：

$$\begin{cases} a^2 = R\delta \\ \delta = \delta_1 + \delta_2 \end{cases} \tag{10.18}$$

法向载荷 P 与散体内的矿岩块变形的相对位移满足

$$P = \frac{4}{3} E R^{\frac{1}{2}} \delta^{\frac{3}{2}} \tag{10.19}$$

整理式（10.18）和式（10.19），可得接触面半径 a 与法向载荷 P 的关系式如下：

$$a = \left(\frac{3PR}{4E} \right)^{\frac{1}{3}} \tag{10.20}$$

式中，E 为球体的等效弹性模量，$\dfrac{1}{E} = \dfrac{1-\upsilon_1^2}{E_1} + \dfrac{1-\upsilon_2^2}{E_2}$，其中 E_1、E_2、υ_1、υ_2 分别为两球的弹性模量和泊松比；R 为等效半径，$\dfrac{1}{R} = \dfrac{1}{R_1} + \dfrac{1}{R_2}$，其中 R_1、R_2 分别为两球的半径（mm）。

值得注意的是，当 $R_2 \to \infty$ 时，$\dfrac{1}{R_2} \to 0$，此时两球体之间的力学模型可视为矿岩块 O_1 与无穷大平面 O_2 的接触，符合矿岩块与井壁的接触特性。

2）矿岩块对井壁的磨损分析

根据前文溜井内矿岩移动的力学分析过程可知，矿岩块静止时，井壁受到大小为 P_v 的静态横向载荷，在此状态下，矿岩块由于与井壁之间无相对位移，因此无法对井壁施加切削作用；矿岩移动时，井壁材料受到的切向载荷会逐步增强，当切向载荷超过井壁材料承受弹性变形的极限时，井壁会产生图 10.31（a）所示的切削磨损，井壁内部则产生图 10.31（b）所示的弹塑性变形。

为了进一步量化表达井壁的切削磨损量，赵昀等[150]将井壁的体积损失 ΔQ 简化为长方体，计算公式如下：

$$\Delta Q = 2aL\delta \tag{10.21}$$

式中，ΔQ 为溜井井壁的体积损失量（m）；a 为矿岩块与井壁围岩的接触面半径（m）；δ 为矿岩块在井壁上滑动时形成的凹坑的最大深度（m）；L 为矿岩块在井壁上的滑动距离（m）。

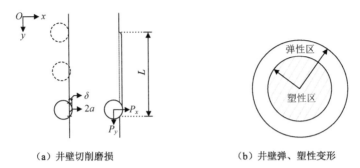

（a）井壁切削磨损　　　　　　　（b）井壁弹、塑性变形

图 10.31　井壁切削磨损和弹塑性变形

联立式（10.19）～式（10.21）可得

$$\Delta Q = \frac{3PL}{2E} \qquad (10.22)$$

式中，P 为矿岩块作用在井壁上的载荷，为图 10.31（a）中 P_x 与 P_y 的合力（N）。

由式（10.22）可知，井壁的体积损失量 ΔQ 可由 P、E、L 构成的函数表示。其中，参数 E 可由矿岩块与井壁材料的物理力学和几何测量实验直接获得；P 为接触的法向载荷，即 $P_x = P_v^d, P_y = P_h^d$；与文献[149]不同的是，井壁的切削磨损伴随着整个储矿段的放矿过程，因此式（10.22）中的 L 为整个筒仓内储存的矿岩散体高度，与式（10.9）中的 h 具有相同的物理意义。

将式（10.9）给出的井壁动态侧压力计算公式中的 P_v^d 代入式（10.22）中，即可得到矿岩散体流动过程中井壁体积损失量 ΔQ 的计算表达式：

$$\Delta Q = \frac{3\gamma LK}{2E} \cdot e^{\left[-\left(ph^3+qh\right)\right]} \cdot \sum_{n=0}^{\infty} \int \frac{1}{n!} \left(ph^3+qh\right)^n \, d\Delta h \qquad (10.23)$$

式中，p 和 q 分别为中间变量，$p = \frac{2\mu}{r} \cdot \frac{k_b - k_a}{3H^2}$，$q = \frac{2\mu}{r} \cdot k_a$（详见 10.2.2 节中的"矿岩块微元体的动力学分析"部分）。

为直观分析各类参数对井壁体积损失量的影响，将式（10.23）简化为

$$\Delta Q = f'(\gamma, K, \mu, r, H, R, E, L, h) \qquad (10.24)$$

式中，f' 为各类参数与 ΔQ 的函数关系；参数 γ、μ、R、E 分别为矿岩块的容重（N/m³）、矿岩块与井壁之间的摩擦系数、接触等效半径和接触等效模量；参数 K、r、H、L、h 分别为井壁动态侧压力与底板压力的比例系数、储矿段半径、储矿段高度和井内储存矿岩散体的高度（L 与 h 物理意义相同）。

不难看出，前者均与矿岩散体的物理力学性质息息相关，后者与溜井几何结构、井壁材料力学性质及储矿状态密切相关。

3）切削速度与切向载荷 P_y 的数值关系

由图 10.29 所示的矿岩移动特征可知，通道 1、$2n-1$ 内的矿岩块直接参与了井壁的切削磨损，其中法向载荷 P_x 主要影响井壁的体积磨损量，切向载荷 P_y 则影响矿岩块的切削速度。根据矿岩移动特征及其能量守恒定律可知，在理想状态下，矿岩块移动速度与其切削井壁的速度在数值上均为 v_1，故矿岩移动对井壁的切削速度 v_1 与竖向载荷

P_y 满足如下关系：

$$\left(P_y - \mu P_x + Mg\right)L = \frac{1}{2}Mv_1^2 \tag{10.25}$$

将式（10.9）中的 P_h^d 代入式（10.25）中，整理可得

$$v_1 = \sqrt{2gL + \frac{2L(1-\mu K)}{M}\cdot\gamma\cdot e^{\left[-\left(ph^3+qh\right)\right]}\cdot\sum_{n=0}^{\infty}\int\frac{1}{n!}\left(ph^3+qh\right)^n d\Delta h} \tag{10.26}$$

式中，M 为通道 1、$2n-1$ 内某一矿岩块的质量（kg）。

由式（10.26）可以看出，矿岩块的切削速度与井壁磨损量的变化特征较为相似，均与矿岩散体的物理力学性质、溜井几何结构、井壁材料力学性质及井内矿岩散体的储存状态等密切相关。

10.5.2　储矿段井壁的磨损机理

通过对式（10.23）的分析可以发现，储矿段井壁体积损失量 $\Delta Q'$ 与井内矿岩散体的储存高度 h 符合图 10.32 所示的指数函数分布规律。结合切削磨损的力学机理[294]和矿山的实际生产条件[40]可知，在切削磨损初期，矿岩散体内部的一部分接触载荷以点接触、线接触和面接触的接触方式[47]作用在储矿段的井壁上，一部分将矿岩块约束在溜井的有限空间之内。在放矿口打开瞬间，矿岩散体的移动引起的散体内矿岩块转动、滑动现象改变了矿岩块的空间位置和空间形态，并沿溜井井壁对井壁产生了切削作用，导致井壁发生了不可恢复的塑形损伤，其损伤的宏观现象表现在井壁表层上产生了大量的细微犁沟。切削磨损中期，矿岩散体的竖向位移，造成了井壁表层的犁沟逐渐延长、增多，犁沟的存在一方面增大了矿岩块与井壁的接触面积，另一方面犁沟内部存在的井壁材料和矿岩块体的碎屑进一步产生了磨粒磨损，在切削磨损和磨粒磨损的综合作用下，加剧了储矿段井壁的磨损程度。在切削磨损的后期，井壁的磨损程度不断增加，储矿段内不同空间位置处的犁沟彼此连接成片。此时，井壁出现了大面积的磨损区域。随着放矿作用的持续进行，井壁壁面在矿岩散体的切削作用下逐渐打磨光滑，虽然井壁的磨损量仍在增大，但其磨损速度逐步下降。

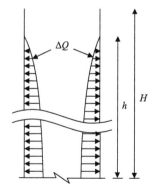

图 10.32　井壁切削磨损的分布规律

本 章 小 结

摩擦作用下储矿段井壁的损伤、变形等稳定性问题广泛存在于地下金属矿床开采过程中。溜井储矿段内矿岩散体的细观力学变化和井壁侧压力分布规律的不确定性，是导致井壁磨损问题研究进展缓慢且研究层次较浅的主要原因之一。

为探究储矿段井壁在摩擦作用下的受损特征及其损伤的力学机理，本章以散体力学、摩擦学与接触力学等学科为理论基础，采用数值模拟和物理实验相结合的研究方法，分析了溜井储矿段内矿岩散体在静止状态和流动状态下的内部细观力学变化，及其对井壁侧压力分布的影响特征。本章研究主要取得了以下成果。

（1）采用数值模拟和物理实验相结合的方法，建立了储矿段井筒中心线与放矿口中心线重合的溜井上部卸矿冲击模型，发现了井内矿岩散体内部的空隙率、力链网络分布及井壁侧压力分布特征等，均与溜井上部卸矿的冲击作用密切相关。

溜井上部卸矿时，侧压力的变化幅度呈现出随卸矿冲击高度的增加而增大的特征。矿岩散体在溜井内下落过程中发生矿岩块之间、矿岩块与溜井井壁之间的相互碰撞，使矿岩散体在冲击井内矿岩散体表面的位置表现出了随机性的特点。冲击位置、矿岩散体内部的空隙率及上部卸矿冲击能量等，构成了影响井壁侧压力分布特征的主要因素。

（2）构建了放矿口中心线与溜井井筒中心线不同偏心距下的放矿模型，系统分析了各偏心距下，矿岩散体宏观移动特征和内部细观力学变化规律。

受覆盖矿岩量、井壁摩擦力的影响，储矿段内矿岩散体上部的矿岩标记层流动特征呈"一"字形，中部呈 U 字形，下部呈 V 字形，各部分宏观流动形态均沿储矿段中心线呈轴对称分布；在放矿漏斗内，偏心距 $e=0.0\text{mm}$ 时，矿岩标记层的形态呈现出 V 字形的分布特征，随着偏心距的增加，矿岩标记层的形态逐步演变为斜 V 字形，且斜 V 字形的尖端方向始终靠近漏斗壁较陡一侧。

整个放矿的过程中，放矿口区域内的矿岩散体因流动通道的颈缩产生了架拱现象，所布置的测量圆内的配位数表现为越靠近储矿段底部，矿岩散体内部矿岩块的接触强度越大，接触愈发密实。散体体系内，强力链的占比较小，对散体体系的稳定性发挥着主要作用；弱力链占比较多，对散体体系的稳定性发挥着次要作用。

（3）以不同偏心距下的溜井底部放矿模型为研究对象，建立了井壁损伤程度的量化评判标准，以超压次数、超压系数为最小评判标准，分析了放矿口偏心距对井壁受损程度的影响。

研究了不同偏心距下溜井两侧井壁的受力特征，发现矿岩散体在移动的过程中，各监测点的动态侧压力均以指数形式呈周期性波动递减；矿岩散体移动所形成的动载荷主要作用在储矿段的下部区域；偏心距 $e=0.5\text{m}$ 条件下，储矿段井壁的受损程度最小。

（4）以摩擦学和接触力学为理论支撑，从切削磨损的角度着重分析了矿岩块对井壁的力学作用，结合井壁侧压力的变化规律，推导出了切削磨损作用下溜井井壁的磨损量化表达式，揭示了矿岩散体移动过程中对溜井井壁的摩擦损伤机理。

第 11 章　溜井堵塞产生的机理及其预防

溜井堵塞现象在矿山矿、废石溜井运输过程中频繁发生，溜井堵塞的成因较为复杂，且影响因素也较多。溜井堵塞后，疏通溜井不仅费时费力，且安全风险极大。研究不同类型溜井堵塞的影响因素与机理，建立有效的溜井堵塞预防机制，尤其是探寻合理的溜井设计方案，制定相应的溜井使用管理措施，探索安全高效的溜井疏通方法，是避免溜井堵塞现象发生、保障矿山生产顺畅运行和防范井筒疏通安全风险的关键。本章主要研究不同溜井堵塞现象发生的机理，提出预防溜井堵塞的溜井工程设计理念与使用管理的策略，总结归纳国内外常用的溜井井筒堵塞的疏通方法。

11.1　溜井井筒堵塞的危害

溜井系统在提高矿山生产效率和降低运输成本方面起着重要的作用。但是，由于各种因素的影响或相互作用，矿、废石在溜井内下降的过程中会形成稳定的平衡拱，造成井内矿岩散体流动中止，导致溜井堵塞，这成为影响溜井系统应用极为突出的问题之一[31-32]。通过溜井系统的设计与优化，虽然可以减少溜井堵塞问题的发生，但是很难做到完全避免溜井堵塞现象的发生。

溜井底部正常放矿时，井内矿岩散体的运动中止而不能被正常放出，是溜井系统运行过程中发生最频繁、最常见的现象。

溜井井筒一旦发生堵塞，不能实现正常放矿，会对矿山生产带来不利影响。溜井堵塞后，除不能实现正常放矿外，还会导致以下两方面的问题发生。

（1）溜井堵塞后的疏通工作非常麻烦。主要表现在堵塞的位置距离放矿口的远近方面。堵塞位置距放矿口越远，疏通处理越困难，安全风险越大，耗时也越长。

（2）爆破疏通方法是处理溜井悬拱的常用方法，此方法对破坏咬合拱的堵塞形式可行，但对处理黏结拱堵塞的效果甚微。同时，爆破疏通也会对溜井井壁造成很大的破坏，爆破产生的动应力引起群井连动破坏效应，会加速邻近井筒破坏[23]。

绝大多数的矿山溜井会出现某种堵塞现象，它们构成了矿、废石溜井运输最常见的故障问题[35]。例如，2012~2015 年，武钢金山店铁矿累计发生溜井堵塞事故 1080 次，给该矿的生产带来了严重影响[38]。溜井运输的生产实践表明，溜井堵塞是影响溜井系统应用效果的最为突出的问题[31-32]，悬拱是溜井堵塞的主要表现形式[35]，大多发生在溜井井筒和下部结构部位。溜井堵塞后，人们无法准确估计恢复溜井运输所需要的时间长短和溜井疏通面临的难度大小，且溜井疏通也存在极大的安全风险。

溜井堵塞的成因与矿岩散体的物理力学特性、矿岩散体的流动性、组成散体的矿岩块的最大块度与溜井直径的匹配关系、级配组成、溜井上部卸矿对井内矿岩散体的冲击夯实及井内矿岩散体对其下部矿岩散体的重力压实等因素息息相关。

从溜井堵塞的形式上看，溜井的堵塞可能是由于较大尺寸的矿岩块相互咬合造成的，也可能是粉矿或黏性矿岩散体内的相互黏结造成的。对于前者，大块矿岩一方面来自溜井上部卸矿时，溜井上部卸矿站没有设置格筛，导致大块矿岩进入溜井；另一方面由于溜井围岩工程地质方面的原因，井壁产生坍塌，或是大块岩石从井壁围岩上松动脱落进入溜井。对于后者，一方面是因为某种原因矿山生产中断，导致溜井中的黏性或粉矿较长时间留滞在溜井内，产生了固结，形成溜井堵塞；另一方面是因为黏性或粉矿在溜井井壁上不断黏结，或是在倾斜溜井底板上不断堆积，使溜井的有效通过面积减少，进一步导致溜井堵塞。

在以下两种理想状态下，溜井井筒不会发生堵塞现象：①当溜井处于完全"空井"状态下时，溜井系统只是充当了矿、废石下放通道的角色；②溜井处于完全"满井"且井内矿岩散体处于不断流动的状态。但是，这两种状态在矿山生产实际中几乎是无法实现的。因此，如何避免溜井堵塞的发生和堵塞后如何进行有效的疏通，成为矿业科技工作者重点研究的内容。

11.2　溜井堵塞现象及其产生的力学机制

溜井堵塞是溜井底部正常放矿时，井内矿岩散体的运动中止，导致矿岩散体不能正常放出的卡堵现象，有时也称为溜井故障。溜井内的堵塞现象多发生在放矿口及溜井的储矿段，根据溜井堵塞的机理，溜井堵塞现象可分为咬合拱（interlocking arch）、黏结拱（adhesive arch）和管状流动约束现象（pipe flow constraint phenomenon）3种情形，日本东京大学的福冈洋一和茂木源人[295]系统研究了日本石灰石矿山溜井发生的堵塞现象。本节在此基础上，对溜井堵塞现象形成的机理进行进一步的总结与归纳。

11.2.1　咬合拱的形成

咬合拱是溜井内较大尺寸的矿岩块与溜井井壁及它们之间的相互咬合而形成稳定排列，并楔紧在溜井断面形状突变处的情形，如图 11.1 所示。

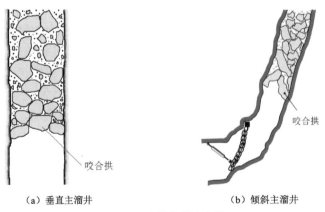

（a）垂直主溜井　　　　　　　（b）倾斜主溜井

图 11.1　溜井中的咬合拱

咬合拱形成的概率主要取决于进入溜井内的矿岩散体内大块矿岩所占的比例、最大矿岩块的几何尺度相对于溜井及其放矿口的尺寸大小、矿岩块的形状及溜井内矿岩散体运动的速度分布情况等。Lessard 和 Hadjigeorgiou[9]对 10 座矿山的现场调研结果表明，溜井内产生咬合拱的情形比产生黏结拱的情形更为常见，其主要原因是溜井上部卸矿站没有设置限制进入溜井的矿岩块尺寸的格筛，或是溜井井壁垮塌产生了大块的废石，这些大块废石在溜井内相互咬合形成了稳定的悬拱。

咬合拱的形成也与溜井井壁的平整度有关，井壁光滑时，形成咬合拱的可能性较小；井壁凹凸不平时，形成咬合拱的概率较大。另外，在溜井形状急剧改变的部位也会产生咬合拱现象，如井筒弯曲、转向部位的转向点、分支溜井与主溜井井筒的交叉点和溜井的底部结构（即放矿口上部的断面收缩处）。

当溜井的工程地质条件较差，围岩节理裂隙发育时，井壁上的大块岩石在矿岩散体的冲击作用下，从围岩母体上脱落并坠入溜井之中时，也会产生咬合拱堵塞溜井现象，或是单一大块"卡"在溜井直径较小部位而产生溜井堵塞现象。

形成咬合拱的力学机制尚不清楚，Hambley[296]根据现场经验和室内物理实验，得出了溜井直径 D 与通过最大矿岩块的直径 d 大小之比在 $3\sim6$ 范围内，可保证溜井内矿岩散体流动顺利，但在此范围内也存在产生咬合拱堵塞的可能性。根据统计得到的溜井堵塞发生的相对频率，表 11.1 给出了溜井中矿岩块形成咬合拱的 D/d 条件，可用于指导溜井设计。

表 11.1　咬合拱形成的 D/d 条件[296]

D/d 的取值范围	咬合拱形成的频率
$D/d>5$	矿岩散体的流动状态良好，堵塞很少发生
$5>D/d>3$	矿岩散体的流动状态不稳定，堵塞经常发生
$D/d<3$	矿岩散体几乎不流动，堵塞频繁发生

根据 D/d 选取溜井直径时，对于矩形断面溜井，D 取溜井断面的短边长度；对于矿岩散体内矿岩块尺寸 d，则应按可能遇到的最大矿岩块的最大尺度确定，也可按溜井上部卸矿站处格筛的最大尺寸（条形格筛时按筛条的间距）确定。

11.2.2　黏结拱的形成

黏结拱是黏结性矿岩散体中粉矿的胶结作用所导致的矿岩散体内部的矿岩块之间、矿岩块与溜井井壁之间的相互黏结，在溜井井筒中所形成的平衡拱，如图 11.2 所示。

黏结拱的形成是由溜井中粉矿的黏着力引起的，其形成的可能性与矿岩散体的物理力学性质及其在溜井内的留滞时间和流动状态有关。矿岩散体的物理力学性质主要有矿岩块的粒度及其分布特征、粉矿含量、黏结性、黏结密度和内摩擦角等，这些物理力学性质均与矿岩散体的流动特性密切相关，对形成黏结拱的影响较大。矿岩含水率的高低及溜井直径的大小则在一定范围内影响黏结拱的形成。

对于黏结拱的形成，可采用图 11.3 分析其形成的力学机制。由于形成黏结拱的矿岩块较小，因此可将图 11.3（a）所示的黏结拱作为连续体进行考虑。

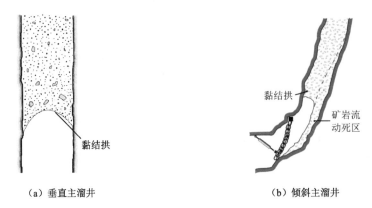

（a）垂直主溜井　　　　　　　　　　（b）倾斜主溜井

图 11.2　溜井中的黏结拱

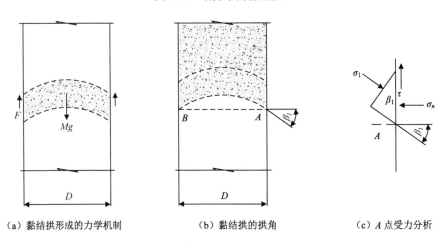

（a）黏结拱形成的力学机制　　　（b）黏结拱的拱角　　　（c）A 点受力分析

图 11.3　黏结拱形成的力学分析

此时，矿岩散体形成黏结拱需要满足的基本力学条件为

$$F \geqslant Mg \tag{11.1}$$

式中，F 为矿岩散体与溜井井壁之间在垂直方向的摩擦力（N）；Mg 为拱内矿岩散体的自重（N）。

根据 F 和 Mg 的构成，式（11.1）可改写为

$$\tau h L \geqslant S_0 h \rho' \tag{11.2}$$

式中，h 为拱的厚度（m）；L 为井壁的周长（m）；τ 为沿溜井井壁的剪应力（Pa）；S_0 为溜井断面面积（m²）；ρ' 为溜井中拱内矿岩散体的容重（N/m³）。

整理式（11.2），可得

$$\frac{\tau}{\rho'} \geqslant \frac{S_0}{L} \tag{11.3}$$

由式（11.3）可以看出，不等式的左侧代表了溜井内矿岩散体的物理力学性质，右侧代表了溜井的几何特性，也代表了水力半径。当溜井断面为圆形或矩形时，若以 D 表示溜井井筒的直径或边长，则水力半径为 $\dfrac{D}{4}$。

式（11.3）反映了溜井内的矿岩散体形成黏结拱时，矿岩散体的物理力学性质与溜井几何特性之间的关系。因此根据式（11.3）也可以求出溜井井内不产生黏结拱时应满足的溜井的最小直径条件。

对图 11.3（b）所示的黏结拱的拱脚点 A 进行受力分析，如图 11.3（c）所示。若拱脚点 A 处形成的拱的切线与水平面的夹角为 β_1，则根据力的平衡关系，可得

$$\begin{cases} \sigma_n = \sigma_1 \cos^2 \beta_1 \\ \tau = \sigma_1 \cos \beta_1 \sin \beta_1 \end{cases} \tag{11.4}$$

式中，σ_n 为井壁提供给矿岩散体反向应力（Pa）；σ_1 为矿岩散体在拱脚处施加在井壁上的应力（Pa）。

由式（11.4）可知：

$$\begin{aligned} \tau &= \sigma_1 \cos \beta_1 \sin \beta_1 \\ &= \frac{1}{2} \sigma_1 \sin 2\beta_1 \end{aligned} \tag{11.5}$$

由式（11.3）和式（11.5）可得

$$\frac{S_0}{L} \leqslant \frac{\sigma_1 \sin 2\beta_1}{2\rho} \tag{11.6}$$

根据上述的分析可知，式（11.6）还可以表示为

$$\frac{D}{4} \leqslant \frac{\sigma_1 \sin 2\beta_1}{2\rho} \tag{11.7}$$

假设黏结拱下部附近的溜井断面的切线方向的应力为中间主应力，其对附近的破坏条件没有影响。若 σ_1 与溜井井内矿岩散体的单轴抗压强度 R_c 相等，则黏结拱下面附近的散体结构不断发生破坏，即溜井井筒内不会产生静态黏结拱。此时，若圆形溜井的直径或矩形溜井的边长为 D，则有

$$D \leqslant \frac{2R_c \sin 2\beta_1}{\rho} \tag{11.8}$$

式（11.8）即为溜井内产生静态黏结拱时需要满足的溜井直径条件，即当圆形溜井的直径或矩形溜井的边长 D 满足式（11.8）时，溜井内的黏性矿物就会产生黏结拱。

由式（11.8）可以看出，溜井内能否产生黏结拱与溜井中矿岩散体的单轴抗压强度 R_c 和产生的拱脚角度 β_1 相关，但对于可作为连续体考虑的粉状矿岩散体，其单轴抗压强度 R_c 是难以获得的。若以莫尔-库仑定律（Mohr-Coulomb law）作为构成黏结拱的矿岩散体的破坏条件，矿岩散体的单轴抗压强度 R_c 可以用其内聚力 C 和内摩擦角 ϕ 来表示，这两个参数很容易通过矿岩散体的三轴实验或直剪实验来确定。矿岩散体的单轴抗压强度为

$$R_c = \frac{2C \cos \phi}{1 - \sin \phi} \tag{11.9}$$

拱脚角度 β_1 也是需要确定的重要参数。当黏结拱在莫尔-库仑定律条件下产生破坏时，如图 11.3（b）所示，若 α_1 为黏结拱破坏时的拱脚角度（黏结拱下表面的切线与水平面的夹角），$\sigma_1 = R_c$，在 σ_1 作用下，黏结拱会沿着 $\alpha_1 = \left(\dfrac{\pi}{4}\right) + \left(\dfrac{\phi}{2}\right)$ 所给出的斜面产生

破坏。为便于分析，假设黏结拱是沿溜井井壁面发生破坏的（即在此条件下，溜井内不会形成黏结拱），则有

$$\alpha_1 = \beta_1 = \left(\frac{\pi}{4}\right) + \left(\frac{\phi}{2}\right) \qquad (11.10)$$

因此，有

$$\sin 2\beta_1 = \sin\left(\frac{\pi}{2} + \phi\right) = \cos\phi \qquad (11.11)$$

将式（11.9）和式（11.11）代入式（11.8），整理后得出：

$$D \leqslant \frac{4C(1 + \sin\phi)}{\rho} \qquad (11.12)$$

式（11.12）为溜井可能产生黏结拱需要满足的溜井直径条件。因此，对特定的粉状矿岩散体，在测定其内聚力 C、内摩擦角 ϕ 和容重 ρ 后，即可根据式（11.13）求出不产生黏结拱时，圆形溜井的最小直径或矩形溜井的最小边长：

$$D_{\min} > \frac{4C(1 + \sin\phi)}{\rho} \qquad (11.13)$$

对于以上求出的不产生黏结拱的最小溜井直径（或边长）计算公式，虽然没有包括矿岩含水率对溜井最小直径的影响，但是粉矿的内聚力 C、内摩擦角 ϕ 和容重 ρ 在不同的含水率条件下是不同的。因此，式（11.13）中已经隐含了含水率参数对溜井最小直径的影响。

11.2.3　管状流动约束现象的形成

溜井放矿过程中，对于黏结性较高的矿岩，当粉矿含量较大时，粉矿会黏着在溜井的井壁上，形成图 11.4 所示的管状流动死区，这种现象称为管状流动约束现象或管流约束现象。在产生管状流动约束现象的区域，溜井直径变小，引起堵塞的可能性增大。管状流动约束现象多发生在溜井下部到放矿口的区域，在倾斜溜井的溜矿段矿岩流动方向发生变化部分的溜井底板有时也可见到类似现象。

严格意义上，管状流动约束现象并未产生溜井的堵塞问题，只是因为黏结性较高的粉矿粘着在井壁上，造成了溜井井筒断面的减小和矿岩通过量的降低，但溜井井筒断面的持续减小最终也会产生溜井堵塞问题。因此，溜井中矿岩散体运动的管状流动约束现象也不容忽视。

理论上，垂直溜井中最大管状高度与溜井中矿岩散体的物理力学性质存在一定的关系。假设管状矿岩散体为连续体，其水平断面内的应力状态相同。对于图 11.5 所示的微单元 dh，可建立如下平衡方程：

$$(\sigma_v + \mathrm{d}\sigma_v)S - \sigma_v S + \tau L\mathrm{d}h - S\rho\mathrm{d}h = 0 \qquad (11.14)$$

式中，σ_v 为垂直方向的应力（Pa）；τ 为管状矿岩散体与溜井井壁之间的剪应力（Pa）；S 为 σ_v 作用的管状矿岩散体的断面面积，$S = \dfrac{\pi\left(D^2 - D_0^2\right)}{4}$（m²）；$L$ 为溜井井壁的周长，$L = \pi D^2$（m）；ρ 为管状矿岩散体的容重（N/m³）。

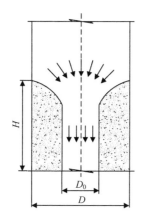

图 11.4 溜井中的管状流动约束现象

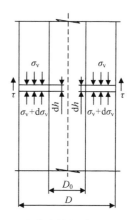

图 11.5 溜井中管状物料的力学分析

整理式（11.14），得到如下平衡方程：

$$\frac{\mathrm{d}\sigma_{\mathrm{v}}}{\mathrm{d}h} + \frac{\tau L}{S} - \rho = 0 \tag{11.15}$$

假设管状矿岩散体结构的破坏是由其在溜井井壁产生的滑动引起的，且破坏时达到了管状矿岩散体的最大高度 H，并处于临界平衡状态，在不考虑中间应力影响下，根据莫尔-库仑强度准则（图 11.6），可以得到：

$$\tau = \sigma_{\mathrm{H}} \tan\phi' + C' \tag{11.16}$$

式中，ϕ' 为矿岩散体与井壁之间的摩擦角（°）；C' 为矿岩散体与溜井井壁之间的黏着力（Pa）；σ_{H} 为垂直作用于溜井井壁上的应力（Pa）。

根据图 11.6，可以得到如下 σ_{H} 与 σ_{v} 之间的关系：

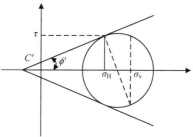

图 11.6 莫尔-库仑强度准则

$$\sigma_{\mathrm{H}} = \sigma_{\mathrm{v}} - 2\tau \tan\phi' \tag{11.17}$$

由式（11.16）和式（11.17），可得到剪应力 τ 用垂直应力 σ_{v} 所表达的函数：

$$\tau = \frac{\sigma_{\mathrm{v}} \tan\phi' + C'}{1 + 2\tan^2\phi'} \tag{11.18}$$

由此，可得到式（11.15）表示的平衡方程为

$$\frac{\mathrm{d}\sigma_{\mathrm{v}}}{\mathrm{d}h} + \frac{L(\sigma_{\mathrm{v}} \tan\phi' + C')}{S(1 + 2\tan^2\phi')} - \rho = 0 \tag{11.19}$$

令

$$\begin{cases} K_1 = \left(\dfrac{L}{S}\right) M \tan\phi' \\[2mm] K_2 = \rho - \left(\dfrac{L}{S}\right) M C' \\[2mm] M = \dfrac{L}{1 + 2\tan^2\phi'} \end{cases}$$

则式（11.19）可简化为

$$\frac{\mathrm{d}\sigma_v}{\mathrm{d}h} + K_1\sigma_v - K_2 = 0 \tag{11.20}$$

对式（11.20）进行求解，得出：

$$\sigma_v = \left(\frac{K_2}{K_1}\right) + Ce^{(-K_1 h)} \tag{11.21}$$

在矿岩散体管状结构的最上部，即 $h=0$ 时，$\sigma_v = 0$。分析式（11.21），其利用极限条件，可求出积分常数 C 为

$$C = -\frac{K_2}{K_1}$$

因此，可以得出：

$$\sigma_v = \left(\frac{K_2}{K_1}\right)\left[1 - e^{(-K_1 H)}\right] \tag{11.22}$$

在管状矿岩散体结构的最底部，即 $h=H$ 时，σ_v 达到最大值。令 $D = \dfrac{S}{L}$，则

$$\sigma_v = \frac{\rho D - MC'}{M\tan\phi'}\left[1 - e^{\left(\frac{MH}{D}\tan\phi'\right)}\right] \tag{11.23}$$

当 D 的值较大，即溜井的直径较大时，且溜井井壁面的摩擦力对溜井下部的 σ_v 没有影响时，σ_v 只受到矿岩散体的重力影响，即管状矿岩散体在其结构的最底部产生的自重应力为

$$\sigma_v = \rho H \tag{11.24}$$

当 $\sigma_v = R_c$ 时，管状矿岩散体内侧的应力状态为 $\sigma_1 = \sigma_v$，$\sigma_3 = 0$。所以，根据莫尔-库仑定律，若 $\sigma_v = R_c$，管状矿岩散体的内侧就会发生破坏。因此，当溜井底部存在 $\sigma_v = R_c$ 时的 h 可视为管状矿岩散体的最大高度 H。

11.3　溜井堵塞的预防策略

11.3.1　GA-BP 神经网络的溜井堵塞率预测方法

溜井堵塞的形成是多种因素综合作用的结果，若能对其进行精准预测，并采取相应措施进行预防，将对矿山实际生产具有重要的意义。

溜井堵塞是一个较为复杂的动态过程，受到多种因素的相互制约。除溜井的结构尺寸、井内储存矿岩散体的高度、粉矿含量、矿岩散体的含水量、矿岩散体在井内的滞留时间、底部放矿漏斗结构等因素外，矿岩类型、矿岩块度分布、放矿制度等也会导致溜井堵塞问题的发生。

目前，对于预防溜井堵塞的研究，多数是从分析溜井堵塞因素入手，关于溜井堵塞问题的预测研究较少。刘永涛等[297]在进行了大量溜井放矿相似模拟实验的基础上，引入反向传播（back propagation，BP）算法对溜井堵塞率进行了预测。但由于 BP 算法采用的是局部搜索方式，在遇到较为复杂的非线性函数问题时，极易陷入局部最

小，其并不是全局最优解。因此，本节寻求溜井堵塞问题的预测方法，可为溜井堵塞的预防提供一定的指导。

1. 溜井堵塞率预测模型构建

1）BP 算法构建

BP 算法的结构为多层网络模型（图 11.7），目前已经运用到各个领域[298-299]。梯度下降法是 BP 算法在训练过程中的核心方法，在该技术的基础上进行搜索，在满足条件的前提下得到输出值，并使该值与预期值二者之间的误差均方差达到最小。

BP 算法的步骤如下。

（1）将数据等同于训练集，并从中随机抽取一个样本，将该样本信息传输到神经网络中。

（2）利用输入层、隐含层和输出层之间的连接特征，通过连接节点，将该信息进行处理后从输出层产生结果。

（3）对实际的输出值和预期值进行分析，得到二者之间的误差值。

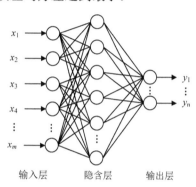

图 11.7　BP 算法的结构

（4）将计算得到的误差通过反向传播传递到各层，并按照一定的原则将该值传送到连接权值上，使连接权值按照误差不断减小的方向转换。

（5）将训练集中的每一个样本都输入神经网络中，并重复执行以上步骤，直至训练集中的所有样本的误差都满足条件。

图 11.7 所示的 BP 算法中，输入层为 x_1，x_2，$\cdots$，x_m，输出层为 y_1，y_2，$\cdots$，y_n。输入层和输出层的层数由实际问题及样本数据确定，隐含层层数计算如式（11.25）[300]：

$$m_0 = \sqrt{m+n} + a \tag{11.25}$$

式中，m_0 为隐含层节点数量（个）；m 为输入层节点数量（个）；n 为输出层节点数量；a 为常数，取值一般为 1～10。

2）GA-BP 算法构建

遗传算法（genetic algorithm，GA）在实现过程中受到了"优胜劣汰，适者生存"的影响，具有构造简单，学习速度快的特点，可以输出最优解[301]。因此，在 BP 算法的基础上加入 GA，将二者相互结合，可使预测性能与结果得到进一步提升。

GA-BP 算法的结构如图 11.8 所示。采用 GA 优化 BP 算法的步骤如下。

（1）根据实际问题需要，确定 BP 算法结构，设置输入层、输出层及隐含层。

（2）获取初始化种群：可以通过对样本数据进行处理，以对种群规模、进化次数等参数进行设置。

（3）在得到初始种群后，计算其种群适应度。

（4）选择操作：从种群中挑选出优秀个体，并通过繁殖产生下一代样本数据。

（5）交叉操作：从种群中随机抽取两个样本进行交换和组合，产生适应性更强的新的个体。

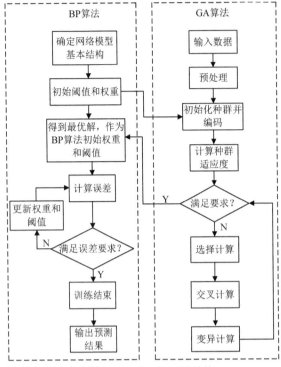

图 11.8　GA-BP 算法的结构

（6）变异操作：对变异参数进行设置，并以此在种群中随机选取样本，对其执行变异操作。

（7）判断种群适应度是否满足要求，如果满足要求，则认为进化完成；否则，将继续从步骤（4）重复执行。

（8）使用 GA 进行优化，将得到的最优解作为 BP 算法的初始权值和阈值。

（9）当满足误差要求时，BP 算法计算结束，输出预测结果。

3）预测误差分析方法

为更加直观地展现 BP 算法和 GA-BP 算法预测效果，选取拟合优度指数 R^2、平均绝对误差（mean absolute error，MAE）、均方根误差（root mean square error，RMSE）及平均绝对百分比误差（mean absolute percentage error，MAPE）4 个指标，分别对两种预测模型的精度进行评价。评价公式分别为

$$MAE = \frac{1}{n}\sum_{i=1}^{n}\left|h(x_i) - y_i\right| \tag{11.26}$$

$$RMSE = \sqrt{\frac{1}{n}\sum_{i=1}^{n}\left[h(x_i) - y_i\right]^2} \tag{11.27}$$

$$MAPE = \frac{1}{n}\sum_{i=1}^{n}\left|\frac{h(x_i) - y_i}{h(x_i)}\right| \tag{11.28}$$

式中，n 为样本个数（个）；i 为 $1\sim n$ 的整数；x_i 为样本序号；$h(x_i)$ 为实际值；y_i 为输出值。

2. 溜井堵塞率预测数据样本确定

由于导致溜井堵塞的因素较多，为对比分析 BP 算法和 GA-BP 算法对溜井堵塞率（实验过程中溜井堵塞次数与实验次数的百分比）的预测效果，简化预测模型构建，参照刘永涛等[297]的研究成果，选取粉矿含量、储矿高度、储矿时间和含水率 4 个因素为作为输入层，将溜井堵塞率作为输出层，以实验次数为一个定值且溜井堵塞次数为一个概率事件。因此，构建溜井堵塞率预测模型（图 11.9）时，设置输入层

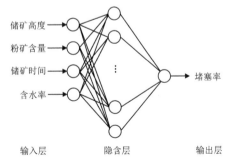

图 11.9　溜井堵塞率预测模型

的层数为 4，输出层层数为 1，模型确定的隐含层节点个数为 9。

为验证 GA-BP 算法的应用效果，基于刘永涛等[297]关于溜井堵塞率预测的物理实验数据，对其进行整理，共得到 30 组样本数据，具体如表 11.2 所示。

表 11.2　溜井放矿相似模拟实验结果

实验号	储矿高度/m	粉矿含量/%	储矿时间/h	含水率/%	实验次数 M	堵塞次数 N	堵塞率 R/%
1	15	11	0	0	30	2	6.7
2	15	13	2	3	30	6	20.0
3	15	15	4	5	30	19	63.3
4	15	17	8	7	30	29	96.7
5	15	19	10	9	30	25	83.3
6	15	15	8	9	30	27	80.0
7	20	11	2	5	30	14	46.7
8	20	13	4	7	30	23	76.7
9	20	15	8	9	30	17	56.7
10	20	17	10	0	30	8	26.7
11	20	19	0	3	30	27	90.0
12	20	13	2	0	30	2	6.7
13	25	11	4	9	30	13	43.3
14	25	13	8	0	30	7	23.3
15	25	15	10	3	30	26	86.7
16	25	17	0	5	30	21	70.0
17	25	19	2	7	30	28	93.3
18	25	17	4	5	30	20	66.7
19	30	11	8	3	30	19	63.3
20	30	13	10	5	30	23	76.7
21	30	15	0	7	30	22	73.3
22	30	17	2	9	30	13	43.3
23	30	19	4	0	30	11	36.7
24	30	19	10	7	30	28	93.3
25	35	11	10	7	30	28	93.3
26	35	13	0	9	30	12	40.0
27	35	15	2	0	30	8	26.7
28	35	17	4	3	30	18	60.0
29	35	19	8	5	30	28	93.3
30	35	11	0	3	30	4	13.3

3. 模型计算与结果分析

为对比分析 BP 算法和 GA-BP 算法对溜井堵塞率的预测效果，从表 11.2 中选取 25 组样本数据作为训练集，将剩余 5 组数据作为测试集，分别采用两种算法进行计算，预测溜井的堵塞率。

1）BP 算法计算结果分析

对 BP 算法参数进行配置，如训练次数设置为 1000 次，学习速率设置为 0.01，训练目标最小误差设置为 0.0001 等。采用 BP 算法的预测结果对比及误差分析结果如图 11.10 所示。

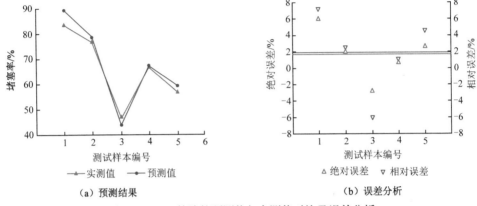

（a）预测结果　　　　　　　　　　（b）误差分析

图 11.10　BP 算法的预测值与实测值对比及误差分析

由图 11.10（a）可以看出，使用 BP 算法对溜井堵塞率进行预测，5 个样本点的实测结果与预测结果之间存在一定误差，其中 1、3 和 5 号样本点与实测值偏离明显，只有 4 号样本点预测值与实测值之间的偏差较小。

分析图 11.10（b）发现，各样本点的实测结果与预测结果之间的误差值较大，绝对误差平均值为 1.7%，相对误差平均值为 1.9%。其中，1 号样本点的绝对误差值和相对误差值最大，分别为 6.0% 和 7.2%。

2）GA-BP 算法计算结果分析

根据 GA-BP 算法的基本性质和结构及实际问题需要，所建立的 BP 算法为 3 层，设置输入层节点数为 4，输出层节点数为 1，隐含层节点数为 9。设置初始化 GA 参数，如初始种群规模为 30，最大进化次数为 50，交叉概率为 0.8，变异概率为 0.1 等。

为分析 GA-BP 算法对溜井堵塞率的预测效果，从所整理的 30 组数据中随机选取 25 组样本数据作为训练集，剩余 5 组数据作为测试集，对溜井堵塞率进行预测。采用 GA-BP 算法的预测结果对比及误差分析结果，如图 11.11 所示。

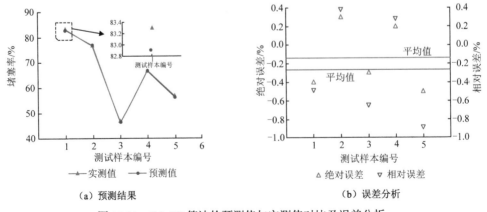

（a）预测结果　　　　　　　　　　（b）误差分析

图 11.11　GA-BP 算法的预测值与实测值对比及误差分析

从图 11.11（a）可以看出，通过 GA-BP 算法对溜井堵塞率进行预测，5 个样本点的实测结果和预测结果之间几乎没有误差，预测值曲线基本上与实测值曲线重合。

分析图 11.11（b）发现，各样本点的实测结果与预测结果之间的误差值极小，绝对误差平均值为-0.14%，相对误差平均值为-0.26%。其中，5 号样本点的绝对误差和相对误差绝对值最大，仅为 0.50%和 0.88%。

3）模型对比分析

采用 BP 算法和 GA-BP 算法对溜井堵塞率进行预测，并分别将两种模型的预测结果与实测结果进行对比分析，如图 11.12 所示。图 11.12（a）所示为 BP 算法和 GA-BP 算法的预测值与实测值的对比，图 11.12（b）所示为 BP 算法和 GA-BP 算法的预测值和实测值之间的绝对误差对比情况。

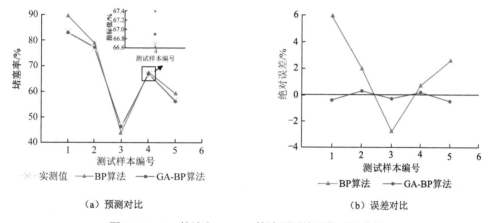

（a）预测对比　　　　　　　　　　　（b）误差对比

图 11.12　BP 算法和 GA-BP 算法预测结果的对比分析

表 11.3 给出了 BP 算法和 GA-BP 算法对溜井堵塞率的预测结果及其与实测值之间的误差。

表 11.3　预测结果分析

测试样本编号	实验号	实测值/%	BP 算法		GA-BP 算法	
			预测值/%	相对误差/%	预测值/%	相对误差/%
1	5	83.3	89.3	7.20	82.9	-0.48
2	20	76.7	78.7	2.61	77.0	0.39
3	7	46.7	43.9	-6.00	46.4	-0.64
4	18	66.7	67.4	1.05	66.9	0.29
5	9	56.7	59.3	4.59	56.2	-0.88

结合图 11.10 和图 11.12 所示，分析表 11.3 可知：

（1）BP 算法对溜井堵塞率的预测值与实测值差距较大，相对误差在 8%以内；GA-BP 算法预测结果与实测值之间的差距较小，相对误差在 1%以内。

（2）BP 算法的绝对误差变化幅度较大，最大值为 6%，GA-BP 算法的绝对误差变化幅度较小，在 0 误差的±0.5%范围内上下波动，较为稳定。

因此，GA-BP 算法可以对溜井堵塞率进行准确预测，且预测性能优于单一的 BP 算法。

4. 预测算法评价

分别采用 BP 算法和 GA-BP 算法预测溜井的堵塞率，并对预测结果进行评价。图 11.13 所示为 BP 算法和 GA-BP 算法的相关性分析结果。

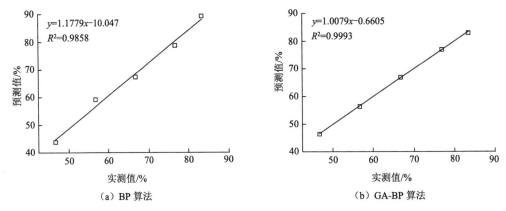

（a）BP 算法　　　　　　　　　　　（b）GA-BP 算法

图 11.13　BP 算法和 GA-BP 算法实测值与预测值的相关性分析结果

表 11.4 为 BP 算法和 GA-BP 算法的拟合优度指数 R^2 及其他评价指标结果对比。

表 11.4　BP 算法和 GA-BP 算法的评价结果对比

算法	R^2	MAE/%	RMSE/%	MAPE/%
BP	0.9858	2.82	3.32	4.29
GA-BP	0.9993	0.34	0.35	0.54

对比分析图 11.13 和表 11.4 可知，GA-BP 算法与实际值的拟合程度优于 BP 算法，其拟合优度指数值增加到了 0.9993，拟合程度得到进一步提升。训练结束后，MAE 的值从 2.82%减少到 0.34%，RMSE 的值从 3.32%减少到 0.35%，MAPE 的值从 4.29%减少到 0.54%，各项评价指标值都得到了进一步的提升。因此，相比 BP 算法，GA-BP 算法的预测性能更加优异，能够精准地对溜井堵塞率进行预测，对矿山溜井堵塞的预防具有一定的参考价值。

综上所述，基于粉矿含量、储矿高度、储矿时间及含水率 4 个因素，采用 GA 和 BP 算法相结合的方法进行溜井堵塞率的预测，可以看出：单一的 BP 算法在权值和阈值上存在不足，GA-BP 算法预测的稳定性更好，精度更高。但是，溜井堵塞是一个多因素作用的结果，所建立的预测模型仅采用了 4 个变量，因此整体预测效果与工程实际会存在差异。在算法中扩充变量，尽量涵盖导致溜井堵塞的全部因素，是溜井堵塞预测研究的重要方向。

11.3.2　预防溜井堵塞的设计理念

由于溜井系统的服务年限较长，运行环境恶劣，因此在确保溜井系统使用功能和寿命的前提下，简化工程布置，减少开拓与支护工程量，降低工程施工难度，缩短工程建设周期，节省工程建设投资和降低生产运营成本，是矿山溜井系统建设方案设计与优化的基本原则。其中，确保溜井系统使用功能和寿命，就是确保溜井系统在其设计服务期内的稳定性和可靠运行，即既不发生堵塞，井壁的稳定性又不会对溜井的安全运行产生威胁。

　　合理的溜井系统设计和有效的溜井使用管理是解决溜井悬拱问题，确保溜井运输生产正常进行的关键。合理的溜井系统设计也是预防溜井井壁产生变形破坏、确保溜井运输生产安全顺畅进行的关键之一。根据溜井悬拱现象产生的机理及井壁变形破坏的机理，在溜井设计时，需要结合矿床开拓工程布置的具体特征与矿山生产的特点，认真勘察溜井位置的工程地质与水文地质条件，分析溜井围岩的工程地质特征，调查研究类似矿山溜井产生悬拱堵塞和井壁变形破坏问题的影响因素与机理，并采取相应的防范措施。

1. 溜井的断面形式

　　一般情况下，考虑溜井系统服务寿命的长短，主溜井及其下部矿仓的断面多采用圆形，采区溜井多采用矩形断面；垂直溜井多采用圆形断面，倾斜溜井多采用矩形断面。随着天井钻机的大型化及性能的不断提高，越来越多的溜井已趋向于采用天井钻机进行施工，从而形成圆形断面。

2. 溜井的断面尺寸

　　溜井运输的理论研究与实践表明，溜井产生悬拱现象除与矿岩散体的流动特性密切相关外，溜井的断面尺寸对其形成也具有重要的影响。根据 Vo 等[44]的研究成果，增大溜井的断面尺寸，有利于降低粉矿含量高或黏性矿岩散体在溜井内产生悬拱的可能性。Hadjigeorgiou 和 Lessard[32]的研究表明，采用正方形断面的垂直溜井，可以使井内矿岩散体实现更好的流动。

1）矩形断面溜井

　　一般情况下，对矩形断面的溜井，为预防咬合拱的形成，溜井最小边的宽度 D 可按下式确定：

$$D=(3 \sim 5)d \tag{11.29}$$

式中，d 为进入溜井的矿岩块的最大尺寸（m）。

　　为防止黏结拱的形成，溜井最小边的宽度可按下式确定：

$$D > \frac{2k'}{\rho}\left(1+\frac{1}{r'}\right)(1+\sin\phi) \tag{11.30}$$

式中，k'为细粒矿岩散体的黏结性系数；ρ 为细粒矿岩散体的密度（kg/m³）；r'为溜井断面的长宽比；ϕ为细粒矿岩散体的内摩擦角（°）。

2）圆形断面溜井

　　当溜井为圆形断面时，由式（11.29）和式（11.30）确定的溜井断面尺寸即为溜井的直径。此时，式（11.30）可简化为

$$D > \frac{4k'}{\rho}(1 + \sin\phi) \tag{11.31}$$

溜井工程设计实践中，为防止悬拱的产生，溜井的最小断面尺寸应大于式（11.29）、式（11.30）或式（11.31）计算结果的最小值。

例如，毛公铁矿根据其地下采矿方法和井下破碎设备的特点，确定溜井下放矿岩散体的最大矿岩块尺寸 $d \leqslant 0.8\text{m}$。按式（11.29）的计算结果，该矿溜井的净直径应为 2.4～4.0m，但考虑对溜井储矿能力的需求，最终确定了溜井的净直径为 4.5m[17]。

3. 设计溜井井口格筛

矿山生产过程中，受爆破技术、矿岩条件等因素的影响，不可避免地会造成采出矿岩散体内矿岩块的块度大小不均。为避免大块矿岩进入溜井，堵塞溜井系统而形成重大安全隐患，在溜井井口设计并安装格筛，是控制大块矿岩进入溜井，防止产生咬合拱的重要措施。当矿岩块通过格筛进入溜井时，格筛不仅能够控制进入溜井的矿岩块的最大尺寸，也能够改变矿岩块进入溜井的方向，迫使矿岩块以自由落体的方式坠入井筒，并减缓其进入溜井井筒的初始速度。结构形式合理的卸矿口，能够控制矿岩块的流向，实现矿岩块沿着溜井中心方向下落。

以三山岛金矿西山矿区溜井为例[302]，如图 11.14 所示（图中尺寸单位为 mm），通过设置卸矿斜坡（篦条筛）将矿岩块溜放到格筛上，减少了矿车直接将矿岩块卸到格筛上对格筛带来的冲击，对格筛起到了保护作用；同时，利用矿岩块质量不同、势能不同的特点，采用篦条筛对不同块度的矿岩进行分流，使小于篦条间隙的矿岩块提前进入溜井，大块度矿岩落到格筛之上，等待再次破碎处理，有效避免了不合格大块矿岩自由进入溜井，进而造成溜井堵塞、井壁及支护衬体破坏的现象发生。

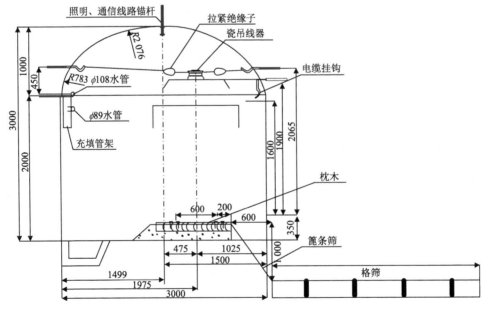

图 11.14 三山岛金矿溜井格筛布置[305]

4. 溜井结构设计

溜井的结构设计主要体现在溜井的布置形式和井筒的倾角方面，要重点考虑不同溜井倾角下的矿岩散体移动特性及其形成堵塞的可能性。

1）溜井的布置形式

主竖井旁侧主溜井方案是我国金属矿山最常见的布置方式。一方面，采用该布置方式时，上部中段运输车场的开拓工程量大，矿、废石溜井及矿仓的高度过大，工程施工难度大，施工工艺复杂，施工工期长，不利于降低基建工程投资和缩短矿井建设周期；另一方面，主溜井与各卸矿中段的连接采用了分支溜井的方式，当主溜井高度较大时，上部卸矿冲击夯实和重力压实作用对井内矿岩散体的松散性和流动性的影响很大，易造成溜井堵塞。另外，高度较大的溜井在上部卸矿时，矿岩散体对溜井井壁的冲击磨损也大。

降低溜井高度，是减轻上部卸矿冲击对溜井井壁破坏程度、降低对井内矿岩散体冲击夯实程度的最有效途径。采取主溜井+采区溜井相结合的溜井系统布置方案，尤其是将竖井旁侧主溜井改为矿仓+破碎硐室+矿仓的结构形式[16]，对于解决上述两个方面的问题具有很好的作用。

例如，5.4.4 节介绍的溜井系统设计与优化案例中，孟家铁矿露天转地下开采工程设计时，溜井系统采用了主竖井旁侧溜井系统方案，由一条矿石溜井和一条废石溜井组成，每条溜井的总高度为 195m。每条溜井均包括上部卸矿站、溜井井筒、分支溜井、矿仓及底部结构几个部分，其中矿石溜井系统还包括破碎硐室。对该矿溜井系统设计进行优化后，采取主溜井+采区溜井相结合的溜井系统布置方案，通过布置采区溜井，形成了非集中和集中运输卸载相结合的坑内矿、废石运输卸载格局。一方面，实现了主溜井段高的有效降低，彻底取消了主溜井系统中的分支溜井，对于缓解矿岩散体从分支溜井进入主溜井井筒时，矿岩散体对主溜井井壁的冲击摩擦损伤起到了较好的作用，有利于延长主溜井的使用寿命；另一方面，也节省了坑内运输系统的工程投资，缩短了工程建设周期。

2）主溜井井筒倾角

当矿山采用垂直溜井系统时，对于黏结性矿岩而言，从定性的角度，随着矿岩散体中的粉矿含量、含水率（在一定范围内）的增加和矿岩散体在溜井中滞留的时间的延长，井内矿岩散体形成黏结拱和管状流动约束现象的概率呈增大趋势；对非黏性矿岩，当矿岩散体中的粉矿含量和水分含量一定时，其形成黏结拱的条件取决于溜井上部卸矿时，矿岩下落对井内储存的矿岩散体冲击的冲击力大小和矿岩滞留在溜井内的时间长短。

当采用倾斜主溜井时，随着溜井井筒倾角变缓，矿岩散体的流动性变差，尤其是矿岩散体中的含水率一定时，粉矿含量越大，矿岩散体的流动性越不好，越容易在底板上产生粉矿黏结现象。从理论上讲，能够使矿岩散体在重力作用下产生流动的最小角度是大于矿岩散体的自然安息角。但由于矿岩散体在溜井中流动时，受摩擦力和黏结力等因素的影响，建议倾斜主溜井的倾角不应小于 65°。例如，望儿山金矿采区溜井采用 2200mm×2000mm 的矩形断面，溜井井筒倾角为 72°，使用过程中基本没有发生过悬拱堵塞现象。

因此，对于主溜井井筒倾角的设计，要认真研究矿岩散体在一定含水率下的黏结特性和摩擦特性，并结合断面尺寸确定、选取合理的溜井井筒倾角。

3）分支溜井倾角

分支溜井是矿山中多段开采溜井布置时的一种重要结构，根据矿岩散体在分支溜井内的运动特征，以及对主溜井带来的冲击与影响，分支溜井的倾角不宜过大，应以能够保证矿岩散体通过分支溜井完全顺利地以较低的速度进入主溜井为原则，减轻矿岩散体对主溜井井壁的冲击。分支溜井倾角应在对具体矿山的矿岩散体特征进行测定后综合确定。

4）井筒断面尺寸

适当增加溜井断面尺寸，有利于防止溜井中悬拱的形成。

11.3.3 预防堵塞的溜井使用管理思路

溜井运输生产过程中，不当的溜井使用方式，如溜井上口不按设计要求安装格筛、不按规定进行放矿等，都会造成溜井悬拱现象的产生。为避免溜井堵塞后给矿山正常生产带来的不利影响，以及爆破疏通对井壁造成的破坏，矿山生产中须加强对溜井的使用管理，结合矿山溜井的具体特点，形成有效溜井放矿管理制度。同时，还应注意综合采取以下方面的措施，预防溜井产生悬拱堵塞。

1. 严格控制入井矿岩的块度与大块率，避免大块咬合拱的形成

（1）从矿岩生产的源头上，优化巷道掘进和采场落矿爆破方案。必须根据矿岩散体的具体特征，设计合理的爆破技术方案，既可以提高爆破效率，降低爆破成本，又可以改善爆破质量和显著降低大块率。

（2）根据溜井的断面形状与尺寸，在溜井井口增设固定格筛，确保入井矿岩散体内部的最大矿岩块度控制在式（11.29）的允许范围内。格筛孔的尺寸应小于式（11.29）计算的最大矿岩块尺寸的一个量级，并在格筛上方配备冲击式碎石机，对个别大块矿岩进行机械破碎。这样，既能保证卸入溜井的矿岩散体内的矿岩块度不超过规定值，又可以避免采用炸药处理大块对井下通风系统造成的污染。

例如，望儿山金矿在其深部资源开采工程中，根据其生产工艺流程，对于入井矿岩的块度采用了"梯次"控制方式。该矿采用上向分层尾矿胶结充填采矿方法采矿，其中 1、3 号两个高段溜井（-455.00～-350.00m）的设计直径为 2.50m[84]，采场溜井直径分为 1.0m 和 1.2m 两种。在采场出矿时，采场溜井的上方安设了可移动式格筛，严格控制矿岩块度不超过 300mm；在主溜井卸矿站安设了网孔尺寸为 350mm×350mm 的固定式格筛。矿岩块进入主溜井前的块度"倒梯次"控制方式，既保证了主溜井卸矿站的通过能力，又避免了大块矿岩进入溜井可能产生的溜井堵塞现象。

2. 加强溜井的溜放矿管理，避免黏结拱的形成

黏结拱引起的溜井堵塞事故占矿山溜井堵塞事故的比例较高，且疏通处理的难度很大。引起黏结拱的因素较多，矿山实际生产中，应在查明具体矿山溜井内黏结拱形成机理的基础上，采取针对性措施，避免黏结拱的形成。例如，甘肃某镍矿，由于矿物中含有绿泥石等黏土类矿物，经常发生矿石黏结问题，该矿通过完善地表防排水工程、井下及时疏水排水等方式，降低了矿石含水率[303]，对溜井产生黏结拱堵塞起到了良好的缓解作用。因此，为避免井内矿岩散体形成黏结拱，可采取如下具体措施。

1）优化溜井放矿管理制度

矿山溜井的运行过程中，上部卸矿站的卸矿与底部放矿口的放矿对井内矿岩散体的流动特性具有重要影响。当溜井底部停止放矿时，溜井内上部的矿岩散体对下部的矿岩散体持续的重力压实作用，降低了矿岩散体的流动性。溜井井内储存的矿岩散体高度越大，溜井底部停止放矿的时间越长，对溜井底部矿岩散体的压实效果越好，矿岩散体的流动性越差。矿岩散体的结块性及其在溜井内停滞的时间对其流动性的影响很大，当矿岩散体中含有黏土质矿物，或高硫矿石遇水受压后，井内的矿岩散体会黏结在一起，结块性强的矿岩散体在溜井内停滞的时间越长，其形成悬拱、造成溜井堵塞的可能性就越大。

因此，矿山生产过程中，可以通过优化溜井放矿制度的方法加以解决。在降低储矿高度的同时，缩短矿岩在溜井内的滞留时间，可有效克服矿岩散体的重力压实作用。例如，采取缩短放矿间隔时间、适当降低井内储矿高度等方法，避免黏性矿物或粉矿含量大的矿岩散体在溜井内长时间滞留不放矿的情况下，因重力压实作用而造成的二次固结；或是坚持每天每班在溜井底部进行松动放矿，使井内矿岩散体保持一定的松散程度，以提高其流动性。

溜井底部放矿过程中，一旦没有矿岩放出，必须立即停止溜井上部卸矿站的卸矿，查找原因，确认溜井是否产生了悬拱现象。

另外，应尽量避免将喷浆回弹料、废钢筋、导爆管等杂物，尤其是长杆状杂物倒入溜井内。

2）降低入井矿岩的含水率

在特定的溜井结构和矿岩散体块度组成条件下，含水率对矿岩散体流动特征的影响很大，表现如下：含水率在一定范围内，既能增加矿岩散体内部的黏结力，使矿岩散体的流动性变差；也能在矿岩散体内部起到"润滑"作用，减小矿岩散体内部的黏结阻力，使矿岩散体的流动性变好。但当含水率超过一定限值后，水的润滑作用反而使矿岩散体内部的黏结阻力消失，导致矿岩散体出现流体化特征。

溜井内矿岩散体的含水率和内聚力大小对溜井堵塞影响很大[44]，当含水率为 1%～3%、粉矿含量在 11%～17%时，溜井堵塞现象明显减少[36]。例如，某铅锌矿在溜井底部往上约 7m 处发生堵塞，其主要原因是溜井内的粉矿和水分未能得到有效控制，从而造成了矿岩散体黏结[304]。因此，对于粉矿含量较高的矿山，须尽量控制矿岩散体中的含水率，具体措施如下。

（1）将含水率控制在最低限度，使矿岩中的黏结阻力对矿岩散体流动性产生的影响最小。

（2）控制含水率不超过矿岩散体中强结合水与弱结合水的最大含量，使溜井底部放矿时，既不会发生堵塞，又不会发生泥石流。

（3）改善落矿爆破效果，减少矿岩散体中的粉矿含量。这种方法虽然在某种程度上会降低溜井矿岩散体的流动性，但是却能够有效降低水对矿岩散体流动性的影响。优化爆破参数是改善落矿效果的主要措施，需要根据工作面爆破效果，不断调整炮眼布置方式、装药系数、炸药单耗等爆破参数，使爆破后的矿岩散体中粉矿含量不断降低。

粉矿含量较大的矿山，在溜井底部放矿暂时中止前，要尽量减少向溜井内卸入过多的粉矿，尤其是卸入含水率较大的粉矿；矿岩黏结性强的矿山，须测定矿岩散体进入溜井后开始黏结的时间，以确定溜井底部放矿暂时中止期间，溜井底部放矿的间歇时间，以防止矿岩散体在溜井内因滞留时间过长而形成黏结拱。

矿山常用的控制溜井井内矿岩散体含水率的方法有采场排水疏水，增加溜井井口标高等，溜井井壁渗水时可在溜井安全距离外钻凿排水钻孔进行疏水。

3. 降低溜井上部卸矿的冲击夯实作用对井内矿岩流动性的影响

溜井上部卸矿站卸入井内的矿岩块在溜井内迅速下落时，会对井内储存的矿岩散体产生冲击夯实作用，提高井内矿岩散体的密实度，使其流动性降低。矿岩块的质量和下落高度越大，冲击夯实井内矿岩散体的效果越明显，矿岩散体的密实度越大，流动性越差；反之，密实度越小，矿岩散体的流动性会越好。为解决这一问题，可同时采取以下措施。

（1）降低溜井上部卸矿时，矿岩在井内的下落高度，即卸矿高度。

（2）尽量减小进入溜井的矿岩块尺寸，即降低矿岩块的质量。

（3）加强溜井的放矿管理，实现溜井上部卸矿与底部放矿同步进行，能够有效减轻下落矿岩对井内矿岩散体的冲击夯实程度。

正常生产过程中，溜井上部卸矿的同时，溜井底部必须同步进行放矿，并注意控制上部卸矿与溜井底部放矿的速度，使其尽量保持相近，即保持合理的溜井卸矿高度。这样，既能保证上部卸矿的正常进行，又能避免上部卸矿对井内矿岩散体的冲击夯实。例如，望儿山金矿在溜井放矿管理中，为预防大块矿岩进入溜井系统产生的悬拱堵塞现象，除采场溜井和主溜井上口设置不同的格筛，实施"梯次"控制大块外，也在其 1、3 号两个高段溜井（-455.00~-350.00m）的放矿过程中，通过上口卸矿和下口放矿的密切配合，严格控制溜井的卸矿高度，使其保持在 10~15m，有效改善了溜井内矿岩散体的松散度和流动性，避免了上部卸矿，矿岩块下落时对井壁的冲击破坏和对井内矿岩散体的冲击夯实。

除非进行溜井检查，否则禁止放空溜井。特殊情况下出现空溜井卸矿时，当井内的矿岩散体的高度上升到 5m 左右时，溜井底部开始缓慢放矿，使溜井内的矿岩散体表面缓慢上升到合理的高度，以提高井内矿岩散体的松散度和可流动性。

4. 综合研究溜井结构形式与溜放矿岩散体及其特性的相互影响

探索研究适合矿山的溜井结构形式，研究溜放矿岩散体内部矿岩块的粒度组成及分布特征、矿岩块的形状、含水率、黏结性及粉矿含量等因素的影响，改变溜井结构、断面形式和尺寸，将上述因素的相互影响程度降到最低。有研究表明，降低矿岩块度模数[108]、提高溜井放矿口倾角[305]及增大溜井倾角[264]等方法，都可以提高矿岩散体的流动性，反之亦然。

5. 建立基于"卸矿高度"和放矿控制的计算机智能控制系统

在研究具体溜井井内矿岩散体运动过程中，入井矿岩首次冲击溜井井壁区域的基础上，合理确定溜井的卸矿高度；研究重力压实和冲击夯实作用下，井内矿岩散体的松散性变化特征与矿岩散体流动性之间的关系，建立入井矿岩量、卸矿高度与溜井底部放出矿岩量之间的关系模型，并采用计算机智能控制系统，通过监测和控制井内矿岩散体的高度，调整溜井底部的放矿时间和放出矿岩量，减少矿岩散体在溜井内的滞留时间，以确保井内矿岩散体合理的储存高度和松散度。

综上所述，由于各矿山矿岩散体的组成与力学特性存在差异，采矿技术条件与环境条件不同，采矿生产方法与工艺不同，溜井结构不同，因此，应针对矿山的具体情况，研究影响溜井矿岩散体流动特性的因素，采取针对性的防范措施，以有效改善矿岩散体的流动特性。矿山在生产过程中，可以通过缩短黏性矿岩在井内的滞留时间、改善落矿爆破效果、控制矿岩散体中的含水率、调整溜井结构参数、降低冲击夯实作用和减弱重力压实作用等方法，控制矿岩散体的流动性。其具体措施包括井下及时疏水、排水，优化爆破参数，控制储矿高度，加强放矿管理，缩短矿岩在溜井中的停滞时间，改变溜井结构、断面形式和尺寸等。

11.4　溜井疏通方法

矿山生产过程中，溜井系统的正常运转为矿山持续高效生产提供了保障。但溜井堵塞现象的频繁出现[1]，给矿山正常生产带来了严重影响。溜井堵塞后，溜井内矿岩块无法放出，直接影响矿山生产的顺畅进行。

采取各种有效措施，预防溜井堵塞，是保证溜井使用功能得以充分发挥的关键。选择合理的溜井结构，控制入井矿岩块度，制定合理的放矿制度，是防止溜井堵塞的有效措施，但由于各种原因发生的溜井堵塞故障仍难以避免。到目前为止，溜井堵塞后的疏通仍以爆破方案为主，有时疏通工作的持续时间会很长。例如，黑沟铁矿的主溜井系统 2002 年建成投运后，2013 年 5 月主溜井发生第一次井筒严重堵塞，导致整个黑沟矿区停产 25d。在整个溜井井筒堵塞疏通处理的过程中，堵塞位置诊断和堵塞形式判断耗时费力，仅为进行溜井疏通的准备工作，如巷道清理、混凝土封堵及穿孔等工程施工占用的时间近 23d[58]。

因此，在溜井放矿的生产实践中，及时疏通堵塞的溜井，恢复其运输功能，是溜井（尤其是高深溜井）堵塞后亟待解决的问题，为之也形成了许多行之有效的处理方法[306-307]。例如，攀钢的兰尖铁矿[308]堪称我国处理溜井高位堵塞采用方案最多的矿山。该矿山 2 号溜井的 5 次高位堵塞，在其疏通中先后采用了溜井附近药室爆破震动、军用火箭弹、矿用火箭弹、氢气球运载聚能弹、爆破加高压水冲和溜井钻孔扩帮等个多方案。

为避免溜井爆破疏通对井壁产生损伤与破坏，矿山科技工作者研发了许多非爆破疏通方案。例如，肖文涛[309]研究了金山店铁矿采场溜井的堵塞原因后认为，控制入井矿岩散体、确保溜井结构合理和加强溜井溜放管理是防止溜井堵塞的有效预防措施。陈日辉和马晨霞[56]发明了一种结构简单、针对性强、操作方便、安全可靠、效果好、实用性强的溜井堵塞的探测处理装置。蔡美峰等[57]发明了一种以压缩空气为动力源的矿山溜井堵塞的疏通方法及系统，该方法是在溜井进行混凝土支护时，在混凝土中按一定的方式埋入不同规格的管路，管路底部与矿山压风系统相连通。当溜井堵塞后，负责溜井下部放矿的放矿工通过开启压风管路上的阀门，利用压缩空气释放的动能，破坏"拱脚"，或是将压缩空气压入结拱的矿岩散体内，安全、便捷地实现对堵塞溜井的疏通，有效避免了传统爆破和水冲疏通溜井方式带来的安全隐患。

对于高深溜井堵塞后的疏通处理，吕向东[310]通过对黑沟矿高深溜井井筒堵塞事故的观测发现，井筒中拱的形成和破坏交替出现，导致矿岩在溜井底部放出时呈现出了波动特征，他归纳总结出了高深溜井井筒中的矿岩移动存在阶段性移动、连续性移动、变速变向全断面移动和变速变向局部断面移动的规律，并认为这一规律是造成溜井井筒堵塞、片帮、磨损、矿岩分级混合等现象的重要原因。在此基础上，吕向东提出了井筒黏结拱堵塞的处理技术、新建溜井井筒结构设计的建议和预防堵塞的措施，为防范高深溜井的井筒堵塞事故开拓了思路。张万生等[51,58]分析了黑沟矿区的矿岩散体在高深溜井中黏结成拱的条件和成因，提出了基于阶段流控制的高深溜井黏结拱堵塞的预防途径和方法，即一旦发现井内矿岩滞留，应立即停止出矿，利用间歇性强制出矿的方法，在下部储矿段创造新的阶段流，使溜井空腔内产生强烈的空气扰动，破坏井内矿岩散体形成的临时平衡拱，可有效避免在高深溜井垂直全断面阶段性移动区黏结拱的产生；并针对井筒的疏通，提出了结合堵塞位置和堵塞形式，依靠双孔模式，采用"破拱脚"和"爆震"处理方法，用"水浸"方式完成破拱，消除高深溜井井筒堵塞的方案。

Hadjigeorgiou 和 Lessard[55]针对加拿大矿山溜井的堵塞问题，从溜井的设计与管理角度，提出了根据溜井的堵塞类型，选择最合适的溜井疏通技术的策略；同时，也列举了加拿大矿山溜井疏通的常用方法，如表 11.5 所示。

表 11.5　加拿大矿山溜井疏通的常用方法[55]

方法分类	疏通方法	方法评述
水疏通法	从堵塞部位上方或堵塞处注水	适用于疏通黏结拱堵塞，效率较低，易产生"泥石流"
	从堵塞部位下部冲水	
爆破疏通法	近距离钻孔爆破大块	适用于疏通咬合拱堵塞，易对井壁及井筒附近设施造成破坏，爆炸烟尘不利于加快疏通
	远距离钻孔爆破大块	
	空气动力装置送药爆破法	
	采用铝质、PVC 或木质杆推送炸药爆破	
机械疏通法	用破碎机把堵塞部位咬合的大块打碎	适用于疏通咬合拱堵塞，增加成本和工作危险性

图 11.15 给出了表 11.5 中，采用铝质、PVC 或木质杆推送炸药爆破的具体装置结构与原理。

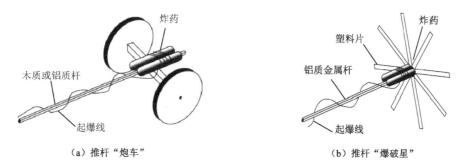

（a）推杆"炮车"　　　　　　　（b）推杆"爆破星"

图 11.15　炸药推杆输送装置[55]

我国的矿业科技工作者在长期的工作实践中，针对不同形式的溜井堵塞，形成了不同的行之有效的疏通方法，如表 11.6 所示。

表 11.6　我国常用的溜井疏通方法及其特点[35]

方法	处理方式	应用特点
撬动法	放矿口或距放矿口非常近的位置堵塞且堵塞不严重时，可用长撬杆进行处理	不破坏溜井结构；安全风险大，劳动强度大
爆破法	距放矿口较近时用接杆法将药包送至堵塞处，较远时用氢气球吊药包至堵塞处或采取发射火箭弹方式进行爆破；悬拱的位置距其上部矿岩散体面厚度不大时，直接在矿岩散体面上放置药包进行爆破处理	可反复处理，成本较低；安全性差，可靠性低，对井壁破坏大
压气法	管道从放矿口进入溜井，并使管口尽量靠近悬拱拱脚，或是从物料上面打入钢管，或是采用文献[57]的方法在溜井井壁中预置钢管，利用压缩空气破坏悬拱的拱脚，增强物料的流动性	不破坏溜井结构，可靠性高，安全风险小；处理成本较高
钻孔法	在悬拱上方附近巷道，利用钻机施工斜孔或直孔，或采用钢管打入法形成导孔，使细钢丝绳从中穿过，将炸药提升至悬拱处进行爆破；采用钻机直接在堵塞料层中钻孔并上下疏通	处理成本较低，可靠性高，处理时间短；钻孔质量要求高，难度大
灌水法	从溜井上口向溜井中放水，利用水的润滑作用减小物料之间的摩擦力和黏结力，使悬拱在重力作用下得到破坏	处理成本低，可靠性高；时间不易掌握，安全风险很大，易形成泥石流
溜井取料法	从溜井上口将悬拱上的矿岩散体取出，当悬拱上的矿岩散体的厚度减小到一定程度后再进行处理	不破坏溜井结构，可靠性高；安全风险大，处理时间长
巷道掘进法	在距离悬拱较近的地方掘进井巷工程，至悬拱处进行处理	安全性和可靠性高；处理成本高，时间长

根据现有文献成果，对于溜井堵塞问题及其处理方法的研究，目前主要聚焦在溜井中矿岩散体的流动特性、溜井的结构设计、矿岩最大块度与溜井直径的匹配关系、溜井施工质量与生产管理等方面。针对溜井堵塞后的疏通形成的各种方法，为恢复溜井的使用功能起到了积极的作用。但是仍存在不足之处，如溜井堵塞的机理不明，堵塞部位很难侦测，难以形成针对性强和快速有效的疏通方案。

因此，从溜井设计和生产管理角度进行溜井堵塞预防，采取相应措施，避免堵塞问题发生，研究非爆破溜井疏通方法，仍是未来解决溜井堵塞问题的重要工作内容。

本 章 小 结

溜井堵塞现象是溜井放矿过程中频繁发生的问题之一，正确预防溜井堵塞问题的发生，对于保障矿山生产的顺畅进行和防范井筒疏通工作的安全风险意义重大。研究不同类型溜井堵塞的影响因素与机理，有助于从溜井设计上采取合理的设计方案，从溜井的使用管理上采取相应的针对性措施，有效预防溜井堵塞问题的发生。本章基于溜井堵塞的 3 种类型，分析了溜井堵塞产生的原因，并在机理分析上进行了尝试，提出了溜井工程的设计理念与使用管理的具体思路，总结了溜井堵塞的疏通方法。本章主要研究成果如下：

（1）溜井堵塞是放矿过程中井内矿岩散体流动中止的悬拱现象，受多种因素综合作用的影响。溜井的堵塞现象有大块咬合拱和粉矿黏结拱两种类型，从堵塞的部位上表现为井筒的堵塞和底部结构的堵塞。

（2）咬合拱形成的概率取决于进入溜井的大块矿岩所占的比例、矿岩块度相对于溜井井筒及其出口的尺寸大小、矿岩块的形状及溜井中矿岩散体运动的速度分布情况等。

（3）黏结拱形成的概率与矿岩物理力学性质及其在溜井中的流动状态有关。黏结拱的形成是由于溜井中粉矿的黏着力引起的，进入溜井的矿岩粒度分布特征、粉矿含量、矿岩含水率、黏结性、黏结密度和内摩擦角等也对黏结拱的形成影响较大。

（4）管状流动约束现象是粉矿含量较大、黏结性较高的矿山不容忽视的问题，溜井放矿过程中易形成"管状流动死区"，使溜井直径变小和矿岩通过量降低，引起井筒堵塞的可能性增大。

（5）根据溜井堵塞现象产生的机理，溜井设计时，研究溜井所运输的矿岩散体的物理力学特性及其对散体流动性的影响，研究散体流动特征与溜井结构形式与断面尺寸的匹配关系，研究溜井上部卸矿对井内矿岩散体的冲击夯实特性和井内矿岩散体的重力压实特性，以及冲击夯实与重力压实对井内矿岩散体的流动性的影响，以选择适合的溜井结构形式与断面尺寸，有利于从源头上防范溜井堵塞的发生。

例如，采取主溜井+采区溜井相结合的溜井系统布置方案，能够有效降低溜井段高，进而降低上部卸矿对井内矿岩散体的冲击夯实程度，有利于改善井内矿岩散体的流动性；同时，也能降低卸矿冲击对井壁的损伤破坏程度，有利于延长主溜井的使用寿命。

再如，适当增大溜井的断面尺寸，既有利于降低粉矿含量高或黏性矿岩在溜井中产生悬拱的可能性，也有利于提高溜井的储矿能力。

（6）采取有效措施，控制入井矿岩散体的最大块度、含水率，降低其粉矿含量，缩短矿岩在井内的滞留时间，定期定时进行底部放矿以保持井内矿岩散体的流动性（或松散特性），是溜井日常使用管理中预防溜井堵塞的有效方法。

例如，建立基于"卸矿高度"和放矿控制的计算机智能控制系统，溜井上部卸矿的同时，保持溜井底部的正常放矿，使上部卸矿量与底部放矿量尽量保持相同，实现卸矿高度的合理控制，能够避免上部卸矿对井内矿岩散体的冲击夯实。

（7）由于受到多种因素的相互制约，生产中很难做到完全避免溜井堵塞问题的发生。疏通工作是溜井井筒堵塞后，矿山为恢复其使用功能必须完成的工作，存在费时、费力和很大的安全风险。研究和弄清溜井堵塞的机理，建立从设计到日常使用管理全流程的溜井堵塞预防机制，研究安全可靠的溜井疏通技术方案将是一项长期的工作。

第 12 章　溜井井筒变形破坏的预防机制

溜井井筒的变形破坏问题是矿山溜井系统应用过程中的又一重大问题。引发溜井井壁变形破坏的原因较多，其中，井内矿岩运动对井壁的冲击与摩擦是造成井壁变形破坏的主要和根本的原因。采取有力措施防范井壁变形破坏，延缓井壁变形破坏的速度，确保溜井系统在其服务寿命周期内的可靠使用，对于保障矿山生产的顺畅进行意义重大。本章将在已经取得的研究成果的基础上，针对溜井系统复杂使用环境下发生失稳破坏的现实问题，提出预防井壁变形破坏的溜井结构设计的理念和井壁加固与修复的方法，为溜井工程的设计与加固、使用管理提供指导。

12.1　溜井井筒变形破坏的机理

溜井工程实践中，由于工程围岩物理力学特性不同、地应力特征差异和溜井设计与施工、使用与管理方面的原因，许多溜井发生了不同程度的变形破坏现象，给矿山的正常生产带来了严重影响。

例如，我国西藏的甲玛铜多金属矿[7]，该矿一期工程规模为 6000t/d，采用汽车+采场粗碎站+平硐+主溜井开拓运输系统。一期工程的 2 号主溜井设计为垂直溜井，溜矿段净直径 3.5m，储矿段净直径 6.0m，溜井井深 215m。该溜井原设计 0~40m 溜矿段井筒采用钢筋混凝土支护，剩余溜矿段井筒为"裸井"，溜井矿仓采用锰钢板衬砌支护。2 号主溜井自 2012 年 1 月投入使用，到 2012 年 6 月 12 日报废，仅服务不到半年时间，其间共计发生溜井堵塞 50 余次，曾采用多种处理方式，但未能从根本上解决问题。

溜井的变形破坏是多因素耦合作用的结果。在诸多因素中，矿岩运动过程中对井壁产生力的作用，是导致井壁产生变形破坏的根本原因。从能量守恒的角度看，矿岩在溜井中运动并对井壁产生冲击和摩擦损伤的过程，是一个能量转换与耗散的过程，矿岩进入溜井后，矿岩块所具有的重力势能是矿岩能够产生运动或移动，并对溜井井壁产生冲击剪切和摩擦损伤的能量之源。矿岩在运动过程中，重力势能不断转换为运动动能，使矿岩运动不断加速。当矿岩与井壁接触并产生力的作用时，对溜井井壁产生了冲击、剪切或摩擦，矿岩携带的一部分能量转换为其与井壁的作用力，结果是对溜井井壁结构带来损伤和破坏，最终导致溜井井筒变形、失稳和垮塌现象发生；另一部分能量则改变了矿岩的运动方向，并使矿岩产生新的运动。

矿山连续生产的过程中，溜井工程长期处于复杂恶劣的使用环境下，井壁受到反复的载荷作用，尤其是大块矿岩在溜矿段下落时对井壁反复冲击，很容易使井壁产生损伤破坏，进而发生垮塌事故[86]。相同的溜井结构条件下，矿岩散体的冲击剪切作用对溜井井壁结构的损伤破坏程度要远大于摩擦作用产生的损伤破坏程度。分析国内外溜井变形破坏案例，导致溜井井壁失稳破坏的诸因素中，矿岩散体的冲击剪切作用是最主要的，对溜井的使用寿命起着绝对性的影响作用。

溜矿段井筒中，由于矿岩卸入溜井时有一定的卸载角度，因此矿岩散体具有一定的初始运动方向，当矿岩散体与井壁接触时，矿岩散体的动能可分解为水平分量和垂直分量。动能的水平分量对溜井井壁产生的作用效果为冲击破坏，垂直分量则表现为剪切（或切削）破坏。由于矿岩的重力作用，动能的垂直分量要远大于水平分量，因此矿岩散体对溜井井壁的剪切破坏作用远大于冲击破坏作用。

溜井储矿段井筒中，矿岩散体与井壁之间的摩擦力与矿岩散体提供给溜井井壁的侧压力密切相关。假设溜井储矿段内储存的矿岩散体为散体柱，忽略矿岩散体的黏聚力和内摩擦力的影响时，溜井某一截面处井壁承受的矿岩散体的压力源于该截面以上矿岩散体柱的自重应力，其大小与该散体矿岩散体柱的高度密切相关。1895 年，Janssen[99]在对粮食仓储问题进行研究时，推导出了著名的 Janssen 公式，认为某一水平面井壁所受的侧压力与该平面的垂直压力成正比。到目前为止，该理论仍作为溜井系统设计的重要准则之一。但是，由于溜井运输矿岩的性质不同于粮食，因此在不同现场条件下，井壁的磨损破坏不仅与井壁所受到的侧压力有关，也与储矿段内矿岩散体的移动特性相关。井壁的磨损特性与溜井运输矿岩的物理力学特性、井内储矿高度和井壁的坚固性（耐磨性）有关。

12.2　溜井井筒变形破坏问题防范思路

12.2.1　预防井筒变形破坏的溜井结构设计理念

溜井运输过程中，矿岩散体对井壁的冲击与磨损是造成井壁变形破坏的非常重要的原因。由于这种原因导致的溜井井壁变形破坏的机理与特征主要表现在以下几个方面。

（1）溜井高度越大，矿岩卸入溜井时具有的势能就越大，由此引发的矿岩冲击溜井井壁时的动能越大，对井壁造成的破坏作用也越大。

（2）运输矿岩的硬度越大，矿岩所具备的抵抗外力破坏的能力越强。当矿岩的强度大于井壁支护体（或加固体）的强度时，矿岩块在溜井内的运动过程中一旦与井壁产生碰撞，其结果是井壁吸收矿岩块的冲击动能，使自身强度受损并产生破坏，碰撞时，矿岩块在井壁反作用力的作用下产生反向运动，且再次运动的初始动能减小，降低了矿岩块的运动速度并改变了其运动方向。

这种特征还表现在井壁支护衬体（或加固体）的强度越小，井壁吸收矿岩块冲击动能的能力越强，抵抗外力破坏的能力就越差；反之，则相反。

（3）溜井井内矿岩散体运动方向的突然改变，会对其运动方向拐点处的井壁结构产生较强的冲击与剪切作用，最终导致井壁及其加固结构严重受损。这种冲击与剪切的程度同样与矿岩块的强度和井壁支护衬体（或加固体）的强度有关，同时也与矿岩散体运动的速度大小、运动方向与井壁面法向夹角的大小有关。

矿岩散体运动方向与溜井井壁面法向夹角的大小，对井壁破坏的影响主要表现如下：夹角越小，矿岩散体冲击作用在井壁上所产生的法向力分量越大，而切向力分量越小，井壁的破坏则以矿岩的冲击破坏为主，剪切（磨损）破坏为辅；夹角越大，矿岩散体作用在井壁上产生的法向力越小，而切向力越大，井壁的破坏则以剪切（磨损）破坏为主。冲击与剪切两种破坏形式的共同作用加剧了井壁的受损程度，这些破坏首先是在矿岩冲击井壁的冲击点产生并不断扩大的。

溜井结构设计是保证溜井安全、正常生产的关键之一。合理的溜井结构，简单地说，就是在溜井井筒满足溜矿和储矿的条件下，井筒不堵塞、不片帮、不塌方，且能够控制对井壁的磨损，使其在服务年限内可靠地正常放矿。针对溜井使用过程中产生的上述破坏特征，本节提出溜井工程结构设计时应遵循的理念与原则，供读者讨论。

1. 溜井内矿岩运动的方向不变性原则

无论是垂直主溜井还是倾斜主溜井结构，均应保证矿岩散体在溜井内的运动方向不发生改变，尤其是不发生突然改变。这与河道转弯时河水会产生对河岸的冲击一样，溜井内运动的矿岩散体一旦改变其运动方向，同样也会对溜井井壁产生冲击。冲击力的大小与矿岩散体流动时具有的动能大小密切相关，动能越大，产生的冲击力就越大，对井壁的破坏力也越强。

因此，溜井设计时应能保证溜井中矿岩运动方向不发生改变，以避免因矿岩运动方向的改变而造成的矿岩块对溜井井壁的冲击与磨损。

2. 倾斜主溜井原则

与垂直主溜井相比，倾斜主溜井有其独特的优势，集中表现在倾斜主溜井能够有效改变矿岩在溜井内的运动方式。

矿岩块在垂直主溜井中的运动方式为一种落体运动，当矿岩块具有一定的初始方向时，在其下落过程中会产生与井壁"碰撞"或是矿岩块之间的"碰撞"，然后继续下落并继续产生"碰撞"，经过 2～3 次"碰撞"后垂直落入井底。当矿岩块的初始运动方向与井壁法向间的夹角较大时，矿岩块的下落近似于自由落体运动，随着矿岩块具有的势能不断减小，其动能在不断增加，最后对井壁或井内储存的矿岩散体产生很强的冲击，或是造成井壁材料的损伤，或是造成井内储存的矿岩散体被夯实。

在倾斜主溜井内，矿岩散体进入溜井后的运动方式主要是组成散体的矿岩块沿溜井倾斜方向的滚动、跳动或滑动等，矿岩块具有的势能很小，因此也不可能产生较大的运动动能，其速度也不会很大。当散体内的矿岩块与井壁产生"碰撞"时，对井壁产生的破坏力也较小。因此，当采用倾斜主溜井结构或布置方式时，对溜井的支护与加固要求也较低。

但是，倾斜主溜井的设计与使用有一定范围，如倾角过大，井内的矿岩散体运动会产生与垂直主溜井内矿岩运动相似的特点；倾角过小，矿岩散体运动的阻力增大，流动性变差，又会影响溜井的放矿效果。

3. 短溜井原则

自然界的岩体中分布了大量的构造、节理和裂隙，这些地质弱面的存在大大削弱了岩体的强度。溜井的长度越大，穿越的地质弱面越多。最大限度地降低溜井的高度，能够有效减少溜井井筒穿越地质弱面的数量，提高井筒围岩的整体强度，同时，也能够有效减小矿岩块从上部卸矿站进入溜井中时所具备的势能，从根本上减小矿岩冲击溜井井壁时的冲击能量，削弱矿岩冲击溜井井壁时对井壁的破坏强度。

4. 无分支溜井原则

金属矿山的多分段开拓方式中，分支溜井有效解决了多阶段同时出矿的难题，也为矿山单阶段生产时，生产阶段转段后的下一阶段生产的矿、废石溜井运输提供了便利。但是，分支溜井的存在，一方面为溜井的放矿管理带来了麻烦，表现为上部溜井不能及时封闭，卸矿时产生的大量粉尘严重影响了矿井的空气质量；另一方面，为溜井使用的可靠性与安全性带来了威胁。例如，加拿大金属矿山的溜井生产实践证明[152]，虽然很难区分溜井井壁破坏的原因是冲击、磨损还是井壁岩体结构存在的缺陷，但是井壁变形破坏的区域主要分布在分支溜井与溜井的交叉点处。

因此，取消溜井结构的分支溜井布置形式，从其使用功能方面来讲，对于实现多阶段放矿带来了不便，但对于降低溜井的破坏程度和延长溜井的服务寿命却十分有利。权衡利弊，应以确保溜井在其服务期内井壁的稳定性为目标，改变溜井的结构形式，采取灵活布置采区溜井的方式，达到降低主溜井高度和取消分支溜井的目的[17]。

5. 寿命周期设计原则

根据溜井服务期内承担的矿岩运输任务，研究并建立以矿岩通过量为标准的溜井设计寿命周期计算方法，合理确定溜井的服务寿命，实现溜井功能发挥与施工维护成本的最优匹配，既可以确保溜井能够安全可靠地完成其设计通过量，也可以解决溜井的过度支护问题，避免由于对溜井井壁的过度支护所引起的工程施工难度加大、工程成本增加等一系列问题。

6. 无支护设计原则

在工程围岩质量允许的情况下，提倡溜井不进行任何方式的支护。这一原则的使用取决于溜井位置及溜井穿越的岩体质量的好坏，取决于矿岩强度与岩体强度之间的关系。溜井工程围岩体的总体质量越好，尤其是其完整性越好、强度越高，围岩抵抗变形破坏的能力越强。在这种情况下，"裸井"井壁（即井筒无支护）的抗冲击与耐磨擦能力，要优于以混凝土材料为代表的人工材料井壁。

在下列情形下，均可以考虑采用无支护溜井方案。

（1）设计通过量较大，服务年限较长，但围岩完整性好，节理裂隙不发育的采区溜井。

（2）设计通过量较大，服务年限较长，围岩节理裂隙较发育，但卸矿高度不大，有设计和布置备用溜井空间位置的采区溜井。

（3）设计通过量不大，服务年限较短，且围岩条件相对较好的采区溜井或采场溜井。

（4）设计通过量不大，服务年限较短，围岩条件相对较差，但有设计和布置备用溜井空间位置的采区溜井或采场溜井。

总之，溜井无支护设计原则的应用一定要因地制宜，要认真研究溜井工程围岩的工程地质与水文地质条件，研究溜井区域及溜井井筒穿过围岩的节理裂隙发育情况，研究矿岩强度与溜井围岩体强度之间的关系，研究溜井工程布置与相邻工程之间的空间位置关系。

12.2.2 井筒变形破坏的设计与施工预防思路

尽可能选择岩石硬度大、节理裂隙不甚发育的围岩地段，作为溜井工程布置的首选位置，对于提高井壁抵抗能力具有良好的作用。同时，在溜井工程设计与施工过程中，也要注意汲取其他矿山溜井工程设计与施工中的经验教训，不断优化设计与施工方案，以防范井筒变形与破坏问题的发生。

1. 优化溜井结构

为延长溜井的服务年限，汪小东[124]基于甲玛铜多金属矿溜井工程区域岩体结构面发育、风化带厚度大的工程实际条件，以及传统溜井上部卸载坑结构在矿石冲击载荷作用下易发生破坏垮塌的特点，提出了平底结构卸载坑与小直径聚矿漏斗相结合的新型溜井结构，传统溜井与新型溜井卸矿结构分别如图 12.1 和图 12.2 所示。图 12.2 所示的平底结构卸载坑在卸矿站卸矿时，能够在其底部形成矿岩散体的堆积体，利用该矿岩散体堆积体的缓冲性能，能够减小矿岩对卸载坑的冲击与磨损，降低矿岩进入溜井的初始速度。中心落矿漏斗的采用，能够改变传统卸载坑下矿岩进入主溜井时的初始方向，使矿岩尽量从溜井中心部位落入溜井，减少矿岩冲击井壁的概率。

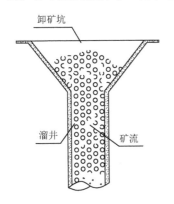

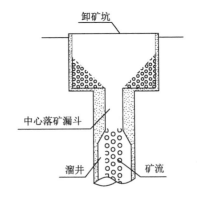

图 12.1 传统溜井卸矿结构[124]　　　　图 12.2 新型溜井卸矿结构[124]

为确定中心落矿漏斗的设计参数，汪小东[124]采用 PFC3D 数值分析软件，以矿岩最大块度不大于 500mm、矿岩散体自然安息角 40° 和容积为 10m³ 的固定式矿车卸载为条件，建立数值分析模型。通过数值模拟计算，结合溜井断面不小于最大入井矿岩块尺寸 3~4 倍的条件，得到了中心落矿漏斗的断面为 2m×2m，高度为 2m。中心落矿漏斗加固采用钢筋混凝土结构，内壁安设耐磨衬板。

崔传杰和王鹏飞[125]探讨了主溜井结构形式及支护加固方式，提出了分段控制式卸载

（图 12.3）和在分支溜井井口附近设置缓冲坑（图 12.4）等减缓矿石流冲击井壁的防范措施方案。潘佳和王晓辉[127]针对获各琦铜矿 1 号主溜井围岩破碎风化严重易塌方，以及矿石易风化且风化后黏性增强的特点，通过现场多方案实验，最终采用了圈梁挂设锰钢衬板支护方案。魏超城等[129]为防止新疆阿舍勒铜矿高应力膨胀岩石条件下，溜井发生井壁变形、垮塌堵塞等问题，提出了以 200mm×200mm 网度焊接双层钢筋网片为配筋，外衬钢轨，500mm 厚度 C30 混凝土为井壁结构，U 字形钢拱圈和锰钢板等组合加固的矿石溜井设计方案，现场应用效果表明该方案对井壁剪切破坏和垮塌起到了较好的预防作用。

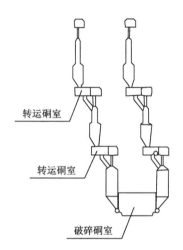

图 12.3　分段控制式卸载[125]

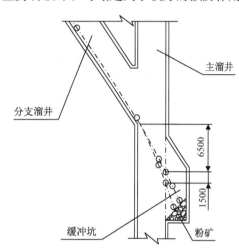

图 12.4　溜井中的缓冲坑[125]

2. 选择合理的分支溜井倾角 α

结合溜井溜矿段中的矿岩运动规律的研究成果，分支溜井倾角 α 对组成矿岩散体的矿岩块进入主溜井的瞬时速度大小与方向均有较大影响。α 的增加，散体内的矿岩块进入主溜井时的初始速度增大，有利于延长矿岩块进入主溜井后到与井壁产生碰撞的距离，使冲击点的位置下降，但同时也增大了矿岩块冲击井壁时的动能；随着 α 的减小，散体内的矿岩块进入主溜井时的初始速度减小，碰撞位置距矿岩块进入溜井的距离减小，使冲击点的位置升高，冲击井壁时的动能随之减小。但当 α 减小到矿岩散体的自然安息角以下时，分支溜井中的矿岩散体将不会发生向主溜井井筒方向的运动。

溜井设计与施工时，选择分支溜井倾角 α 时应着重考虑以下问题。

（1）以降低散体内的矿岩块对井壁冲击的动能为原则，尽量减小矿岩块进入主溜井时的初始速度，降低矿岩散体冲击井壁的强度。

（2）分支溜井倾角 α 应不小于矿岩散体的自然安息角，以保证进入分支溜井中的矿岩散体，能够以最小的速度顺利地自然流入主溜井井筒之中。

（3）尽量保证分支溜井底板平整，或采取适当的支护措施，减小矿岩散体在分支溜井中的运动阻力，避免因矿岩散体在底板上积存而减小分支溜井的断面面积。这一措施也有利于降低分支溜井倾角。

基于上述问题，在溜井设计前，应对矿岩散体的自然安息角和流动性进行测定，并以测定结果为基础，结合矿岩散体的流动性，按增加 5°～10° 的角度确定分支溜井的倾角 α。矿岩散体流动性好时 α 取小值，流动性差时 α 取大值。当矿岩散体的粉矿含量高、黏性大时，可取更大值，以保证矿岩散体能顺利进入主溜井。

3. 降低入井矿岩块的尺寸

矿岩块进入溜井时具有的重力势能是矿岩块在溜井中运动的能量之源，其大小与矿岩块的质量和下落高度成正比。当矿岩块的下落高度一定时，矿岩块的质量越大，具有的重力势能越大，转换为冲击井壁的动能也越大。减小矿岩块的质量，能够有效降低矿岩块的重力势能。因此，减小进入溜井的矿岩块尺寸，对于最终弱化矿岩块对井壁的冲击力、减轻对井壁的冲击破坏程度意义重大，也能对预防大块咬合拱产生的井筒堵塞起到良好的作用。

在矿山生产实际中，溜井运输的矿岩主要来源于井巷工程掘进产生的废石和采场采出的矿石，爆破破岩是形成这些矿岩散体的主要方式。矿岩块的尺寸大小除受工程地质条件的影响外，矿山生产爆破技术水平的影响也不容忽视。可通过调整爆破参数、进行采场二次破碎或在溜井上部卸矿站控制入井大块尺寸等方式，减小入井矿岩块的最大尺寸。

4. 选择合理的加固方式

合理的加固方式能够提高溜井井壁的稳定性，即提高井壁的抗冲击与抗磨损性能，使井壁在矿废石的冲击与磨损下能够长时间地保持稳定，以延长溜井的使用寿命，确保溜井系统在其设计服务年限内可靠使用，不发生能够导致溜井报废的井壁变形破坏现象。

5. 改变矿岩块进入溜井时的运动特征

合理的溜井结构，能够显著改善矿岩散体内部矿岩块在溜井中的运动状态，减小其与溜井井壁产生碰撞的概率，同时，也能减小散体内矿岩块进入溜井井筒时的速度，减小对井壁的冲击强度。

根据散体内矿岩块与井壁发生碰撞的运动学原理，溜井工程设计时，可以采取以下措施，以减小碰撞发生的概率。

（1）增大矿岩块进入溜井井筒时初始运动方向与水平面的夹角。

（2）减小矿岩块进入溜井井筒时的初始速度。

（3）增大溜井井筒的直径。

6. 溜井施工

在溜井施工方法选择上，应多采用非爆破开挖方式形成溜井，避免或降低爆破对溜井井壁围岩的损伤。

高应力围岩条件下，研究溜井围岩的应力释放技术、高应力围岩条件下的溜井支护方案是深部采矿必须解决的问题。

12.2.3　溜井使用与管理中预防变形破坏思路

溜井使用与管理过程中,采取有效措施,减小散体内矿岩块与溜井井壁发生碰撞的概率,是减轻溜井井壁受冲击破坏的重要途径。可以通过降低井内的卸矿高度、减小入井的矿岩块度等措施,降低井筒的变形破坏程度。

1. 降低卸矿高度

如图 12.5 所示,溜井井筒内,井内矿岩散体表面至矿岩进入溜井井筒中的位置之间的距离即为卸矿高度 h。

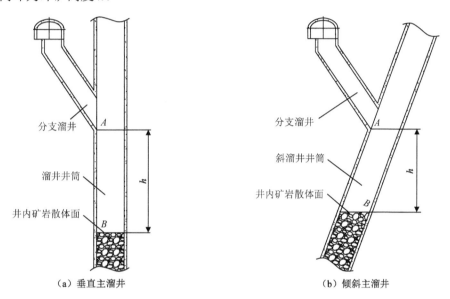

(a) 垂直主溜井　　　　　　　　　(b) 倾斜主溜井

图 12.5　溜井中的卸矿高度

在卸矿高度 h 范围内,矿岩散体在溜井内的运动呈斜下抛运动特征。第 3 章采用运动学的相关理论,推导出了矿岩块在倾斜主溜井溜矿段中运动时,与溜井底板产生第一次碰撞的位置方程,如式(3.15);在垂直主溜井溜矿段中运动时第一次与井壁产生碰撞的位置方程,如式(3.25)。基于这两个方程,可建立避免矿岩块与溜井井壁产生碰撞的最大卸矿高度计算公式,分别如下。

当主溜井井筒为倾斜溜井时,最大卸矿高度 $h_{\max}$ 的计算公式如下:

$$h_{\max} = D\sin\beta\left[\tan\alpha + \frac{D\sin\beta}{4h\cos^2\alpha\left(1-\dfrac{\mu}{\tan\alpha}\right)}\right]$$

当主溜井井筒为垂直溜井时,最大卸矿高度 $h_{\max}$ 的计算公式如下:

$$h_{\max} = D\tan\alpha + \frac{1}{2}g\left(\frac{D}{v_1\cos\alpha}\right)^2$$

式中,各参数含义同第 3 章。

因此，在溜井运行管理中，严格控制溜井底部的放矿速度，建立溜井内矿岩散体的储存高度与底部放矿的联锁控制机制，严格控制溜井的卸矿高度小于 h_{max}，可有效避免散体内矿岩块对溜井井壁的冲击，进而降低对井壁的破坏程度，减小对井壁稳定性的影响。

2. 溜井疏通

溜井堵塞后的爆破疏通方案是国内外应用最广泛的溜井疏通方案，但由于堵塞位置不明、炸药安放位置难以掌控等问题，多数情况下爆破疏通对溜井井壁也造成了严重的损伤与破坏；采用"水浸"方式完成破拱，会弱化已经破坏的井壁围岩的强度，对井壁稳定性产生严重影响。

因此，预防溜井堵塞问题的产生和研究非爆破疏通方案，是在溜井放矿实践中需要长期关注和解决的又一问题。

12.3 溜井井壁加固与修复

采取合适的加固方案，是延长溜井服务寿命的重要举措。为提高井壁支护材料的强度与耐久性，延长溜井服务寿命，在溜井支护与加固工程的设计与实践中，科技工作者根据不同的工程围岩特点与溜井布置方式，研发了许多以混凝土为基材的溜井支护与加固方式，如钢轨加固[85,128]、锰钢板与混凝土相结合的整体加固[84]、锰钢板加固[127]和喷射混凝土、锚杆与柔性筋支护技术等[22]，这些加固方式虽然未能从根本上解决溜井井壁的变形破坏问题，但对提高溜井工程的稳定性和可靠性起到了良好的作用。本节根据工程实际应用情况，重点介绍几种井壁加固方案与井筒修复方案。

1. 主溜井及矿仓的复合加固实例[84]

1）主溜井及矿仓加固设计

某黄金矿山主溜井及矿仓系统工程主要由卸矿站、溜井矿仓、矿仓底部结构（放矿漏斗部分）和溜井检查平巷等构成。1、3 号主溜井的卸矿站设在−350.0m 中段，溜矿段井筒净直径为 2.5m，支护高度为 77.8m（−430～−352.2m 标高，−352.2m 以上为卸矿站的卸载坑）。矿仓净直径为 3.5m，除底部结构外，矿仓井筒段支护高度为 16m（−446～−430m 标高，−446m 以下为矿仓底部结构）。2 条溜井的溜矿段与矿仓部分设计采用混凝土支护方式，支护厚度为 300mm，混凝土强度等级为 C20。另外，矿仓采用厚度为 20mm 的锰钢板（16Mn）整体加固，高度为 16m。

这 2 条溜井分别在−430.0m 和−390.0m 标高设有溜井检查平巷，检查平巷通过联络巷与外部车场相连通。

2、4 号短溜井（矿仓）的卸矿站设在−430.0m 段。井筒净直径为 4.0m，支护厚度为 300mm，采用锰钢板（16Mn）整体加固的高度为 13.8m。

4 条溜井上口卸矿站的卸载坑高度均为 2.2m。

溜井及矿仓井筒的支护断面设计如图 12.6 所示。1、3 号主溜井与矿仓过渡处及检查平巷加固设计如图 12.7 所示。

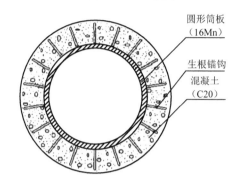

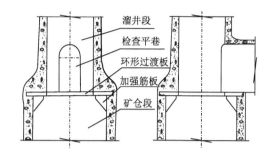

图 12.6 溜井及矿仓井筒的支护断面设计[84]　　图 12.7 溜井井筒与矿仓过渡处及检查平巷加固
设计[84]

矿仓底部结构下口为一矩形，上口与圆形井筒部分相接时，采用内接圆直径与矿仓直径相同的正八边形连接。

2）加固施工设计

（1）圆形筒板加工。首先，根据锰钢板的宽度确定圆形筒板的加工高度，并将锰钢板用卷板机冷弯卷曲成圆筒。其次，以保证圆筒板纵向剖分后不变形为原则，采用角钢在圆形筒内部焊接内支撑。再次，将锰钢板圆筒纵向等分剖开，并对剖开位置采用气割割出焊接坡口。剖分时，可根据施工需要将圆筒剖分为 2～4 部分，其中一条剖分线为卷板时的对焊部位。最后，按设计与施工要求焊接生根锚钩及吊装环。

（2）矿仓及溜井加固施工方法与步骤。矿仓加固时，在先行完成皮带道和放矿口部分支护施工后，即可进行矿仓底部结构的加固施工。

第 1 步，矿仓底部结构施工。首先，将组成底部结构的 8 块锰钢板（厚度为20mm）下放到工作面，按各自的设计位置摆放并焊接固定在提前安装在围岩中的直径为 36mm 的圆钢上；其次，按设计要求将 8 块锰钢板焊接为一体，形成矿仓底部结构形态；最后，在锰钢板与岩壁之间按规范浇筑混凝土，直至浇筑结束。

第 2 步，将第一层锰钢板圆筒的各组成部分下放到矿仓工作面，按圆筒剖分时的位置将其拼装并重新焊接成圆筒。将圆筒吊起，按设计中心位置将圆筒找平找正，并将其与底部结构的锰钢板焊接。对两者没有接触的部位，在圆筒外侧用钢板进行密闭焊接，并进行混凝土的浇筑。当浇筑至距该层圆形筒板顶部约 100mm 时，停止浇筑，进行第二层圆形筒板的组装与焊接。

第 3 步，在第二层圆筒下放前，首先在第一层圆筒外侧接焊第二层筒板定位销，以方便第二层圆筒的拼装与定位；然后下放并拼装焊接第二层圆筒，并进行混凝土的浇筑。

第 4 步，按上述方法施工其余各层至矿仓段加固结束。

溜井的溜矿段井筒采用与矿仓相同的加固方式时，可继续第 5 步和第 6 步的工作。

第 5 步，矿仓与溜井过渡板安装。按图 12.7 所示方式，将连接处过渡板及加强筋板焊接到矿仓段锰钢板上，焊接时要保证过渡板的中心位置与矿仓相符吻合，并处于水平状态，以有利于溜井圆形筒板的找平找正。加强筋板沿矿仓周壁均匀布置，其上部与过渡板焊接,侧部与矿仓的圆形筒板焊接。焊接结束后,即可转入溜矿段的第一层圆筒的拼装与混凝土的浇筑。

第 6 步,按照与矿仓段加固相同的施工方法,完成溜井溜矿段井筒的加固施工。

3)使用效果评价

该溜井系统投入使用的前 5 年,以 1 号矿石溜井为例,放矿量达 140 多万吨。为检查验证溜井的加固效果,本书著者作为溜井加固工程设计与施工的技术负责人,多次进入溜井内部进行检查,并对检查结果进行了实录。采用该加固工艺的使用效果呈现出以下特点。

(1)矿仓加固的锰钢板呈现出明显的磨损破坏特征。井壁自上而下形成了锯齿状擦痕,深度为 1~2mm(由于矿山当时缺少必要的检测仪器,因此无法检测磨损量),其主要原因是溜井系统在使用过程中始终保持了矿仓处于满井状态。由于该矿的矿石硬度较大,因此在溜井底部放矿过程中,矿仓仓壁承受了矿石散体向下移动时较大的摩擦力的作用。

(2)溜井溜矿段井筒加固的锰钢板呈现出了明显的冲击破坏和磨损破坏双重特征。井壁因磨损形成的锯齿状擦痕的深度为 2~3mm;冲击破坏使井壁锰钢板在其水平接缝的下方,形成了面积不等的"月牙形"缺损,或是造成了锰钢板上缘内卷,混凝土外露。锰钢板上缘内卷的情形基本上发生在上、下两层锰钢板对接不齐且下层锰钢板边缘向内收缩的部位,锰钢板这种"月牙形"的缺损有时也会发生在上、下两层锰钢板对接较为平齐的部位。

(3)未支护的溜井井筒部分的井壁围岩,掘进时形成的粗糙棱角已变得较为光滑。

总体上,锰钢板+混凝土整体加固工艺将工程永久支护与施工方法结合,为溜井工程加固的设计和施工探索出了一条新路。虽然该方法仍存在一定的缺陷,但是应用实践证明,该方案具有施工工艺简单,现场作业辅助环节少,施工速度快的特点。更重要的是,该方案有效提高了溜井加固体的抗冲击和抗磨损性能,对延长溜井服务年限,确保其可靠使用具有十分现实的意义。

2. 钢轨加固方案

1)钢轨加固方案及其应用特点[128]

为提高井壁的抗冲击和耐摩擦能力,在溜井井壁的加固研究中形成了井壁局部加固和矿仓(储矿段)的钢轨加固方案。图 12.8 所示为三山岛金矿早期溜井井壁钢轨加固的典型方案(图中单位为 mm)。

在图 12.8 所示的钢轨加固方案中,常用的钢轨加固连接方法有图 12.9 所示的 3 种。

在早期的溜井井壁钢轨加固方案中,由于钢轨采用焊接方式与在混凝土井壁中生根的槽钢或钢板连接,钢轨在组成散体的矿岩块的反复冲击作用下,焊缝极易发生开裂,最终导致钢轨脱落。为防止钢轨脱落后掉入储矿段井筒,设计者对加固钢轨的上端采用了图 12.8 所示的处理方式,将钢轨上端加工成 90°的直角弯,并埋入混凝土。但施工现场为加工方便,对该直角弯的形成并非采用冷弯或热弯的方式,而是通过将两段钢轨焊接形成。

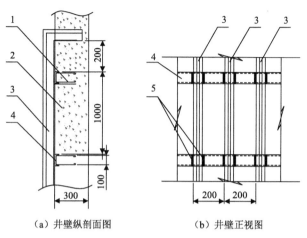

（a）井壁纵剖面图   （b）井壁正视图

1. 生根钩（ϕ6 圆钢）；2. 混凝土（C20）；3. 钢轨（22kg/m）；4. 槽钢（14a）；5. 焊缝（h=8mm）。

图 12.8　溜井井壁钢轨加固的典型方案[128]

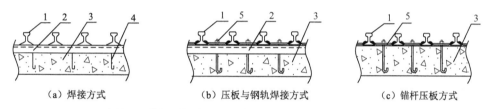

（a）焊接方式   （b）压板与钢轨焊接方式   （c）锚杆压板方式

1. 钢轨；2. 槽钢（或钢板）；3. 混凝土；4. 生根钩；5. 锚杆及压板。

图 12.9　常用溜井加固的钢轨连接方法[128]

由于矿岩物理力学性质和加固工程施工质量的差异，该方法在软岩矿山和中硬岩矿山的应用中表现出了不同的效果。例如，三山岛金矿原主溜井矿仓采用该方法加固，在投入使用一年左右时间即发生了加固钢轨的大量脱落，给矿山的正常生产带来了一定的影响。

多数情况下，由于溜井的卸载高度较大，矿岩散体下落时对井壁的冲击力也大，尤其是当矿石或废石的硬度（或坚固性系数）较大时，散体内矿岩块下落时作用在钢轨上的冲击力更大。这种加固方法在工程实际中存在如下优缺点。

（1）图 12.9（a）所示的钢轨连接方法中，钢轨直接焊接在槽钢（或钢板）上，施工复杂，速度慢，消耗材料多。由于混凝土施工时很难保证槽钢（或钢板）的平整度和垂直度，钢轨焊接时，槽钢（或钢板）与钢轨之间存在间隙，因此为保证焊接牢靠，需要加垫板焊接。

（2）将钢轨焊接在槽钢（或钢板）上，由于钢轨与槽钢（或钢板）材料的属性差异较大，焊接强度不易保证。当组成散体的矿岩块硬度较大时，钢轨在坚硬矿岩块反复冲击、摩擦及振动等外力作用下，本身强度较低的焊缝极易产生开裂，最终导致钢轨脱落。

（3）图 12.9（b）所示的连接方法中，钢轨不与槽钢（或钢板）连接，垫板与钢轨焊接，施工工艺也较为复杂，所消耗的材料较多，但施工速度较快。在此方法中，一旦钢轨锚固锚杆的螺母磨损，也极易产生钢轨脱落。

（4）图 12.9（a）和（b）所示方法中，大量的焊接工作集中在狭小空间中进行，若通风不良，焊接产生的烟尘会对施工工人的身体健康带来较大的危害。

（5）图 12.9（c）所示的连接方法施工工艺简单，施工速度快，消耗材料也较少。由于没有焊接工艺，因此其施工环境条件相对较好。当其用在垂直井壁加固时，可靠性最差；若用在放矿底部斜面或斜溜井底板加固，则由于粉矿对锚固锚杆的螺母及垫板起到一定的保护作用，因此其可靠性要好一些。

2）溜井井壁钢轨加固改进方案[128]

为克服井壁钢轨加固方案的弊端，以某矿主溜井矿仓加固工程为例，聚焦于钢轨的安装方式，结合工程施工，对加固方案进行了改进，如图 12.10 所示（图中单位为 mm）。

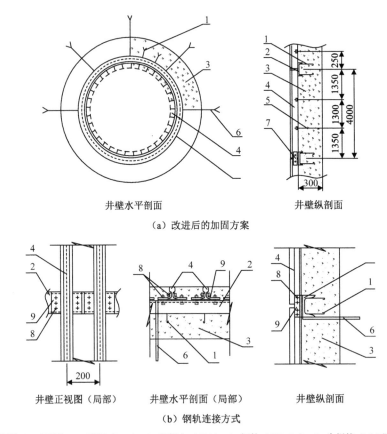

井壁水平剖面　　　　井壁纵剖面

（a）改进后的加固方案

井壁正视图（局部）　　井壁水平剖面（局部）　　井壁纵剖面

（b）钢轨连接方式

1. 生根钩（ϕ6 圆钢）；2. 槽钢（[14a]）；3. 混凝土（C20）；4. 钢轨（22kg/m）；5. 生根钩（ϕ16 圆钢）；6. 锚杆（ϕ36 圆钢）；7. 固定螺栓及连接钢板；8. 固定螺栓；9. 连接钢板。

图 12.10　改进后的溜井井壁钢轨加固方案[128]

改进后的钢轨加固方案维持了原设计的大部分工艺及参数，发生变化的内容如下。

（1）槽钢圈梁由原来的 1m 层距改为 4m 层距。槽钢圈梁由原来在混凝土浇筑到设计位置时的预埋，改为混凝土浇筑前的提前安装，安装方法是先将 ϕ36 的圆钢以楔缝式锚固方式锚固于基岩上，再将槽钢圈梁焊接固定于圆钢上。

（2）两层槽钢圈梁之间的钢轨按等间距，用两根生根钩（从钢轨腹板穿过）与混凝土中的钢筋网相连，生根于混凝土中。加固钢轨的最上端，以一根生根钩（从钢轨腹板穿过）生根于混凝土中，生根钩采用ϕ16 圆钢制作。

（3）钢轨由混凝土浇筑结束后的后期焊接安装，改为先期焊接和螺栓连接方式敷设，然后立模浇筑混凝土，使全部加固钢材包裹于混凝土之中，并使钢轨的上缘面与混凝土面保持平齐。

3）方案优缺点分析

与原设计加固工艺与施工方法相比，改进后的加固工艺有以下特点。

（1）在钢轨的连接方式上，由原方案的单一焊接改为焊接和螺栓紧固双重连接，同时具备了刚性连接和柔性绞接特性，有效地解决了高碳钢和低碳钢两种特性材料采用刚性连接时抗冲击性能差的问题，对防止焊缝开裂造成的钢轨脱落起到了很大的作用。

（2）先进行钢轨的安装，后进行立模和混凝土浇筑，将钢轨及其各种紧固件全部浇筑于混凝土中，有效地解决了螺栓连接方式在矿仓使用环境条件下耐磨性差的问题。

（3）钢轨在两层槽钢圈梁中间采用圆钢生根于混凝土中，既减轻了矿石冲击钢轨时的振动力，同时也对钢轨起到了一定的保护作用。

（4）改进后的工艺在材料的消耗总量上略低于原设计方案。

（5）增加了钢轨与钢轨、钢轨与钢梁间的连接板加工及螺栓连接工艺。钢轨由混凝土浇筑后的安装改为浇筑混凝土前的敷设，工程施工难度和复杂性有所增加。

（6）没有完全消除焊接工艺，施工工人仍不能避免焊接烟尘的危害。因此，需要注意加强施工现场的通风工作，给作业工人创造良好的工作环境。

3. 锰钢衬板加固方案[85]

采用锰钢衬板加固溜井，具有结构合理、施工简便、节省工程材料的特点。由于这种方案采用了可拆卸衬板的吊挂式安装方式，因此方便了锰钢衬板损坏后的维护与更换。

采用该方案加固溜井时，先在平整的井壁面上（井壁岩面不平整时可用混凝土抹平）用锚杆锚固竖向 H 型钢，然后再在 H 型钢上用螺栓固定横向 H 型钢梁，最后将锰钢衬板吊挂在横向 H 型钢梁上，如图 12.11（a）所示。

赞比亚谦比希铜矿恢复生产设计时，针对主溜井系统的设计，安建英和张增贵[85]结合该矿山之前的溜井加固特点，对矿仓的加固结构做了改进，取消了纵向布置的 H型钢，将横向 H 型钢梁采用锚杆直接锚固在溜井混凝土井壁上，然后将锰钢衬板悬挂在横向 H 型钢梁上，具体如图 12.11（b）所示。这种改进方案既节省了工程材料，又减少了开挖工程量，施工也更简单。该方案随后在获各琦矿 1 号主溜井加固中得到了应用，并取得了较好的效果[127]。

4. 高应力膨胀围岩溜井加固方案[129]

新疆阿舍勒铜矿资源开采向深部推进过程中，矿床开采环境存在高地应力、膨胀岩、地质构造发育的特征。矿山深部开拓系统中的矿石溜井围岩以凝灰岩为主，呈明

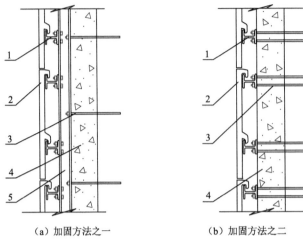

（a）加固方法之一　　　　　（b）加固方法之二

1.H 型钢（横）；2. 锰钢衬板；3. 锚杆；4. 混凝土；5.H 型钢（纵）。

图 12.11　赞比亚谦比希铜矿溜井加固方法示意图[85]

显的片状结构，遇水易软化、泥化等，因受矿石冲击磨损和高应力、膨胀岩的影响，−50m 水平溜破系统的溜井多次出现井筒变形、堵塞甚至垮塌现象。为解决这一问题，矿山对 0～−250m 水平间的新建矿石溜井系统进行了设计优化。为方便读者，将该矿新建矿石溜井系统设计优化方案归纳总结如下。

1）溜井支护设计

该矿石溜井系统位于−250～0m 标高，采用接力溜井布置方案，分别在−50m、−100m 和−200m 中段实现接力，其中−250～0m 为溜井的溜矿段（净直径 4.0m）；−250m～−200m 为溜井储矿段（净直径 5.0m）。溜井系统分别在 0m、−50m、−100m、−150m 和−200m 各设一卸矿硐室，卸矿硐室通过分支斜溜井与主溜井井筒相连。

主溜井井筒和分支斜溜槽采用钢筋混凝土支护，混凝土强度等级为 C30，混凝土配置过程中按 $34kg/m^3$ 的掺量掺加钢纤维。溜井井筒与分支斜溜槽的正常段支护厚度为 500mm，配筋采用双层钢筋网片；局部加固段（斜溜槽出口段和主溜井底部的放矿机基础段）井壁混凝土厚度为 800mm，配筋采用 3 层钢筋网片。配筋采用 $\phi18mm$ 的螺纹钢按 200mm×200mm 的网度，焊接成 1.20m×1.50m 的预制网片。钢筋混凝土施工时，钢筋网片的纵横搭接交错布置，搭接长度 300mm，采用铁丝绑扎，配筋保护层的厚度为 50mm。

2）溜井加固设计

为预防井内矿石运动对井壁带来的冲击与磨损破坏，分别对各斜溜槽对面的溜矿段井壁和溜井储矿段井壁采用厚度为 40mm 的锰钢板进行外衬防护。溜矿段锰钢衬板规格为 0.60m×1.50m，储矿段为 600mm×1000mm。锰钢板按其使用位置对应的井筒直径预制成弧形，采用螺栓与生根扁钢连接，安装时上下左右紧密靠近。溜井锰钢衬板的安装方式如图 12.12 所示（图中单位为 mm）。

3）高应力围岩溜井支护方案与措施

根据矿区地应力的分布特征和实际工程以水平方向的构造应力破坏为主的研究成

果[129]，为进一步提高井壁对高水平构造应力的支护能力，溜井系统的设计施工在采取上述支护方案的同时，也采取了如下技术措施。

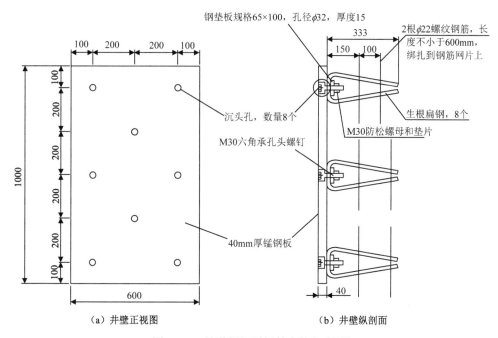

图 12.12　溜井锰钢衬板的安装方式[129]

（1）U 字形钢拱圈加固井壁支护方式。沿主溜井垂直方向，每 1m 布置一层 U25 型钢拱圈，放置于双层钢筋网中间。U25 型钢拱圈在井筒围岩破碎段、各段接力溜井的上下口、主溜井井筒与分支斜溜槽连接处等部位相应加密。

（2）溜井井筒施工期间锚杆临时支护。在井筒刷扩完成后，对围岩采用 $\phi22mm$ 螺纹钢水泥卷锚杆进行临时支护，锚杆杆体长度为 2.70m，锚固长度为 2.35m，外露为 0.45m。锚杆孔设计间距为 1m，排间距为 1m。锚杆杆体外露端与 U25 型钢拱圈焊接形成整体结构；在斜溜槽开口处，将锚杆杆体外露端和斜溜槽的工字钢焊接形成整体结构。

（3）局部外衬钢轨加固，用于抵抗水平构造应力。将 24kg/m 的钢轨加工成 L 形，布设于外层配筋网片外侧，对溜井井筒段、井筒与斜溜槽连接处进行加固。溜井井壁段钢轨长 4.5m，井筒与斜溜槽连接处的钢轨长 2.5m，间距为 200～250mm。

4）应用效果

对比该矿深部开拓系统原有 2 号矿石溜井和新建溜井系统，新建溜井系统的支护方案在抵抗水平方向上的地应力时，具有较强的能力。设计的双层配筋 C30 混凝土浇筑井壁结构，能承受更高的地压和防止井筒变形；U 字形钢支护可以与井壁中的水泥卷锚杆形成一个支护整体，进一步提高了支护能力；外衬锰钢板能够有效降低矿石对溜井井壁冲击造成的井壁破损和垮塌。

5. 溜井井筒修复

绝大多数的溜井加固方案均可应用于溜井井筒修复。针对不同类型、不同程度的井筒变形破坏，无论采用何种修复方案，均须在对井筒变形破坏情况进行现场调查、测量的基础上，形成安全上可靠、技术上可行、经济上合理，且能够有效延长溜井服务寿命的方案。

目前，以固结井内塌方岩体为主要手段的溜井修复施工方案对于产生较大井壁坍塌的溜井修复工程，具有提高安全可靠程度和降低修复成本的作用，且在国内溜井修复工程中也有较多的应用案例。例如，Chen 等[131]基于整体设计与局部设计协同的理念，构建了非空井条件下溜井结构注浆封堵体系等，本书不再赘述。

12.4　基于储量分布特征的溜井系统设计思路

根据具体矿山的地下资源分布特征，合理选择溜井位置，设计溜井系统布置方式，以延长溜井使用寿命和减少地下开拓工程量，是矿山工程设计、施工、生产技术管理与科研人员的努力方向之一。本节以某矿地下开拓系统设计优化为例[17]，介绍基于矿山储量分布特征的溜井系统设计的具体思路与方案，以期对地下开采矿山的溜井系统设计与建设提供借鉴。

12.4.1　矿山工程地质与资源概况

1. 工程地质概况

某铁矿矿区属低山丘陵地貌，沟谷较发育，多为缓坡状，地势西南高东北低，最高海拔 259m，相对高差 129m。矿区侵蚀基准面标高 130m，铁矿床部分位于侵蚀基准面以上，大部分矿体位于侵蚀基准面以下。矿区内有河流经过，四季流水，矿床水文地质条件中等，但岩石富水性较弱，水量不大。

矿区工程地质条件简单，矿体上盘为黑云角闪斜长片麻岩和少量角闪花岗混合岩，下盘为黑云角闪斜长片麻岩、黑云角闪斜长麻岩和部分角闪花岗混合岩，岩石普氏系数 f =7～8，属中硬岩石。矿体围岩节理裂隙不发育，稳定性较好，对采矿影响不大，矿床工程地质条件简单。

2. 资源分布特征

根据矿体的赋存特征，地下开采范围内主要有 Fe23、Fe24、Fe25 号可采矿体，经济可采资源储量总计 35957.2kt。其中，Fe23 矿体为最大矿体，平均厚度为 28.17m，赋矿标高为-200～+259m，矿体倾角在北端较缓为 NE30°～40°，西南端较陡为 SW50°～80°；Fe24 矿体平均厚度为 5.47m，倾角为 30°～48°；Fe25 矿体平均厚度为 5.13m，倾角为 25°～38°。

根据拟开拓阶段布置情况，地下开采设计利用资源储量分布特征如表 12.1 所示。

表 12.1　设计利用资源储量分布特征

阶段标高/m	+80	+20	−40	−100	−160	−220	合计
矿石量/kt	300.5	3906.3	10216.5	12319.8	2704.4	601.0	30048.4

12.4.2　地下开采工程设计及分析

1. 拟建工程原设计概况

1）地下开拓系统

受矿床赋存条件、矿床开发环境和开采技术条件的限制，该矿采用了地下开采方式，设计推荐采用主、副井+辅助斜坡道开拓、有轨运输方案，无底柱分段崩落法采矿方法。矿山设计年矿石生产能力 3000kt/d、废石 380kt/d。其主要开拓工程布置如图 12.13 所示。

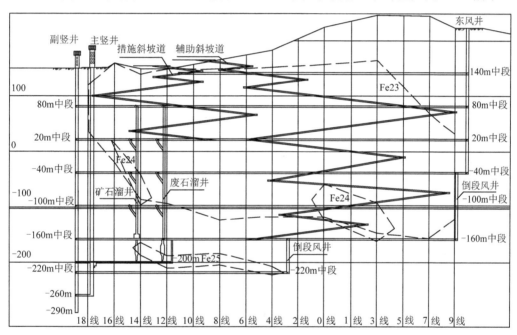

图 12.13　矿山原设计开拓工程布置

（1）主井位于矿区 18 线 Fe23 矿体下盘岩石移动范围外，井深 412m，采用 JKM-4.5×4（Ⅲ）摩擦式提升机，14m³ 双箕斗互为平衡提升方式，担负坑内矿石、废石提升任务。与主井配套的工程有溜破系统、皮带装矿系统等。坑内矿石经矿石溜井下放至−160m 中段破碎硐室，破碎后经皮带装入箕斗，由主井提升至地表。

（2）副井位于 20 线 Fe23 矿体下盘岩石移动范围外，井深 441m，下设+80m、+20m、−40m、−100m、−160m、−200m、−220m、−260m 共 8 个中段。采用 JKM-2.8×4 多绳塔式提升机，4500mm×1800mm 双层罐笼配平衡锤提升方式，担负人员、材料和小型设备提升任务，同时辅助提升部分废石及担负主井粉矿回收任务。井筒内设管缆间、梯子间。

（3）辅助斜坡道位于 10 线 Fe23 矿体下盘岩石移动范围外，断面规格为 3.4m×3.5m，平均坡度 13.4%，总长度为 2434m，为无轨设备、大型设备通道。为加快基建进度，前期设一条措施斜坡道，辅助运输部分基建废石及副产矿石。措施斜坡道位于 12 线 Fe23 矿体下盘岩石移动范围外，断面规格为 5.2m×5.2m，总长度为 1058m。

（4）东风井位于 10 线 Fe23 矿体上盘岩石移动范围外，井深 263m；下设+140m、+80m、+20m、−40m 共 4 个中段，−40m 以下为倒段风井。东风井、倒段风井内设梯子间，为井下安全出口。

2）坑内运输系统

各中段生产的矿石采用 14t 电机车，牵引容积为 6m³ 底侧卸式矿车运往主井旁侧的矿石溜井，矿石通过矿石溜井溜放至−160m 水平破碎硐室，破碎后由皮带装矿系统装入箕斗，由主井提升至地表，经皮带转运至选厂；废石采用 14t 电机车牵引 2m³ 侧卸式矿车运往中段废石溜井，在−160m 水平采用振动放矿机倒段至废石仓，通过皮带装矿系统装入箕斗，由主井提升至地表，由汽车运往废石场。

2. 基于储量分布特征的开拓系统设计问题分析

为加快地下生产系统的建设速度，实现矿山早日投产，认真分析研究矿山的资源储量分布特征，合理考虑各类工程的使用功能与服务年限之间的协同关系，使工程投资"物有所值"，是矿山设计与施工须重点考虑的问题。

原开拓工程布置方式下，矿山的储量分布表现出以下特征。

（1）+20m 标高以上各阶段的可采矿石储量总计为 4206.8kt，根据矿山设计生产能力，该标高以上资源的可采年限仅有 1.43 年。若基建期利用该标高以上资源进行采矿方法实验，则服务年限更短。

（2）+20~−100m 标高之间布置有−40m 与−100m 两个阶段，该范围内矿石储量集中，达到 22536.8kt，占设计开采总储量的 75%，服务年限达到 7.66 年。按矿山设计规模计算，其中−40m 阶段的服务年限达到 3.47 年，−100m 阶段的服务年限达到 4.19 年。

（3）−100m 标高以下矿体逐渐尖灭，在拟布置的−160m 与−220m 两个阶段，可采储量总计为 3305.4kt，服务年限仅有 1.12 年。

基于上述储量分布特征，分析开拓系统工程布置特点，可以发现：

（1）措施斜坡道井底位于+20m 标高，且设计断面较大，开拓的目的是加快基建工程进度，基建工程结束后，已无多大作用。

（2）主竖井旁侧溜井系统布置于−160~+80m 标高，+20~+80m 的溜井井筒服务年限仅 1.43 年。但由于溜井段高的加大，仅 4206.8kt 的矿石下放量，却给溜井井筒带来了极大的冲击与磨损。

（3）通过分支溜井解决高阶段溜井使用时，各阶段矿石与废石的溜井运输问题增加了溜井系统的复杂性，溜井使用过程中易于发生冲击破坏的风险。

12.4.3　溜井运输系统的优化

1. 基于储量分布特征的溜井运输系统优化思路

根据矿山的矿体赋存特征、开采技术条件和阶段划分后的资源储量分布情况，综合考虑国内外矿山发生的溜井系统变形破坏及其影响因素，为确保矿山建成投产后溜井系统在其服务期内正常运转，该矿溜井运输系统的设计优化思路应建立在如下几方面。

（1）根据矿山阶段储量的分布特征，灵活确定溜井的布置方式，简化工程布置与施工，降低主溜井的高度。设计时，可采用倾斜主溜井改变矿岩散体的运动方向，将矿岩散体对溜井井壁的冲击改为摩擦，以减小矿岩散体垂直下落对溜井井壁的冲击势能，降低其对溜井井壁的冲击损伤强度。

（2）发挥措施斜坡道的设计断面大、长度不大和运输能力强的优势，+20m 以上阶段的生产运输任务通过措施斜坡道完成。同时，在此标高以上可取消溜井布置，达到减少开拓工程量、降低工程投资的目的。

（3）由于-160m 与-220m 两个阶段的可采储量较小，服务年限仅有 1.12 年，这两个阶段的出矿完全可以采用坑内汽车，通过辅助斜坡道运输至-100m 阶段的主溜井井口卸载。

（4）充分利用采场溜井的灵活多变和施工简单的优点，实现矿岩从-40m 阶段向-100m 阶段的转运；以-100m 阶段为井下主要集中运输中段，将-40m 阶段和-100m 阶段生产的矿岩运输到竖井旁侧主溜井卸载。

2. 溜井运输系统优化方案

优化后的溜井系统布置如图 12.14 所示。

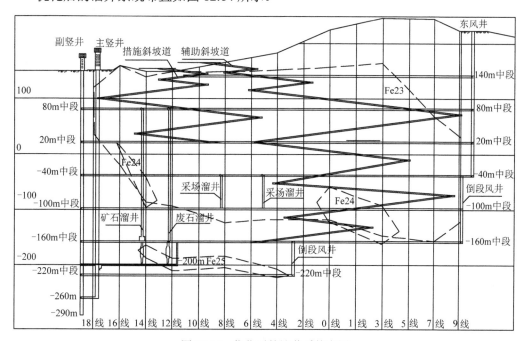

图 12.14　优化后的溜井系统布置

1）主溜井系统

主井旁侧溜井系统是地下开拓系统中，实现阶段矿石向箕斗转运并具备一定储矿功能的咽喉工程，表现出服务年限长、运输通过量大和易产生损坏的使用特征。设法降低主溜井的高度和改变主溜井中矿岩散体的运动方向，是防止主溜井产生破坏的有效方法。

以矿石溜井为例，-160m～-100m 标高为溜矿段，与水平面之间的夹角为 75°，其下部与破碎硐室相连；矿石经破碎后进入矿仓，矿仓位于-200m～-160m 标高，与水平面之间的夹角为90°。

废石溜井的布置方案与矿石溜井类似，区别只是没有破碎硐室。如果考虑废石溜井与矿石溜井的可替换性，也可在废石溜井系统中布置结构与尺寸相同的破碎硐室。

2）采场溜井

根据溜井系统布置的总体思路，采场溜井设在-100m～-40m 标高，承担-40m 阶段的矿岩向-100m 阶段的转运任务。因此，采场溜井完全可按照分段崩落法采矿的阶段溜井布置方式进行设计与施工，在此不再赘述。

3. 溜井系统结构参数确定

1）溜井断面

常规情况下，溜井的断面以圆形或矩形为主。考虑工程的长期稳定性，主溜井及下部矿仓的断面选择为圆形；对于采区溜井，考虑施工的便易性，断面确定为矩形。

2）溜井直径

根据该矿采矿方法和井下破碎设备的特点，确定溜井下放矿石的最大矿岩块尺寸不大于 800mm。对于大于 800mm 的矿岩块，出矿时应在出矿进路处进行破碎，使其满足要求。为满足生产连续性的要求，并考虑溜井必须有一定的储矿能力，溜井直径 D 取 4.5m。

3）溜井倾角

溜井放矿是利用矿岩的自重实现从上部阶段向下部阶段转移的。溜井的倾角越大，高度越大，矿岩在重力作用下产生的冲击力就越大，对井壁的破坏作用也越大[17]。因此，为避免垂直溜井放矿时矿岩散体对井壁造成的冲击破坏，对主溜井及采场溜井均采用倾斜布置方式，主溜井的倾角采用 75°；采区溜井的倾角可根据该矿的矿体产状（主要是倾角）和开拓、采准工程布置情况，在 65°～75°之间选择。

4）溜井的支护结构

溜井位置的选择对于其支护结构的确定影响很大。根据文献[17]的相关结论，溜井系统的布置应尽量选择围岩整体性好、岩石硬度大的地段，溜井井身采用"裸体"结构。

由于主溜井系统对主井的依附性很强，位置的选择余地不大，加之其较长的服务年限和较大的通过量，因此主溜井及其矿仓应尽量采用合适的支护方式，必要时辅之以加固措施，以确保其在矿井服务年限内能够可靠地实现其矿、废石的运输任务。

由于采场溜井服务年限较短，且运输通过量较小，因此可采用"裸井"井身，仅在其上部卸矿站和下部装矿站位置施工必要的混凝土工程，以便于相应的设备安装。

本 章 小 结

溜井井内的矿岩运动对井壁的冲击是引起井壁变形破坏的重要因素。从溜井工程设计、施工与使用的角度，采取切实有效措施预防井壁变形破坏的发生，对于延长溜井的使用寿命具有重要的意义。本章在此基础上提出了一些溜井设计理念，并结合国内外溜井工程设计与修复的案例，介绍了溜井工程方面的成功实践。本章取得了如下主要研究成果。

（1）基于溜井内矿岩散体运动对溜井井壁的冲击磨损所引起的溜井井壁变形破坏的机理与特征，提出了溜井中矿岩散体运动的方向不变性、倾斜主溜井、短溜井、无分支溜井、寿命周期设计、无支护设计六大理念，以期为溜井结构的设计提供启迪。

（2）从溜井工程设计、施工与使用管理角度，提出了预防溜井变形破坏的思路与方法，并介绍了国内外溜井井壁加固与井筒修复的部分方法。

（3）基于某矿床赋存条件、矿床开发环境和开采技术条件，建立了基于矿山储量分布特征的溜井系统设计理念，并结合具体工程实践，介绍了该理念的具体思路与方案，丰富了矿山溜井系统设计的研究方法。

参 考 文 献

[1] 路增祥，马驰，曹朋，等. 金属矿山溜井问题研究现状及方向[J]. 金属矿山，2019，513(3)：1-9.

[2] Stacey T R, Wesseloo J, Bell G. Predicting the stability of rockpasses from the geological structure[J]. Journal of the South African Institute of Mining and Metallurgy, 2005, 105(11): 803-808.

[3] 高永涛，王金安，宋卫东，等. 一种治理主溜井特大塌方的新方法：托斗法[J]. 岩石力学与工程学报，2002，21(4)：540-545.

[4] 陈得信，王克宏，王兴国，等. 盘区脉外溜井破坏原因分析及井筒维护[J]. 有色金属（矿山部分），2009，61(3)：15-18.

[5] 程国华. 黑沟矿溜井片帮机理分析及应对措施初探[J]. 采矿技术，2013，13(6)：57-58.

[6] 李长洪，蔡美峰，乔兰，等. 某矿主溜井塌落破坏成因分析及其防治对策[J]. 中国矿业，1999，8(6)：37-39.

[7] 宋学杰，张平. 主溜井坍塌后的恢复治理及防治措施[J]. 黄金，2014，35(6)：43-46.

[8] Andrieux P, O'Connor C, Cotesta L. Destressing options for the 18–21 ore passes complex and associated issues at Brunswick mine[R]. Itasca Consulting, Inc. 2006: 23.

[9] Lessard J F, Hadjigeorgiou J. Ore pass systems in Quebec Underground Mines[J]. Mine Planning and Equipment Selection, 2003, (4): 509-521.

[10] Maree J A. Orepass best practices at South Deep[J]. Journal of The South African Institute of Mining and Metallurgy, 2011, 111(4): 257-272.

[11] 宋卫东，匡忠祥. 采场溜井加固工程围岩稳定性数值计算分析[J]. 金属矿山，2001，300(6)：23-25.

[12] 宋卫东，王洪永，王欣，等. 采区溜井卸矿冲击载荷作用的理论分析与验证[J]. 岩土力学，2011，32 (2)：326-332.

[13] 任智刚，马海涛，汪澍，等. 溜井放矿破坏规律相似性模拟实验研究[J]. 中国安全生产科学技术，2016，12 (9)：98-102.

[14] Esmaieli K, Hadjigeorgiou J, Grenon M. Stability analysis of the 19A ore pass at Brunswick Mine using a two-stage numerical modeling approach[J]. Journal of Rock Mechanics and Rock Engineering, 2013, 46(6):1323-1338.

[15] 陈树评. 广西龙滩电站麻村砂石系统溜井导孔钻探施工工艺[J]. 探矿工程，2002(4)：39-40.

[16] 路增祥. 金属矿山溜井系统的设计与优化[J]. 中国矿业，2016，25(1)：164-168.

[17] 路增祥，孟凡明，许俊杰，等. 毛公铁矿溜井运输系统的设计优化[J]. 金属矿山，2016，481(7)：90-93.

[18] 邵必林，吕向东. 酒钢黑沟矿高深溜井正常使用途径的探讨[J]. 西安建筑科技大学学报（自然科学版），2002，34(4)：383-389.

[19] 何标庆. 紫金山金矿溜井堵塞原因分析及其预防[J]. 黄金，2005，26(6)：25-28.

[20] 陈永祺. 高深溜井井筒堵塞处理技术的探讨[J]. 现代矿业，2010，497(9)：122-124.

[21] 高文远，徐忠光. 大断面长溜井高位堵塞疏通处理实践研究[J]. 金属矿山，2009，400(10)：39-41.

[22] Hart R. Case study of the rockpass system at Kloof No. 3 Shaft[J]. The Journal of The South African Institute of Mining and Metallurgy，2006, 106(1): 1-4.

[23] 明世祥. 地下金属矿山主溜井变形破坏机理分析[J]. 金属矿山，2004，331(1)：5-8.

[24] 陈杰，罗周全，谢承煜，等. 地下金属矿山主溜井损伤分析及修复研究[J]. 中国安全生产科学技术，2014，10(12)：10-16.

[25] 陈世广. 矿山溜井磨损因素分析及加固措施[J]. 有色金属（矿山部分），2012，10(1)：64-65.

[26] Hadjigeorgiou J, Stacey T R. The absence of strategy in orepass planning, design, and management[J]. Journal of the South African Institute of Mining and Metallurgy, 2013, 113(10): 795-801.

[27] Hadjigeorgiou J, Lessard J E, Mercier-Langevin E. Issues in selection and design of ore pass support[C]//Ground Support in Mining and Underground Construction - Villaescusa & Potvin (eds.), London: Taylor & Francis Group, 2004: 491-497.

[28] Vieira F M C C, Durrheim R J. Design and support of rockpasses at Ultra-deep levels[J]. Journal of the South African Institute of Mining and Metallurgy, 2005, 105(12): 783-794.

[29] 张克利，郑晋峰. 矿山主溜矿井系统设计与加固[J]. 矿业研究与开发，1996(s1)：93-96.

[30] 张增贵，安建英. 采用橡胶衬板加固主溜井的可行性探讨[J]. 有色矿山，2002，31(4)：22-24.

[31] 胡黄龙. 溜矿井堵塞与贮矿高度的关系[J]. 有色冶金设计与研究，1999，20(1)：6-9.

[32] Hadjigeorgiou J, Lessard J F. Numerical investigations of ore pass hang-up phenomena [J]. International Journal of Rock Mechanics & Mining Sciences, 2007, 44(6): 820-834.

[33] 杨志强，王立杰，马宁，等. 大水矿山高深溜井防堵塞关键技术[J]. 现代矿业，2023，39(4)：241-244.

[34] 唐学义，曲志生，杨学刚，等. 地下矿山高深溜井防堵塞技术研究及实践[J]. 黄金，2020，41(5)：31-35.

[35] 路增祥，张治强，张国建. 溜井运输中悬拱产生的机理及解决对策[J]. 中国矿业，2017，26(4)：153-157.

[36] 刘艳章，李伟，邹晓甜，等. 含水率和粉矿含量对金山店铁矿主溜井矿石流动性的影响[J]. 矿冶工程，2018，38(1)：5-10.

[37] 路增祥，马驰，吴晓旭. 垂直溜井中卸矿对物料的冲击夯实作用及其预防[J]. 金属矿山，2019，48(7)：14-18.

[38] 刘艳章，陈小强，邹晓甜，等. 贮矿高度对主溜井矿石流动性的影响研究[J]. 金属矿山，2017，489(3)：31-35.

[39] 马强英，曹朋，路增祥，等. 井内储料滞留时间对井壁压力和矿岩流动性的影响及其机理[J]. 矿业研究与开发，2023，43(4)：54-59.

[40] 孙喜武. 平硐溜井运输堵塞与磨损的研究[J]. 钢铁，1964(7)：15-20.

[41] 王喜鹏. 溜矿井堵塞的处理[J]. 金属矿山，1977(2)：11-12.

[42] 谭长德. 溜井堵塞处理系统工程[J]. 中国矿业，1994,16(S1)：175-179.

[43] 曹朋，路增祥，马驰. 溜井储矿段矿石流动特性的影响因素分析[J]. 现代矿业，2020，36(12)：68-71.

[44] Thanh Vo, Yang H W, Russell A R. Cohesion and suction induced hang-up in ore passes[J]. International Journal of Rock Mechanics & Mining Sciences, 2016(5): 113-128.

[45] 孙其诚，王光谦. 颗粒流动力学及其离散模型评述[J]. 力学进展，2008，38(1)：87-100.

[46] 麻礼东，杨辉，张晟，等. 三维漏斗中颗粒物质堵塞问题的数值实验研究[J]. 物理学报，2018，67(4)：132-137.

[47] 邹旭，马强英，路增祥，等. 接触方式对溜井储料流动性和井壁侧压力的影响[J]. 矿业研究与开发，2023，43(2)：24-29.

[48] 陈华国，张泽裕. 会泽某矿山高深直溜井技术研究与应用[J]. 世界有色金属，2015，473(11)：158-163.

[49] 程汉臣，张庆，刘超. 鸡笼山金矿溜井堵塞原因分析及堵塞疏通实例[J]. 黄金，2016，37(10)：40-43.

[50] 吕向东. 高深溜井井筒堵塞机理分析与治理[J]. 金属矿山，2015，473(11)：158-163.

[51] 张万生，刘琳. 基于阶段流控制的高深溜井黏结拱堵塞预防措施[J]. 矿业研究与开发，2023，43(6)：141-146.

[52] 张宝金，杨雷，高英勇，等. 高深溜井悬拱堵塞相似试验研究[J]. 采矿技术，2022，22(1)：99-102.

[53] 刘铁军，陈昌云. 金属矿山溜井放矿常见问题解析及优化设计探讨[J]. 黄金，2015，36(7)：36-39.

[54] 刘振. 三山岛金矿超深溜井堵塞处理研究与实践[J]. 有色金属设计，2020，47(4)：25-27.

[55] Hadjigeorgiou J, Lessard J F. Strategies for restoring material flow in ore and waste pass systems[J]. International Journal of Mining, Reclamation and Environment, 2010, 24(3): 267-282.

[56] 陈日辉，马晨霞. 一种溜井堵塞的探测处理装置：CN201720372955.9[P]. 2015-6-5.

[57] 蔡美峰，路增祥，齐宝军. 一种溜矿井堵塞的疏通方法及系统：CN201110040670.2[P]. 2012-11-28.

[58] 张万生. 黑沟矿高深溜井井筒堵塞诊断及处理实践[J]. 金属矿山，2022，554(8)：75-81.

[59] Bourrier F, Nicot F, Darve F. Physical processes within a 2D granular layer during an impact [J]. Granular Matter, 2008, 10(6): 415-437.

[60] Ma Z Y, Dang F N, Liao H J. Numerical study of the dynamic compaction of gravel soil ground using the discrete element method[J]. Granular Matter, 2014, 16(6): 881-889.

[61] 王嗣强，季顺迎. 基于超二次曲面的颗粒材料缓冲性能离散元分析[J]. 物理学报，2018，67(9)：182-193.

[62] Nazhat Y, Airey D. The kinematics of granular soils subjected to rapid impact loading[J]. Granular Matter, 2015, 17(1): 1-20.

[63] Antoine S, Yann B, Philippe G. Influence of confinement on granular penetration by impact[J]. Physical Review E, 2008, 78(1): 010301.

[64] Awasthi A, Wang Z Y, Broadhurst N, et al. Impact response of granular layers[J]. Granular Matter, 2015, 17(1): 21-31.

[65] 季顺迎，李鹏飞，陈晓东. 冲击荷载下颗粒物质缓冲性能的试验研究[J]. 物理学报，2012，61(18)：299-305.

[66] 季顺迎, 樊利芳, 梁绍敏. 基于离散元方法的颗粒材料缓冲性能及影响因素分析[J]. 物理学报, 2016, 65(10): 168-180.

[67] 周梦佳, 宋二祥. 高填方地基强夯处理的颗粒流模拟及其横观各向同性性质[J]. 清华大学学报（自然科学版）, 2016, 56(12): 1312-1319.

[68] 李石林. 冲击荷载作用下颗粒材料缓冲性能实验及离散元分析[D]. 武汉: 华中科技大学, 2016.

[69] 谭志恢. 对溜井放矿矿岩散体运动之浅议[J]. 金属矿山, 1987(2): 24-28.

[70] 邹晓甜. 金山店铁矿主溜井放矿矿石流动特性研究[D]. 武汉: 武汉科技大学, 2021.

[71] 吴晓旭, 马驰, 路增祥, 等. 溜井储矿段储料缓冲性能离散元模拟研究[J]. 矿业研究与开发, 2021, 41(4): 67-71.

[72] 王少阳, 邓哲, 路增祥, 等. 重力压实作用对空隙率的分布特征研究[J]. 矿业研究与开发, 2021, 41(11): 89-93.

[73] 王少阳, 邓哲, 路增祥. 溜井卸矿冲击对井内储料空隙率分布特征的影响[J]. 矿业研究与开发, 2022, 42(4): 69-73.

[74] 郭晨, 徐胜亮. 杏山铁矿-330m水平卸矿硐室与主溜井塌方部位处理方法探索实践[J]. 中国矿业, 2017, 26(12): 171-174.

[75] 郭宝昆, 张福珍. 矿石在溜井各区内的移动特点及其分析[J]. 黄金, 1985(3): 20-25.

[76] 张敦祥. 地下矿山溜井磨损、破坏及堵塞、跑矿事故的分析与对策[J]. 冶金安全, 1983(1): 24-30.

[77] 赵昀, 叶海旺, 雷涛, 等. 某露天矿平硐溜井井壁初始碰撞位置理论计算[J]. 金属矿山, 2017, 491(5): 19-23.

[78] 叶海旺, 赵昀, 欧阳枫, 等. 平硐溜井系统矿石运动状态及井壁破坏数值模拟[J]. 金属矿山, 2017, 497(11): 19-23.

[79] 秦宏楠, 李长洪, 马海涛, 等. 基于颗粒流的溜井冲击破坏规律研究[J]. 中国安全生产科学技术, 2015, 11(4): 20-26.

[80] 王其飞. 金山店铁矿主溜井内矿石运移及井壁磨损特征研究[D]. 武汉: 武汉科技大学, 2015.

[81] 路增祥, 马驰, 殷越. 冲击磨损作用下的溜井井壁变形破坏机理[J]. 金属矿山, 2018, 509(11): 37-40.

[82] 路增祥, 吴晓旭, 马驰, 等. 矿岩初始运动对其冲击溜井井壁规律的影响[J]. 金属矿山, 2020, 531(9): 60-64.

[83] 马驰, 吴晓旭, 路增祥. 倾斜溜井中的矿岩运动特征及其对井壁的损伤与破坏[J]. 金属矿山, 2020, 531(9): 65-71.

[84] 路增祥. 主溜井与矿仓的复合加固工艺[J]. 金属矿山, 2006, 356(2): 26-30.

[85] 安建英, 张增贵. 溜井系统矿仓加固形式的探讨[J]. 有色矿山, 2002, 31(1): 13-16.

[86] 王辉, 程继胜. 新立矿区矿石溜井坍塌修复施工技术[C]//中国有色金属学会第八届学术年会. 中国有色金属学会第八届学术年会论文集. 北京: 中国有色金属学会, 2010: 97-99.

[87] 胡勇, 冯福康, 陈慧相, 等. 基于可视化探测建模的主溜井变形特征分析[J]. 黄金, 2019, 40(12): 20-26.

[88] 蔡美峰. 金属矿山采矿设计优化与地压控制[M]. 北京: 科学出版社, 2001.

[89] 罗周全, 陈杰, 谢承煜, 等. 主溜井冲击损伤机制分析及实测验证[J]. 岩土力学, 2015, 36(6): 1744-1751.

[90] Brenchley P R, Spies J D. Optimizing the life of ore passes in a deep-level gold mine [J]. The Journal of the South African Institute of Mining and Metallurgy, 2006, 106(1): 11-16.

[91] Dukes G B, Oort J V, Heerden F D V. Rockpass stability and rehabilitation at AngloGold Ashanti's Tau Lekoa Mine[J]. The Journal of the South African Institute of Mining and Metallurgy, 2006, 106(1): 5-10.

[92] Gardner L J, Fernandes N D. Ore pass rehabilitation-Case studies from Impala Platinum Limited [J]. Journal of the South African Institute of Mining and Metallurgy, 2006, 106(1): 17-24.

[93] 彭兆祥, 熊贤亮, 向铸. 金山店铁矿采场溜井维护措施与新建溜井设计要点[J]. 现代矿业, 2022, 38(9): 82-86.

[94] 季翔, 宋卫东, 杜翠凤, 等. 采区溜井严重垮冒原因分析及加固方案研究[J]. 金属矿山, 2007, 368(2): 26-28.

[95] Yang Y J, Deng Z, Lu Z X. Effects of ore-rock falling velocity on the stored materials and the force on the shaft wal in a vertical orepass[J]. Mechanics of Advanced Materials and Structures, 2023, 30(17): 3455-3462.

[96] 路增祥. 望儿山金矿巷道顶板冒落的机理初探[J]. 黄金, 1995, 16(11): 22-25.

[97] 赵星如, 余斌, 路增祥, 等. 倾斜溜井结构参数对矿岩运动特征的影响[J]. 矿业研究与开发, 2022, 42(6): 29-33.

[98] 梁凯歌, 路增祥, 赵星如, 等. 溜井倾角对矿岩与溜井首次碰撞位置的影响[J]. 矿业研究与开发, 2023, 43(7): 50-53.

[99] Janssen H A. Versuche uber Getreidedruck in silozellen [J]. Zeitschr. des Vereines Deutscher Ingenieure, 1895, 39(35): 1045-1049.

[100] 陈长冰. 筒仓内散体侧压力沿仓壁分布研究[D]. 合肥: 合肥工业大学, 2006.

[101] 赵松. 筒仓贮料压力分析及其应用[D]. 武汉: 武汉理工大学, 2013.

[102] Reimbert M L, Reimbert A M. Silos: theory and practice[J]. Journal of Thought, 1976, 5(3):141-156.

[103] Jenike A W, Johanson J R. On the theory of bin Loads[J]. Journal of Engineering for Industry, 1969, 91(2). 339-344.

[104] 刘定华. 钢筋混凝土筒仓动态压力的计算[J]. 西安建筑科技大学学报, 1994, 26(4): 349-354.

[105] Granik V T, Ferrari M. Micro-structural mechanics of granular media[J]. Mechanical of Materials, 1993, 15(4): 301-322.

[106] Campbell C S. Granular material flows: an overview [J]. Powder Technology, 2006, 162(3): 208-229.

[107] 李贲, 李志国, 李国书, 等. 基于 PFC 的矿石块度对溜井放矿效果的影响研究[J]. 金属矿山, 2021, 542(8): 71-75.

[108] 张慧, 高峰. 基于矿石块度模数的溜井放矿流动性数值试验[J]. 山东农业大学学报 (自然科学版), 2019, 50(6): 998-1004.

[109] 李伟, 刘艳章, 邹晓甜, 等. 溜井放矿过程中贮矿段井壁动态应力分布特征研究[J]. 金属矿山, 2018, 507(9): 47-52.

[110] 邓哲, 路增祥, 王少阳, 等. 上部卸矿冲击对储矿段井壁侧压力分布的影响及其机理[J]. 有色金属科学与工程, 2023, 14(2): 257-263.

[111] 韩萌萌, 李莉娟. 基于三维激光扫描技术的溜井测量与垮塌分析[J]. 测绘技术装备, 2023, 25(1): 80-84.

[112] 叶义成, 张小波, 刘春雨, 等. 一种溜井全景视频扫描装置: CN2012105298037[P]. 2013-04-03.

[113] 刘艳章, 王其飞, 叶义成, 等. 溜井全景扫描成像装置及其井壁检测试验[J]. 岩土力学, 2013, 34(11): 3329-3334.

[114] 王其飞, 刘艳章, 赵卫, 等. 溜井全景扫描成像装置在金山店铁矿中的应用[J]. 矿业研究与开发, 2014, 34(5): 77-79.

[115] 文兴, 朱青凌. 基于三维激光扫描的溜井测量与分析[J]. 有色金属 (矿山部分), 2020, 72(3): 79-84.

[116] 秦秀山. 某矿山 4#碎矿站主溜井垮塌破坏原因分析[J]. 中国矿业, 2018, 27(s2): 241-244.

[117] 张驰, 陈凯, 张达, 等. 基于 BLSS-PE 空区探测系统的溜井垮塌分析研究[J]. 有色金属 (矿山部分), 2018, 70(3): 1-5.

[118] 张驰, 彭张, 冀虎, 等. 基于 BLSS-PE 与 FLAC3D 耦合建模技术的采区溜井稳定性分析[J]. 有色金属工程, 2020, 10(2): 92-99.

[119] 石晓雨, 庞长保, 崔凯, 等. 三维激光扫描技术在矿山主溜井测量中的应用[J]. 有色金属 (矿山部分), 2018, 70(4): 93-95.

[120] 罗广强, 雷阳, 于正兴, 等. 复杂形态井巷工程三维激光扫描与 MIDAS-FLAC3D 耦合建模稳定性分析研究[J]. 中国安全生产科学技术, 2016, 12(11): 31-35.

[121] 李在利, 李杰林, 李光全, 等. 基于三维激光扫描精细探测的溜井破损特性及稳定性分析[J]. 中国钼业, 2023, 47(2): 16-21.

[122] 张增贵, 王建中. 倒运式溜井在矿山主溜井系统的应用[J]. 中国矿山工程, 2008, 37(3): 31-32.

[123] 路增祥, 马驰, 宋超. 基于储量分布特征的地下开采系统优化[J]. 矿业研究与开发, 2018, 38(5): 16-20.

[124] 汪小东. 矿山溜井卸矿结构优化[J]. 现代矿业, 2016, 32(7): 18-19.

[125] 崔传杰, 王鹏飞. 主溜井结构型式及支护加固探讨[J]. 中国矿山工程, 2015, 44(6): 66-70.

[126] 陈昌云. 溜井破损修复浅析[J]. 建井技术, 2016, 37(6): 46-50.

[127] 潘佳, 王晓辉. 金属矿山主溜井锰钢板支护的探讨[J]. 现代矿业, 2012, 27(7): 122.

[128] 路增祥. 矿仓钢轨加固工艺改进及其施工方法[J]. 有色金属 (矿山部分), 2003, 55(2): 29-31.

[129] 魏超城, 肖祖昕, 王忠江. 深部高应力膨胀岩中矿石溜井优化设计和施工技术[J]. 采矿技术, 2022, 22(4): 55-58.

[130] 孟祥凯, 李晓飞. 焦家金矿场方溜塌修复方案研究[J]. 采矿技术, 2020, 20(4): 44-45.

[131] Chen H, Yu S B, Wang Z X, et al. A new plugging technology and its application for the extensively collapsed ore pass in the non-empty condition[J]. Energies, 2018, 11(6):1599-1613.

[132] 范庆霞, 孙红专. 石碌铁矿 2#主溜井大面积垮帮的修复[J]. 现代矿业, 2021, 37(9): 84-87.

[133] 秦秀山, 曹辉, 原野, 等. 基于双控张拉锚索束的溜井井壁垮塌修复方法[J]. 黄金科学技术, 2018, 26(6): 744-749.

[134] Kvapil R. Gravity flow of granular materials in hoppers and bins in mines-II. Coarse material[J]. International Journal of Rock Mechanics and Mining Sciences & Geomechanics Abstracts, 1965, 2(3): 277-292.

[135] 孙浩, 朱东风, 金爱兵, 等. 基于不均匀块度分布的崩落矿岩流动特性[J]. 中国有色金属学报, 2022, 32(8): 2433-2445.

[136] 郑冬. 基于集料形貌特性的多孔沥青混合料空隙演变机理研究[D]. 南京: 东南大学, 2021.

[137] Mandelbrot B. How long is the coast of Britain, statistical self: Similarity and fractal dimension[J]. Science, 1967, 156(3775): 636-638.

[138] 王峰，李义久，倪亚明. 分形理论发展及在混凝土过程中的应用[J]. 同济大学学报，2003，31(5)：614-618.

[139] 路增祥. 软弱围岩巷道的施工技术与支护结构研究[D]. 长沙：长沙矿业研究院，2004.

[140] 夏小刚，黄庆享. 基于空隙率的冒落带动态高度研究[J]. 采矿与安全工程学报，2014，31(1)：102-107.

[141] 陈博文，王辉，胡豪，等. 基于活性率和分形维数的磷石膏充填体强度模型[J]. 化工矿物与加工，2022，51(3)：14-20.

[142] Ji X, Chan S Y, Feng N. Fractal model for simulating the space filling process of cement hydrates and fractal dimensions of pore structure of cement-based materials[J]. Cement and Concrete Research, 1997, 27(11): 1691-1699.

[143] Diamond S. Aspects of concrete porosity revisited [J]. Cement and Concrete Research, 1999, 29(8): 1181-1188.

[144] 谢和平. 分形：岩石力学导论[M]. 北京：科学出版社，1996.

[145] 谢和平，薛秀谦. 分形应用中的数学基础与方法[M]. 北京：科学出版社，1997.

[146] 李功伯，陈庆寿，徐小荷. 分形与岩石破碎特征[M]. 北京：地震出版社，1997.

[147] 孙其诚，王光谦. 颗粒物质力学导论[M]. 北京：科学出版社，2009.

[148] 马驰，路增祥，殷越，等. 溜井储矿段矿岩散体运移轨迹及速度预测模型[J]. 工程科学学报，2021，43(5)：627-635.

[149] Ma C, Lu Z X, Yin Y, et al. A flow network method for calculating the migration velocity of ore-rock in ore-pass storage section[J]. World of Mining - Surface and Underground, 2021, 73(2): 105-112.

[150] 赵昀，叶海旺，雷涛. 基于冲蚀磨损理论的溜井井壁破损特性理论研究[J]. 岩石力学与工程学报，2017，36(s2)：4002-4007.

[151] 曹洞泉，王万松. 罗河铁矿主溜井堵塞原因分析及处理措施[J]. 现代矿业，2013，29(6)：136-138.

[152] Hadjigeorgiou J, Lessard J F, Mercier-Langevin F. Ore pass practice in Canadian mines [J]. The Journal of the South African Institute of Mining and Metallurgy, 2005, 105(12): 809-816.

[153] 中华人民共和国住房和城乡建设部. 冶金矿山采矿设计规范：GB 50830—2013[S]. 北京：中国计划出版社，2013.

[154] Esmaieli K, Hadjigeorgiou J. Selecting ore pass-finger raise configurations in underground mines[J]. Rock Mechanics and Rock Engineering, 2011, 44(3): 291-303.

[155] 郑志杰，陈何平. 基于平动质点碰撞损伤模型的溜井变形破坏机理研究[J]. 有色金属（矿山部分），2018，70(5)：7-11.

[156] Hadjigeorgiou J, Esmaieli K, Grenon M. Stability analysis of vertical excavations in hard rock by integrating a fracture system into a PFC model[J]. Tunneling and Underground Space Technology, 2009, 24(3): 296-308.

[157] 俞良群，邢纪波. 筒仓装卸料时力场及流场的离散单元法模拟[J]. 农业工程学报，2000，16(4)：15-19.

[158] 孙其诚，金峰，王光谦，等. 二维颗粒体系单轴压缩形成的力链结构[J]. 物理学报，2010，59(1)：30-37.

[159] 樊利芳. 颗粒材料对冲击载荷缓冲特性的离散元分析[D]. 大连：大连理工大学，2015.

[160] 刘玉国，郝汝铤，彭艳苓，等. 牛斜山石灰石矿溜井堵井原因及预防、处理措施[J]. 中国水泥，2017(1)：118-121.

[161] 綦晓磊. 直通深主溜井在获各琦铜矿使用中存在的问题及技术改造措施[J]. 有色金属（矿山部分），2017，69(3)：19-22.

[162] Oger L, Ammi M, Valance A, et al. Discrete element method studies of the collision of one rapid sphere on 2D and 3D packings[J]. European Physical Journal E Soft Matter, 2005, 17(4): 467-476.

[163] 刘克瑾，肖昭然，王世豪. 基于离散元模拟筒仓贮料卸料成拱过程及筒仓壁压力分布[J]. 农业工程学报，2018，34(20)：277-285.

[164] 张大英，许启铿，王树明，等. 筒仓动态卸料过程侧压力模拟与验证[J]. 农业工程学报，2017，33(5)：272-278.

[165] 孙其诚，辛海丽，刘建国，等. 颗粒体系中的骨架及力链网络[J]. 岩土力学，2009，30 (s1)：83-87.

[166] 毕忠伟，孙其诚，刘建国，等. 点载荷作用下密集颗粒物质的传力特性分析[J]. 力学与实践，2011，33(1)：10-16.

[167] Clark A H, Petersen A J, Kondic L, et al. Nonlinear force propagation during granular impact[J]. Physical Review Letters, 2015, 114(14): 144502.

[168] Huang Y, Zhu C Q, Xiang X. Granular flow under microgravity: a preliminary review[J]. Microgravity Science and Technology, 2014, 26(10): 131-138.

[169] Herrmann H J, Hovi J P, Luding S. Models of stress propagation in granular media[M]. Berlin: Springer Netherlands, 1998.

[170] Radhakrishnan R, Royer J R, Poon W C K, et al. Force chains and networks: wet suspensions through dry granular eyes[J]. Granular Matter, 2020,22 (1): 29.

[171] Bouchaud J P, Claudin P, Levine D, et al. Force chain splitting in granular materials: a mechanism for large-scale pseudo-elastic behaviour[J]. The European Physical Journal E, 2001, 4(4): 451-457.

[172] Zhang L, Nguyen N G H, Lambert S, et al. The role of force chains in granular materials: From statics to dynamics[J]. European Journal of Environmental and Civil Engineering, 2016, 21(6): 874-895.

[173] Peters J F, Muthuswamy M, Wibowo J, et al. Characterization of force chains in granular material[J]. Physical Review E, 2005, 72(4): 041307.

[174] Nguyên T T T, Doanh T, Le Bot A, et al. On the role of pore pressure in dynamic instabilities of saturated model granular materials [J]. Granular Matter, 2019, 21(3): 61.

[175] 刘艳章, 张丙涛, 叶义成, 等. 主溜井矿石运移及井壁破坏特征的相似试验研究[J]. 采矿与安全工程学报, 2018, 35(3): 545-552.

[176] 瓦伦丁 L. 波波夫. 接触力学与摩擦学的原理及其应用[M]. 李强, 雒建斌, 译. 北京: 清华大学出版社, 2019.

[177] Rabinowicz E, Dunn L A, Russell P G. A study of abrasive wear under three-body conditions[J]. Wear, 1961, 4(5): 345-355.

[178] Archard J F. Contact and rubbing of flat surfaces[J]. Journal of Applied Physics, 1953, 24(8): 981-988.

[179] 林高用, 冯迪, 郑小燕, 等. 基于 Archard 理论的挤压次数对模具磨损量的影响分析[J]. 中南大学学报（自然科学版）, 2009, 40(5): 1245-1251.

[180] Mulhearn T O, Samuels L E. The abrasion of metals: a model of the process[J]. Wear, 1962(5): 478-498.

[181] 袁伟, 金解放, 梁晨, 等. 围压下混凝土动态损伤与能量耗散特征数值分析[J]. 有色金属科学与工程, 2017, 8(4): 98-104.

[182] 金解放, 余雄, 钟依禄. 不同含水率红砂岩冲击过程中的能量耗散特性[J]. 有色金属科学与工程, 2021, 12 (5): 69-80.

[183] 余洋先, 周宗红. 分支溜井在多分段放矿过程中的应用[J]. 矿冶, 2016, 25(6): 23-26.

[184] 张春智. 贮矿式溜井应用实践[J]. 中国矿山工程, 2016, 45(3): 57-60.

[185] 韩永志, 郭宝昆. 尖山铁矿溜井设计及结构参数确定[J]. 中国矿业, 1994, 16(12): 164-169.

[186] 高义军, 吕力行. 高深溜井反漏斗柔性防护方法[J]. 矿冶, 2012, 21(1): 8-10.

[187] 左江江, 李臣林, 腾俊洋, 等. 充填物对含孔洞大理岩力学特性影响规律试验研究[J]. 工程科学学报, 2018, 40(7): 776-782.

[188] 纪杰杰, 李洪涛, 吴发名, 等. 冲击荷载作用下岩石破碎分形特征[J]. 振动与冲击, 2020, 39(13): 176-183.

[189] 陈裕泽, 陶俊林, 黄西成. SHPB 实验技术的原理研究[C]//第三届全国爆炸力学实验技术交流会. 第三届全国爆炸力学实验技术交流会论文集. 合肥, 中国力学学会, 中国科学技术大学, 2004: 421.

[190] Chen Z F, Li T. The mechanical properties of barite concrete subjected to impact loading[J]. Advanced Materials Research, 2014(1065): 1369-1373.

[191] 赵洪宝, 吉东亮, 李金雨, 等. 单双向约束下冲击荷载对煤样渐进破坏的影响规律研究[J]. 岩石力学与工程学报, 2021, 40(1): 53-64.

[192] Chen C, Liu X Y, Yu J X, et al. Experimental research on cyclic impact load of concrete during curing period[J]. Journal of Physics: Conference Series, 2021, 1972(6): 170841.

[193] 李兵磊, 王武功, 曹洋兵. 循环动载下大理岩的力学响应及裂隙扩展规律[J]. 福州大学学报（自然科学版）, 2021, 49(1): 108-114.

[194] 李兵磊, 远彦威, 曹洋兵, 等. 冲击载荷下灰岩的动力学特性及能量耗散规律[J]. 金属矿山, 2021, 542(8): 61-66.

[195] 褚夫蛟, 刘敦文, 陶明, 等. 基于核磁共振的不同含水状态砂岩动态损伤规律[J]. 工程科学学报, 2018, 40(2): 144-151.

[196] 高美奔, 李天斌, 孟陆波, 等. 岩石变形破坏各阶段强度特征值确定方法[J]. 岩石力学与工程学报, 2016, 35(S2): 3577-3588.

[197] 薛永明, 戴兵, 陈科旭, 等. 厚壁圆筒花岗岩在动静耦合循环冲击作用下的动态力学特性试验研究[J]. 矿业研究与开发, 2021, 41(5): 74-79.

[198] 金解放, 李夕兵, 王观石, 等. 循环冲击载荷作用下砂岩破坏模式及其机理[J]. 中南大学学报（自然科学版）, 2012, 43(4): 1453-1461.

[199] 李夕兵，宫凤强，高科，等. 一维动静组合加载下岩石冲击破坏试验研究[J]. 岩石力学与工程学报，2010，29(2)：251-260.

[200] 朱晶晶，李夕兵，宫凤强，等. 单轴循环冲击下岩石的动力学特性及其损伤模型研究[J]. 岩土工程学报，2013，35(3)：531-539.

[201] Zhou K P, Li B, Li J L, et al. Microscopic damage and dynamic mechanical properties of rock under freeze-thaw environment[J]. Transactions of Nonferrous Metals Society of China, 2015, 25(4): 1254-1261.

[202] Hong L, Zhou Z L, Yin T B, et al. Energy consumption in rock fragmentation at intermediate strain rate[J]. Journal of Central South University of Technology, 2009, 16(4): 677-682.

[203] 李晓锋，李海波，刘凯，等. 冲击荷载作用下岩石动态力学特性及破裂特征研究[J]. 岩石力学与工程学报，2017，36(10)：2393-2405.

[204] 唐礼忠，王春，程露萍，等. 一维静载及循环冲击共同作用下矽卡岩力学特性试验研究[J]. 中南大学学报（自然科学版），2015，46(10)：3898-3906.

[205] 张杰，郭奇峰，蔡美峰，等. 多孔弱胶结粉砂岩疲劳强度确定方法及疲劳破坏先兆研究[J]. 工程科学学报，2021，43(5)：636-646.

[206] 龚爽，赵毅鑫，周磊，等. 冲击荷载作用下含双孔洞裂纹石灰岩动态断裂行为研究[J]. 煤炭学报，2023,48(8)：3030-3047.

[207] Li S H, Long K, Zhang Z Y, et al. Cracking process and energy dissipation of sandstone under repetitive impact loading with different loading rates: From micro to macro scale[J]. Construction and Building Materials, 2021, 302(4):124123.

[208] 高全臣，陆华，王东，等. 多孔隙流固耦合砂岩的冲击损伤效应[J]. 爆炸与冲击，2012，32(6)：629-634.

[209] 吴晓旭，路增祥，马驰，等. 实现斜冲击的实验装置：2021200660257 [P]. 2021-09-03.

[210] 吴晓旭，路增祥，邹旭，等. 斜面冲击下砂岩试件的孔隙度变化特征及力学机制[J].中南大学学报（自然科学版），2022，53(11)：4514-4522.

[211] 李克钢，杨宝威，秦庆词. 基于核磁共振技术的白云岩卸荷损伤与渗透特性试验研究[J]. 岩石力学与工程学报，2019，38(S2)：3493-3502.

[212] 李杰林，周科平，张亚民，等. 基于核磁共振技术的岩石孔隙结构冻融损伤试验研究[J]. 岩石力学与工程学报，2012，31(6)：1208-1214.

[213] 周科平，胡振襄，李杰林，等. 基于核磁共振技术的大理岩卸荷损伤演化规律研究[J]. 岩石力学与工程学报，2014，33(S2)：3523-3530.

[214] Rios E H, Ramos P F D O, Machado V D F, et al. Modeling rock permeability from NMR relaxation data by PLS regression[J]. Journal of Applied Geophysics, 2011, 75(4): 631-637.

[215] 肖立志. 核磁共振成像测井与岩石核磁共振及其应用[M]. 北京：科学出版社，1998.

[216] 李杰林，朱龙胤，周科平，等. 冻融作用下砂岩孔隙结构损伤特征研究[J]. 岩土力学，2019，40(9)：3524-3532.

[217] Dai B, Zhao G Y, Konietzky H, et al. Experimental investigation on damage evolution behaviour of a granitic rock under loading and unloading[J]. Journal of Central South University, 2018, 25(5): 1213-1225.

[218] Eberhardt E, Stead D, Stimpson B. Quantifying progressive pre-peak brittle fracture damage in rock during uniaxial compression[J]. International Journal of Rock Mechanics and Mining Sciences, 1999, 36(3): 361-380.

[219] Li Y X, Liu J F, Qin L. Experimental study on rule of energy dissipation of stress wave across rock joint[J]. Journal of Experimental Mechanics, 2011, 30(S2): 3982-3988.

[220] 刘增利. 冻土断裂与损伤行为研究[D]. 大连：大连理工大学，2003.

[221] 陈家豪，陈桂香，刘文磊，等. 平底筒仓 Janssen 公式中储料特征高度的测定及其变化规律[J]. 农业工程学报，2020，36(15)：307-316.

[222] Roberts I. Determination of the vertical and lateral pressures of granular substances[J]. Proceedings of the Royal Society of London, 1883, 36(228): 225-240.

[223] 中华人民共和国住房和城乡建设部. 钢筋混凝土筒仓设计标准：GB 50077—2017[S]. 北京：中国计划出版社，2017.

[224] 陈喜山. 古典杨森散体压力理论的拓展及采矿工程中的应用[J]. 岩土工程学报，2011，32(2)：315-319.

[225] 孙珊珊，赵均海，张常光. 考虑中间主应力效应的筒仓侧压力计算[J]. 建筑科学与工程学报，2018，35(3)：71-78.

[226] 孙珊珊，赵均海，张常光，等. 基于统一强度理论的大型浅圆筒仓侧压力计算[J]. 工程力学，2013，30(5)：244-249.

[227] 张家康，黄文萃，姜涛，等. 筒仓贮料侧压力系数研究[J]. 建筑结构学报，1999，20(1)：71-74.

[228] American Concrete Institute (ACI). Standard practice for design and construction of concrete silos and stacking tubes for storing granular materials[S]. American Concrete Institute, 1997.

[229] European Committee for Standardization. Eurocode 8 design of structure for earthquake resistance. Part4: silos, tanks and pipelines[S]. Brussels: European Committee for Standardization, 2006.

[230] 原方，杜乾，徐志军，等. 基于卸料流态模拟与观测的储粮仓壁动态压力增大机理研究[J]. 农业工程学报，2019，35(5)：286-293.

[231] Fang Y G, Guo L F, Hou M X. Arching effect analysis of granular media based on force chain visualization[J]. Powder Technology, 2020, 363(10): 621-628.

[232] Zhao Y, Gong Q M, Wu Y J, et al. Evolution of active arching in granular materials: Insights from load, displacement, strain, and particle flow[J]. Powder Technology, 2021, 384(5): 160-175.

[233] 朱志根，吴爱祥，习泳. 含水量对矿岩散体流动特性影响分析[J]. 矿业研究与开发，2006，26(6)：23-26.

[234] 吴爱祥，孙业志，刘湘平. 散体动力学理论及其应用[M]. 北京：冶金工业出版社，2002.

[235] 曹朋，王权铭，路增祥，等. 一种测定溜矿井贮矿段物料运动特征的实验室装置及方法：CN113324881B [P]. 2023-07-21.

[236] 韩连生，杨宇江. 基于颗粒流方法的端部放矿力链特性研究[J]. 金属矿山，2019，514(4)：36-40.

[237] 毛根海，邵卫云，张燕. 应用流体力学[M]. 北京：高等教育出版社，2006.

[238] 金长宇，金岐岭，江权. 放矿过程中溜井底部压力变化规律[J]. 东北大学学报（自然科学版），2012，33(6)：887-890.

[239] 宋超，路增祥，马驰，等. 边孔角对无底柱分段崩落法放矿效果的影响[J]. 矿业研究与开发，2019，39(5)：6-9.

[240] 曹朋，路增祥，马驰，等. 垂直溜井贮矿段放矿中矿岩运动速度变化特征[J]. 金属矿山，2021，543(9)：44-50.

[241] Janda A, Zuriguel I, Garcimartín, et al. Clogging of granular materials in narrow vertical pipes discharged at constant velocity [J]. Granular Matter, 2015, 17(5): 545-551.

[242] 魏子昌，占森昌，杨树本，等. 对德兴铜矿 1 号溜井矿石移动规律及其磨损的考察[J]. 金属矿山，1984 (8)：7-10.

[243] 孙浩，金爱兵，高永涛，等. 多放矿口条件下崩落矿岩流动特性[J]. 工程科学学报，2015，37(10)：1251-1259.

[244] 陈庆发，陈青林，仲建军，等. 柔性隔离层下单漏斗散体矿岩流动规律[J]. 工程科学学报，2016，38(7)：893-898.

[245] 李涛. 崩落法放矿过程中散体矿岩运移规律研究[D]. 北京：北京科技大学，2018.

[246] Williams J C. The rate of discharge of coarse granular materials from conical mass flow hoppers[J]. Chemical Engineering Science, 1977, 32(3): 247.

[247] Finnemore E J, Franzini J B. Fluid mechanics with engineering applications tenth edition[M]. 2nd ed. Beijing: China Machine Press, 2013.

[248] 吴清松，胡茂彬. 颗粒流的动力学模型和实验研究进展[J]. 力学进展，2002，32(2)：250-258.

[249] 王宁生. 二维通道中颗粒物质流动行为研究[D]. 上海：华东理工大学，2019.

[250] Brown R L, Richards J C. Exploratory study of the flow granules through apertures[J]. Transactions of the Institute of Chemical Engineers, 1959, 37(3): 108.

[251] 周益娴. 基于连续数值模拟的筒仓卸载过程中颗粒物压强及其速度场分析[J]. 物理学报，2019，68(13)：230-238.

[252] Beverloo W A, Leniger H A, Velde J V D. The flow of granular solids through orifices[J]. Chemical Engineering Science, 1961, 15(3-4): 260

[253] Janda A, Zuriguel I, Maza D. Flow rate of particles through apertures obtained from self-similar density and velocity profiles[J]. Physical Review Letters, 2012, 108(24): 248001.

[254] Benyamine M, Aussillous P, Dalloz-Dubrujeaud B, et al. Discharge flow of a granular media from a silo: effect of the packing fraction and of the hopper angle[J]. EPJ Web of Conferences, 2017, 140: 03043.

[255] Hibbeler R C. Dynamics[M]. Li J F, Yuan C Q, Lv J, trans. Beijing: Mechanical Industry Press, 2014.

[256] Jenike A W. A theory of flow of particulate solids in converging and diverging channels based on a conical yield function[J]. Powder Technology, 1987, 50 (3): 229-236.

[257] 黄松元. 散体力学[M]. 北京：机械工业出版社，1992.

[258] Walters J K. A theoretical analysis of flow of stress in silos with vertical walls. particulate solids in converging and diverging channels based on a conical yield function[J]. Chemical Engineering Science, 1973, 28 (1): 13-21.

[259] 刘定华, 魏宜华. 钢筋混凝土筒仓侧压力的计算与测试[J]. 建筑科学, 1998, 14 (4): 14-18.

[260] Reimbert M L, Reimbert A M. Silos. Theory and practice. vertical silos, horizontal silos (retaining walls)[M]. Lavoisier Publishing, 1987.

[261] 马驰. 溜井贮矿段矿岩运移规律及其预测模型[D]. 鞍山: 辽宁科技大学, 2021.

[262] Janda A, Zuriguel I, Garcimartín A, et al. Clogging of granular materials in narrow vertical pipes discharged at constant velocity[J]. Granular Matter, 2015, 17 (5): 545-551.

[263] 张亮, 李云波. 流体力学[M]. 哈尔滨: 哈尔滨工程大学出版社, 2001.

[264] 周骥. 对松散矿石自然安息角的研究[J]. 有色金属, 1983, 35 (2): 24-29.

[265] Wensrich C M, Katterfeld A. Rolling friction as a technique for modelling particle shape in DEM[J]. Powder Technology, 2012, 217(2): 409-417.

[266] Iwashita K, Oda M. Rolling resistance at contacts in simulation of shear band development by DEM[J]. Journal of Engineering Mechanics, 1998, 124 (3): 285-292.

[267] Zhan Y J, Gong J, Huang Y L, et al. Numerical study on concrete pumping behavior via local flow simulation with discrete element method[J]. Materials, 2019, 12 (9): 1415.

[268] Cundall P A, Strack O. A discrete numerical model for granular assemblies[J]. Geotechnique, 1979, 29 (1): 47-65.

[269] Jiang M J, Shen Z F, Wang J F. A novel three-dimensional contact model for granulates incorporating rolling and twisting resistances[J]. Computers and Geotechnics, 2015, 65(4): 147-163.

[270] 孙其诚, 王光谦. 静态堆积颗粒中的力链分布[J]. 物理学报, 2008, 57(8): 4667-4674.

[271] 陈庆发, 刘恩江, 王少平. 椭球体放矿规律中的矿石接触力特性研究[J]. 采矿与安全工程学报, 2021, 38(6): 1210-1219.

[272] 马驰, 路增祥, 吴晓旭, 等. 井壁摩擦对贮矿段矿岩运移速度分布特征的影响[J]. 矿业研究与开发, 2021, 41(5): 23-27.

[273] Kobyłka R, Molenda M. DEM modelling of silo load asymmetry due to eccentric filling and discharge[J]. Powder Technology, 2013, 233(1): 65-71.

[274] Masson S, Martinez J. Effect of particle mechanical properties on silo flow and stresses from distinct element simulations[J]. Powder Technology, 2000, 109 (1-3): 164-178.

[275] 颜天佑, 崔臻, 张勇慧, 等. 跨活动断裂隧洞工程赋存区域地应力场分布特征研究[J]. 岩土力学, 2018, 39(s1): 378-386.

[276] 石崇, 张强, 王盛年. 颗粒流(PF C5.0)数值模拟技术及应用[M]. 北京: 中国建筑工业出版社, 2018.

[277] Oda M. Co-ordination number and its relation to shear strength of granular material[J]. Soils and Foundations, 1977, 17 (2): 29-42.

[278] Radjai F, Wolf D E, Jean M, et al. Bimodal character of stress transmission in granular packings[J]. Physical Review Letters, 1998, 80 (1): 61.

[279] Azéma E, Radjai F. Force chains and contact network topology in sheared packings of elongated particles[J]. Physical Review E, 2012, 85 (3): 031303.

[280] Maiti R, Das G, Das P K. Experiments on eccentric granular discharge from a quasi-two-dimensional silo[J]. Powder Technology, 2016, 301(11): 1054-1066.

[281] Г. К. 克列因. 散体结构力学[M]. 陈万佳, 译. 北京: 中国铁道出版社, 1983.

[282] 孙启帅. 立筒仓粮食散体卸料时动态侧压力及影响因素分析[D]. 郑州: 河南工业大学, 2022.

[283] 杜乾. 考虑漏斗倾角影响的筒仓卸料流态及动态侧压力研究[D]. 郑州: 河南工业大学, 2020.

[284] Cannavacciuolo A, Barletta D, Donsì G, et al. Arch-Free flow in aerated silo discharge of cohesive powders[J]. Powder Technology, 2009, 191 (3): 272-279.

[285] 韩高孝, 宫全美, 周顺华. 摩擦型岩土材料土拱效应微观机制颗粒流模拟分析[J]. 岩土力学, 2013, 34(6): 1791-1798.

[286] Natsis A, Petropoulos G, Pandazaras C. Influence of local soil conditions on mouldboard ploughshare abrasive wear[J]. Tribology International, 2008, 41 (3): 151-157.

[287] Stachowiak G W. Particle angularity and its relationship to abrasive and erosive wear[J]. Wear, 2000, 241 (2): 214-219.

[288] Zum Gahr K H. Wear by hard particles[J]. Tribology International, 1998, 31 (10): 587-596.

[289] Stott F H. High-temperature sliding wear of metals[J]. Tribology International, 2002, 35 (8): 489-495.

[290] 温诗铸. 材料磨损研究的进展与思考[J]. 摩擦学学报，2008，28 (1)：1-5.

[291] 詹森昌. 井筒贮矿对放矿磨损影响分析[J]. 铜业工程，2019，156(2)：74-77.

[292] 何思明，吴永，李新坡. 滚石冲击碰撞恢复系数研究[J]. 岩土力学，2009，30(3)：623-627.

[293] Thornton C. Coefficient of restitution for collinear collisions of elastic-perfectly plastic spheres[J]. Transaction of Asme Journal of Applied Mechanics, 1997, 64(2):383.

[294] 常向东，彭玉兴，朱真才，等. 重载传动钢丝绳摩擦磨损演化机理及服役性能退化特性研究[J]. 摩擦学学报，2023，43(12)：1393-1405.

[295] 福冈洋一，茂木源人. 立坑内原石挙動の研究——理論研究（鉱石立坑内において何が起きているのか）[J]. 石灰石，1988，235(5)：17-35.

[296] Hambley D F. Design of ore pass systems for underground mines[J]. CIM Bulletin, 1987, 897(80): 25-30.

[297] 刘永涛，刘艳章，邹晓甜，等. 基于 BP 神经网络的溜井堵塞率预测[J]. 化工矿物与加工，2017，46(4)：41-44.

[298] 赵军龙，闫和平，王金锋，等. 基于测井信息的煤焦油产率预测方法研究[J]. 地球物理学进展，2023，38(4)：1702-1712.

[299] 吴叶，刘婷婷，方少勇. 基于 MIV-GA-BP 神经网络的我国棉价预测研究[J]. 棉纺织技术，2018，46(7)：77-80.

[300] Mirchandani G, Cao W. On hidden nodes for neural nets[J]. IEEE Transactions on Circuits and Systems, 1989, 36(5): 661-664.

[301] Zhang Z, Li Y, Li C, et al. Algorithm of stability-analysis-based feature selection for NIR calibration transfer[J]. Sensors, 2022, 22(4): 1659.

[302] 赵龙，刘军. 放矿溜井格筛布置方式优化及应用[J]. 黄金，2016，37(11)：35-37.

[303] 朱强，张志贵，何建元，等. 甘肃某镍矿黏结原因分析及管控措施[J]. 化工矿物与加工，2019，48(11)：13-15.

[304] 高峰旭，王晓辉. 某铅锌矿主溜井堵塞原因分析及处理方法[J]. 现代矿业，2018，34(8)：126-127.

[305] 邹晓甜，刘艳章，张丙涛，等. 溜井底部放矿漏斗角对矿石流动性的影响研究[J]. 金属矿山，2016，486(12)：160-164.

[306] 张世民，李胜辉，王磊，等. 司家营铁矿主溜井堵塞处理实践[J]. 矿业工程，2009，7(1)：15-17.

[307] 戚文革，李长权，刘兴科，等. 放矿溜井堵塞问题的处理实践及预防[J]. 黄金，2006，27(8)：5-8.

[308] 沈昌君. 尖山 2 号溜井堵塞疏通实践[J]. 有色金属（矿山部分），2002，54(6)：28-30.

[309] 肖文涛. 地下金属矿山采场溜井堵塞处理及预防措施[J]. 现代矿业，2015，31(6)：27-28.

[310] 吕向东. 高深溜井井筒堵塞的爆破处理实践[J]. 爆破工程，2010，16(3)：56-58.